# 変分法と変分原理

柴田正和 著
Shibata Masakazu

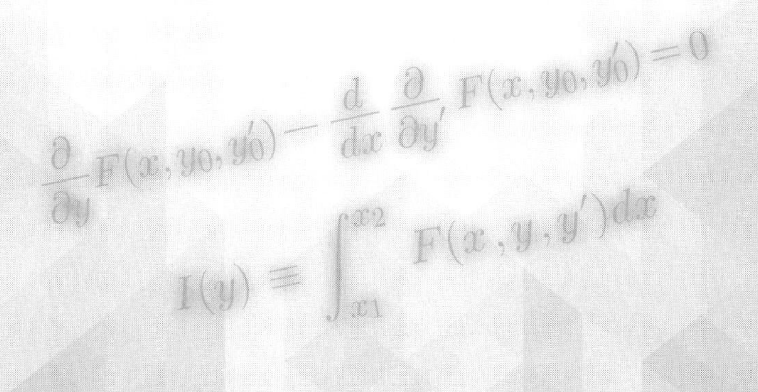


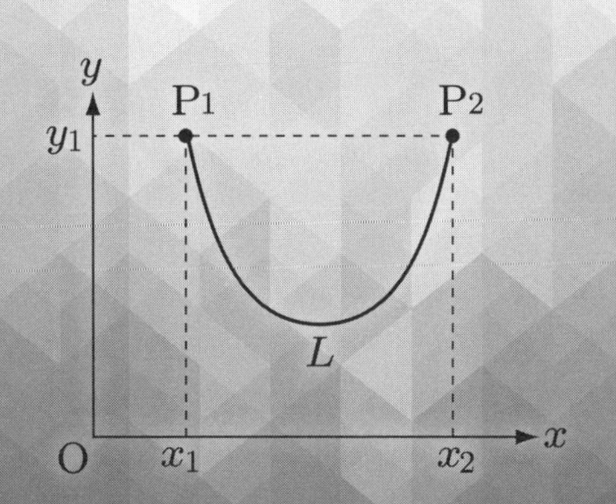


森北出版株式会社

# はじめに

閉曲線の全長が与えられたとき，その閉曲線が囲む面積を最大にするのはどのような形状のときか，など今日変分問題と名づけられているものは，その起源を紀元前古代ギリシャ時代に遡ることができる．そして 17 世紀末に微積分学が発明され近代数学が開花して間もなく，変分法は微積分学に基づく解析法 (calculus of variations) として定式化された，近代数学の諸分野の中でも古典的な部類に属するものである．

今日においてもたとえば「建物の 2 階の定点 A から 1 階の定点 B まで滑らかな斜面に沿って荷物を滑らせるとき，所要時間がもっとも短い斜面はどのようなものか？」などの「拘束条件つき極値問題」は典型的変分問題に属し，自然科学のみならず社会科学分野においてもその重要性は色褪せることがない．本書で紹介する例/例題を列挙した，p.viii の表の諸項目の中からは読者諸氏の興味を惹くトピックが数多く発見されることだろう．

また，大学の物理系学科において重要な基礎科目である解析力学を履修するためには変分法基礎論の素養が前提になる．ところが，我が国の諸大学学部・大学院において変分法を履修できる場はごく少ない．したがって，拘束条件つき極値問題や解析力学を学ぶ学生・研究者など，変分法を必要とする者は変分法を自習せざるを得ない．

本書はそのような読者の自習書として利用されることを念頭に企画されたものである．読者は，大学学部前半で履修する微積分解析・線形代数・微分方程式基礎論を履修していることのみを期待される．

2017 年 1 月

著　　者

# 目　　次

**例/例題一覧表**

| テーマ | 掲載箇所 |
|---|---|
| 測地線問題 | 例 1-6，2-1，2-2，2-3，2-11，2-12 |
| 古典的等周問題 | 例 1-7，3-5 |
| 最短距離 | 例 2-3 |
| フェルマーの原理 | 例 1-8，2-6，5-1-2 項 |
| 最速降下線 | 例 1-9，例題 2-3 |
| 懸垂線（1） | 例題 2-1 |
| 懸垂線（2） | 例題 3-4 |
| 極小回転曲面 | 例題 2-4 |
| ニュートンの極小抵抗回転体曲面 | p.69 |
| 最小作用の原理 | （第 5 章） |
| シャボン玉の形状 | 例題 3-5 |
| バットが投球をとらえる瞬間 | 例 6-15 |
| コマの歳差運動 | 例 6-16 |
| 2 重振り子 | 例 6-17 |
| 複合バネ | 例 6-18 |
| 惑星の公転運動 | 例 6-22 |
| 黒体輻射 | 7-3 節 |

# 第1部
# 変分法

変分問題は古代ギリシャ時代に遡る古典的な問題である．17 世紀後半にニュートン (Newton) とライプニッツ (Leibnitz) により「無限小」の解析すなわち微分積分解析が発明されて間もなく 18 世紀にオイラー (Euler) が基礎を築き，ラグランジュ (Lagrange)，ルジャンドル (Legendre)，ヤコビ (Jacobi) らにより，変分問題を解く解析学の一分野として**変分法** (calculus of variations) が確立され，19 世紀に入りヴァイエルシュトゥラス (Weierstrass) により成熟した形に整えられた．そして本書の数々の例題に採り上げられているように，数学および物理学の重要な問題が変分問題および変分原理として定式化される．

変分問題とは，独立変数および従属変数が一つずつであるもっとも基本的な例を用いて述べるならば，関数 $y(x)$ から実数 $I$ に写像する汎関数 $I(y(x))$ の極値ないし停留値(1-4 節)を求め，それを実現する関数 $y(x)$ の存在と一意性を見極め，最終的にそれを決定する問題である．

これは，高校以来親しんできた関数 $y(x)$ の極値を求め，それを実現する独立変数 $x$ の(存在と一意性を見極め，最終的に)値を決定する，という極値問題を一般化したものであり，変分法を理解する上で極値問題を解いた経験が役に立つ．本書においてもその類似性・対応関係に注目する [参考文献 18，変分表現].

力学におけるニュートンの運動方程式や電磁気学におけるマクスウェルの方程式のように，物理法則は微分方程式として記述されることが多い．このように独立変数 $x$ の各点における関数 $y(x)$ の満たすべき物理法則の(微分方程式以外を含む)局所的な記述法と等価なものとして，関数 $y(x)$ およびその導関数 $y'(x)$ を含む被積分関数の該当する定義域にわたる積分としての汎関数の第 1 変分が 0 になる(停留化する)という物理法則の大域的な記述法が存在する．この変分法を用いた物理法則その他の記述法を「変分原理」と呼ぶ.

# 第 1 章

# 変分法基礎

第 1 章では変分法の歴史を振り返り，変分法に現れる重要な概念と用語を説明することにより，第 2 章以降の本格的理論展開の準備とする．変分法では汎関数 $I(y(x))$ の極値ないし停留値を実現する関数 $y(x)$ を決定するのだが，その関数の候補となる資格を有する関数の集合を明確に指定しておき，それらの中から条件に合致する関数 $y(x)$ を選び出す．その関数の集合を，通常，次に説明する「関数の**級** (class)」のいずれかとするのが一般的である．

## 1-1　関数の級

連続性と微分可能性に着目して関数の性質を区別する関数の集合を関数の級 (class) と呼び，その代表的なものは以下の通りである．

**(1)**　$C^0$：連続関数の集合

この級に属することすなわち連続関数であることが必ずしも自明ではない関数には次のようなものがある．

**例 1-1**

$$y(x) = \begin{cases} x \sin \dfrac{1}{x} & (x \neq 0) \\ 0 & (x = 0) \end{cases} \qquad \text{(図 1-1)} \tag{1-1-1}$$

この $y(x)$ は連続だが，$x = 0$ で導関数が存在しない．■

$C^0$ 級に属する関数 $y(x)$ は連続で，通常ほとんどすべての点において導関数 $y'(x)$ を有する．$y(x)$ は $y'(x)$ の積分である．

**(2)** $C^1$：連続かつ 1 階微分可能であり 1 階導関数が連続な（すなわち滑らかな）関数の集合

$C^1$ 級に属する関数 $y(x)$ は連続な導関数 $y'(x)$ を有する．そのグラフは連続的に変化する（$y$ 軸に平行でない）接線を有する．

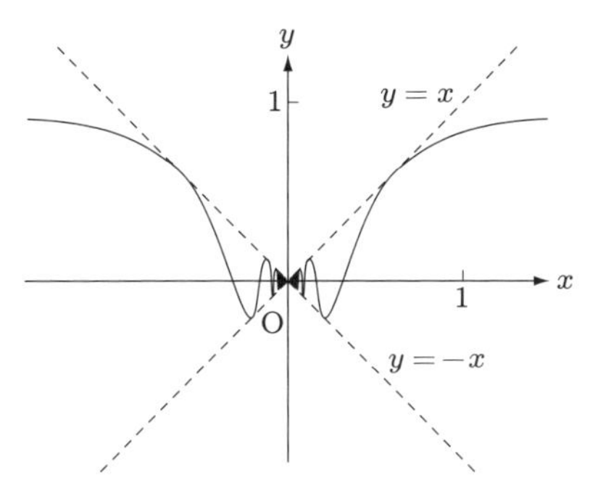


**図 1-1**　関数 (1-1-1)

**例 1-2**

$$y(x) = \begin{cases} x^3 \sin \dfrac{1}{x} & (x \neq 0) \\ 0 & (x = 0) \end{cases} \quad (\text{図 1-2}) \tag{1-1-2}$$

この $y(x)$ は $x = 0$ においても導関数が存在し，導関数は連続である．

$$y'(x) = \begin{cases} 3x^2 \sin \dfrac{1}{x} - x \cos \dfrac{1}{x} & (x \neq 0) \\ 0 & (x = 0) \end{cases}$$

■

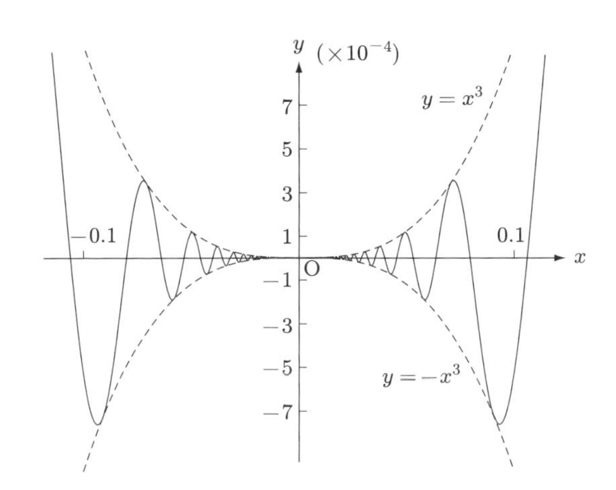


**図 1-2**　関数 (1-1-2)（縦横軸の縮尺が異なる）

**(3)**　$C^2$：2 階導関数が連続な関数の集合

$C^2$ 級に属する関数 $y(x)$ は連続な 1 階および 2 階導関数 $y'(x)$，$y''(x)$ を有する．そのグラフは連続的に変化する（$y$ 軸に平行でない）接線および曲率を有する．

**例 1-3**

$$y(x) = \begin{cases} x^5 \sin \dfrac{1}{x} & (x \neq 0) \\ 0 & (x = 0) \end{cases} \qquad (\text{図 } 1\text{-}3) \tag{1-1-3}$$

この $y(x)$ は $x = 0$ においても導関数が存在し，2 階導関数まで連続である．

$$y''(x) = \begin{cases} (20x^3 - x) \sin \dfrac{1}{x} - 8x \cos^2 \dfrac{1}{x} & (x \neq 0) \\ 0 & (x = 0) \end{cases}$$

■

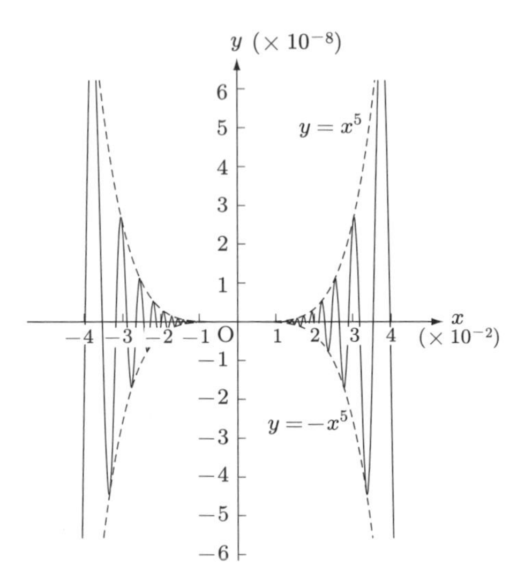


図 **1-3**　関数 (1-1-3)

**(4)** $D^1$：区分的に滑らかな（1 階導関数が連続な）関数 (piecewise smooth function) の集合

区間 $[x_1, x_2]$ を有限個の小閉区間 $[x_{10}, x_{11}], [x_{11}, x_{12}], \ldots, [x_{1n-1}, x_{1n}]$ に分割するとき，各小閉区間内において関数 $y(x)$ は $C^1$ 級に属する．導関数 $y'(x)$ は各小閉区間 $[x_{1m-1}, x_{1m}]$ の端点においてのみ定義されない．このとき，左端点における右微係数 $y'(x_{1m-1} + 0)$ と左微係数は有限であるが等しくない．

そのグラフは有限個に分割された閉区間において，すなわち有限個の**角** (corner)[†] を除いて連続的に変化する（$y$ 軸に平行でない）接線を有する．次の 2 例では $x = 0$ に角を有する．

† 一般に，連続関数 $y(x)$ 上の点 $x_0$ において導関数 $y'(x)$ が不連続であるとき，関数 $y(x)$ は角 $x_0$ をもつ，という．

**例 1-4**

$$y(x) = \begin{cases} \sin x & (x \geq 0) \\ -\sin x & (x < 0) \end{cases} \qquad (\text{図 1-4}) \tag{1-1-4}$$

$$y'(x) = \begin{cases} \cos x & (x > 0) \\ -\cos x & (x < 0) \end{cases}$$

$$\lim_{x \to 0+} y'(x) = 1 \neq \lim_{x \to 0-} y'(x) = -1$$

■

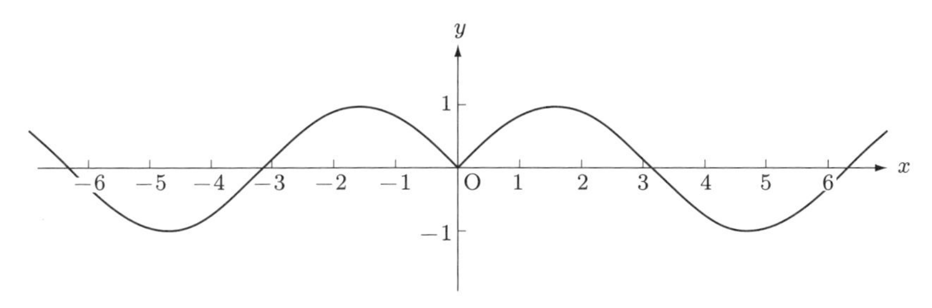


図 **1-4**　関数 (1-1-4)

**例 1-5**

$$y(x) = \begin{cases} e^x - 1 & (x \geq 0) \\ 1 - e^x & (x < 0) \end{cases} \qquad (\text{図 1-5}) \tag{1-1-5}$$

$$y'(x) = \begin{cases} e^x & (x > 0) \\ -e^x & (x < 0) \end{cases}$$

$$\lim_{x \to 0+} y'(x) = 1 \neq \lim_{x \to 0-} y'(x) = -1$$

■

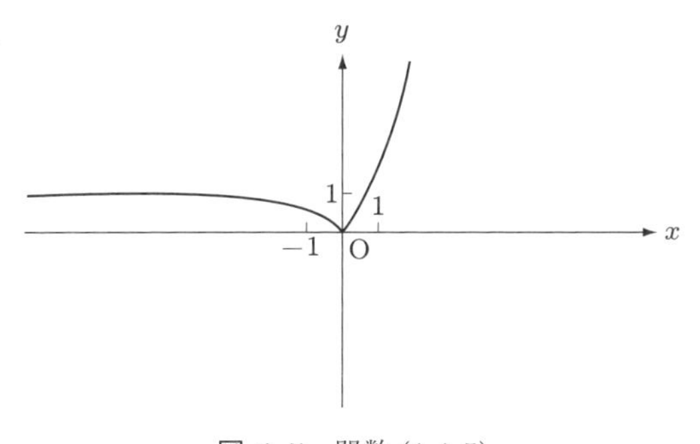


図 **1-5**　関数 (1-1-5)

われわれにもっとも親しみ深い関数，すなわち初等関数・特殊関数は，実数全体にわたり，あるいはそれぞれの連続な小区間において，無限階連続微分可能であり，$C^\infty$

級に属する．

変分問題の解となる資格のある，**有資格関数** (eligible function)（または許容関数 (admissible function) または比較関数 (comparison) と呼ばれる）は，以下の性質を有する実関数 $y(x)$ である．

① $y(x)$ は閉区間 $[x_1, x_2]$ で定義されており，ある指定された関数の級 $K$ に属する．関数の級 $K$ は $C^0$，$C^1$，$D^1$，$C^2, \ldots$ から自由に指定することができるが，どの場合にも関数 $y(x)$ は区間 $[x_1, x_2]$ において1価連続関数であり，区間 $[x_1, x_2]$ 内のほとんどすべての点において導関数 $y'(x)$ が存在しなければならない．また，関数の級 $K$ に属するすべての関数 $y(x)$ は区間 $[x_1, x_2]$ において積分 $I(y) \equiv \int_{x_1}^{x_2} F(x, y, y')\,dx$ の有界確定な値を与えなければならない．

② $y(x)$ は境界条件 $y(x_1) = y_1, y(x_2) = y_2$ を満足し，区間 $[x_1, x_2]$ 内のすべての点において，$(x, y(x), y'(x))$ は被積分関数 $F(x, y, p)$ の定義域内になければならない（境界条件については3-1節で一般化する）．

本書では，関数の級として基本的に $D^1$ すなわち区分的に滑らかな関数の集合を採用する．

## 1-2　汎関数

ある級に属するそれぞれの関数（曲線）$y(x)$ に確定した（実）数を割り当てる規則（対応関係）$I(y(x))$ を**汎関数** (functional) と呼ぶ．これは，ある集合に属するそれぞれの（実）数の組 $(x_1, x_2, \ldots, x_n)$ に（実）数を割り当てる規則（対応関係）$f(x_1, x_2, \ldots, x_n)$ を関数と呼ぶことに類似しているので，汎関数を「関数の関数」と呼ぶこともある．

その考え方を踏襲すると，有資格関数をたとえば解析関数 $(C^\infty)$ とした場合，有資格関数の自由度はそれをテイラー級数展開した無限個の係数全体（可付番無限次元ベクトル）と同じであり，有資格関数を任意の関数とした場合には有資格関数の自由度は連続の濃度になる．したがって，関数の極値問題をそのまま変分問題にあてはめることはできない．

以下に汎関数の例を列挙する．

① 長さ（曲線上の点からなる多角形の辺長の和の，そのもっとも長い辺長が0に近づく極限）を定義することのできる平面曲線の集合を考える．このとき，曲線の長さは，長さを定義することのできる平面曲線の集合の上で定義される（を定義域とする）汎関数である．

② 区間 $[x_1, x_2]$ で定義された連続関数 $y = y(x)$ を $x$ 軸のまわりに回転してできる回転体の体積は，区間 $[x_1, x_2]$ で定義された連続関数の集合の上で定義される汎関数である．

③ ある平面内において与えられた2点 $\mathrm{P}_1$, $\mathrm{P}_2$ を結ぶ任意の曲線を考える．ある粒子（または波動）がそれらの曲線に沿って移動（伝播）するとき，その移動（伝播）速度が平面内の個々の点の関数 $v = v(x, y)$ として与えられているとする．このとき，その粒子（または波動）がそれらの曲線に沿って点 $\mathrm{P}_1$ から $\mathrm{P}_2$ まで移動（伝播）する所要時間はその曲線の汎関数である．

④ 本書で取り扱うもっとも基本的な汎関数は，関数 $y(x)$ とその導関数 $y'(x)$ および独立変数 $x$ を変数とする関数 $F(x, y(x), y'(x))$ を被積分関数とする定積分としての汎関数

$$I(y(x)) \equiv \int_{x_1}^{x_2} F(x, y(x), y'(x))\, dx \tag{1-2-1}$$

である．

⑤ 本書では式 (1-2-1) の一般化されたものとして，定積分の上端・下端が変化する場合（3-1 節），独立変数（3-6 節）ないし（および）従属変数（3-2 節）が複数である場合，高階の導関数を含む場合（3-5 節），媒介変数問題（3-3 節），拘束条件を含む場合（3-4 節）などを取り扱う．

⑥ 本書で取り扱わない，より複雑な汎関数には

$$I(y(x)) = \int_{x_1}^{x_2} K(x,t) y(t)\, dt, \qquad I(y(x)) = \iint K(s,t) y(s) y(t)\, dsdt$$

などがある．

## 1-3　歴史上に現れた変分問題と変分原理

17 世紀末に微分学が発明され，積分と新しい学問である微分が密接な関係にあることが明らかになった．そのずっと以前，古代ギリシャ時代から，曲線で囲まれる図形の面積を正確に計算する区分求積法（定積分）が存在していたことはよく知られているが[†]，変分問題もまた同時に研究されていた．

### 1-3-1　古代ギリシャの変分問題

測地線問題 (geodesic problem) と古典的等周問題 (classical isoperimetrical problem) の二つの変分問題が古代ギリシャ時代に純粋に幾何学的方法で調べられていた．

† アルキメデスにより放物線と直線で囲まれる図形の面積が求められた．

以下では，微積分学が確立された17世紀以来の定式化を行う．

**例 1-6**　**測地線問題**

測地線問題は，与えられた2点間の最短距離を与える曲線(解)を求める問題である．デカルト座標を用いると，与えられた2点 $(x_1, y_1), (x_2, y_2)$ 間の距離は

$$I(y) = \int_{(x_1,y_1)}^{(x_2,y_2)} ds = \int_{x_1}^{x_2} \sqrt{1 + \left(\frac{dy}{dx}\right)^2}\, dx$$

である(図1-6)．

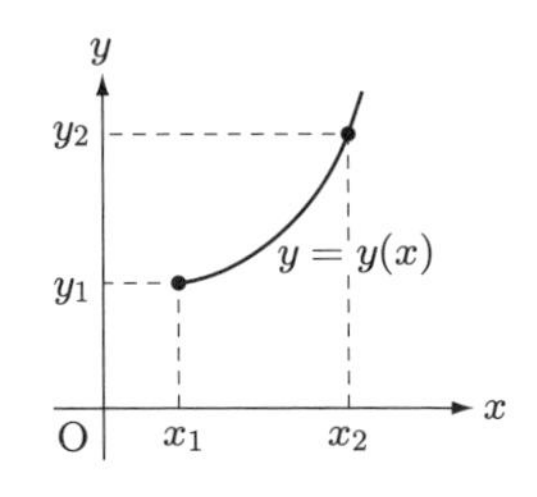


**図 1-6**　測地線問題

同じ問題を極座標で表してみると，極座標では

$$ds = \sqrt{dr^2 + r^2\, d\theta^2}$$

である．被積分関数が従属変数($\theta$ そのもの)に依存しないように，独立変数を通常とは逆に $r$ とすると，

$$I(\theta) = \int_{(r_1,\theta_1)}^{(r_2,\theta_2)} \sqrt{1 + r^2\left(\frac{d\theta}{dr}\right)^2}\, dr$$

となる．2-4-11項において，これら $I(y)$ (例2-13)ないし $I(\theta)$ (例2-11)を最小にする解(曲線) $y(x), \theta(r)$ を求めると，いずれの場合もその解が直線であることが示される．

■

**例 1-7**　**古典的等周問題**(3-4-1項参照)

古典的等周問題は与えられた周の長さ $L$ をもつ平面図形の中で面積最大のものを求める問題である．つまり，与えられた長さ $L$ の(平面)閉曲線で最大の面積を囲むものを探す問題である．一般に，閉曲線は通常の陽関数表示 $y = f(x)$ では1価関数でなくなるので，次のように媒介変数を用いて表現するほうが便利である(図1-7)．

$$C : x = x(t), \quad y = y(t) \qquad (t_1 \leq t \leq t_2)$$

$$x(t_1) = x(l_2) = a, \quad y(t_1) = y(t_2) = b$$

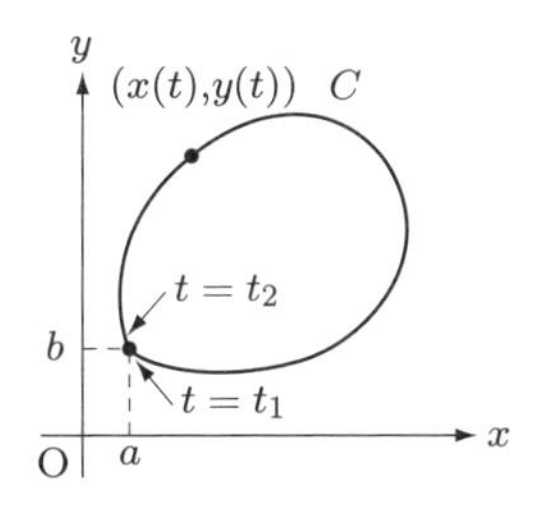


**図 1-7**　古典的等周問題

閉曲線は反時計回りに領域を囲むとして一般性を失わない．囲まれた面積は

$$I(y)=\frac{1}{2}\int \boldsymbol{r}\times d\boldsymbol{r}=\frac{1}{2}\int_{t_1}^{t_2}(x(t)y'(t)-x'(t)y(t))\,dt, \qquad \boldsymbol{r}=\begin{pmatrix} x(t) \\ y(t) \end{pmatrix}$$

であり，拘束条件は

$$\int_{t_1}^{t_2}\sqrt{x'(t)^2+y'(t)^2}\,dt=L \quad (\text{所与の値})$$

である． ■

## 1-3-2　西欧 17 世紀の変分問題

**例 1-8**　フェルマー (Fermat) の原理(1661 年)(5-1 節参照)

光が 2 次元の等方的な物質中の与えられた点 A から点 B まで最小の時間で到達する道筋を見出す，という問題を考える．等方的な物質中では光の伝播速度 $c(x,y)$ は方向によらず，その位置のみで定まる．微小距離 $ds$ を通過するのに要する時間は $ds/c(x,y)$ であるから，この問題は

$$I=\int_{\mathrm{A}}^{\mathrm{B}}\frac{ds}{c(x,y)}=\int_{\mathrm{A}}^{\mathrm{B}}\frac{1}{c(x,y)}\sqrt{1+\left(\frac{dy}{dx}\right)^2}\,dx$$

を最小にするような道筋 $y(x)$ を見出す，という問題と表現することができる． ■

**例 1-9**　**最速降下線** (Brachistochrone, brachistos - *the shortest*, chronos - *time*) (1696 年 Bernoulli) (2-3 節参照)

与えられた点 $\mathrm{P}_1$ から下方の点 $\mathrm{P}_2$ に向かい，鉛直面内の滑らかな曲線に沿って，静止状態から重力を受けつつすべり降りる粒子(質点)を考える．このとき最小の到達時間を実現する曲線を最速降下線 (Brachistochrone) と呼ぶ．この曲線を見出す問題は，1696 年にジョン(ヨハン)・ベルヌイにより最初に解かれ，これが現代的な形式の変分法の基礎となった． ■

## 1-4　変分

関数の極大極小(または最大最小)を考察するときに，独立変数 $x$ の「(有限の)増分 $\Delta x$ ないし(無限小の)微分 $dx$」に伴う従属変数 $y(x)$ の「増分 $\Delta y$ ないし微分 $dy$」を検討する．それに対応して変分問題においては，独立変数の役割をする関数 $y(x)$ の「変化」に伴う汎関数の「変化」を検討する．

ある関数(しばしば停留関数(本節最後を参照)という) $y_0$ と比較する関数を一般に

$$y(x) = y_0(x) + \delta y(x) \tag{1-4-1}$$

と表すことができる(図1-8)．このとき $\delta y(x)$ は関数の増分 (increment) であり，関数の極大極小(最大最小)を考察するときの実数の増分 $\Delta x$ に対応するものである．この関数の増分 $\delta y(x)$ を $y_0(x)$ の**変分** (variation)，あるいは $y(x)$ の変分と呼ぶ．$\delta y(x)$ を $\delta y$ と略記することもある．この $\delta y(x)$ という記号はラグランジュによる．

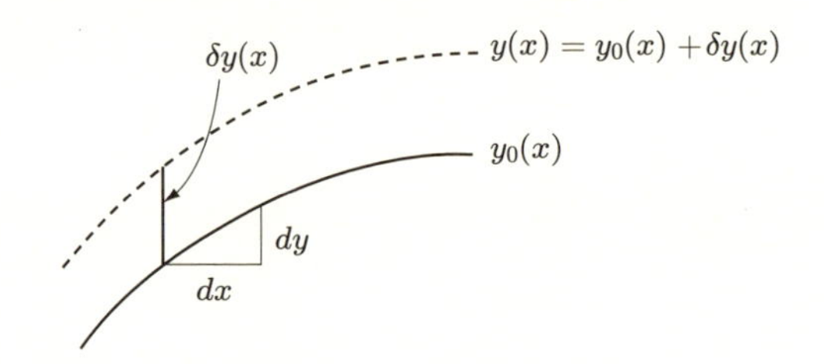


**図 1-8**　停留曲線 $y_0(x)$ とその微分 $dy$ および変分 $\delta y(x)$

実数の増分 $\Delta x$ の無限小の極限である微分 $dx$ を考えるのに対応して変分 $\delta y(x)$ の無限小の極限を考えるとき，微小パラメータ $\varepsilon$ を導入し変分 $\delta y(x)$ が微小パラメータ $\varepsilon$ のオーダー(補遺C)であること

$$\delta y(x) = O(\varepsilon), \qquad \varepsilon \to 0$$

すなわち，$\varepsilon \to 0$ の極限で変分 $\delta y(x)$ が $\varepsilon$ とともに $0$ に近づくことを明示するために

$$\delta y(x) = \varepsilon \widehat{\eta}(x, \varepsilon) \quad (\widehat{\eta}(x, \varepsilon) = O(1), \quad \varepsilon \to 0) \tag{1-4-2}$$

と表現する．ここまでは，もっとも一般的な変分の表現になっている．

さて，とくに式(1-4-2)の右辺の $\widehat{\eta}(x, \varepsilon)$ を $\varepsilon$ に依存しないもの $\widehat{\eta}(x, \varepsilon) = \eta(x)$ に限定するとき，すなわち

$$\delta y(x) = \varepsilon \eta(x) \tag{1-4-3}$$

とかけるもののみ取り扱うとき，変分(1-4-3)を**弱い意味の変分** (weak variation) と呼ぶ．本書の大半において変分を弱い意味の変分に限定するが，その意味することに

ついては，後に 1-5 節で詳しく論じる．

弱い意味の変分に限定するとき，式 (1-4-1) は

$$y(x) = y_0(x) + \varepsilon\eta(x) \tag{1-4-4}$$

とかける．

式 (1-4-4) の微分は

$$dy(x) = dy_0(x) + \varepsilon\eta'(x)\,dx \tag{1-4-5}$$

となるが，式 (1-4-5) の右辺第 2 項は，（停留）関数 $y_0(x)$ に加えられた変分（増分）$\delta y(x) = \varepsilon\eta(x)$（式 (1-4-3)）に基づく関数 $y(x)$ の微分 $dy(x)$ の変分（増分）である．したがって，関数 $y(x)$ の微分 $dy(x)$ の変分を

$$\delta dy(x) \equiv \varepsilon\eta'(x)\,dx \tag{1-4-6}$$

と定義する．式 (1-4-6) の右辺は式 (1-4-3) の右辺の微分であるから，

$$\delta dy(x) = d\delta y(x) \tag{1-4-7}$$

を得る．すなわち，二つの演算子 **$\boldsymbol{\delta}$ と $\boldsymbol{d}$ は交換する**[†]．

次に，式 (1-4-5) より $y'(x) = dy(x)/dx$ の変分を

$$\delta y'(x) \equiv \varepsilon\eta'(x) \tag{1-4-8}$$

と定義する．これからただちに

$$\delta y'(x) = \delta\frac{dy}{dx} = \frac{d(\varepsilon\eta(x))}{dx} = \frac{d}{dx}\delta y(x) \tag{1-4-9}$$

を得る．すなわち，**演算子 $\boldsymbol{\delta}$ と微分演算子 $\boldsymbol{d/dx}$ も交換する**[†]．

さて，式 (1-2-1) において $\varepsilon$ の関数 $\varphi(\varepsilon)$ を

$$\varphi(\varepsilon) \equiv F(x, y(x) + \varepsilon\eta(x), y'(x) + \varepsilon\eta'(x)) \tag{1-4-10}$$

と定義し，（その絶対値が）十分小さな $\varepsilon$ に対して $\varphi(\varepsilon)$ が $\varepsilon$ のベキ級数に（テイラー）展開可能である場合，

$$\varphi(\varepsilon) = \varphi(0) + \varphi'(0)\varepsilon + \frac{\varphi''(0)}{2}\varepsilon^2 + \cdots = \sum_{n=0}^{\infty}\frac{\varphi^{(n)}(0)}{n!}\varepsilon^n \tag{1-4-11}$$

を考える．ここで，式 (1-4-10) の右辺関数 $F$ の**第 $n$ 変分** (the $n$-th variation) $\delta^n F$ を

$$\delta^n F \equiv \varphi^{(n)}(0)\varepsilon^n \tag{1-4-12}$$

と，同じく関数 $F$ の**全変分** (total variation) を

$$\Delta F \equiv \varphi(\varepsilon) - \varphi(0) \tag{1-4-13}$$

† 弱い意味の変分を仮定しなくても一般に成立する．

と定義すると，

$$\Delta F = \delta F + \frac{\delta^2 F}{2} + \cdots = \sum_{n=1}^{\infty} \frac{\delta^n F}{n!} \tag{1-4-14}$$

を得る．式 (1-4-12) において $n=1$ の場合には

$$\begin{aligned}
\delta F &= \varphi'(0)\varepsilon^1 \\
&= F_{y(x)}(x, y(x)+\varepsilon\eta(x), y'(x)+\varepsilon\eta'(x))\big|_{\varepsilon=0}\varepsilon\eta(x) \\
&\quad + F_{y'(x)}(x, y(x)+\varepsilon\eta(x), y'(x)+\varepsilon\eta'(x))\big|_{\varepsilon=0}\varepsilon\eta'(x) \\
&= F_{y(x)}(x, y(x)+\varepsilon\eta(x), y'(x)+\varepsilon\eta'(x))\big|_{\varepsilon=0}\delta y(x) \\
&\quad + F_{y'(x)}(x, y(x)+\varepsilon\eta(x), y'(x)+\varepsilon\eta'(x))\big|_{\varepsilon=0}\delta y'(x)
\end{aligned} \tag{1-4-15}$$

となり，また $n=2$ の場合には

$$\begin{aligned}
\delta^2 F &= \varphi''(0)\varepsilon^2 \\
&= F_{y(x)y(x)}(x, y(x)+\varepsilon\eta(x), y'(x)+\varepsilon\eta'(x))\big|_{\varepsilon=0}(\varepsilon\eta(x))^2 \\
&\quad + 2F_{y(x)y'(x)}(x, y(x)+\varepsilon\eta(x), y'(x)+\varepsilon\eta'(x))\big|_{\varepsilon=0}\varepsilon\eta(x)\varepsilon\eta'(x) \\
&\quad + F_{y'(x)y'(x)}(x, y(x)+\varepsilon\eta(x), y'(x)+\varepsilon\eta'(x))\big|_{\varepsilon=0}(\varepsilon\eta'(x))^2 \\
&= F_{y(x)y(x)}(x, y(x)+\varepsilon\eta(x), y'(x)+\varepsilon\eta'(x))\big|_{\varepsilon=0}(\delta y(x))^2 \\
&\quad + 2F_{y(x)y'(x)}(x, y(x)+\varepsilon\eta(x), y'(x)+\varepsilon\eta'(x))\big|_{\varepsilon=0}\delta y(x)\delta y'(x) \\
&\quad + F_{y'(x)y'(x)}(x, y(x)+\varepsilon\eta(x), y'(x)+\varepsilon\eta'(x))\big|_{\varepsilon=0}(\delta y'(x))^2
\end{aligned} \tag{1-4-16}$$

を得る．

同様に，端点が固定された定積分である汎関数 $I = \int_{x_1}^{x_2} F(x, y, y')\,dx$ の第 $n$ 変分を

$$\delta^n I = \int_{x_1}^{x_2} \delta^n F(x, y, y')\,dx \tag{1-4-17}$$

と，また全変分を

$$\Delta I = \int_{x_1}^{x_2} \Delta F(x, y, y')\,dx \tag{1-4-18}$$

と定義する．この定義により，**二つの演算子 $\boldsymbol{\delta^n}$ と $\boldsymbol{\Delta}$ はそれぞれ積分演算子と交換することがわかる**．これらの等式は今後たびたび利用する．

第1変分 $\delta^1 I(y) = 0$ とする関数 $y_0(x)$ を汎関数 $I(y)$ の**停留関数**(extremal, または characteristic curve)，また停留関数による汎関数 $I$ の値を停留値と呼ぶ．関数 $y_0(x)$ が停留関数であることは，$y_0(x)$ が 1-5-1 項で説明する汎関数 $I(y)$ を局所的に最大(極

大)または最小(極小)にする**極値関数(曲線)**(これも通常 extremal と呼ばれる)であるための必要条件である．これはちょうど $f'(x_0) = 0$ であることが $f(x_0)$ が極値であるための必要条件であることに対応する．

## 1-5 強い意味の変分

ところで，単なる(実)数は 1 成分のスカラーであるが，関数はそれよりはるかに豊富な自由度をもつ数学の対象である．関数の範囲をたとえばテイラー級数展開が可能である解析関数に限定した場合でも関数の自由度は展開係数の数すなわち可付番無限個あるし，さらにまったく任意の関数を許せば連続の濃度(以上)となる．つまり，関数を別の関数に変化させるときの汎関数の変化を調べる「汎関数の極値問題」は無限個の独立変数をもつ極値問題と等価なはずである．

にもかかわらず，前節の取扱いによれば，「汎関数の極値問題」である変分問題が一つの変数 $\varepsilon$ の極値問題

$$y(x) = y_0(x) + \varepsilon\eta(x) \to y_0(x), \qquad \varepsilon \to 0$$

で置き換えられるのは単純にすぎるのではないだろうか？ という疑問がわくだろう．$\eta(x)$ を任意関数とするとしても，である．

そこで，本節で関数を「微小量だけ」変化させるという操作をさらに詳しく検討するために，二つの関数 $y_1(x), y_2(x)$ の距離 (distance) とそれに関連して関数の近傍 (neighborhood，または proximity) という概念を導入する．

### 1-5-1 関数の距離と近傍

関数同士の距離とある関数の近傍という概念を理解するために，ある点の近傍という概念を復習しておこう．

**[数直線上の点の近傍]**

$\varepsilon > 0$ に対して開区間 $(x_0 - \varepsilon, x_0 + \varepsilon)$ を**実数** $x_0$ **の** $\varepsilon$**-近傍** ($\varepsilon$-neighborhood) という．この近傍の定義から点 $x_0$ を除く場合もある．これを用いて，十分小さな $\varepsilon > 0$ に対してある命題が成立するとき，単に「実数 $x_0$ の近傍において命題が成立する」と述べることが多い．

関数同士の距離とある関数の近傍という概念は点の場合よりもやや複雑である．

**[関数の距離]**

二つの関数 $y_1(x), y_2(x)$ の $y$ 座標の乖離の上限 [17]

$$d_0(y_1, y_2) \equiv \sup_x |y_1(x) - y_2(x)|$$

を0階の**距離**と呼ぶ．これが一般的に考えられる距離であるが，さらにこの0階の距離に二つの関数の導関数の乖離の上限を加えたもの

$$d_1(y_1, y_2) \equiv d_0(y_1, y_2) + \sup_x |y_1'(x) - y_2'(x)|$$

を1階の距離と呼ぶ．以下同様に $n$ 階導関数の乖離の上限までを加えたもの

$$d_n(y_1, y_2) \equiv d_0(y_1, y_2) + \sum_{k=1}^{n} \sup_x |y_1^{(k)}(x) - y_2^{(k)}(x)|$$

を $n$ **階の距離**と呼ぶ．

■[関数の近傍]

二つの関数の距離という概念を用いて，ある関数の近傍という概念を定義することができる．

$\varepsilon > 0$ に対して二つの関数 $y_1(x), y_2(x)$ の $n$ 階の距離が $\varepsilon$ より小さいとき，すなわち

$$d_n(y_1, y_2) < \varepsilon \qquad (n = 0, 1, \ldots)$$

であるとき，関数 $y_1(x)$ は関数 $y_2(x)$ の $n$ **階の** $\varepsilon$ **-近傍**にあるという．

変分問題においては，ある停留関数 $y_0(x)$ の与える汎関数の値 $I(y_0(x))$ と，その関数の近傍にあるあらゆる関数 $y(x)$ の与える汎関数の値 $I(y(x))$ を比較して，関数 $y_0(x)$ の与える汎関数の値 $I(y_0(x))$ が小さければ(あるいは大きければ)，その関数 $y_0(x)$ は汎関数 $I(y(x))$ の局所的な極小(あるいは極大)関数である，という(両者を総合して極値関数である，という)．したがって，近傍という概念にいくつかの種類があるので，どの近傍を採用するかによりある関数 $y_0(x)$ が極値関数であったり，そうではなくなったりすることがある．次項でそれを詳しく見てゆく．

## ■ 1-5-2　弱い意味の変分および極値と強い意味の変分および極値

ある関数 $y_0(x)$ が存在し，その1階の $\varepsilon$-近傍にあるすべての区分的に滑らかな関数 $y(x)$ の与える汎関数の値 $I(y(x))$ を，$y_0(x)$ の与える汎関数の値 $I(y_0(x))$ の比較の対象とするとき，その変分 $\delta y(x) = y(x) - y_0(x)$ を**弱い意味の変分** (weak variations) と呼ぶ．弱い意味の変分のみを考慮したときに汎関数 $I(y(x))$ が極値をもつとき，それを弱い意味の極値 (weak extremum) という．このとき $\delta y$ は式 (1-4-3) の形に表すことができる．具体的に関数 $y_0(x)$ が汎関数 $I(y(x))$ の極値関数であるならば，関数 $y_0(x)$ を弱い意味の極値関数 (weak extremal) であるという．

弱い意味の変分においては，$\varepsilon \to 0+$ の極限において，

$$d_1(y(x), y_0(x)) = d_0(y(x), y_0(x)) + \sup_x |y'(x) - y_0'(x)| \to 0+$$

であるから，独立変数の定義域全体にわたり関数 $y(x)$ の値そのものが $y_0(x)$ の値に収束する，すなわち

$$y(x) = y_0(x) + \varepsilon\eta(x) \to y_0(x), \qquad \varepsilon \to 0$$

となるのみならず，導関数の値 $y'(x)$ も $y_0'(x)$ の値に収束する．

$$y'(x) = y_0'(x) + \varepsilon\eta'(x) \to y_0'(x), \qquad \varepsilon \to 0$$

前節ではこの弱い意味の変分に限定した．関数の変化である変分という言葉の一般的なニュアンスは関数 $y(x)$ の値のみに関するものであるが，変分法における「弱い意味の変分」は，それとは裏腹に，関数 $y(x)$ の値のみにとどまらず，導関数の値も微小に変化するような関数に制限するという「一般的なニュアンスより強い」条件を付加している．

実はここまで考えてきた「弱い意味の変分」に対して，より一般的な「強い意味の変分 (strong variations)」が存在し，強い意味の変分では，関数 $y(x)$ の値そのものは $y_0(x)$ に収束するものの，導関数の値 $y'(x)$ は $y_0'(x)$ に収束しない．

$$y'(x) = y_0'(x) + \widehat{\eta}'(x, \varepsilon) \not\to y_0'(x), \qquad \varepsilon \to 0$$

すなわち，0 階の近傍の関数群を比較の対象とするのである．

強い意味の変分までを考慮したときに汎関数 $I(y(x))$ が極値をもつとき，それを強い意味の極値 (strong extremum) という．具体的に関数 $y_0(x)$ が汎関数 $I(y(x))$ の極値関数であるならば，関数 $y_0(x)$ を強い意味の極値関数 (strong extremal) であるという．

なお，1 階の近傍は 0 階の近傍の部分集合であるから，強い意味の極値であれば，それは自動的に弱い意味の極値である．別の言い方をすれば，弱い意味の極値であることは強い意味の極値であるための必要条件である．

なお，強い意味の変分では

$$\delta y(x) \to 0, \qquad \varepsilon \to 0$$

であり，弱い意味の変分では

$$\delta y(x) \to 0 \quad \text{かつ} \quad \delta y'(x) \to 0, \qquad \varepsilon \to 0$$

であるという認識は正しいのであるが，論理的には

$$\delta y'(x) \to 0, \qquad \varepsilon \to 0$$

であれば，自動的に

$$\delta y(x) \to 0, \qquad \varepsilon \to 0$$

が帰結されるので(演習問題1-4)，弱い意味の変分では

$$\delta y'(x) \to 0, \qquad \varepsilon \to 0$$

である，といえば必要十分である．

以下に強い意味の変分の例を挙げる．

■[強い意味の変分①　有限個の角をもつ関数]

$x$ 軸上の2点 $\mathrm{P}(x_1, 0)$,$\mathrm{Q}(x_2, 0)$ 間の最短距離を与える曲線 (geodesics) を求める問題(1-3-1項，例1-6)を考える．その解は明らかに $y_0(x) \equiv 0$ (線分PQ)である．この関数 $y_0(x)$ からの変分を $\delta y(x)$ として有限 $(N)$ 個の正三角形からなる折れ線(図1-9(a))を考えると，$N \to +\infty$ の極限で確かに $y(x) \to y_0(x)$ に収束するが，曲線 $y(x)$ の長さは常に($N$ によらず)線分PQの長さの2倍である．図1-9の折れ線と $y_0(x) \equiv 0$ の1階の距離は $\sqrt{3}$ であり，図1-9の折れ線は $y_0(x) \equiv 0$ の1階の近傍に属さない．

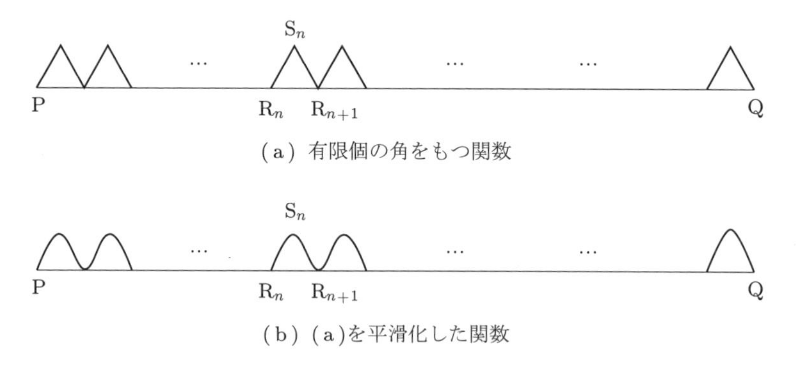


**図 1-9**　有限個の角をもつ関数とそれを平滑化した関数①

一方，弱い意味の変分に限定すると，

$$|\delta y'(x)| = |y'(x) - y_0'(x)| = |y'(x)| < \delta$$

であるから，曲線の長さは

$$I(y) = \int_{\mathrm{P}(x_1,0)}^{\mathrm{Q}(x_2,0)} ds = \int_{x_1}^{x_2} \sqrt{1 + \left(\frac{dy}{dx}\right)^2}\, dx < \int_{x_1}^{x_2} \sqrt{1+\delta^2}\, dx \to x_2 - x_1$$

と，線分PQの長さに収束する．

図1-10(a) のような変分の場合にも曲線 $y(x)$ の長さは常に($N$ によらず)線分PQの長さの2倍であり，曲線 $y(x)$ は弱い意味の変分ではなく，強い意味の変分である．

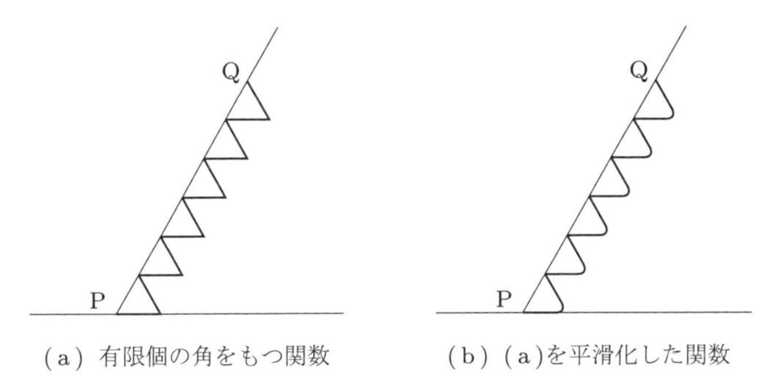


**図 1-10**　有限個の角をもつ関数とそれを平滑化した関数 ②
($y(x)$ は 1 価関数ではない：媒分変数問題(3-3 節))

この二つの例を見て，強い意味の変分には折れ線(角をもつ曲線)が登場するらしい，という印象をもった読者が多いかもしれないが，強い意味の変分の曲線に角の存在は本質的ではない．図 1-9, 10 ともに折れ線を示したのは，簡明な説明を目指したからにすぎないのであり，いずれの場合にもその角付近の短い区間を平滑化(滑らかに)して微分可能な曲線で置き換えたとしても，以上の結論に大きな変化は生じないことを読者は確かめることができるだろう(図 1-9(b), 1-10(b))．

**[強い意味の変分②]**

具体的な変分問題を特定しないが，変分として

$$\delta y(x,\varepsilon) = \varepsilon \sin\frac{x}{\varepsilon} \tag{1-5-1}$$

を考えると(図 1-11)，次式を得る．

$$y'(x) = y_0'(x) + \delta y'(x,\varepsilon) = y_0'(x) + \cos\frac{x}{\varepsilon} \not\to y_0'(x), \qquad \varepsilon\to 0$$

すなわち例①，②いずれの場合にも $d_1 \not\to 0,\ \varepsilon\to 0$ である．

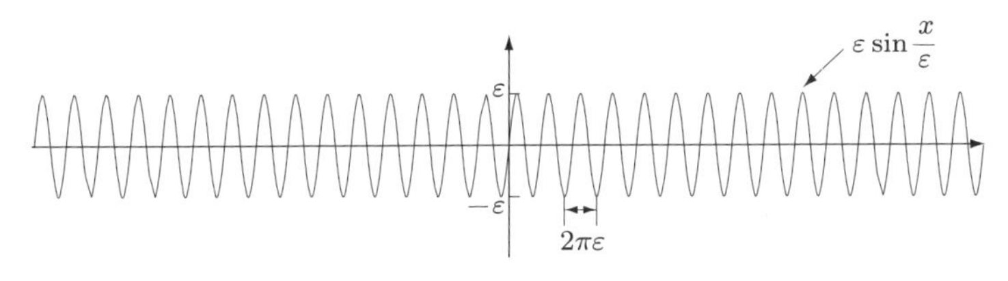


**図 1-11**　強い変分(式 (1-5-1))

■ [強い意味の変分③]

変分

$$\delta y(x,\varepsilon)=\frac{\varepsilon(e^{-x}-e^{-2x/\varepsilon})}{e^{-1}-e^{-2/\varepsilon}}\quad (図 1\text{-}12) \tag{1-5-2}$$

は，原点近傍 $x=O(\varepsilon)$ でその導関数が

$$\delta y'(x,\varepsilon)=\frac{\varepsilon}{e^{-1}-e^{-2/\varepsilon}}\left(-e^{x}+\frac{2}{\varepsilon}e^{-2x/\varepsilon}\right)\to\frac{e^{-2\delta}}{e^{-1}-e^{-2/\varepsilon}}$$

$$\left(\delta\equiv\frac{x}{\varepsilon}=O(1),\ \varepsilon\to 0\right)$$

となるから，$\delta y'(x,\varepsilon)\not\to 0\ (x=O(\varepsilon),\ \varepsilon\to 0)$ である．

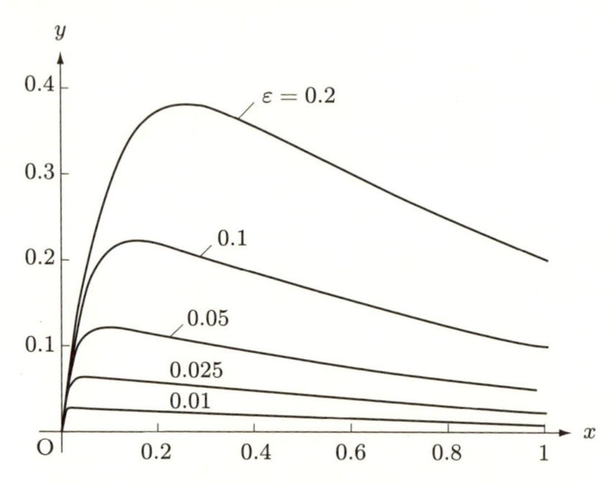


**図 1-12**　境界層問題の解である強い変分 (1-5-2)

■ [構造的特異摂動問題 [15]]

強い意味の変分の例①〜③は $\varepsilon\to 0$ の極限で，積分のある区間において

$$\left|\frac{\delta y'(x)}{\delta y(x)}\right|\to\infty$$

となっており，関数の値そのものよりも導関数の値のほうが圧倒的に大きくなっている．すなわち，変分（有資格関数）が構造的特異摂動問題 [15] の解であることを示している．構造的特異摂動問題は WKB 法問題と境界層問題（漸近接続問題）に大別されるが，例①，②ではその区間が全区間にわたっているので WKB 法問題であり，例③（④）では $x=0$ 付近に局在しているので境界層問題である．

「弱い意味の変分」に限れば $I$ は極値をもつが，「強い意味の変分」まで範囲を広げると極値をもたないことがある．

■ [強い意味の変分④]

汎関数

$$I(y) = \int_{(0,0)}^{(1,1)} \left(\frac{dy}{dx}\right)^3 dx$$

を極小にする変分問題は，弱い意味の局所最小値をもつが，強い意味の局所最小値はもたないことを示すことができる(2-4-11 項).

区分的に滑らかな関数 $y_0$ と正の(小さな)数 $\delta$ が存在して，関数 $y_0(x)$ の 1 階の $\delta$- 近傍にあるすべての区分的に滑らかな関数 $y(x)$ に対して

$$I(y_0) \leq I(y)$$

が成立するとき，$I(y_0)$ は弱い意味の局所最小(極小) (weak local (relative) minimum) であるという.

## 第 1 章の演習問題

**1-5 節**

**1-1** $y_1(x) = x, y_2(x) = x^2 (0 \leq x \leq 1)$ について $d_0(y_1, y_2)$，$d_1(y_1, y_2)$ を求めよ.

**1-2** $y_{1n}(x) = (\sin nx)/n$，$y_2(x) = 0 (-\pi \leq x \leq \pi)$ について $\lim_{n\to\infty} d_0(y_{1n}, y_2)$，$\lim_{n\to\infty} d_1(y_{1n}, y_2)$ を求めよ.

**1-3** ある関数列 $y_{1n}(x)$ と関数 $y_2(x)$ があり $\lim_{n\to\infty} d_0(y_{1n}, y_2) = 0$ であるならば，関数列 $y_{1n}(x)$ は関数 $y_2(x)$ に一様収束すること，またその逆も真であることを示せ.

**1-4** $\delta y'(x) \to 0$，$\varepsilon \to 0$ であれば，自動的に $\delta y(x) \to 0, \varepsilon \to 0$ となることを示せ.

**1-5** 「弱い意味の変分」に限れば極値をもつが，「強い意味の変分」まで範囲を広げると極値をもたないことがあることを，次の例(強い意味の変分(図 1-13))で確認せよ.

$$I(y) = \int_{(0,0)}^{(1,0)} \left[\left(\frac{dy}{dx}\right)^3 + \left(\frac{dy}{dx}\right)^2\right] dx \qquad (y_0 \equiv 0 : 極小関数)$$

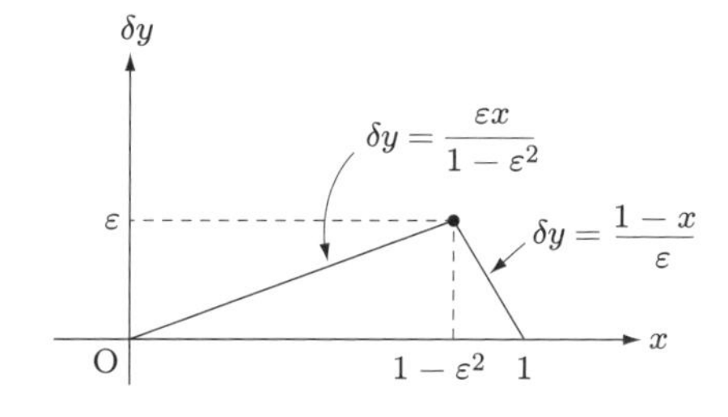


**図 1-13**　問題 1-5 の強い意味の変分

# 第 2 章

# 基本理論

本章ではまず 2-1 節で変分法全般の基本問題を設定し，その基本問題に関する変分法の数々の基本理論を展開する．

## 2-1　変分法の基本問題

与えられた汎関数に対して，定められた級に属する有資格関数の中からその関数の十分小さな近傍においてその汎関数の極値(ないし停留値)を与えるような関数を求めることが，すなわち変分法の問題を解くことである．

本節では本書で取り扱う変分法の多様な問題の基本問題を設定する．第 1 章のいろいろな具体例の示すように，汎関数の中で次の形がもっとも頻繁に現れる基本形である．

$$I(y) \equiv \int_{x_1}^{x_2} F(x, y, y')\, dx \qquad \text{両端点固定：} y(x_1) = y_1, y(x_2) = y_2 \tag{2-1-1}$$

この基本問題において例外を除き以下の条件を仮定する．

① $y$ は区分的に滑らかな(角は有限個の) 1 価連続関数($D^1$ 級に属する)．

② $F(x, y, y')$ は 3 変数 $x, y, y'$ の 1 価関数として，考察する個々の問題に応じてその 3 変数による必要な階数の偏微分係数が存在することを仮定する．独立変数 $x$ の変域(定義域)は積分 $I$ の範囲 $x_1 \leq x \leq x_2$ であり，$y, y'$ の変域(定義域)はいずれも実数全体である．

③ 媒介変数は介在せず，拘束条件のない弱い意味の変分を対象とする．

$D^1$ 級に属する区分的に滑らかな任意の関数を**有資格関数**(許容関数，比較関数) (admissible function) とし，これらのみが変分問題の解の候補すなわち比較の対象となる．

ここで考える基本問題は，$I(y)$（式 (2-1-1)）を最小に(ある場合には単に停留化)することである．具体的には，

① 区分的に滑らかな(関数 $y_0$ の近傍の)任意の関数 $y$ に対して，$I(y_0) \leq I(y)$ を満たすような区分的に滑らかな関数 $y_0$ が存在するか？（局所的最小(極小) (local or relative minimum) の存在）

② もし存在するときに，$I(y)$ を最小化する区分的に滑らかな関数 $y_0$ は一意的であるか？（一意性）

に解答を与え，

③ その関数(曲線：積分路) $y_0$ を具体的に求めることである．

具体的にはまず，オイラー方程式(2-2 節)の解である停留関数を求め，次にその関数が最小値または最大値を与えるか否かを弁別する試験を行う．

区分的に滑らかな任意の関数 † $y$ に対して，$I(y_0) \leq I(y)$ を満たすような区分的に滑らかな関数 $y_0$ は，$I(y)$ の全体的 (global) 最小または絶対的 (absolute) 最小を実現するという．

なお，$I(y)$ を最大化する問題は $-I(y)$ を最小化する問題と等価なので，以下では基本的に最小化問題を考察する．ただ，「最小」ないし「最小曲線」という用語はなじみが薄いので，以下では主に「全体的極小」ないし「全体的極小曲線」という用語を用いる．

## 2-2 停留関数

1-4 節で定義した通り，停留関数は第 1 変分 $\delta^1 I = 0$ とする関数である．本節では停留関数の満たすべき微分方程式をはじめ，停留関数の諸性質を明らかにする．

本節で「区分的に滑らかな関数 $y_0$ が $I(y)$ を最小にする」というときには，「少なくとも弱い意味で局所的に最小にする」という意味である．また区分的に滑らかな関数の導関数 $y'(x)$ は角 (corner) において定義されない．このような場合には $y'(x)$ は角の右側では右微係数 $y'_+(x)$，また角の左側では左微係数 $y'_-(x)$ を表すものと解釈する．

■ [補助定理]

① 境界条件 $\eta(x_1) = \eta(x_2) = 0$ を満たす任意の関数 $\eta(x)$ に対して，連続関数 $f(x)$ が

$$\int_{x_1}^{x_2} f(x)\eta(x)\,dx = 0$$

† 「関数 $y_0$ の近傍」という条件を外している．

を満足するならば，$f(x) \equiv 0$ である．

**証明）** 背理法による．$f(x) \equiv 0$ ではないとすると，ある点 $x_0(x_1 < x_0 < x_2)$ において $f(x_0) \neq 0$ である．いま $f(x_0) > 0$ とすると，$f(x)$ は連続関数であるから $x_0$ を含むある有限区間 $(a,b)(x_1 < a < x_0 < b < x_2)$ において $f(x_0) > 0$ である．そこで $\eta(x)$ として，

$$\eta(x) = \begin{cases} (x-a)(b-x) & (a \leq x \leq b) \\ 0 & (x_1 < x < a, b < x < x_2) \end{cases}$$

を採用すると，

$$\int_{x_1}^{x_2} f(x)\eta(x)\,dx = \int_a^b f(x)(x-a)(b-x)\,dx > 0$$

という矛盾を生じる．■

② 境界条件 $\eta(x_1) = \eta(x_2) = 0$ を満たす1階導関数が区分的に連続な（$D^1$ 級に属する）任意の関数 $\eta(x)$ に対して，有界で区分的に連続な関数 $f(x)$ が

$$\int_{x_1}^{x_2} f(x)\eta'(x)\,dx = 0$$

を満足するならば，$f(x)$ が定義されない有限個の点 $a_i$ $(i = 0, 1, 2, \ldots, n; a_0 = x_1, a_n = x_2)$ を除いて $f(x) \equiv c$（定数）である．

**証明）** 部分積分により

$$\begin{aligned} 0 &= \int_{x_1}^{x_2} f(x)\eta'(x)\,dx = \sum_{i=1}^{n} \int_{a_{i-1}}^{a_i} f(x)\eta'(x)\,dx \\ &= \sum_{i=1}^{n} \left( [f(x)\eta(x)]_{a_{i-1}}^{a_i} - \int_{a_{i-1}}^{a_i} f'(x)\eta(x)\,dx \right) \end{aligned}$$

となる．2行目の第1項の有限個の積分端点 $a_i$ $(i = 0, 1, 2, \ldots, n)$ における $\eta(x)$ の値と第2項の積分区間の内点における $\eta(x)$ の値は独立にとることができるので，各項それぞれが任意の $\eta(x)$ に対して0でなければならない．まず第2項から，任意の $\eta(x)$ に対して

$$0 = -\sum_{i=1}^{n} \int_{a_{i-1}}^{a_i} f'(x)\eta(x)\,dx$$

でなければならないので，補助定理①により各小区間ごとに

$$f'(x) \equiv 0$$

すなわち

$$f(x) \equiv c_i \text{（定数）}$$

を得る．この $c_i$ の値は各小区間ごとに異なりうるが，第1項から任意の $\eta(a_i)$ に対して

$$0 = \sum_{i=1}^{n} [f(x)\eta(x)]_{a_{i-1}}^{a_i} = c_n\eta(a_n) - c_1\eta(a_0) + \sum_{i=1}^{n}(c_i - c_{i+1})\eta(a_i)$$

$$= c_n\eta(x_2) - c_1\eta(x_1) + \sum_{i=1}^{n}(c_i - c_{i+1})\eta(a_i) = \sum_{i=1}^{n}(c_i - c_{i+1})\eta(a_i)$$

であるためには，$c_i$ は共通すなわち

$$f(x) \equiv c$$

でなければならない．■

③ 被積分関数が全微分（完全微分）であるとき，すなわち

$$I = \int_{(x_1,y_1)}^{(x_2,y_2)} (P(x,y)\,dx + Q(x,y)\,dy),$$

$$\frac{\partial}{\partial y}P(x,y) = \frac{\partial}{\partial x}Q(x,y) = \frac{\partial^2}{\partial x \partial y}R(x,y)$$

であるとき，定積分 $I$ の値は径路によらず，端点のみで決定される．

$$I = R(x_2, y_2) - R(x_1, y_1)$$

証明）
$$I = \int_{x_1}^{x_2} \left( \frac{\partial}{\partial x}R(x,y) + \frac{\partial}{\partial y}R(x,y)\frac{dy}{dx} \right) dx$$
$$= \int_{x_1}^{x_2} \frac{dR(x,y)}{dx}\,dx = R(x_2, y_2) - R(x_1, y_1)$$
■

### 2-2-1　オイラー方程式
#### —停留関数であるための必要十分条件（極値関数であるための必要条件）

オイラー方程式（Euler equation，またはオイラー-ラグランジュ方程式 (Euler-Lagrange equation)）は前項で定めた基本問題の汎関数を停留化[†1]する条件を表す微分方程式であり，変分法理論の中核をなすものである．第3章では，基本問題をさまざまな意味で一般化した諸問題を取り扱うが，それぞれの問題に対応する汎関数を停留化する条件を表す微分方程式をも，その問題のオイラー方程式と呼ぶことになる．

**定理 2-1**　区分的に滑らかな関数 $y_0(x)$ が

$$I(y) \equiv \int_{x_1}^{x_2} F(x, y, y')\,dx$$

を弱い意味で停留にするならば，積分区間内の端点を含む[†2]任意の $x$ に対し

---

†1　閉区間 $[x_1, x_2]$ で定義された $f(x)$ が開区間 $(x_1, x_2)$ において1階および2階の連続な導関数をもち，区間 $(x_1, x_2)$ 内の点 $x_0$ において全体的ないし局所的最小値をとるとき，

$$f'(x_0) = 0 \qquad (\text{かつ } f''(x_0) \geq 0)$$

でなければならない（極小の必要条件）．

†2　両端点では左または右微係数を適宜用いる．

**てオイラー方程式**

$$\frac{\partial}{\partial y}F(x, y_0, y_0') - \frac{d}{dx}\frac{\partial}{\partial y'}F(x, y_0, y_0') = 0 \tag{2-2-1}$$

を満足する．

式 (2-2-1) の左辺第2項を詳しくかくと

$$\frac{\partial}{\partial y}F(x, y_0, y_0') - \left(\frac{\partial^2}{\partial x \partial y'}F(x, y_0, y_0') + y_0'\frac{\partial^2}{\partial y \partial y'}F(x, y_0, y_0') + y_0''\frac{\partial^2}{\partial y'^2}F(x, y_0, y_0')\right) = 0 \tag{2-2-1a}$$

となる．式 (2-2-1a) は関数 $y_0(x)$ を決定する2階常微分方程式であり，その一般解は二つの積分定数をもつが，それらは積分両端の境界条件 (2-1-1) により定まる．

**証明）** $\eta(x)$ を区間 $[x_1, x_2]$ で定義された境界条件

$$\eta(x_1) = \eta(x_2) = 0 \tag{2-2-2}$$

を満たす区分的に滑らかな任意関数とすると，任意の $\varepsilon$ に対して $y_0(x) + \varepsilon\eta(x)$ も区分的に滑らかな関数である．さらに，弱い意味で停留にするのであるから，$\varepsilon \to 0$ の極限で $y_0(x) + \varepsilon\eta(x)$ と $y_0'(x) + \varepsilon\eta'(x)$ がそれぞれ $y_0(x)$ と $y_0'(x)$ に収束する．このとき，関数

$$J(\varepsilon) \equiv \int_{x_1}^{x_2} F(x, y_0 + \varepsilon\eta, y_0' + \varepsilon\eta')\, dx \tag{2-2-3}$$

は，$y_0$ が停留関数であるという定理の仮定により

$$J'(0) = 0$$

である．

式 (2-2-3) により

$$J'(\varepsilon) = \int_{x_1}^{x_2} \left(\frac{\partial}{\partial y}F(x, y_0 + \varepsilon\eta, y_0' + \varepsilon\eta')\eta + \frac{\partial}{\partial y'}F(x, y_0 + \varepsilon\eta, y_0' + \varepsilon\eta')\eta'\right) dx$$

であるから，次式を得る．

$$J'(0) = \int_{x_1}^{x_2} \left(\frac{\partial}{\partial y}F(x, y_0, y_0')\eta + \frac{\partial}{\partial y'}F(x, y_0, y_0')\eta'\right) dx = 0 \tag{2-2-4}$$

ここで式 (2-2-4) の第2辺第2項を部分積分すると，

$$\int_{x_1}^{x_2} \frac{\partial}{\partial y'}F(x, y_0, y_0')\eta' dx = \left[\eta(x)\frac{\partial}{\partial y'}F(x, y_0, y_0')\right]_{x_1}^{x_2} - \int_{x_1}^{x_2} \eta(x)\frac{d}{dx}\frac{\partial}{\partial y'}F(x, y_0, y_0')\, dx \tag{2-2-5}$$

を得るがその右辺第1項は式 (2-2-2) により 0 であるので，式 (2-2-4, 5) より

$$\int_{x_1}^{x_2}\left(\frac{\partial}{\partial y}F(x,y_0,y_0') - \frac{d}{dx}\frac{\partial}{\partial y'}F(x,y_0,y_0')\right)\eta(x)\,dx = 0 \tag{2-2-6}$$

を得る．ここで補助定理①を適用すると，区間 $[x_1, x_2]$ のすべての $x$ において次式が成立する．

$$\frac{\partial}{\partial y}F(x,y_0,y_0') - \frac{d}{dx}\frac{\partial}{\partial y'}F(x,y_0,y_0') = 0$$

■

次の定理はオイラー方程式に関する定理 2-1 の系である．

**定理 2-2**　区分的に滑らかな関数 $y_0$ が $I(y) \equiv \int_{x_1}^{x_2} F(x,y,y')\,dx$ を弱い意味で停留にするならば，両端点を含む積分区間内の任意の $x$ に対してデュボアレイモン (du Bois-Reymond) 方程式

$$\frac{\partial}{\partial y'}F(x,y_0(x),y_0'(x)) = \int_{x_1}^{x}\frac{\partial}{\partial y}F(t,y_0(t),y_0'(t))\,dt + C$$

（$C$：定数）　(2-2-7)

が成立する．

**証明）**　式 (2-2-4) の第 2 辺第 1 項を部分積分すると，

$$\int_{x_1}^{x_2}\frac{\partial}{\partial y}F(x,y_0,y_0')\eta\,dx$$

$$= \left[\eta(x)\int^{x}\frac{\partial}{\partial y}F(t,y_0,y_0')\,dt\right]_{x_1}^{x_2} - \int_{x_1}^{x_2}\eta'(x)\int^{x}\frac{\partial}{\partial y}F(t,y_0,y_0')\,dtdx \tag{2-2-8}$$

を得るがその右辺第 1 項は式 (2-2-2) により 0 であるので，式 (2-2-4, 8) より次式を得る．

$$\int_{x_1}^{x_2}\left(\frac{\partial}{\partial y'}F(x,y_0,y_0') - \int_{x_1}^{x}\frac{\partial}{\partial y}F(t,y_0,y_0')\,dt\right)\eta'(x)\,dx = 0 \tag{2-2-9}$$

関数 $y_0(x)$ の有限個の角において $y_0'(x)$ は定義されないが，式 (2-2-9) 中の

$$\frac{\partial}{\partial y'}F(x,y_0,y_0') - \int_{x_1}^{x}\frac{\partial}{\partial y}F(t,y_0,y_0')\,dt$$

は補助定理②の条件を満たす有界で区分的に連続な関数であるので，補助定理②により

$$\frac{\partial}{\partial y'}F(x,y_0(x),y_0'(x)) = \int_{x_1}^{x}\frac{\partial}{\partial y}F(t,y_0(t),y_0'(t))\,dt + C \qquad (C：定数)$$

を得る．

■

## 2-2-2　角に関する必要条件

停留曲線 $y_0(x)$ が角 $x_c$ をもつとき，角 $x_c$ において次の定理が成立する．

**定理 2-3**　区分的に滑らかな関数 $y_0$ が $I(y) \equiv \int_{x_1}^{x_2} F(x, y, y')\,dx$ を弱い意味で停留にし，$x_c$ が角であるならば，

$$\lim_{x \to x_c - 0} \frac{\partial}{\partial y'} F(x, y_0(x), y_0'(x)) = \lim_{x \to x_c + 0} \frac{\partial}{\partial y'} F(x, y_0(x), y_0'(x)) \tag{2-2-10}$$

が成立する．

**証明)**　定理 2-2 により，積分区間の角 $x_c$ を含むすべての点において式 (2-2-7) が成立するので，とくに角 $x_c$ においても式 (2-2-10) が成立する．■

**定理 2-4**　区分的に滑らかな関数 $y_0$ が $I(y) \equiv \int_{x_1}^{x_2} F(x, y, y')\,dx$ を強い意味で極小(極大)にし，$x_c$ が角であるならば，

$$\begin{aligned} &\lim_{x \to x_c - 0} \left[ F(x, y_0(x), y_0'(x)) - y_0'(x) \frac{\partial}{\partial y'} F(x, y_0(x), y_0'(x)) \right] \\ &= \lim_{x \to x_c + 0} \left[ F(x, y_0(x), y_0'(x)) - y_0'(x) \frac{\partial}{\partial y'} F(x, y_0(x), y_0'(x)) \right] \end{aligned} \tag{2-2-11}$$

が成立する．

**証明)**　2-4-1 項で証明する．■

## 2-3　オイラー方程式の解：停留曲線

ここまでで証明したように，端点が固定されている場合の積分

$$I(y) \equiv \int_{x_1}^{x_2} F(x, y, y')\,dx, \qquad y(x_1) = y_1, y(x_2) = y_2$$

は，有限個の角で挟まれる各小区間において，$y(x)$ が次の微分方程式(オイラー方程式)の解であるとき，弱い変分に対して停留値をとる．

$$\frac{\partial F}{\partial y} - \frac{d}{dx}\left(\frac{\partial F}{\partial y'}\right) = 0 \qquad \text{(2-2-1 再掲)}$$

$$\frac{\partial F}{\partial y} - \frac{\partial^2 F}{\partial x \partial y'} - \frac{\partial^2 F}{\partial y \partial y'}\frac{dy}{dx} - \frac{\partial^2 F}{\partial y'^2}\frac{d^2 y}{dx^2} = 0 \qquad \text{(2-2-1a 再掲)}$$

独立変数 $x$ に関する 2 階の微分方程式の一般解の二つの積分定数は，$y(x)$ が二つの端点を通るという境界条件により定まる．

## ■ 2-3-1 正規曲線

変分問題の解である停留関数(極値関数) $y(x)$ を，$C^1$ 級に属する有資格関数の中から選ぶ場合はもちろん，$D^1$ 級から選ぶ場合にも，関数 $y(x)$ の 1 階導関数 $y'(x)$ が存在し，$y'(x)$ は少なくとも有限個の角で挟まれる小区間において連続である．しかし，$C^1$ 級ないし $D^1$ 級に属する関数であるという条件だけからは，2 階導関数 $y''(x)$ が存在するか否か，また存在する場合にそれが連続関数であるか否かは判断できない．次の定理は $y''(x)$ の存在と連続性を保証する十分条件を与える．

まずそのために術語を定義すると，停留曲線 $y(x)$ 上のすべての点において

$$\frac{\partial^2 F(x, y(x), y'(x))}{\partial y'^2} \neq 0$$

であるとき，その停留曲線 $y(x)$ を**正規曲線** (regular arcs)（または**正規停留曲線**）と呼ぶ．停留関数が極値関数であるための必要ないし十分条件を始め，2-4 節以下に現れるさまざまな脈絡において停留曲線が正規曲線であることを仮定することになるので，正規曲線の性質を知ることは重要である．

オイラー方程式 (2-2-1a) を 2 階常微分方程式の標準形に直すと，

$$\frac{d^2 y}{dx^2} = -\frac{\dfrac{\partial^2 F}{\partial y \partial y'}}{\dfrac{\partial^2 F}{\partial y'^2}}\frac{dy}{dx} + \frac{\dfrac{\partial F}{\partial y} - \dfrac{\partial^2 F}{\partial x \partial y'}}{\dfrac{\partial^2 F}{\partial y'^2}} \qquad \text{(2-3-1)}$$

となるので，$\partial^2 F(x_0, y(x_0), y'(x_0))/\partial y'^2 = 0$ となる停留曲線上の点 $x_0$ は，その点が分子の零点でない場合には，微分方程式 (2-3-1) の（係数）**特異点** (singular point) となる [16]．

> **定理 2-5** 停留曲線が正規曲線であるならば，2 階導関数 $y''(x)$ が存在しかつ連続である．すなわち，停留曲線の曲率が定まる．

**証明）** $y''(x)$ は式 (2-3-1) により与えられる．その右辺に現れる関数はいずれも変数 $x$ の連続関数であるから，停留曲線 $y(x)$ 上の任意の点において $\partial^2 F(x, y(x), y'(x))/\partial y'^2 \neq 0$ であるならば，$d^2 y/dx^2$ は存在しかつ連続関数である． ■

こうして，停留曲線が正規曲線であるならば，その2階導関数 $y''(x)$ は $x, y, y'$ の関数

$$y''(x) = s(x, y, y')$$

として表される．これを $y(x)$ の2階常微分方程式とみると，この微分方程式はある停留曲線 $\Gamma_0$ 上の点 $(x_c, y_0(x_c))$ の十分小さい近傍において（リプシッツ条件を満足するので），点 $(x_c, y_0(x_c))$ を通る一意的な解をもつ[16]．それゆえ，その解は二つの積分定数 $m_1, m_2$ をもつ関数

$$y(x) = h(x, m_1, m_2) \tag{2-3-2}$$

と表すことができる．停留曲線の集合を式(2-3-2)と表したとき，ある停留曲線 $\Gamma_0$ は，積分定数の組 $(m_1, m_2)$ にある具体的な値の組

$$(m_1, m_2) = (m_{10}, m_{20})$$

を割り当てたものである．言い換えれば，$(m_{10}, m_{20})$ のある近傍にある $(m_1, m_2)$ に対応する停留曲線が式(2-3-2)である．このとき，停留曲線 $\Gamma_0$ は停留曲線の集合(2-3-2)の中に**はめこまれている** (to be embedded)，という．

積分定数の組 $(m_1, m_2)$ には種々の意味を有するものを選ぶことができる．その典型的なものは $x = x_c$ における関数の値と勾配

$$m_1 = y_0(x_c), \qquad m_2 = y_0'(x_c)$$

である．この場合，次のようになる．

$$y_0(x_c) = h(x_c, y_0(x_c), y_0'(x_c)), \qquad y_0'(x_c) = h'(x_c, y_0(x_c), y_0'(x_c))$$

こうして，ある点 $x = x_c$ における関数の値 $y_0(x_c)$ と勾配 $y_0'(x_c)$ を指定すると，一つの停留曲線が決定される．したがって，一般にある点Pの座標を $\mathrm{P}(x_c, y_0(x_c))$ とすると，点Pにおけるそれぞれの勾配が $y_0'(x_c)$ であるような点Pを通る停留曲線の**束** (pencil) を描くことができる．なお，以上の議論は停留曲線が正規曲線であるという前提の上に成立するものであるから，もし，停留曲線が正規曲線ではなくその上の点 $\mathrm{P}(x_c, y_0(x_c))$ においてすべての $y_0'(x_c)$ の値に対して $\partial^2 F(x_c, y_0(x_c), y_0'(x_c))/\partial y'^2 = 0$ となる場合には，点Pを通る停留曲線の束が存在しない．

たとえば，被積分関数が

$$F(x, y, y') = G(x, y)H(y') \tag{2-3-3}$$

の型であるとき，

$$G(x, y) = 0$$

で表される曲線上のすべての点において，かつすべての $y'$ の値に対して

$$\frac{\partial^2 F(x,y,y')}{\partial y'^2}=0$$

である．

被積分関数が式 (2-3-3) であるとき，オイラー方程式は

$$\frac{\partial G}{\partial y}H-\frac{\partial G}{\partial x}\frac{\partial H}{\partial y'}-\frac{\partial G}{\partial y}\frac{\partial H}{\partial y'}\frac{dy}{dx}-G\frac{\partial^2 H}{\partial y'^2}\frac{d^2 y}{dx^2}=0 \tag{2-3-4}$$

である．曲線 $G(x,y)=0$ 上の点 $(x,y)$ において式 (2-3-4) は

$$\frac{\partial G}{\partial y}H-\frac{\partial G}{\partial x}\frac{\partial H}{\partial y'}-\frac{\partial G}{\partial y}\frac{\partial H}{\partial y'}y'=0 \tag{2-3-5}$$

となるが，与えられた $(x,y)$ について式 (2-3-5) は $y'$ の代数方程式であり，その解はいくつかの離散的な値 $y'_k(k=1,2,\ldots,n)$ をとるにすぎない．しかもそれぞれの $y'_k$ に対応する停留曲線は，一般に 1 本のみでなく無限に存在する．なぜならば，

$$\frac{\partial^2 F(x,y,y')}{\partial y'^2}=0$$

であるために，$y''(x)$ ひいては曲率を決定する式 (2-3-1) が

$$\frac{\partial^2 F}{\partial y'^2}\frac{d^2 y}{dx^2}=\frac{\partial F}{\partial y}-\frac{\partial^2 F}{\partial x\partial y'}-\frac{\partial^2 F}{\partial y\partial y'}\frac{dy}{dx}=\frac{\partial F}{\partial y}-\frac{d}{dx}\left(\frac{\partial F}{\partial y'}\right)$$

すなわち，次のように不定形になるからである．

$$0\frac{d^2 y}{dx^2}=0$$

## ■ 2-3-2　オイラー方程式のいくつかの特別な場合に対する解

以下に示すように，汎関数 $I$ の被積分関数 $F(x,y,y')$ が $x,y,y'$ のいずれかを含まない場合には，オイラー方程式 (2-2-1, 1a) は一般に階数が下がりより簡単な方程式となる．

**(1)**　被積分関数 $F(x,y,y')$ が $y'$ を陽に含まないとき，すなわち $F(x,y,y')=F(x,y)$ である場合

式 (2-2-1) は

$$\frac{\partial F}{\partial y}=0 \tag{2-3-6}$$

となる．この場合はオイラー方程式が $y$ の微分方程式ではなく代数方程式となる．このケースは $F$ の形態的分類上 **(1)** としたが，実は後述の **(5)** の一例にすぎない．

**(2)**　被積分関数 $F(x,y,y')$ が $y$ を陽に含まないとき，すなわち $F(x,y,y')=F(x,y')$ である場合

式 (2-2-1) は

$$\frac{\partial F}{\partial y'} = c\ (\text{定数}) \tag{2-3-7}$$

となる．

**例 2-1　与えられた 2 点間の最短距離を与える曲線(解)** (例 1-6 再訪)

この問題を極座標で解くと

$$ds = \sqrt{dr^2 + r^2 d\theta^2}$$

であるから，被積分関数が従属変数 ($\theta$) に依存しないように独立変数を通常とは逆に $r$ とすると，

$$I(\theta) = \int_{(r_1,\theta_1)}^{(r_2,\theta_2)} \sqrt{1 + r^2 \left(\frac{d\theta}{dr}\right)^2}\, dr$$

となる．したがって，オイラー方程式は

$$\frac{r^2 \dfrac{d\theta}{dr}}{\sqrt{1 + r^2 \left(\dfrac{d\theta}{dr}\right)^2}} = c$$

であり，これから

$$\left(\frac{d\theta}{dr}\right)^2 = \frac{c^2}{r^2(r^2 - c^2)} \quad \text{すなわち} \quad \frac{dr}{d\theta} = \frac{r}{c}\sqrt{r^2 - c^2}$$

を得る．その解は

$$c = r\sin(\theta + \varphi_0)$$

すなわち，直線の極方程式である．■

2 点を最短距離で結ぶ曲線は明らかに線分であるが，これが確かに変分問題の最小値を与えることは 2-4-11 項で示す(例 2-11)．

**例 2-2　測地線(geodesics，曲面上の 2 点を結ぶ最短曲線)**

次に，地球表面のような球面(半径 $r_0$，原点中心)上の 2 点 $(r_0, \theta_1, \varphi_1)$，$(r_0, \theta_2, \varphi_2)$ (球座標，図 6-3)を最短距離でつなぐ球面上の曲線を求める．球面に沿う 2 点間の距離は

$$I(\varphi) = r_0 \int_{(r_0,\theta_1,\varphi_1)}^{(r_0,\theta_2,\varphi_2)} \sqrt{1 + \sin^2\theta \left(\frac{d\varphi}{d\theta}\right)^2}\, d\theta$$

であり，被積分関数は従属変数 $\varphi$ を陽に含まないので式 (2-3-7) により

$$\frac{\partial}{\partial\left(\dfrac{d\varphi}{d\theta}\right)}\sqrt{1+\sin^2\theta\left(\frac{d\varphi}{d\theta}\right)^2}=\frac{\dfrac{d\varphi}{d\theta}\sin^2\theta}{\sqrt{1+\sin^2\theta\left(\dfrac{d\varphi}{d\theta}\right)^2}}=C=\sin s=\text{定数}$$

とおくことができる．これを $d\varphi/d\theta$ について解き，積分すると，

$$\varphi=\int\frac{\sin s}{\sin\theta\sqrt{\sin^2\theta-\sin^2 s}}d\theta+\varphi_0$$

となるので，変数変換

$$\theta=\tan^{-1}\frac{1}{t}$$

を行うと，積分することができ

$$\varphi-\varphi_0=-\int\frac{1}{\sqrt{1/\tan^2 s-t^2}}dt=\cos^{-1}(t\tan s)$$

すなわち

$$\cos(\varphi-\varphi_0)=\frac{\tan s}{\tan\theta}$$

を得る．両辺に $r_0\sin\theta$ をかけてデカルト座標に変換すると，これは

$$x\cos\varphi_0+y\sin\varphi_0=z\tan s$$

すなわち，座標原点を通る平面の方程式である．ゆえに，解である，原点を中心とする半径 $r_0$ の球の測地線は，その球と中心を通る平面の交線，すなわち大円の弧である．これが確かに最小値を与えることは 2-4-11 項の例 2-12 で示す．■

**(3)**　被積分関数 $F(x,y,y')$ が $x$ を陽に含まないとき，すなわち $F(x,y,y')=F(y,y')$ である場合

式 (2-2-1) の両辺に $y'$ をかけると

$$\frac{d}{dx}\left(F-y'\frac{\partial F}{\partial y'}\right)=0$$

を得る（演習問題 2-1）ので，式 (2-2-1) は

$$F-y'\frac{\partial F}{\partial y'}=c \tag{2-3-8}$$

となる．

**例題 2-1**　**静力学（つりあい）**　懸垂線 (catenary) (1) 長さを制限しない問題（(2) 長さを制限する問題は 3 4 節の例題 3-4 参照）

壁面上の同じ高さの 2 定点 $P_1$, $P_2$ に滑らかな釘が固定されている（図 2-1）．その二つの釘に，細いが質量を無視しえない柔軟かつ一様な綱がかけられている．点 $P_1$, $P_2$

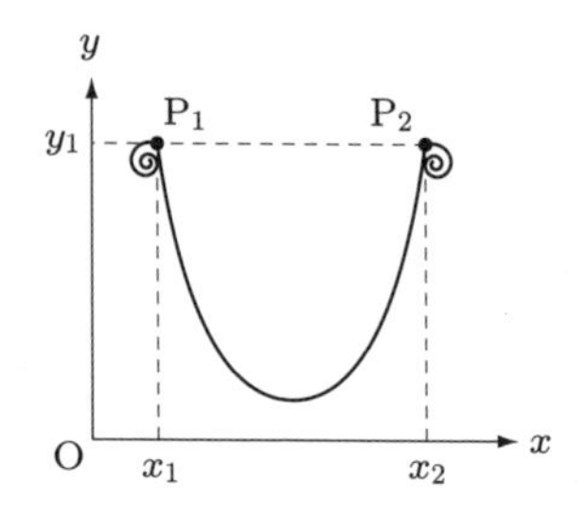


**図 2-1**　懸垂線 (1) 長さの制限なし

を両端とする綱が重力による平衡にあるときその形状を求めよ．ただし，綱は二つの釘それぞれの外側の糸巻から自由に繰り出されるようになっており，点 $\mathrm{P}_1$, $\mathrm{P}_2$ の間の綱の全長は任意である．

**解)**　綱が重力による平衡にあるとき，そのポテンシャルエネルギーは極小である．一様な綱の線密度を $\sigma$ [kg/m] とすると，2 点 $\mathrm{P}_1(x_1, y_1)$, $\mathrm{P}_2(x_2, y_1)(x_1 < x_2)$ 間の綱全体のポテンシャルエネルギーは

$$I = \int_{(x_1,y_1)}^{(x_2,y_1)} \sigma g y\, ds = \sigma g \int_{x_1}^{x_2} y \frac{ds}{dx}\, dx = \sigma g \int_{x_1}^{x_2} y \sqrt{1 + \left(\frac{dy}{dx}\right)^2}\, dx \ [\mathrm{J}]$$

であり，この汎関数を極小にする曲線 $y = y_0(x)$ を求めればよい．ここに $g$ は重力加速度 ($g = 9.8$ [m/s$^2$]) である．定数倍を除いて

$$F(x, y, y') = y\sqrt{1 + y'^2}$$

であり，$F$ は $x$ を陽に含まないので，式 (2-3-8) により，この問題のオイラー方程式は

$$y\sqrt{1 + y'^2} - \frac{yy'^2}{\sqrt{1 + y'^2}} = c$$

と積分できる．これを整理すると，

$$\left(\frac{y}{c}\right)^2 = 1 + y'^2$$

となり，その一般解は双曲線余弦関数

$$y = c \cosh \frac{x + k}{c} \qquad (c, k：積分定数) \tag{2-3-9}$$

である(演習問題 2-2)．積分定数 $c, k$ は，曲線が 2 点 $\mathrm{P}_1(x_1, y_1)$, $\mathrm{P}_2(x_2, y_1)$ を通るという条件

$$y_1 = c \cosh \frac{x_1 + k}{c} = c \cosh \frac{x_2 + k}{c}$$

により定まる．これから，

$$k = -\frac{x_1 + x_2}{2}, \qquad \frac{y_1}{c} = \cosh \frac{x_2 - x_1}{2c}$$

を得る．以下，定数 $c$ を決定する第 2 の式の解について調べる．

$$f(t) = t - \cosh mt, \qquad t \equiv \frac{y_1}{c}, \qquad m \equiv \frac{x_2 - x_1}{2y_1} \quad (>0)$$

とかくと，$f(t) = 0$ の解は，直線

$$y = t$$

と双曲線余弦関数

$$y = \cosh mt$$

の共有点の $t$ 座標 $t_0$ である（図 2-2）．

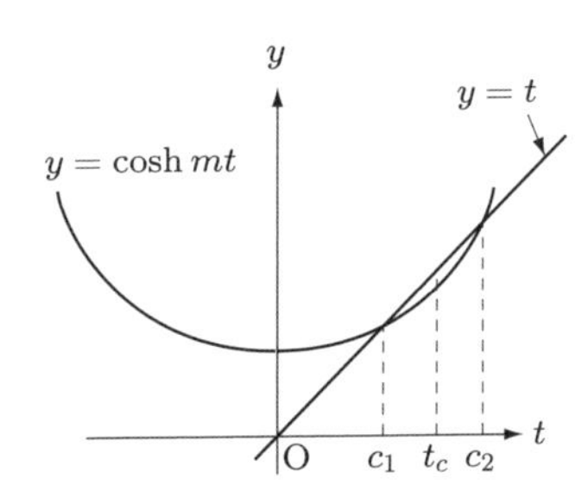


**図 2-2**　定数 $c$ の決定（$f(t_c) > 0$ の場合）

$$f'(t) = 1 - m \sinh mt$$

は単調減少関数であるから，$f'(t) = 0$ すなわち

$$\frac{1}{m} = \sinh mt_0$$

の解 $t_0$ は一つであり，その $t_0$ で $f(t)$ は最大値

$$f(t_0) = t_0 - \cosh mt_0 = \frac{1}{m}\sinh^{-1}\frac{1}{m} - \sqrt{1 + \frac{1}{m^2}}$$

をとる．したがって，

$\dfrac{1}{m}\sinh^{-1}\dfrac{1}{m} - \sqrt{1 + \dfrac{1}{m^2}} > 0$　のとき $t$ すなわち $c$ の解は二つ，

$\dfrac{1}{m}\sinh^{-1}\dfrac{1}{m} - \sqrt{1 + \dfrac{1}{m^2}} = 0$　のとき $t$ すなわち $c$ の解は一つ，

$\dfrac{1}{m}\sinh^{-1}\dfrac{1}{m} - \sqrt{1 + \dfrac{1}{m^2}} < 0$　のとき $t$ すなわち $c$ の解は存在しない． ■

停留曲線の解として得られた懸垂線 (1) (2-3-9) において $c$ の解が二つ存在するときの大きいほうの $c$ が実際に重力ポテンシャルエネルギーを極小にする曲線であることを 2-4-6 項の例題 2-5 で示す．

**(4)**　被積分関数 $F(x, y, y')$ が $x, y$ を陽に含まないとき，すなわち $F(x, y, y') = F(y')$ である場合

$$F(y') = C \quad \text{すなわち} \quad y' = c \tag{2-3-10}$$

である．

ところで一般に変分問題の中には，曲線 $y = g(x)$ に沿った線積分

$$I = \int_{(x_1,y_1)}^{(x_2,y_2)} f\left(x, y, \frac{dy}{dx}\right) ds = \int_{x_1}^{x_2} f\left(x, y, \frac{dy}{dx}\right) \sqrt{1 + \left(\frac{dy}{dx}\right)^2}\, dx$$

が数多く現れる．たとえば

$$I(y) = \int_{(x_1,y_1)}^{(x_2,y_2)} y^n\, ds = \int_{x_1}^{x_2} y^n \sqrt{1 + \left(\frac{dy}{dx}\right)^2}\, dx \tag{2-3-11}$$

において，

(1) $n = 0$ の場合　（「例 2-3」として間もなく現れる）

(2) $n = 1$ の場合　$x$ 軸まわりの回転体の表面積（(**3**) 例題 2-1 懸垂線，例題 2-4 極小回転曲面に後出）

(3) $n = -1/2$ の場合　（例 1-9 および例題 2-3 最速降下線に後出）

がある．

この場合の被積分関数の一般形は

$$F(x, y, y') = f(x, y, y')\sqrt{1 + y'^2}$$

でありその中に $y'$ は必ず現れるが，比較的単純な問題においては被積分関数の中に独立変数 $x$ および従属変数 $y$ が陽に現れない場合

$$F(x, y, y') = F(y')$$

がある．このような場合に被積分関数 $F(x, y, y')$ が $y'$ のみの式となる．このとき，オイラー方程式の解すなわち停留曲線は式 (2-3-10) により，線分または複数の線分からなる折れ線に限られる．このうちもっとも単純な積分の両端点 $(x_1, y_1), (x_2, y_2)$ を結ぶ線分

$$y_0(x) = \frac{y_2 - y_1}{x_2 - x_1}(x - x_1) + y_1 = c(x - x_1) + y_1, \qquad c \equiv y_0' = \frac{y_2 - y_1}{x_2 - x_1}$$

を考えると，$y_0(x)$ が条件

$$\frac{\partial^2 F(y_0')}{\partial y'^2} = \frac{\partial^2 F(c)}{\partial y'^2} > 0$$

を満たすとき，弱い意味の局所極小曲線であることが以下のようにわかる．

弱い意味の変分

$$y(x) = y_0(x) + \varepsilon\eta(x) \tag{1-4-4 再掲}$$

において，$y_0(x)$ を両端点を結ぶ線分とすると，

$$\Delta I = \int_{x_1}^{x_2} \left( \frac{\partial F(y_0')}{\partial y'} \varepsilon \eta'(x) + \frac{1}{2} \frac{\partial^2 F(y_0')}{\partial y'^2} (\varepsilon \eta'(x))^2 + O(\varepsilon^3) \right) dx$$

$$= \int_{x_1}^{x_2} \left( \frac{\partial F(c)}{\partial y'} \varepsilon \eta'(x) + \frac{1}{2} \frac{\partial^2 F(c)}{\partial y'^2} (\varepsilon \eta'(x))^2 + O(\varepsilon^3) \right) dx$$

$$= \varepsilon \frac{\partial F(c)}{\partial y'} \int_{x_1}^{x_2} \eta'(x)\, dx + \frac{\varepsilon^2}{2} \frac{\partial^2 F(c)}{\partial y'^2} \int_{x_1}^{x_2} (\eta'(x))^2\, dx + O(\varepsilon^3)$$

$$= \varepsilon \frac{\partial F(c)}{\partial y'} (\eta(x_2) - \eta(x_1)) + \frac{\varepsilon^2}{2} \frac{\partial^2 F(c)}{\partial y'^2} \int_{x_1}^{x_2} (\eta'(x))^2 dx + O(\varepsilon^3)$$

$$= \frac{\varepsilon^2}{2} \frac{\partial^2 F(c)}{\partial y'^2} \int_{x_1}^{x_2} (\eta'(x))^2\, dx + O(\varepsilon^3)$$

を得るので，任意の $\eta'(x) \not\equiv 0$ に対して $\Delta I > 0$ となるからである（十分条件）．この議論から明らかなように，もし任意の実数 $k$ について $\partial^2 F(k)/\partial y'^2 > 0$ が成立するならば，$y_0(x)$ は弱い意味の全体的極小曲線である．

**例題 2-2** $I(y) = \int_{x_1}^{x_2} \left( \frac{dy}{dx} \right)^n dx$ の型　　**端点固定**：$(x_1, y_1), (x_2, y_2)$

$n = 2$ の場合（その他の $n$ $(n = 1, 1/2, 3/2, -1, 3, 4)$ は演習問題 2-6）

$$I(y) = \int_{x_1}^{x_2} \left( \frac{dy}{dx} \right)^2 dx$$

を全体的極小にする曲線を求めよ．

解） 積分の両端点 $(x_1, y_1), (x_2, y_2)$ を結ぶ線分

$$y_0(x) = \frac{y_2 - y_1}{x_2 - x_1}(x - x_1) + y_1 = c(x - x_1) + y_1, \quad c \equiv y_0' = \frac{y_2 - y_1}{x_2 - x_1} \tag{2-3-12}$$

が強い意味の全体的極小曲線・最小曲線である．なぜならば，任意の $(x, y)$ に対して一般論で示した，十分条件

$$\frac{\partial^2 F(y')}{\partial y'^2} = 2 > 0$$

を満たしているからである．実際，任意の

$$y(x) = y_0(x) + \delta y(x)$$

を考えると，次のようになる．

$$I(y) = \int_{x_1}^{x_2} (y_0' + \delta y'(x))^2\, dx = \int_{x_1}^{x_2} (c^2 + 2c\delta y'(x) + (\delta y'(x))^2)\, dx$$

$$= c^2(x_2 - x_1) + 2c(\delta y(x_2) - \delta y(x_1)) + \int_{x_1}^{x_2} (\delta y'(x))^2\, dx$$

$$= c^2(x_2 - x_1) + \int_{x_1}^{x_2} (\delta y'(x))^2\, dx \geq c^2(x_2 - x_1) = I(y_0)$$

■

**例 2-3**　**与えられた 2 点間の最短距離を与える曲線(解)**(例 1-6 再訪)

例 2-1 で極座標を用いて解いた問題をデカルト座標で解く.

$$I(y) = \int_{(x_1,y_1)}^{(x_2,y_2)} ds = \int_{x_1}^{x_2} \sqrt{1+\left(\frac{dy}{dx}\right)^2}\,dx, \qquad F = \sqrt{1+y'^2}$$

$F$ が $y$ を陽に含まないのでオイラー方程式は式 (2-3-7) すなわち

$$\frac{\partial F}{\partial y'} = \frac{y'}{\sqrt{1+y'^2}} = c$$

である. したがって, $y'$ そのものが定数であり, その解は当然ながら

$$y = ax + b$$

すなわち直線である. その係数 $a, b$ は直線が 2 端点を通るという条件から一意的に定まる. 例 2-13 でこれが実際に極小曲線であることを確認する. ■

**(5)**　オイラー方程式が微分方程式でない場合

$F(x, y, y')$ が考えている領域全体において恒等的に

$$\frac{\partial^2 F}{\partial y'^2} = 0 \tag{2-3-13}$$

である場合, すなわち停留曲線が存在するとき, それが**正規曲線でない場合**を考える. 微分方程式 (2-3-13) の一般解は

$$F = y'A(x, y) + B(x, y) \tag{2-3-14}$$

とかける. このとき, オイラー方程式は

$$\begin{aligned} \frac{\partial F}{\partial y} - \frac{d}{dx}\frac{\partial F}{\partial y'} &= y'\frac{\partial A}{\partial y} + \frac{\partial B}{\partial y} - \frac{dA}{dx} = y'\frac{\partial A}{\partial y} + \frac{\partial B}{\partial y} - \frac{\partial A}{\partial x} - y'\frac{\partial A}{\partial y} \\ &= \frac{\partial B}{\partial y} - \frac{\partial A}{\partial x} = 0 \end{aligned} \tag{2-3-15}$$

となり, 未知関数 $y$ に関する($y'$ を含まないので微分方程式でない)代数方程式と化している. その結果, 解に積分定数が含まれないので, 境界条件を自由に課すことができない.

**(5)-1**　オイラー方程式が恒等式である場合

$$\begin{pmatrix} A(x,y) \\ B(x,y) \end{pmatrix} = \begin{pmatrix} \partial/\partial y \\ \partial/\partial x \end{pmatrix} \varphi(x, y)$$

を満たす $\varphi(x, y)$ が存在することと, 式 (2-3-15) が恒等式であることは同値である. この場合, 2-2 節の補助定理③により式 (2-3-14) を被積分関数とする積分は, 径路によらず端点の値 $y(x_1) = y_1, y(x_2) = y_2$ のみに依存する. 確かに

$$I(y) = \int_{x_1}^{x_2} F(x, y, y')\,dx = \int_{x_1}^{x_2} \left( y' \frac{\partial \varphi}{\partial x} + \frac{\partial \varphi}{\partial y} \right) dx$$
$$= \int_{x_1}^{x_2} \frac{d\varphi(x, y)}{dx}\,dx = \left[ \varphi(x, y) \right]_{x_1}^{x_2}$$

となり，径路に依存しない．

**例 2-4**　**力学において仕事を表す積分における保存力**

保存力 $f(x)$ はポテンシャル $\varphi(x)$ の勾配と表すことができる．

$$f(x) = -\frac{d}{dx}\varphi(x)$$

このとき，仕事の積分は

$$W = \int_{x_1}^{x_2} f(x)\,dx = -\int_{x_1}^{x_2} \frac{d}{dx}\varphi(x)\,dx = \varphi(x_1) - \varphi(x_2)$$

である．■

**(5)-2**　オイラー方程式の解がない場合

オイラー方程式 (2-3-15) が恒等的に満たされない場合である．

たとえば

$$F(x, y, y') = y'x - y$$

であるとき，オイラー方程式は

$$\frac{\partial F}{\partial y} - \frac{d}{dx}\frac{\partial F}{\partial y'} = \frac{\partial B}{\partial y} - \frac{\partial A}{\partial x} = -1 - 1 \neq 0$$

となるので，解は存在しない．

**(5)-3**　両端点の位置によりオイラー方程式の解の有無が決まる場合

代数方程式であるオイラー方程式 (2-3-15) の解である関数が存在するが，それが，両端点 $(x_1, y_1), (x_2, y_2)$ における境界条件を満たすか否かにより解の有無が決まる場合である．

たとえば

$$F(x, y, y') = y' + x^2 + y^2$$

であるとき，オイラー方程式は

$$2y = 0$$

となるので，その解は

$$y = 0 \quad (x\text{ 軸})$$

と確定する．これが変分問題の解であるためには，両端点 $(x_1, y_1), (x_2, y_2)$ が曲線 $y = 0$ 上になければならない．つまり，両端点が $x$ 軸上にあれば停留曲線(解)は存在するが，$x$ 軸上になければ存在しない．

(**1**) および (**5**)-**1**〜**3** の三つの場合はオイラー方程式が微分方程式でなく，「停留(極値)曲線を求める」という変分問題にそぐわないので，今後は取り扱わない．

**例 2-5** ハミルトンの原理(動力学)

第6章で説明する． ■

**例 2-6** フェルマーの原理(光学)

平面内の与えられた2点 $P_1(x_1, y_1)$, $P_2(x_2, y_2)$ を最小(極小)の時間で通過する光線の径路を見出す問題を考える．

ここでは同じ点における媒質の物性は方向に依存しない，等方性媒質 (isotropic media) に限定する †．

この問題は汎関数

$$I = \int_{(x_1,y_1)}^{(x_2,y_2)} \frac{1}{c(x,y)}\, ds = \int_{x_1}^{x_2} \frac{1}{c(x,y)} \sqrt{1 + \left(\frac{dy}{dx}\right)^2}\, dx$$

を最小(極小)化する関数(曲線) $y(x)$ を求める変分問題に帰着する．ここに $c(x, y)$ は点 $(x, y)$ における光の伝播速度 (celerity) である．

この変分問題のオイラー方程式は

$$\sqrt{1 + \left(\frac{dy}{dx}\right)^2}\, \frac{\partial}{\partial y} \frac{1}{c(x,y)} - \frac{d}{dx}\left(\frac{1}{c(x,y)} \frac{dy/dx}{\sqrt{1 + (dy/dx)^2}}\right) = 0$$

である．ここで媒質の(絶対)屈折率

$$n(x,y) = \frac{c_0}{c(x,y)}$$

を導入すると，より簡明な式

$$\sqrt{1 + \left(\frac{dy}{dx}\right)^2}\, \frac{\partial n(x,y)}{\partial y} - \frac{d}{dx}\left(\frac{n(x,y)(dy/dx)}{\sqrt{1 + (dy/dx)^2}}\right) = 0 \qquad \text{(2-3-16)}$$

を得る．ここに $c_0 = 299\,792\,458$ m/s は真空中の光速である．

i） もっとも簡単な例として，$y$ 軸の左右に屈折率の異なる媒質(たとえば空気と水)がありそれらが $y$ 軸を境界として接している場合を考える(図 2-3)．このとき

† 結晶のような非等方性媒質 (anisotropic media) 内では，媒質の物性たとえば光の伝播速度は同じ点においても方向により異なる．

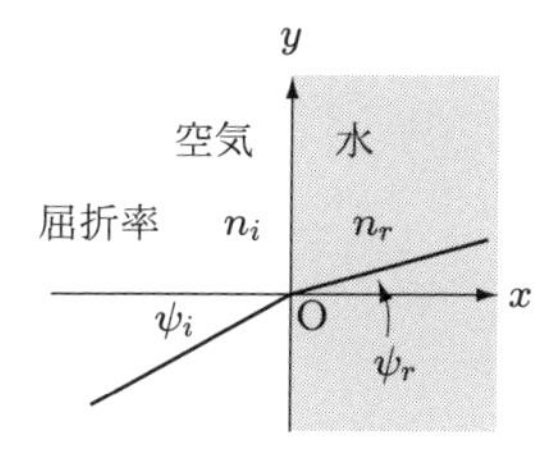


**図 2-3**　屈折率の異なる媒質の境界における屈折

$$n(x,y) = \begin{cases} n_i：空気の屈折率 & (x<0) \\ n_r：水の屈折率 & (x>0) \end{cases}$$

となり，屈折率は $y$ に依存しないので式 (2-3-16) は

$$\frac{d}{dx}\left(\frac{n(x,y)(dy/dx)}{\sqrt{1+(dy/dx)^2}}\right) = 0$$

すなわち

$$\frac{n(x)(dy/dx)}{\sqrt{1+(dy/dx)^2}} = n(x)\frac{dy}{\sqrt{(dx)^2+(dy)^2}} = n(x)\frac{dy}{ds} = C\ (一定) \tag{2-3-17}$$

である．境界の左右両側ではそれぞれ

$$\frac{dy}{ds} = C'\,(一定)$$

となり，これは曲線と $x$ 軸のなす角を $\psi$ とすると $\sin\psi = C'$（一定）を意味するので，この方程式の解曲線は直線である．また境界の両側での入射角と屈折角をそれぞれ $\psi_i, \psi_r$ とすると（図 2-3），式 (2-3-17) から

$$n_i \sin\psi_i = n_r \sin\psi_r$$

すなわち，光の屈折に関する経験則であるスネルの法則

$$\frac{\sin\psi_i}{\sin\psi_r} = \frac{n_r}{n_i} = 相対屈折率$$

を得る．

ii）$n(x,y)$ が任意であるもっとも一般的な場合を考える．このとき式 (2-3-16) は

$$\frac{\partial n(x,y)}{\partial y} - \frac{d}{ds}(n(x,y)\sin\psi) = 0 \tag{2-3-18}$$

となる．さて，各点 $(x,y)$ において屈折率の勾配ベクトル

$$\nabla n(x,y) \equiv \left(\frac{\partial n(x,y)}{\partial x},\ \frac{\partial n(x,y)}{\partial y}\right)$$

の方向が屈折率がもっとも急激に変化する方向であり，それに垂直な方向が屈折率＝一定の方向，すなわち屈折率の異なる媒質の局所的な境界である．その境界方向を $y$

軸にとると，式 (2-3-18) は停留曲線に沿って

$$n(x,y)\sin\psi$$

が一定であること，すなわちもっとも一般的なスネルの法則を表す．■

この停留曲線が極小曲線であることを例 2-13 で示す．

**例題 2-3　最速降下線**(例 1-9 再訪)

与えられた点 $P_1$ から下方の点 $P_2$ に向かい，鉛直面内で結ぶ滑らかな曲線に沿って，静止状態から重力を受けつつすべり降りる粒子を考える．このとき最小の到達時間を実現する曲線，すなわち最速降下線 (Brachistochrone) を求めよ．

**解**）一般性を失うことなく上方の出発点 $P_1$ を原点 $(0,0)$ とし，$x$ 軸を水平方向，$y$ 軸を鉛直下向きにとり，下方の到達点の座標を $P_2(x_2, y_2)$ とする(図 2-4)．この系において，粒子の鉛直座標が $y$ の位置にあるとき粒子の速さは初等動力学によれば

$$v = \sqrt{2gy} \qquad (g：重力加速度)$$

である．したがって，点 $P_1$ から点 $P_2$ までの到達時間は

$$T = \int_{(0,0)}^{(x_2,y_2)} \frac{ds}{v} = \frac{1}{\sqrt{2g}} \int_0^{x_2} \frac{1}{\sqrt{y}} \sqrt{1 + \left(\frac{dy}{dx}\right)^2}\, dx$$

と表現できる．被積分関数は独立変数 $x$ に依存しないのでそのオイラー方程式は

$$\frac{1}{\sqrt{y}}\sqrt{1+(dy/dx)^2} - \frac{(dy/dx)^2}{\sqrt{y}\sqrt{1+(dy/dx)^2}} = C$$

に帰着する．これは

$$y = \frac{1}{C^2\left[1+(dy/dx)^2\right]} \tag{2-3-19}$$

と簡単化できる．停留曲線の点 $(x,y)$ における接線と $x$ 軸正方向のなす角を $\psi$ とおくと(図 2-5)

$$\frac{dy}{dx} = \tan\psi \tag{2-3-20}$$

であるから，これを式 (2-3-19) に代入すると，

$$y = \frac{1}{C^2}\cos^2\psi = \frac{1}{2C^2}(1+\cos 2\psi) \tag{2-3-21}$$

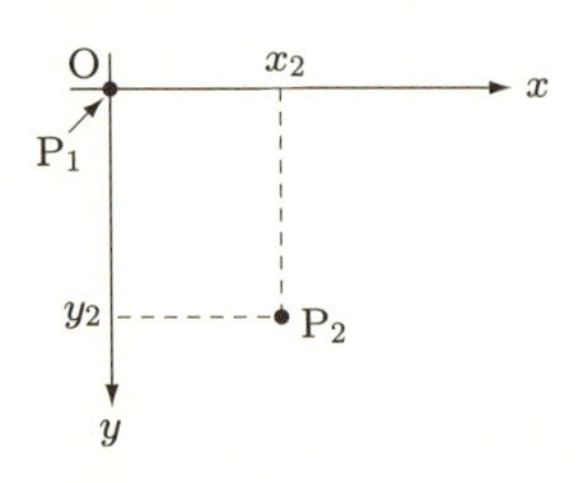


**図 2-4**　その間の最速降下線を求める鉛直面内の 2 点 $P_1$，$P_2$

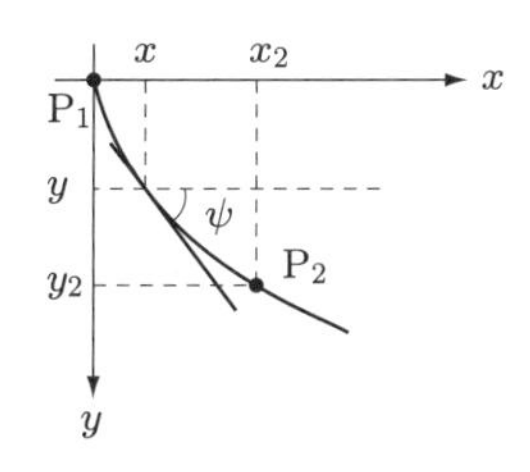


図 **2-5** 最速降下線(サイクロイド)

である．また式 (2-3-20, 21) より

$$dx = \cot\psi dy = -\frac{1}{C^2}\sin 2\psi \cot\psi\, d\psi = -\frac{1}{C^2}(1+\cos 2\psi)\, d\psi$$

となるので，さらに積分して

$$x = D - \frac{1}{2C^2}(2\psi + \sin 2\psi) \tag{2-3-22}$$

を得る．式 (2-3-21, 22) はサイクロイド(図 2-5)である．

初期条件 $(x,y)=(0,0)$ を課すと，式 (2-3-21) より $\psi=\pi/2$，式 (2-3-22) より $D=\pi/(2C^2)$ を得るので

$$x = \frac{1}{2C^2}(\pi - 2\psi + \sin 2\psi) \tag{2-3-23}$$

となり，残る積分定数 $C^2$ は $\mathrm{P}_2(x_2, y_2)$ を曲線が通ることから定まる．

停留曲線であるサイクロイド (2-3-21, 22) が極小曲線であることは，2-4-11 項で示す． ■

**例題 2-4** **極小回転曲面 (minimal surfaces)**

$x$ 軸上ないし第 1，2 象限に $y$ 座標の等しい 2 点 $\mathrm{P}_1(x_1,y_1)$, $\mathrm{P}_2(x_2,y_1)$ がある，$\mathrm{P}_1$ と $\mathrm{P}_2$ を結ぶ曲線 $y=y(x)\geq 0$ $(x_1\leq x\leq x_2)$ のうちこれを $x$ 軸のまわりに回転させてできる回転体の表面積が最小になるものを求めよ．

**解)** 回転体の表面積 $S$ は

$$S = 2\pi\int_{(x_1,y_1)}^{(x_2,y_1)} y\, ds = 2\pi\int_{x_1}^{x_2} y\sqrt{1+\left(\frac{dy}{dx}\right)^2}\, dx$$

である．この汎関数はすでに (**3**) 例題 2-1 に現れた．本問題ではその結果において定数 $\sigma g$ を $2\pi$ で置き換えればよい．したがって，解である極小曲線は懸垂線

$$y = \frac{C_1}{2\pi}\cosh\frac{2\pi(x-C_2)}{C_1}$$

である(図 2-6)．$C_1, C_2$ は 2 点 $\mathrm{P}_1(x_1,y_1), \mathrm{P}_2(x_2,y_1)$ を通るという境界条件により定まる． ■

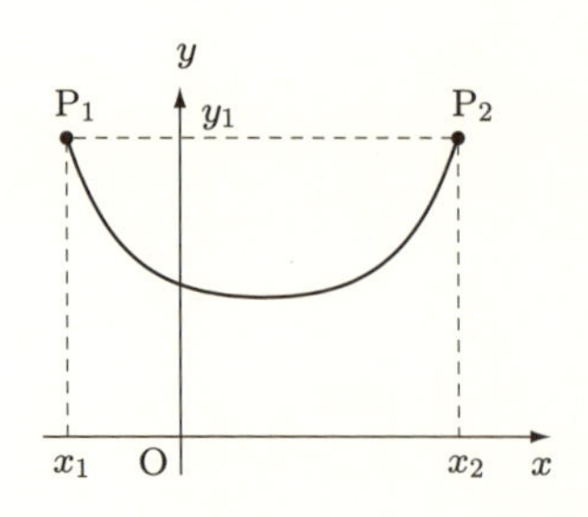


図 **2-6**　極小回転曲面を与える曲線(懸垂線)

## 2-4　停留関数が極値関数であるための必要条件と十分条件

オイラーの方程式の解 $y_0(x)$ は汎関数 $I(y) \equiv \int_{x_1}^{x_2} F(x, y, y')\,dx$ を停留化する関数である．停留化する関数であることは極値関数であるための必要条件であるが，それが実際に極値関数であるか否かを見極めるためには汎関数の第2変分(式 (1-4-16))を調べる必要がある．それはちょうど微分積分学において，1変数の極値問題を調べるために1階導関数が0であるという停留条件に加えて，2階導関数の符号を調べなければならないことに対応する．

本節では，停留関数が極値関数(曲線)であるための(不等式型の)必要条件と十分条件を考察する．

### 2-4-1　ヴァイエルシュトゥラスの $E$ 関数と，強い意味の変分まで考慮した局所的最小(最大)[極小(極大)]の必要条件

本項では，強い意味の変分まで考慮したときに停留関数が極値関数であるためのヴァイエルシュトゥラスの必要条件を確立する．なお，ヴァイエルシュトゥラスの必要条件は理論が進んだ2-4-9項でより簡明な方法で証明する．また，3-2-5項では従属変数が二つある場合に拡張する．

まずヴァイエルシュトゥラスの $E$ 関数を導入する．関数

$$E(x, y, p_1, p_2) \equiv F(x, y, p_2) - F(x, y, p_1) - (p_2 - p_1)\frac{\partial}{\partial p}F(x, y, p_1)$$

を**ヴァイエルシュトゥラスの** $E$ **関数** (excess function of Weierstrass) と呼ぶ．これは被積分関数 $F(x, y, p)$ を変数 $p$ について $p_1$ のまわりでテイラー展開し，1次の項までとったときの剰余である．

**定理 2-6　ヴァイエルシュトゥラスの必要条件**　区分的に滑らかな関数 $y_0$ が

$$I(y) \equiv \int_{x_1}^{x_2} F(x, y, y')\,dx$$

を強い意味で（少なくとも）局所的に最小（極小）にするとき，区間 $[x_1, x_2]$ 内のすべての $x$ および任意の実数 $p$ に対して

$$E(x, y_0(x), y_0'(x), p) \geq 0$$

である．ただし，角において $y_0'(x)$ は右または左微係数を意味するものとする．

**証明）**　図 2-7 のように $t$ を区間 $[x_1, x_2]$ 内の角ではない点の $x$ 座標とする．区間 $(t, x_2]$ 内の $t$ に十分近い点 $u$ を選び区間 $[t, u)$ 内に角を含まないようにする．このとき，関数

$$z(s; t) \equiv y_0(t) + p(s - t) \qquad （点 (t, y_0(t)) を通り傾き p の直線）$$

を定義する．ここに $p$ は任意の実数である．さらに区間 $[t, u)$ 内の任意の点を $v$ とし，関数

$$w(s; v) \equiv y_0(s) + \frac{z(v; t) - y_0(v)}{u - v}(u - s)$$

を定義する．これらを用いて関数 $y(s)$ を

$$y(s) \equiv y_0(s) \qquad [x_1, t] \quad および \quad [u, x_2]$$

$$y(s) \equiv z(s; t) \qquad [t, v]$$

$$y(s) \equiv w(s; v) \qquad [v, u]$$

と定義すると，$y(s)$ は区間 $[t, u]$ 以外においては極値関数 $y_0(s)$ に一致する有資格関数であることがわかる†．図 2-7 のように，実数 $p$ が正のとき $y(s)$ は $y_0(s)$ の上側にあり，負のとき下側

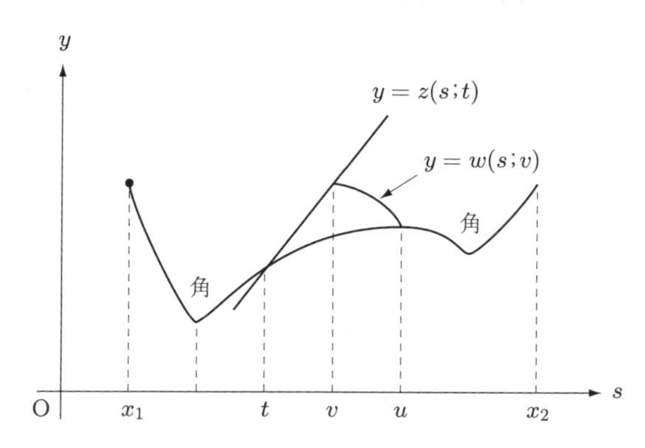


図 **2-7**　ヴァイエルシュトゥラスの必要条件の証明に用いる強い意味の変分

† $p \to \infty$ のとき強い意味の変分，$p$ に上限を設けるとき弱い意味の変分になる．

にある．また，$v=t$ のとき全区間 $[x_1,x_2]$ において $y(s)$ は $y_0(s)$ に一致する．ここで

$$J(v) \equiv I(y) - I(y_0)$$

を定義すると，$I(y_0)$ が強い意味で局所的に最小値をとるのであるから，補遺 A-3-4 項の端点で極小値をとる場合によりその必要条件として

$$J'(t) \geq 0$$

を得る．区間 $[t,u]$ 以外において $y(s)$ は極値関数 $y_0(s)$ に一致するので

$$\begin{aligned}
J(v) &= I(y) - I(y_0)\\
&= \int_t^v \left(F\left(s, z(s;t), \frac{\partial z(s;t)}{\partial s}\right) - F(s, y_0(s), y_0'(s))\right) ds\\
&\quad + \int_v^u \left(F\left(s, w(s;v), \frac{\partial w(s;t)}{\partial s}\right) - F(s, y_0(s), y_0'(s))\right) ds\\
&= \int_t^v F\left(s, z(s;t), \frac{\partial z(s;t)}{\partial s}\right) ds + \int_v^u F\left(s, w(s;v), \frac{\partial w(s;v)}{\partial s}\right) ds\\
&\quad - \int_t^u F(s, y_0(s), y_0'(s))\, ds
\end{aligned}$$

となる．なお，最後の行の積分は $v$ に依存しない．補遺 D により

$$\begin{aligned}
J'(v) &= F\left(v, z(v;t), \frac{\partial z(v;t)}{\partial s}\right) - F\left(v, w(v;v), \frac{\partial w(v;v)}{\partial s}\right)\\
&\quad + \int_v^u \left(\frac{\partial F\left(s, w(s;v), \partial w(s;v)/\partial s\right)}{\partial y}\frac{\partial w(s;v)}{\partial v}\right.\\
&\quad \left. + \frac{\partial F\left(s, w(s;v), \partial w(s;v)/\partial s\right)}{\partial p}\frac{\partial^2 w(s;v)}{\partial s \partial v}\right) ds
\end{aligned}$$

を得る．ここで $v$ に $t$ を代入すると，

$$\begin{aligned}
J'(t) &= F\left(t, z(t;t), \frac{\partial z(t;t)}{\partial s}\right) - F\left(t, w(t;t), \frac{\partial w(t;t)}{\partial s}\right)\\
&\quad + \int_t^u \left(\frac{\partial F\left(s, w(s;t), \partial w(s;t)/\partial s\right)}{\partial y}\frac{\partial w(s;t)}{\partial v}\right.\\
&\quad \left. + \frac{\partial F\left(s, w(s;t), \partial w(s;t)/\partial s\right)}{\partial p}\frac{\partial^2 w(s;t)}{\partial s \partial v}\right) ds
\end{aligned}$$

を得る．オイラーの方程式を得たときと同様に積分のうち第2項を部分積分すると

$$\begin{aligned}
&\int_t^u \left(\frac{\partial F\left(s, w(s;t), \partial w(s;t)/\partial s\right)}{\partial y}\frac{\partial w(s;t)}{\partial v} + \frac{\partial F\left(s, w(s;t), \partial w(s;t)/\partial s\right)}{\partial p}\frac{\partial^2 w(s;t)}{\partial s \partial v}\right) ds\\
&\quad = \frac{\partial F\left(u, w(u;t), \partial w(u;t)/\partial s\right)}{\partial p}\frac{\partial w(u;t)}{\partial v} - \frac{\partial F\left(t, w(t;t), \partial w(t;t)/\partial s\right)}{\partial p}\frac{\partial w(t;t)}{\partial v}\\
&\qquad + \int_t^u \left[\left(\frac{\partial F\left(s, w(s;t), \partial w(s;t)/\partial s\right)}{\partial y} - \frac{d}{ds}\frac{\partial F\left(s, w(s;t), \partial w(s;t)/\partial s\right)}{\partial p}\right)\frac{\partial w(s;t)}{\partial v}\right] ds
\end{aligned}$$

となる．ここで

$$\frac{\partial}{\partial v}w(s;v) = (u-s)\frac{\partial}{\partial v}\frac{z(v;t)-y_0(v)}{u-v}$$

であるから，

$$\frac{\partial}{\partial v}w(u;t) = 0$$

であり，またオイラーの方程式により

$$\begin{aligned}&\frac{\partial F\left(s, w(s;t), \partial w(s;t)/\partial s\right)}{\partial y} - \frac{d}{ds}\frac{\partial F\left(s, w(s;t), \partial w(s;t)/\partial s\right)}{\partial p}\\ &\quad = \frac{\partial F\left(s, y_0(s), \partial y_0(s)/\partial s\right)}{\partial y} - \frac{d}{ds}\frac{\partial F\left(s, y_0(s), \partial y_0(s)/\partial s\right)}{\partial p} = 0\end{aligned}$$

であるから，

$$\begin{aligned}&\int_t^u \left(\frac{\partial F\left(s, w(s;t), \partial w(s;t)/\partial s\right)}{\partial y}\frac{\partial w(s;t)}{\partial v} + \frac{\partial F\left(s, w(s;t), \partial w(s;t)/\partial s\right)}{\partial p}\frac{\partial^2 w(s;t)}{\partial s \partial v}\right) ds\\ &\quad = -\frac{\partial F\left(t, y_0(t), \partial y_0(t)/\partial s\right)}{\partial p}\frac{\partial w(t;t)}{\partial v}\end{aligned}$$

となる．したがって，

$$\begin{aligned}J'(t) &= F\left(t, z(t;t), \frac{\partial z(t;t)}{\partial s}\right) - F\left(t, w(t;t), \frac{\partial w(t;t)}{\partial s}\right)\\ &\qquad - \frac{\partial F\left(t, y_0(t), \partial y_0(t)/\partial s\right)}{\partial p}\frac{\partial w(t;t)}{\partial v}\end{aligned}$$

を得る．最後に

$$\begin{aligned}\frac{\partial}{\partial v}w(s;v) &= (u-s)\frac{\partial}{\partial v}\frac{z(v;t)-y_0(v)}{u-v}\\ &= (u-s)\frac{(\partial z(v;t)/\partial v - \partial y_0(v)/\partial v)(u-v) + (z(v;t)-y_0(v))}{(u-v)^2}\end{aligned}$$

であるから $s = v \to t$ の極限をとると，$z(t;t) = y_0(t)$ であるから

$$\frac{\partial w(t;t)}{\partial v} = \frac{\partial z(t;t)}{\partial s} - \frac{\partial y_0(t)}{\partial s} = p - \frac{\partial y_0(t)}{\partial s}$$

を得る．ゆえに

$$J'(t) = F(t, y_0(t), p) - F(t, y_0(t), y_0'(t)) - \frac{\partial F(t, y_0(t), y_0'(t))}{\partial p}(p - y_0'(t)) \geq 0$$ ■

### ■ [定理 2-4 の証明]

定理 2-6 を用いて残っていた定理 2-4 の証明をすることができる．

**証明)**　定理 2-6 によれば，区分的に滑らかな関数 $y_0$ が

$$I(y) \equiv \int_{x_1}^{x_2} F(x, y, y')\, dx$$

を強い意味で(少なくとも)局所的に最小にするとき，区間 $[x_1, x_2]$ 内のすべての $x$ および任意の実数 $p$ に対して

$$E(x, y_0(x), y_0'(x), p)$$
$$\equiv F(x, y_0(x), p) - F(x, y_0(x), y_0'(x)) - (p - y_0'(x))\frac{\partial}{\partial p}F(x, y_0(x), y_0'(x)) \geq 0$$

である．ただし，角において $y_0'(x)$ は右または左微係数を意味するものとする．

そこで，角 $x_c$ において，まず

$$y_0'(x_c) = y_{0-}'(x_c) \equiv \lim_{x \to x_c - 0} y_0'(x), \qquad p = y_{0+}'(x_c) \equiv \lim_{x \to x_c + 0} y_0'(x)$$

とおくと，

$$F(x, y_0(x), y_{0+}'(x_c)) - F(x, y_0(x), y_{0-}'(x_c))$$
$$- (y_{0+}'(x_c) - y_{0-}'(x_c))\frac{\partial}{\partial p}F(x, y_0(x), y_{0-}'(x_c)) \geq 0 \tag{2-4-1a}$$

を得る．次に

$$y_0'(x_c) = y_{0+}'(x_c), \qquad p = y_{0-}'(x_c)$$

とおくと，

$$F(x, y_0(x), y_{0-}'(x_c)) - F(x, y_0(x), y_{0+}'(x_c))$$
$$- (y_{0-}'(x_c) - y_{0+}'(x_c))\frac{\partial}{\partial p}F(x, y_0(x), y_{0+}'(x_c)) \geq 0 \tag{2-4-1b}$$

を得る．式 (2-2-10) を使うと，式 (2-4-1a, b) の左辺は互いに符号が反対の量である．したがって，それは 0 であり，次式が成立する．

$$F(x, y_0(x), y_{0-}'(x_c)) - y_{0-}'(x_c)\frac{\partial}{\partial p}F(x, y_0(x), y_{0-}'(x_c))$$
$$= F(x, y_0(x), y_{0+}'(x_c)) - y_{0+}'(x_c)\frac{\partial}{\partial p}F(x, y_0(x), y_{0+}'(x_c))$$

■

### ■ 2-4-2　ルジャンドルの必要条件

前項で考察した強い意味の極小のためのヴァイエルシュトゥラスの必要条件は，2次の剰余であるヴァイエルシュトゥラスの $E$ 関数が 0 以上となることであったが，本項で取り扱う弱い意味の極小に限る場合の必要条件は，前項より緩やかな条件すなわち極小曲線上で被積分関数 $F$ の $y'$ による 2 階偏微分が 0 以上となることである．

**定理 2-7　ルジャンドルの必要条件**　$y_0(x)$ が少なくとも弱い意味の極小を与えるならば，区間 $[x_1, x_2]$ 内のすべての $x$ に対して $F_{y'(x)y'(x)}(x, y_0(x), y_0'(x)) \geq 0$ である (次ページ脚注)．

ヴァイエルシュトゥラスの強い意味の極小であるための必要条件では任意の勾配 $p$ を検討の対象とする必要があったのに対して，ルジャンドルの弱い意味の極小であるための必要条件では極小曲線 $y_0(x)$ 上での極小曲線の勾配 $y_0'(x)$ の値のみを検討すればよい．

**証明）** $y_0(x)$ が強い意味の極小を与えるならば，ヴァイエルシュトゥラスの必要条件により，区間 $[x_1, x_2]$ 内のすべての $x$ および任意の実数 $p$ に対して

$$E(x, y_0(x), y_0'(x), p)$$
$$= F(x, y_0(x), p) - F(x, y_0(x), y_0'(x)) - (p - y_0'(x))\frac{\partial}{\partial p}F(x, y_0(x), y_0'(x)) \geq 0 \tag{2-4-2}$$

である．第 2 辺は $F(x, y_0(x), p)$ の変数 $p$ に関する $y_0'(x)$ のまわりのテイラー展開の 2 次の残差であるから，式 (2-4-2) は

$$\frac{(p - y_0'(x))^2}{2}\frac{\partial^2}{\partial p^2}F(x, y_0(x), y_0'(x) + \theta(p - y_0'(x))) \geq 0, \qquad 0 < \theta < 1 \tag{2-4-3}$$

を意味する．ここで弱い意味の極小に限定すれば，式 (2-4-3) は $y_0'(x)$ に十分近い変数 $p$ についてのみ成立が要求される．したがって，$F_{y'(x)y'(x)}(x, y_0(x), y_0'(x)) \geq 0$ でなければならない．角においては，右微係数と左微係数のそれぞれに対して同じ取り扱いを施せばよい．■

### 2-4-3　ヤコビの付帯方程式と第 2 変分の卓越項

式 (1-4-16) より弱い意味の第 2 変分は

$$\delta^2 I = \int_{x_1}^{x_2} \delta^2 F\, dx$$
$$= \int_{x_1}^{x_2} \Big(F_{y(x)y(x)}(x, y_0(x), y_0'(x))(\delta y(x))^2$$
$$+ 2F_{y(x)y'(x)}(x, y_0(x), y_0'(x))\delta y(x)\delta y'(x)$$
$$+ F_{y'(x)y'(x)}(x, y_0(x), y_0'(x))(\delta y'(x))^2\Big)\, dx \tag{2-4-4}$$

である．2-4-1 項およびとくに 2-4-2 項の結果すなわち $F_{y'y'}$ が極小(大)の必要条件であることから期待されるように，第 2 変分 (2-4-4) の被積分関数 3 項のうち第 3 項が卓越する (to be predominant[15]) ことが以下でわかる．それを示す準備としてまず，次の式変形を行う．なお，これ以降で $F$ の 2 階偏微分の独立変数を右下添え字で表す．

$$\int_{x_1}^{x_2} \Big(F_{y(x)y(x)}(x, y_0(x), y_0'(x))(\delta y(x))^2 + 2F_{y(x)y'(x)}(x, y_0(x), y_0'(x))\delta y(x)\delta y'(x)$$

---

関数 $f(x)$ が開区間 $(x_1, x_2)$ において 1 階および 2 階の連続な導関数をもち，開区間 $(x_1, x_2)$ 内の点 $x_0$ において全体的ないし局所的最小値をとるとき，

$$f'(x_0) = 0 \quad \text{かつ} \quad f''(x_0) \geq 0$$

でなければならないこと(極小の必要条件)と対応する．

$$
+F_{y'(x)y'(x)}(x,y_0(x),y_0'(x))(\delta y'(x))^2\Big)\,dx
$$

$$
=\int_{x_1}^{x_2}\left\{(\delta y(x))^2F_{y(x)y(x)}(x,y_0(x),y_0'(x))-(\delta y(x))^2\frac{d}{dx}F_{y(x)y'(x)}(x,y_0(x),y_0'(x))\right.
$$

$$
\left.-\delta y(x)\frac{d}{dx}[\delta y'(x)F_{y'(x)y'(x)}(x,y_0(x),y_0'(x))]\right\}dx \tag{2-4-5}
$$

**証明）** 等式 (2-4-5) を示すためにその右辺は

$$
\int_{x_1}^{x_2}\left[(\delta y(x))^2F_{y(x)y(x)}(x,y_0(x),y_0'(x))+\delta y(x)\delta y'(x)F_{y(x)y'(x)}(x,y_0(x),y_0'(x))\right.
$$

$$
\left.-\delta y(x)\frac{d}{dx}\left(\delta y(x)F_{y(x)y'(x)}(x,y_0(x),y_0'(x))+\delta y'(x)F_{y'(x)y'(x)}(x,y_0(x),y_0'(x))\right)\right]dx \tag{2-4-6}
$$

に等しいことに注意する．そして，その被積分関数の第3項を部分積分すると式 (2-4-6) は

$$
\int_{x_1}^{x_2}\left[(\delta y(x))^2F_{y(x)y(x)}(x,y_0(x),y_0'(x))+\delta y(x)\delta y'(x)F_{y(x)y'(x)}(x,y_0(x),y_0'(x))\right.
$$

$$
\left.+\delta y'(x)\big(\delta y(x)F_{y(x)y'(x)}(x,y_0(x),y_0'(x))+\delta y'(x)F_{y'(x)y'(x)}(x,y_0(x),y_0'(x))\big)\right]dx
$$

$$
-\left[(\delta y(x))^2F_{y(x)y'(x)}(x,y_0(x),y_0'(x))+\delta y(x)\delta y'(x)F_{y'(x)y'(x)}(x,y_0(x),y_0'(x))\right]_{x_1}^{x_2}
$$

となるが，$\delta y(x_1)=\delta y(x_2)=0$ であるから，最後の境界における寄与は0であり，式 (2-4-5) の左辺に一致する． ■

さて，2階の常微分方程式であるオイラー方程式の一般解に，両端点 $(x_1,y_1),(x_2,y_2)$ を通るという境界条件を課すと，特解である曲線 $y_0(x)$ が定まる．この停留解 $y_0(x)$ を代入することにより，三つの関数

$$
F_{y(x)y(x)}(x,y_0(x),y_0'(x)),\ F_{y(x)y'(x)}(x,y_0(x),y_0'(x)),\ F_{y'(x)y'(x)}(x,y_0(x),y_0'(x))
$$

は $x$ の関数として定まる．第2変分 (2-4-4) において $\delta y(x)$ を（停留化する）従属変数とみなしたとき，その（形式的な）オイラー方程式を2で割ると

$$
\delta y(x)F_{y(x)y(x)}(x,y_0(x),y_0'(x))+\delta y'(x)F_{y(x)y'(x)}(x,y_0(x),y_0'(x))
$$

$$
-\frac{d}{dx}\left[\delta y(x)F_{y(x)y'(x)}(x,y_0(x),y_0'(x))+\delta y'(x)F_{y'(x)y'(x)}(x,y_0(x),y_0'(x))\right]=0
$$

すなわち

$$
\delta y(x)\left(F_{y(x)y(x)}(x,y_0(x),y_0'(x))-\frac{d}{dx}F_{y(x)y'(x)}(x,y_0(x),y_0'(x))\right)
$$

$$
-\frac{d}{dx}\left(\delta y'(x)F_{y'(x)y'(x)}(x,y_0(x),y_0'(x))\right)=0
$$

を得る．ここで $\delta y(x)$ の代わりに $z(x)$ とおくと**ヤコビの付帯方程式** (Jacobi's accessory (subsidiary) eq.)

$$\left(\frac{\partial^2 F}{\partial y^2} - \frac{d}{dx}\frac{\partial^2 F}{\partial y \partial y'}\right) z(x) - \frac{d}{dx}\left(\frac{\partial^2 F}{\partial y'^2}\frac{dz(x)}{dx}\right) = 0 \tag{2-4-7}$$

を得る．ここに $F = F(x, y_0(x), y_0'(x))$ である．

式 (2-4-7) の解 $z(x)$ を用いると

$$\delta^2 I = \int_{x_1}^{x_2} \delta^2 F\, dx = \int_{x_1}^{x_2} F_{y'(x)y'(x)} \left(\delta y'(x) - \delta y(x)\frac{z'(x)}{z(x)}\right)^2 dx \tag{2-4-8}$$

を得る．すなわち，式 (2-4-4) 右辺被積分項のうち第 3 項が卓越している．

**証明）** 式 (2-4-5) によれば

$$\begin{aligned}\delta^2 I &= \int_{x_1}^{x_2} \delta^2 F\, dx \\ &= \int_{x_1}^{x_2} \Bigg[(\delta y(x))^2 F_{y(x)y(x)} - (\delta y(x))^2 \frac{d}{dx} F_{y(x)y'(x)} \\ &\qquad - \delta y(x)\frac{d}{dx}\left(\delta y'(x) F_{y'(x)y'(x)}\right)\Bigg] dx\end{aligned}$$

であるが，式 (2-4-7) の解 $z(x)$ を用いると，被積分関数の第 1, 2 項の和は

$$\int_{x_1}^{x_2} \frac{(\delta y(x))^2}{z(x)} \frac{d}{dx}(F_{y'(x)y'(x)} z'(x))\, dx$$

となる．したがって，

$$\begin{aligned}\delta^2 I &= \int_{x_1}^{x_2} \frac{\delta y(x)}{z(x)} \left[\delta y(x)\frac{d}{dx}(F_{y'(x)y'(x)} z'(x)) - z(x)\frac{d}{dx}(F_{y'(x)y'(x)}\delta y'(x))\right] dx \\ &= \int_{x_1}^{x_2} \frac{\delta y(x)}{z(x)} \frac{d}{dx}\left[F_{y'(x)y'(x)}(\delta y(x) z'(x) - z(x)\delta y'(x))\right] dx\end{aligned}$$

とかける．部分積分すると，

$$\begin{aligned}\delta^2 I &= \left[\frac{\delta y(x)}{z(x)}[F_{y'(x)y'(x)}(\delta y(x) z'(x) - z(x)\delta y'(x))]\right]_{x_1}^{x_2} \\ &\quad - \int_{x_1}^{x_2} F_{y'(x)y'(x)}(\delta y(x) z'(x) - z(x)\delta y'(x)) \frac{d}{dx}\frac{\delta y(x)}{z(x)}\, dx\end{aligned}$$

となり，$\delta y(x_1) = \delta y(x_2) = 0$ であるから，右辺第 1 項の境界における寄与は 0 であり†，第 2 項の $\dfrac{d}{dx}\dfrac{\delta y(x)}{z(x)}$ を書き下すと，$F_{y'y'}$ が第 2 変分を決定していることをを示す次式を得る．

$$\delta^2 I = \int_{x_1}^{x_2} F_{y'(x)y'(x)} \left(\delta y'(x) - \delta y(x)\frac{z'(x)}{z(x)}\right)^2 dx \tag{2-4-9}$$

■

---

† $z(x_1) = 0$，または $z(x_2) = 0$ である場合でも成立する（証明は 2-4-6 項）．

### 2-4-4　共役点

次に，$\delta y(x)$ を適当に選択することにより停留曲線上のすべての点において式 (2-4-9) の右辺カッコ内を 0 すなわち

$$\delta y'(x) - \delta y(x)\frac{z'(x)}{z(x)} = 0 \tag{2-4-10}$$

とできる場合を考える．付帯方程式 (2-4-7) の解である関数 $z(x)$ は既知であるから，式 (2-4-10) は $\delta y(x)$ の満たすべき微分方程式である．その解は

$$\delta y(x) = cz(x) \tag{2-4-11}$$

である（演習問題 2-11）．ここに $c$ は 0 以外の積分定数である．

式 (2-4-11) の形の変分 $\delta y(x)$ をとると，汎関数の第 2 変分 (2-4-8) は 0 になり，その極小条件は第 3 変分が 0 でありかつ第 4 変分が正となることである（補遺 A-3-5 項参照）．このような問題の複雑化を避ける方法が次項のヤコビ試験である．

変分 $\delta y(x)$ は積分型の汎関数 $I(y) \equiv \displaystyle\int_{x_1}^{x_2} F(x, y, y')\,dx$ の積分の上限および下限で 0 になる．

$$\delta y(x_1) = \delta y(x_2) = 0$$

したがって，もし式 (2-4-7) の解である関数 $z(x)$ が片方の端点では 0 になるものの他方の端点では 0 にならないときには，変分 $\delta y(x)$ は式 (2-4-11) を満足しえない．そこで，次のように共役点（随伴点）を定義する．すなわち，式 (2-4-7) の解である

$$z(x) = k_1 z_1(x) + k_2 z_2(x) \tag{2-4-12}$$

$(z_1(x), z_2(x)$ は 2 階常微分方程式 (2-4-7) の独立な解)

の積分定数 $k_1, k_2$ を適当に選んで

$$z(x_1) = 0 \tag{2-4-13}$$

としたとき，停留曲線 $y = y(x)$ 上の点のうち，$z(x) = 0$ を満たす $(x_1, y_1)$ 以外のすべての点を「$(x_1, y_1)$ の**共役点** (conjugate points)」と呼ぶ．

さて，式 (2-4-12, 13) より

$$\frac{z_1(x_1)}{z_2(x_1)} = -\frac{k_2}{k_1} \tag{2-4-14}$$

を満たすが，$(x_1, y_1)$ のすべての共役点も同様の関係式を満たすので，$x$ を共役点の $x$ 座標とすると，

$$\frac{z_1(x)}{z_2(x)} = \frac{z_1(x_1)}{z_2(x_1)} = -\frac{k_2}{k_1} \tag{2-4-15}$$

が成立する．共役点という術語を使うと「もう一方の端点 $(x_2, y_2)$ が $(x_1, y_1)$ の共役点でないとき式 (2-4-10) は成立しない」と表現することができる．

2-4-6 項に共役点の例を示す．

## ■ 2-4-5　ヤコビ試験

端点 $(x_1, y_1)$ から極小曲線 $y = y(x)$ 上をもう一方の端点 $(x_2, y_2)$ に向かって移動するとき，最初に出会う $(x_1, y_1)$ の共役点を $(x_f, y_f)$ とする．このとき次の三つのケースが考えられる(図 2-8)．

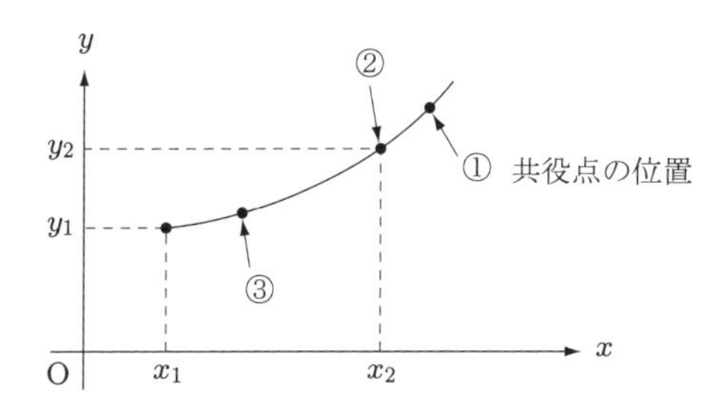


**図 2-8**　停留曲線上の共役点 $(x_f, y_f)$ の位置

① 端点 $(x_1, y_1)$ からもう一方の端点 $(x_2, y_2)$ に至るまでの間に $(x_1, y_1)$ の共役点が存在しない．

② 最初に出会う $(x_1, y_1)$ の共役点 $(x_f, y_f)$ ともう一方の端点 $(x_2, y_2)$ が一致する．

③ 二つの端点 $(x_1, y_1)$，$(x_2, y_2)$ の間に $(x_1, y_1)$ の(最初に出会う)共役点が存在する．

まず①のケースでは式 (2-4-10) は成立しないので，極小曲線 $y = y(x)$ 上のすべての点において

$$\left(\delta y'(x) - \delta y(x)\frac{z'(x)}{z(x)}\right)^2 > 0$$

である．ただし，

$$\delta y(x) = \delta y'(x) = 0$$

を満たす有限個の点を除く．したがって，次の定理が成立する．

**定理 2-8　ヤコビ試験**(十分条件)

汎関数 $I(y) = \displaystyle\int_{x_1}^{x_2} F(x, y, y')\,dx$

の停留曲線を $y = y(x)$ とする．区間 $(x_1, x_2]$ 内に $(x_1, y_1)$ の共役点が存在せ

ず，かつ $F_{y'(x)y'(x)}$ が停留曲線上で定符号ならば，弱い意味の変分に関して $F_{y'(x)y'(x)} > 0$ のとき $I(y)$ は局所的に最小（極小）であり，$F_{y'(x)y'(x)} < 0$ のとき $I(y)$ は局所的に最大（極大）である．

次に，その他の二つのケースを考える．②の最初に出会う $(x_1, y_1)$ の共役点ともう一方の端点 $(x_2, y_2)$ が一致する場合には，

$$\delta y(x_1) = \delta y(x_2) = 0$$

と同時に

$$z(x_1) = z(x_2) = 0$$

となるので，式 (2-4-11) を満たす，すなわち $z(x)$ と比例するように $\delta y(x)$ を選択することができる．このとき $I(y)$ の第 2 変分 $\delta^2 I(y)$ は 0 である．

また，③の二つの端点 $(x_1, y_1)$，$(x_2, y_2)$ の間に $(x_1, y_1)$ の（最初に出会う）共役点 $(x_f, y_f)$ が存在する場合には，区間 $[x_1, x_f]$ において $z(x)$ と比例するように $\delta y(x)$ を選択し，かつ区間 $[x_f, x_2]$ において $\delta y(x) \equiv 0$ と選択するならば，このときやはり $I(y)$ の第 2 変分 $\delta^2 I(y)$ は 0 である．いずれの場合にも極小条件の検討は第 3，4 変分に移ることになるが，本書ではこれ以上考察しない．

## 2-4-6 ヤコビの付帯方程式の解と共役点の性質

ここまで展開してきた理論を実際の問題に適用するためには，オイラー方程式

$$\frac{\partial F}{\partial y} - \left( \frac{\partial^2 F}{\partial x \partial y'} + y_0' \frac{\partial^2 F}{\partial y \partial y'} + y_0'' \frac{\partial^2 F}{\partial y'^2} \right) = 0 \qquad \text{(2-2-1a 再掲)}$$

に加えて，ヤコビの付帯方程式

$$\left( \frac{\partial^2 F}{\partial y^2} - \frac{d}{dx} \frac{\partial^2 F}{\partial y \partial y'} \right) z(x) - \frac{d}{dx} \left( \frac{\partial^2 F}{\partial y'^2} \frac{dz(x)}{dx} \right) = 0 \qquad \text{(2-4-7 再掲)}$$

$$F = F(x, y_0, y_0')$$

という 2 階の微分方程式を考慮する必要がある．そこでヤコビの付帯方程式 (2-4-7) の解の性質について考えてみよう．オイラー方程式 (2-2-1a) は $x$ を独立変数とする $y$ の 2 階常微分方程式であるから，$y''$ の係数である $(\partial^2/\partial y'^2)F(x, y_0, y_0') \neq 0$ ならばリプシッツ条件を満たすので [16]，その一般解 $y$ は二つの積分定数 $m_1, m_2$ を含む

$$y = h(x, m_1, m_2) \qquad \text{(2-4-16)}$$

という形に表すことができる．式 (2-4-16) をオイラー方程式 (2-2-1) に代入したものを $m_1$ で偏微分すると，

$$\frac{\partial^2 F}{\partial y^2}\frac{\partial y}{\partial m_1}+\frac{\partial^2 F}{\partial y \partial y'}\frac{\partial y'}{\partial m_1}-\frac{d}{dx}\left(\frac{\partial^2 F}{\partial y \partial y'}\frac{\partial y}{\partial m_1}+\frac{\partial^2 F}{\partial y'^2}\frac{\partial y'}{\partial m_1}\right)=0$$

すなわち,

$$\left(\frac{\partial^2 F}{\partial y^2}-\frac{d}{dx}\frac{\partial^2 F}{\partial y \partial y'}\right)\frac{\partial y}{\partial m_1}-\frac{d}{dx}\left(\frac{\partial^2 F}{\partial y'^2}\frac{\partial y'}{\partial m_1}\right)=0 \tag{2-4-17}$$

を得る.式 (2-4-17) は $z(x)=\partial y/\partial m_1$ がヤコビの付帯方程式 (2-4-7) の解であることを意味している.同様に $z(x)=\partial y/\partial m_2$ もヤコビの付帯方程式の解である.

これらの結果から共役点は以下の性質をもつことがわかる.

いま,$z(x)$ をヤコビの付帯方程式のある解(特解),$y=h(x,m_1,m_2)$ をオイラー方程式のある解(特解),また $l$ をある定数とする.このとき,二つの曲線

$$y=h(x,m_1,m_2) \tag{2-4-18}$$

および

$$y=h(x,m_1,m_2)+lz(x) \tag{2-4-19}$$

は,$z(x)=0$ を満たす点を共有する(交差するまたは接する).もし端点 $(x_1,y_1)$ で $z(x)=0$ であれば $(x_1,y_1)$ のすべての共役点で $z(x)=0$ である.すなわち,端点 $(x_1,y_1)$ を二つの曲線 (2-4-18, 19) が共有すれば,$(x_1,y_1)$ のすべての共役点を二つの曲線は共有する.

そこで,二つの近接する $(m_1 \gg \delta m_1)$ 停留曲線

$$y=h(x,m_1,m_2) \tag{2-4-18 再掲}$$

$$y=h(x,m_1+\delta m_1,m_2) \tag{2-4-20}$$

を考える.式 (2-4-20) を $\delta m_1$ について展開し 2 次以上の項を無視すると,

$$y=h(x,m_1,m_2)+\delta m_1\frac{\partial}{\partial m_1}h(x,m_1,m_2) \tag{2-4-21}$$

を得る.本項冒頭の結果によれば,式 (2-4-21) の右辺第 2 項の

$$y=\frac{\partial}{\partial m_1}h(x,m_1,m_2) \tag{2-4-22}$$

はヤコビの付帯方程式の解である.したがって,端点 $(x_1,y_1)$ で

$$\frac{\partial}{\partial m_1}h(x_1,m_1,m_2)=0 \tag{2-4-23}$$

であれば,$(x_1,y_1)$ のすべての共役点 $x$ においても

$$\frac{\partial}{\partial m_1}h(x,m_1,m_2)=0$$

である.すなわち,端点 $(x_1,y_1)$ が二つの近接する停留曲線 (2-4-18, 20) の共有点(交点または接点)であれば,$(x_1,y_1)$ のすべての共役点はその二つの停留曲線の共有点である(図 2-9).

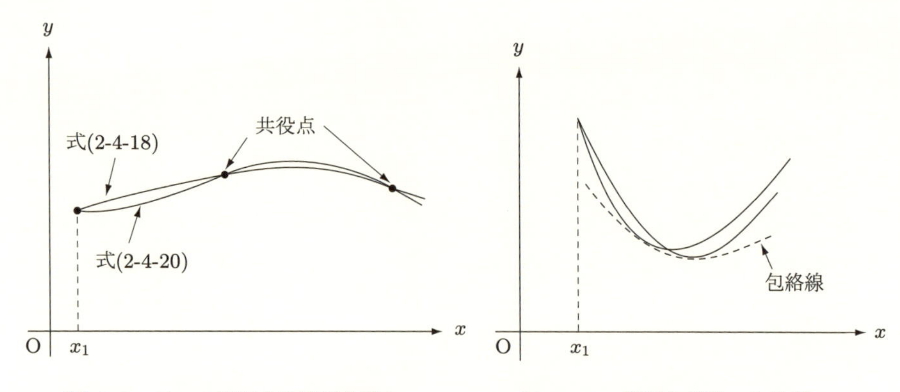


**図 2-9**　二つの近接する停留曲線と共役点

**図 2-10**　停留曲線群の包絡線

その系として，次のことがわかる．一つの端点 $(x_1, y_1)$ を通過する停留曲線の集合

$$y = h(x, m_1, m_2) \tag{2-4-18 再掲}$$

を考える．端点 $(x_1, y_1)$ を通過するという条件から一つの積分定数 $m_2$ が定められているとき，停留曲線の集合の中の個々の停留曲線を指定する変数は $m_1$ である．もし，これらの停留曲線の集合に**包絡線** (envelope) [16] が存在する（図 2-10）ならば，それは次の 2 式

$$y = h(x, m_1, m_2) \tag{2-4-18 再掲}$$

$$\frac{\partial}{\partial m_1} h(x, m_1, m_2) = 0 \tag{2-4-23 再掲}$$

を連立してこれらから変数 $m_1$ を消去したものである [16, 4-4 節]．ゆえに，**包絡線と停留曲線との接点は端点 $(x_1, y_1)$ の共役点である．**

**例題 2-5**　**静力学（つりあい）（懸垂線 (catenary)）**（例題 2-1 再訪．図 2-1）

一般解の双曲線余弦関数

$$y = c\cosh\frac{x+k}{c} \qquad (c, k：積分定数) \tag{2-3-9 再掲}$$

$$k = -\frac{x_1 + x_2}{2}, \qquad \frac{y_1}{c} = \cosh\frac{x_2 - x_1}{2c}$$

には包絡線

$$y = \pm a(x+k) \qquad a = 1.498303\cdots$$

（図 2-11）が存在し（演習問題 2-3），すべての実数値 $c$ の停留曲線がこれに接する．図には点 $\mathrm{P}_1, \mathrm{P}_2$ を通過する二つの存在可能な停留曲線（懸垂線）$\mathrm{R}_1\mathrm{P}_1\mathrm{P}_2\mathrm{R}_2$ と $\mathrm{P}_1\mathrm{Q}_1\mathrm{Q}_2\mathrm{P}_2$

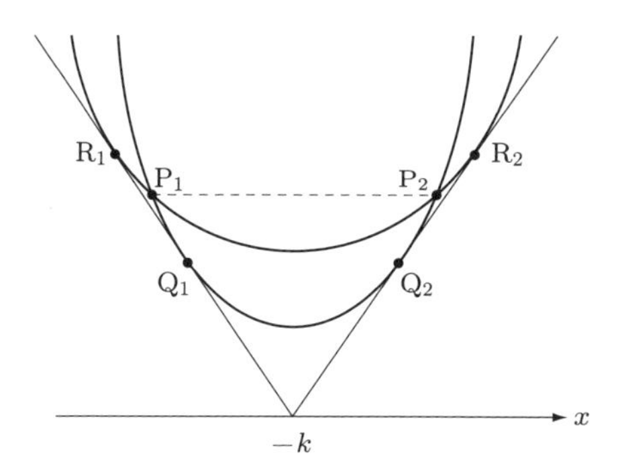


**図 2-11**　点 $P_1, P_2$ を通過する $y = c\cosh\{(x+k)/c\}$ と包絡線 $y = \pm a(x+k)$ $(a = 1.498303\cdots)$

が描かれている．中央 $x = -k$ における値(最小値)は $y = c$ であるから，より扁平で中央での最小値が大きい懸垂線 $R_1P_1P_2R_2$ が二つの懸垂線のうち $c$ の大きいほうの値に対応しており，右(大きいほう)の端点 $P_2$ が左(小さいほう)の端点 $P_1$ とその最初の共役点 $R_2$ の間に位置している．したがって，この場合すなわち $c$ に二つの解があるとき，そのうち大きいほうの値に対応する懸垂線が重力のポテンシャルエネルギーを最小にする曲線である．

もう一つの系として，停留曲線が直線ならば 2 度交差することはないので，共役点は存在しないことがいえる．したがって，最短距離を求める変分問題(例 2-3)の停留解となった「直線」は $F_{y'(x)y'(x)} > 0$ であるから極小解である．

### [斉次シュトゥルム方程式としての付帯方程式の性質]

斉次シュトゥルム方程式は

$$\frac{d}{dx}\left(R(x)\frac{dy}{dx}\right) - S(x)y = 0 \qquad (a \leq x \leq b) \tag{2-4-24}$$

の形の斉次 2 階線形常微分方程式である † [17, 第 6 章]．ここに $R(x), S(x)$ は閉区間 $a \leq x \leq b$ において実変数 $x$ の連続な実関数である．さらに，開区間 $a < x < b$ において $R(x)$ は零点をもたず(したがって，一般性を失わずに正と仮定する)，連続な導関数を有するとする．

付帯方程式

$$\left(\frac{\partial^2 F}{\partial y^2} - \frac{d}{dx}\frac{\partial^2 F}{\partial y \partial y'}\right)z(x) - \frac{d}{dx}\left(\frac{\partial^2 F}{\partial y'^2}\frac{dz(x)}{dx}\right) = 0 \tag{2-4-7 再掲}$$

は，式 (2-4-24) において

† 斉次シュトゥルム方程式は任意の斉次 2 階線形常微分方程式と等価である．

$$R(x) = \frac{\partial^2 F}{\partial y'^2}, \qquad S(x) = \frac{\partial^2 F}{\partial y^2} - \frac{d}{dx}\frac{\partial^2 F}{\partial y \partial y'}$$

とおいたものである．そこで，シュトゥルム方程式の一般理論に従い以下の帰結を得ることができる．式 (2-4-7) の二つの独立な解を $z_1(x), z_2(x)$ とおくと，

$$\left(\frac{\partial^2 F}{\partial y^2} - \frac{d}{dx}\frac{\partial^2 F}{\partial y \partial y'}\right) z_1(x) - \frac{d}{dx}\left(\frac{\partial^2 F}{\partial y'^2}\frac{dz_1(x)}{dx}\right) = 0 \tag{2-4-25}$$

$$\left(\frac{\partial^2 F}{\partial y^2} - \frac{d}{dx}\frac{\partial^2 F}{\partial y \partial y'}\right) z_2(x) - \frac{d}{dx}\left(\frac{\partial^2 F}{\partial y'^2}\frac{dz_2(x)}{dx}\right) = 0 \tag{2-4-26}$$

を満たすので，式 (2-4-25) に $z_2(x)$，式 (2-4-26) に $z_1(x)$ をそれぞれかけて辺々引くと

$$z_2(x)\frac{d}{dx}\left(\frac{\partial^2 F}{\partial y'^2}\frac{dz_1(x)}{dx}\right) - z_1(x)\frac{d}{dx}\left(\frac{\partial^2 F}{\partial y'^2}\frac{dz_2(x)}{dx}\right) = 0$$

すなわち

$$\frac{d}{dx}\left[\left(z_2(x)\frac{dz_1(x)}{dx} - z_1(x)\frac{dz_2(x)}{dx}\right)\frac{\partial^2 F}{\partial y'^2}\right] = 0$$

を得る．これは

$$z_2(x)\frac{dz_1(x)}{dx} - z_1(x)\frac{dz_2(x)}{dx} = \frac{C}{\partial^2 F/\partial y'^2} \qquad (C：定数) \tag{2-4-27}$$

を意味する．式 (2-4-27) は後に 3-1-4 項で引用する．

式 (2-4-27) の左辺は，微分方程式 (2-4-7) の二つの独立な解 $z_1(x), z_2(x)$ のロンスキー行列式であるから 0 にならない．したがって，$z_1(x), dz_1(x)/dx$ は同時に 0 にはなれない．すなわち，$z_1(x)$ の零点は単根である．

ゆえに，2-4-3 項の脚注 (p.49) に指摘したように，積分境界項

$$\left[\frac{\delta y(x)}{z(x)}\left(\frac{\partial^2 F}{\partial y'^2}(\delta y(x) z'(x) - z(x)\delta y'(x))\right)\right]_{x_1}^{x_2}$$

のうち，項

$$\left[\frac{z'(x)(\delta y(x))^2}{z(x)}\frac{\partial^2 F}{\partial y'^2}\right]_{x_1}^{x_2}$$

において $z(x_1) = 0$ または $z(x_2) = 0$ の可能性がある．しかし，これらの零点は単根であり，端点では $\delta y(x) = 0$ であるから

$$\frac{(\delta y(x))^2}{z(x)} \to 0$$

となる（これにより，2-4-3 項の脚注 (p.49) の証明を完了する）．

### ■ 2-4-7　停留曲線の場

両端点を固定する定積分型の汎関数

$$I = \int_{x_1}^{x_2} F(x, y, y')dx \qquad \text{(2-1-1 再掲)}$$

の基本的変分問題を考える．この問題のオイラー方程式の解すなわち停留曲線の二つの積分定数のうち一つを，ある拘束条件(例：重力場の1次元運動における，時刻 $x=0$ にある1点を通過するという初期条件)により定めると，残るもう一つの積分定数 $\alpha$ (例：初速度)をパラメータとする停留曲線の集合 (family)

$$y = f(x, \alpha) \qquad \text{(2-4-28)}$$

が定義される．ただし，関数 $y = f(x, \alpha)$ は変数 $x, \alpha$ に関して2階偏微分まで存在しそれらが連続であるとする．いま，$x$-$y$ 平面内のある領域 $R$ が停留曲線の集合 $y = f(x, \alpha)$ により単純に覆われているとき，すなわち領域 $R$ 内の任意の点を必ずある停留曲線 $y = f(x, \alpha)$ 一つのみが通過するとき，$R$ を停留曲線 $y = f(x, \alpha)$ の**場** (a field of extremals) と呼ぶ．$R$ が停留曲線 $y = f(x, \alpha)$ の場であることは，領域 $R$ 内の任意の点において $\partial f(x, \alpha)/\partial\alpha \neq 0$ であることと同値である(陰関数定理)．以下，これを仮定する．このとき式 (2-4-28) を $\alpha$ について解くことができ，

$$\alpha = \lambda(x, y)$$

点 $(x_c, y_c)$ を通る個々の停留曲線 $y = f(x, \alpha_0)$ は $\alpha_0 = \lambda(x_c, y_c)$ に対応するものである．

**例 2-7**　**もっとも単純な場：直線群**

汎関数が

$$I = \int_{(x_1, y_1)}^{(x_2, y_2)} F(y')\, dx$$

であるとき，2-3-2 項 (**4**) の結果によりこの問題の停留曲線は直線

$$y = kx + c \qquad (k, c：積分定数)$$

である．

① これら停留曲線のうち，勾配 $k_0$ をもつ互いに平行な直線群

$$y = k_0 x + \alpha \qquad (\alpha：任意定数)$$

は停留曲線の場($x$-$y$ 平面全体)を形成する(図 2-12)．

② これら停留曲線のうち，点 $(x_1, y_1)$ を通る直線群

$$y = \alpha(x - x_1) + y_1 \qquad (\alpha：任意定数)$$

は停留曲線の場 $(x > x_1)$ を形成する(図 2-13)　■

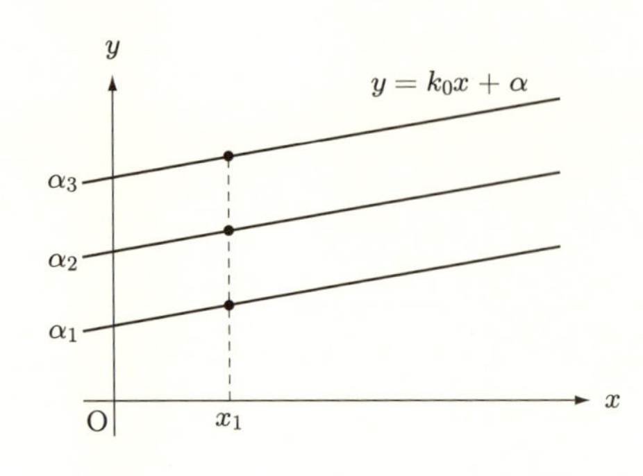


図 **2-12**　一定勾配 $k_0$ を有する直線群 $y = k_0x + \alpha$

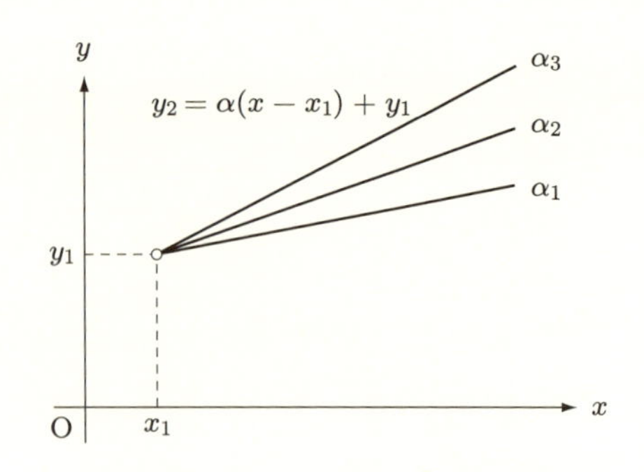


図 **2-13**　点 $(x_1, y_1)$ を通る直線群 $y = \alpha(x - x_1) + y_1$

**例 2-8**　**重力場の 1 次元自由落下運動**

汎関数が

$$I = \int_{(x_1,y_1)}^{(x_2,y_2)} \left(\frac{1}{2}my'^2 - mgy\right) dx$$

であるとき，そのオイラー方程式は

$$-mg - \frac{d}{dx}(my') = 0$$

であり，その一般解(停留曲線)は

$$y = -\frac{1}{2}gx^2 + v_0x + y_1 \qquad (v_0, y_1：積分定数)$$

となる．この現象において独立変数 $x$ は時間であり，従属変数 $y$ は基準の高度(たとえば地表)から鉛直上向きに測る高度である．これら停留曲線(放物線)のうち，原点すなわち $(x, y) = (0, 0)$ を通る放物線，すなわち時刻 $x = 0$ において地表 $y = 0$ にあり，初速度 $v_0$ で真上に発射された質量 $m$ の質点の運動を表す曲線(放物線)群

$$y = -\frac{1}{2}gx^2 + v_0x \qquad (v_0：任意定数) \tag{2-4-29}$$

のうち，$x > 0$ の部分(発射後の部分)は停留曲線の場を形成する．なぜならば，式(2-4-29) を停留曲線の集合

$$y = f(x, \alpha), \qquad \alpha = v_0$$

とみると，

$$\frac{\partial f(x, \alpha)}{\partial \alpha} = x \neq 0 \qquad (x > 0)$$

であり，具体的には領域 $R\,(x > 0)$ 内の任意の点 $(x, y)$ において，唯一の

$$v_0 = \frac{1}{x}\left(y + \frac{1}{2}gx^2\right)$$

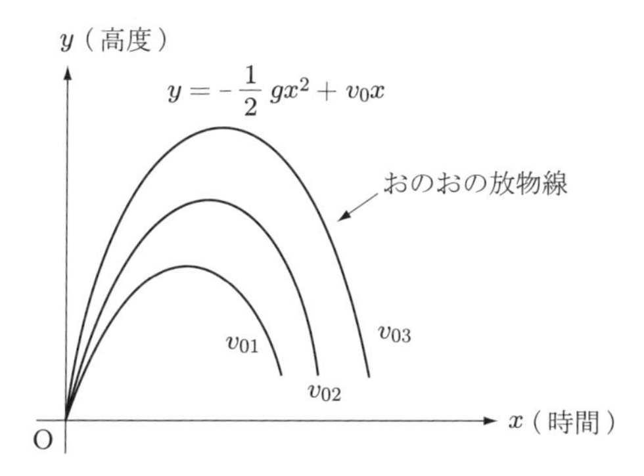


図 **2-14**　時刻 $x = 0$ において地表にあり真上 $(y > 0)$ に発射された質点の高度

を決定することができる．すなわち，$x$-$y$ 平面内の領域 $R\,(x > 0)$ 内の任意の点を必ずある停留曲線 $y = f(x, v_0)$ 一つのみが通過するからである（図 2-14）．■

## ■ 2-4-8　ヒルベルト積分

曲線 $y = g_1(x)$（曲線は陰形式で定義されている多価関数でもよい）に沿う $\mathrm{P}_1(x_1, g_1(x_1))$ から $\mathrm{P}_1'(x_1', g_1(x_1'))$ までの積分（図 2-15）

$$H(\mathrm{P}_1, \mathrm{P}_1') = I_H^{(g_1(x))} \equiv \int_{x_1}^{x_1'} \left[ F(x, g_1(x), y_0'(x, g_1(x))) + (g_1'(x) - y_0'(x, g_1(x))) \times \frac{\partial}{\partial y'} F(x, g_1(x), y_0'(x, g_1(x))) \right] dx \tag{2-4-30}$$

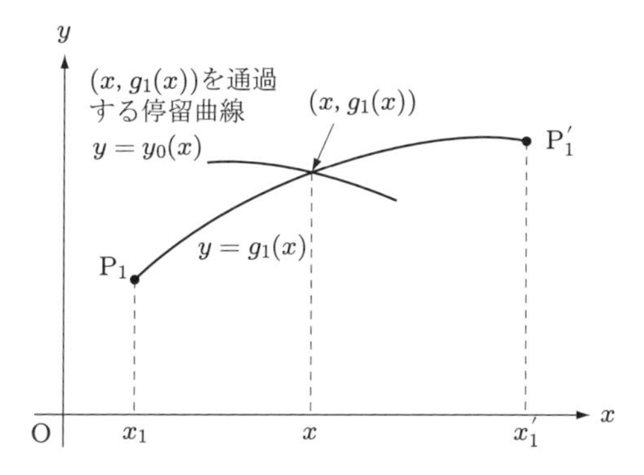


図 **2-15**　ヒルベルト積分の径路 $(\mathrm{P}_1\mathrm{P}_1')$ とその上の各点で交差する停留曲線

を**ヒルベルト積分** (Hilbert's integral) と呼ぶ．上添え字 $(g_1(x))$ は径路 $y = g_1(x)$ に沿う積分を意味し，$y_0{}'(x, y)$ は点 $(x, y)$ を通る停留曲線の点 $(x, y)$ における接線の勾配を表す．

> **定理 2-9**　停留曲線の場においては，ヒルベルト積分の値は径路に依存せず，両端点のみにより決定される．

**証明)**　ヒルベルト積分

$$I_H^{(g_1(x))} \equiv \int_{x_1}^{x_1'} \Big[ F(x, g_1(x), y_0'(x, g_1(x))) + (g_1'(x) - y_0'(x, g_1(x))) \frac{\partial}{\partial y'} F(x, g_1(x), y_0'(x, g_1(x))) \Big] dx$$

において，

$$P(x, y) \equiv F(x, y, y_0'(x, y)) - y_0'(x, y) \frac{\partial}{\partial y'} F(x, y, y_0'(x, y)),$$

$$Q(x, y) \equiv \frac{\partial}{\partial y'} F(x, y, y_0'(x, y))$$

を定義すると，

$$\begin{aligned}
\frac{\partial}{\partial y} P(x, y) &= \frac{\partial}{\partial y} F(x, y, y_0'(x, y)) + \frac{\partial}{\partial y'} F(x, y, y_0'(x, y)) \frac{\partial y_0'(x, y)}{\partial y} \\
&\quad - \left( \frac{\partial}{\partial y} y_0'(x, y) \frac{\partial}{\partial y'} F(x, y, y_0'(x, y)) \right. \\
&\quad \left. + y_0'(x, y) \frac{\partial^2}{\partial y \partial y'} F(x, y, y_0'(x, y)) + y_0'(x, y) \frac{\partial^2}{\partial y'^2} F(x, y, y_0'(x, y)) \frac{\partial}{\partial y} y_0'(x, y) \right) \\
&= \frac{\partial}{\partial y} F(x, y, y_0'(x, y)) \\
&\quad - y_0'(x, y) \frac{\partial^2}{\partial y \partial y'} F(x, y, y_0'(x, y)) - y_0'(x, y) \frac{\partial^2}{\partial y'^2} F(x, y, y_0'(x, y)) \frac{\partial}{\partial y} y_0'(x, y)
\end{aligned}$$

となる．一方，

$$\frac{\partial}{\partial x} Q(x, y) = \frac{\partial^2}{\partial x \partial y'} F(x, y, y_0'(x, y)) + \frac{\partial^2}{\partial y'^2} F(x, y, y_0'(x, y)) \frac{\partial y_0'(x, y)}{\partial x}$$

であるから，

$$\begin{aligned}
&\frac{\partial}{\partial y} P(x, y) - \frac{\partial}{\partial x} Q(x, y) \\
&= \frac{\partial}{\partial y} F(x, y, y_0'(x, y)) - y_0'(x, y) \frac{\partial^2}{\partial y \partial y'} F(x, y, y_0'(x, y)) - \frac{\partial^2}{\partial x \partial y'} F(x, y, y_0'(x, y)) \\
&\quad - \frac{\partial^2}{\partial y'^2} F(x, y, y_0'(x, y)) \left( \frac{\partial y_0'(x, y)}{\partial x} + \frac{\partial y_0'(x, y)}{\partial y} y_0'(x, y) \right)
\end{aligned}$$

$$
\begin{aligned}
&= \frac{\partial}{\partial y}F(x,y,y_0'(x,y)) - y_0'(x,y)\frac{\partial^2}{\partial y \partial y'}F(x,y,y_0'(x,y)) \\
&\quad - \frac{\partial^2}{\partial x \partial y'}F(x,y,y_0'(x,y)) - \frac{\partial^2}{\partial y'^2}F(x,y,y_0'(x,y))\frac{d^2 y_0(x,y)}{dx^2} \\
&= \frac{\partial}{\partial y}F(x,y,y_0'(x,y)) - \frac{d}{dx}\frac{\partial}{\partial y'}F(x,y,y_0'(x,y)) = 0
\end{aligned}
$$

となる．なお最後の等号はオイラー方程式による．ヒルベルト積分（式(2-4-30)）は

$$
\begin{aligned}
I_H^{(g_1(x))} &\equiv \int_{x_1}^{x_1'} \Big[ F(x,g_1(x),y_0'(x,g_1(x))) \\
&\qquad + (g_1'(x) - y_0'(x,g_1(x)))\frac{\partial}{\partial y'}F(x,g_1(x),y_0'(x,g_1(x))) \Big] dx \\
&= \int_{x_1}^{x_1'} P(x,y)dx + Q(x,y)\,dy, \qquad y = g_1(x)
\end{aligned}
$$

であり，かつ

$$
\frac{\partial}{\partial y}P(x,y) = \frac{\partial}{\partial x}Q(x,y)
$$

すなわち，ヒルベルト積分の被積分関数は全微分であるから，2-2節の補助定理③によりヒルベルト積分の値は両端点だけにより定まり径路によらない．■

**例 2-9**　**もっとも単純な場：直線群**（2-4-7項の例2-7再訪）

汎関数が

$$
I = \int_{(x_1,y_1)}^{(x_2,y_2)} F(y')dx
$$

であるとき，この問題の停留曲線は直線

$$
y = kx + c \qquad (k, c：\text{積分定数})
$$

である．

① これら停留曲線のうち，勾配 $k_0$ をもつ互いに平行な直線群

$$
y = k_0 x + \alpha \qquad (\alpha：\text{任意定数})
$$

は停留曲線の場（$x$-$y$ 平面全体）を形成する（図2-12）．

このとき，ヒルベルト積分は

$$
\begin{aligned}
I_H^{(g_1(x))} &= \int_{x_1}^{x_1'} \left[ F(y_0'(x,g_1(x))) + (g_1'(x) - y_0'(x,g_1(x)))\frac{\partial}{\partial y'}F(y_0'(x,g_1(x))) \right] dx \\
&= \int_{x_1}^{x_1'} \left[ F(k_0) + (g_1'(x) - k_0)\frac{d}{dy'}F(k_0) \right] dx \\
&= (x_1' - x_1)\left( F(k_0) - k_0\frac{d}{dy'}F(k_0) \right) + (g_1(x_1') - g_1(x_1))\frac{d}{dy'}F(k_0)
\end{aligned}
$$

となり，この積分の値は $x_1', x_1$ の値のみにより定まり径路によらない．

② これら停留曲線のうち，点 $(x_1, y_1)$ を通る直線群

$$y = \alpha(x - x_1) + y_1 \qquad (\alpha：任意定数)$$

は停留曲線の場 $(x > x_1)$ を形成する（図 2-13）．

このとき，ヒルベルト積分は

$$\begin{aligned}
I_H^{(g_1(x))} &= \int_{x_1}^{x_1'} \left[ F(y_0'(x, g_1(x))) + (g_1'(x) - y_0'(x, g_1(x))) \frac{\partial}{\partial y'} F(y_0'(x, g_1(x))) \right] dx \\
&= \int_{x_1}^{x_1'} \left[ F\left( \frac{g_1(x) - y_1}{x - x_1} \right) \right. \\
&\qquad \left. + \left( g_1'(x) - \frac{g_1(x) - y_1}{x - x_1} \right) \frac{d}{dy'} F\left( \frac{g_1(x) - y_1}{x - x_1} \right) \right] dx \\
&= \int_{x_1}^{x_1'} \frac{d}{dx} \left[ (x - x_1) F\left( \frac{g_1(x) - y_1}{x - x_1} \right) \right] dx \\
&= \left[ (x - x_1) F\left( \frac{g_1(x) - y_1}{x - x_1} \right) \right]_{x_1}^{x_1'}
\end{aligned}$$

となり，この積分の値は $x_1, x_1'$ の値のみにより定まり径路によらない．■

**例 2-10　重力場の 1 次元運動**（2-4-7 項の例 2-8 再訪）

汎関数が

$$I = \int_{(x_1, y_1)}^{(x_2, y_2)} \left( \frac{1}{2} m y'^2 - mgy \right) dx$$

であるとき，そのオイラー方程式は

$$-mg - \frac{d}{dx}(my') = 0$$

であり，その一般解（停留曲線）は

$$y = -\frac{1}{2} g x^2 + v_0 x + y_1 \qquad (v_0, y_1：積分定数)$$

である．この現象において独立変数 $x$ は時間であり，従属変数 $y$ は基準の高度（たとえば地表）から鉛直上向きに測った高度である．これら停留曲線（放物線）のうち，原点すなわち $(x, y) = (0, 0)$ を通る放物線，すなわち時刻 $x = 0$ において地表 $y = 0$ にあり初速度 $v_0$ で発射された質量 $m$ の質点の運動を表す曲線（放物線）群 $(y_1 = 0)$

$$y_0 = -\frac{1}{2} g x^2 + v_0 x \qquad (v_0：任意定数)$$

のうち，$x > 0$ の部分（発射後の部分）は停留曲線の場を形成する．

このとき，

$$y_0' = -gx + v_0 = -gx + \frac{1}{x}\left(y + \frac{1}{2}gx^2\right) = -\frac{1}{2}gx + \frac{y}{x}$$

であるから，

$$\frac{F(y,y')}{m} = \frac{1}{2}y'^2 - gy = \frac{1}{2}\left(-\frac{gx}{2} + \frac{y}{x}\right)^2 - gy = \frac{g^2x^2}{8} + \frac{y^2}{2x^2} - \frac{3gy}{2}$$

$$\frac{F(g_1(x), y_0'(x, g_1(x)))}{m} = \frac{g^2x^2}{8} + \frac{g_1(x)^2}{2x^2} - \frac{3gg_1(x)}{2}$$

$$\frac{\partial}{\partial y'}\frac{F(g_1(x), y_0'(x, g_1(x)))}{m} = y_0'(x, g_1(x)) = -\frac{1}{2}gx + \frac{g_1(x)}{x}$$

となるので，ヒルベルト積分（式 (2-4-30)）は

$$\begin{aligned}
\frac{I_H^{(g_1(x))}}{m} &= \int_{x_1}^{x_1'} \left[\left(\frac{g^2x^2}{8} + \frac{g_1(x)^2}{2x^2} - \frac{3gg_1(x)}{2}\right) + \left(g_1'(x) + \frac{1}{2}gx - \frac{g_1(x)}{x}\right)\right. \\
&\qquad \left. \times \left(-\frac{1}{2}gx + \frac{g_1(x)}{x}\right)\right] dx \\
&= \int_{x_1}^{x_1'} \left[-\frac{1}{2}\left(-\frac{gx}{2} + \frac{g_1(x)}{x}\right)^2 - gg_1(x) + \left(\frac{g_1(x)}{x} - \frac{gx}{2}\right)g_1'(x)\right] dx \\
&= \int_{x_1}^{x_1'} \frac{d}{dx}\left[\frac{1}{2x}\left(g_1(x) - \frac{gx^2}{2}\right)^2 - \frac{g^2x^3}{6}\right] dx \\
&= \left[\frac{1}{2x}\left(g_1(x) - \frac{gx^2}{2}\right)^2 - \frac{g^2x^3}{6}\right]_{x_1}^{x_1'}
\end{aligned}$$

となり，この積分の値は $x_1, x_1'$ の値のみにより定まり径路によらない．■

## ■ 2-4-9　ヴァイエルシュトゥラスの必要条件のより簡明な証明

すでに 2-4-1 項で証明したヴァイエルシュトゥラスの必要条件を，停留関数の場とヒルベルト積分が準備されたこの時点でより簡明に証明できることを示す．

2-1 節で定めた基本問題，すなわち両端点を固定する定積分型の汎関数の変分問題

$$I = \int_{x_1}^{x_2} F(x, y, y')\,dx \qquad \text{(2-1-1 再掲)}$$

を考える．この変分の停留曲線の場が定義されるとき，2-4-8 項のとおり停留曲線の場に含まれるすべての径路 $y = g(x)$ に沿うヒルベルト積分

$$\begin{aligned}
H(\mathrm{P}_1, \mathrm{P}_2) = I_H^{(g(x))} \equiv \int_{x_1}^{x_2} &\Big[F(x, g(x), y_0'(x, g(x))) \\
&+ (g'(x) - y_0'(x, g(x)))\frac{\partial}{\partial y'}F(x, g(x), y_0'(x, g(x)))\Big] dx
\end{aligned}$$

は同じ値をとる．もし径路が停留曲線であれば，

$$g(x) = y_0(x)$$

であるから，ヒルベルト積分は本問題の $y_0(x)$ に沿う，つまり停留値を与える汎関数に一致する．

$$I_H^{(y_0(x))} = I(y_0(x))$$

いま，$x$ 座標の等しい二つの点を，一点 $\mathrm{P}(x, y)$ は $(x_1, y_1), (x_2, y_2)$ を結ぶ停留曲線 $y = y_0(x)$ 上に，もう一つの点 $\mathrm{Q}(x, \widetilde{y})$ は近接する別の曲線 $y = g(x)$ 上にとる（図 2-16）．このとき，$(x_1, y_1), (x_2, y_2)$ を結ぶ曲線 $y = g(x)$ に沿うヒルベルト積分は

$$I_H^{(g(x))} \equiv \int_{x_1}^{x_2} \left[ F(x, g(x), y_0'(x, g(x))) \right.$$
$$\left. + (g'(x) - y_0'(x, g(x))) \frac{\partial}{\partial y'} F(x, g(x), y_0'(x, g(x))) \right] dx$$

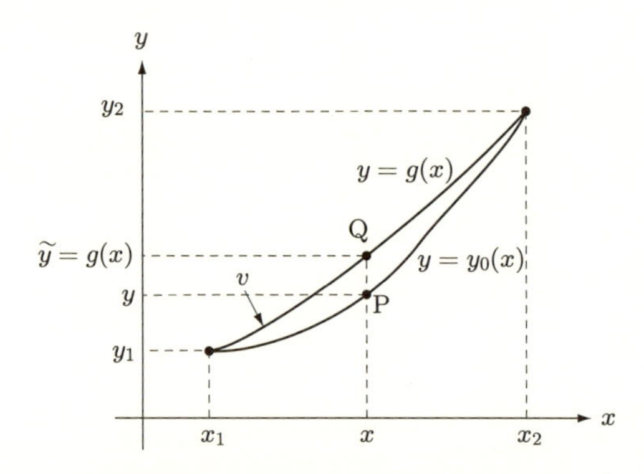


**図 2-16**　停留曲線の強い意味の変分

であり，この値が $(x_1, y_1), (x_2, y_2)$ を結ぶ停留曲線 $y = y_0(x)$ に沿う（ヒルベルト）積分

$$I(y_0(x)) = \int_{x_1}^{x_2} F(x, y, y')\, dx$$

に等しい．さて，積分路が停留曲線から曲線 $y = g(x)$ に移ったときの（強い意味の）全変分は

$$\delta I = I(g(x)) - I(y_0(x)) = I(g(x)) - I_H^{(y_0(x))} = I(g(x)) - I_H^{(g(x))}$$
$$= \int_{x_1}^{x_2} \left[ F(x, g(x), g'(x)) - F(x, g(x), y_0'(x, g(x))) \right.$$
$$\left. - (g'(x) - y_0'(x, g(x))) \frac{\partial}{\partial y'} F(x, g(x), y_0'(x, g(x))) \right] dx$$

$$= \int_{x_1}^{x_2} E(x, g(x), y_0'(x, g(x)), g'(x))\, dx$$

である．

曲線 $y = g(x)$ 上の点 $\mathrm{Q}(x, \widetilde{y})$ が停留曲線 $y = y_0(x)$ 上の点 $\mathrm{P}(x, y)$ に近づくと，$\widetilde{y}$ は $y$ に近づくが $g'(x)$ は必ずしも $y_0'(x)$ に近づかない．つまりこの変分は強い意味の変分である．

停留曲線 $y = y_0(x)$ が強い意味の極小曲線であるための必要条件は，停留曲線 $y = y_0(x)$ 上のすべての点と任意の実数値 $p$ に対して

$$E(x, y_0(x), y_0'(x), p) \geq 0$$

となることである．

## 2-4-10 強い意味の極値をとるための必要条件

前項までの結果をまとめ，汎関数

$$I = \int_{x_1}^{x_2} F(x, y, y')\, dx \qquad \text{両端点固定：} \mathrm{P}_1(x_1, y_1), \mathrm{P}_2(x_2, y_2) \qquad \text{(2-1-1 再掲)}$$

が強い意味の極小値をとるための必要条件(極大値の場合不等号が逆向きになる)を以下に列挙する．

(1) 解曲線 $y = y_0(x)$ はオイラー方程式を満足する．すなわち停留曲線である．

(2) 解曲線 $y = y_0(x)$ の積分路 $\mathrm{P}_1\mathrm{P}_2$ の中に，端点 $\mathrm{P}_1$,$\mathrm{P}_2$ のどちらの共役点も存在しない．

(3) 解曲線 $y = y_0(x)$ の積分路 $\mathrm{P}_1\mathrm{P}_2$ 上のすべての点において

$$\frac{\partial^2}{\partial y'^2} F(x, y_0(x), y_0'(x)) \geq 0 \qquad \text{(ルジャンドルの必要条件)}$$

である．

(4) 解曲線 $y = y_0(x)$ の積分路 $\mathrm{P}_1\mathrm{P}_2$ 上のすべての点および任意の実数値 $p$ に対して

$$E(x, y_0(x), y_0'(x), p) \geq 0 \qquad \text{(ヴァイエルシュトゥラスの必要条件)}$$

である．ただし停留曲線上のすべての点で，また任意の実数 $p$ に対して $E(x, y_0(x), y_0'(x), p) = 0$ である場合を除く．

## 2-4-11 停留曲線が極値曲線であるための基本的十分条件

### [ヴァイエルシュトゥラスの $E$ 試験とルジャンドル試験]

前項でまとめたように，停留曲線が極値曲線であるための必要条件を複数得た．とくにオイラーの必要条件を満たす関数すなわちオイラー方程式の解はしばしば極値曲

線であるが，厳密には個々の問題ごとにその解が実際に極値曲線であることを証明する必要があった．これは無視しえない手間であり，停留曲線が極値曲線であるための適用範囲の広い十分条件が待望されていた．この要請に応えるものとして $F = F(y')$ の特別な場合(2-3-2項)と弱い意味の十分条件を与えるヤコビ試験(2-4-5項)を得ているが，ようやく準備が整った本項で強い意味の全体的極小(最小)を与える条件・ヴァイエルシュトゥラスの十分条件(しばしば**基本的十分条件**と呼ばれる)を導くことができる．

さて，2点 $P_1(x_1, y_1)$ と $P_2(x_2, y_2)$ を結ぶ滑らかな($C^1$ 級に属する)停留曲線 $y = y_0(x)$ $(P_1 \to P_2)$ を考える．かつ停留曲線の場 $R$ が定義されていると仮定する．ここで $y = g(x)$ $(P_1 \to Q \to P_2)$ をこの停留曲線の場の中にある $P_1(x_1, y_1)$ と $P_2(x_2, y_2)$ を結ぶ $D^1$ 級に属する任意の曲線とする(図2-17)．このとき，2-4-9項で示したように，

$$\begin{aligned}
&\int_{x_1}^{x_2} F(x, g(x), g'(x))\,dx - \int_{x_1}^{x_2} F(x, y_0(x), y_0'(x))\,dx \\
&= \int_{x_1}^{x_2} F(x, g(x), g'(x))\,dx - I_H^{(y_0(x))} \qquad (P_1 \to P_2) \\
&= \int_{x_1}^{x_2} F(x, g(x), g'(x))\,dx - I_H^{(g(x))} \qquad (P_1 \to Q \to P_2) \\
&= \int_{x_1}^{x_2} \biggl[F(x, g(x), g'(x)) - F(x, g(x), y_0'(x, g(x))) \\
&\qquad - (g'(x) - y_0'(x, g(x)))\frac{\partial}{\partial y'}F(x, g(x), y_0'(x, g(x)))\biggr]\,dx \\
&= \int_{x_1}^{x_2} E(x, g(x), y_0'(x, g(x)), g'(x))\,dx
\end{aligned}$$

であるが，この被積分関数はヴァイエルシュトゥラスの $E$ 関数である．

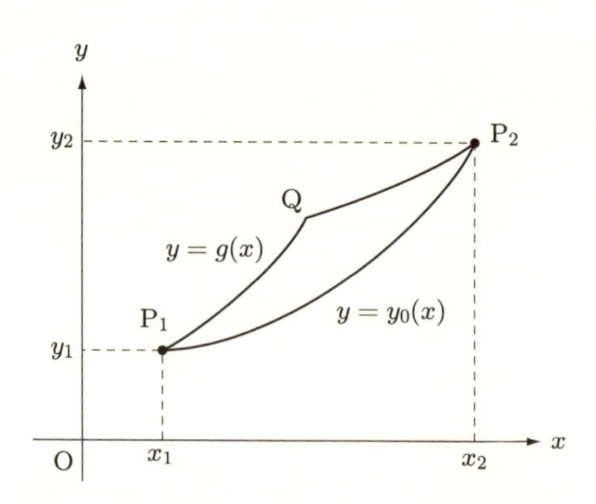


図 2-17　停留曲線 $y_0(x)$ と $D^1$ 級に属する関数 $g(x)$

ただし 2-4-8 項で定義した通り，$y_0'(x, g(x))$ は積分路上の点 $(x, g(x))$ を通る停留曲線のその点における勾配である．

したがって，停留曲線の場 $R$ が定義されている滑らかな停留曲線 $y = y_0(x)(\mathrm{P}_1 \to \mathrm{P}_2)$ について，次のことが成り立つ．

① 停留曲線の場 $R$ 内の，$x_1 \leq x \leq x_2$ であり $y$ 座標任意の点 $(x, y)$ と任意の実数 $k$ に対して

$$E(x, y, y_0'(x, y), k) \geq 0 \tag{2-4-31}$$

が成立すれば，

$$\int_{x_1}^{x_2} F(x, g(x), g'(x))\,dx - \int_{x_1}^{x_2} F(x, y_0(x), y_0'(x))\,dx \geq 0$$

となり，停留曲線 $y = y_0(x)$ は**強い意味の変分に関する全体的な極小（最小）曲線**である[†1]．

② 停留曲線の場 $R$ 内のうち，停留曲線 $y_0(x)$ の近傍の領域すなわちある正数 $s$ と**任意の実数** $k$ に対して

$$x_1 \leq x \leq x_2, \qquad y_0(x) - s < y < y_0(x) + s \tag{2-4-32}$$

$$E(x, y, y_0'(x, y), k) \geq 0 \qquad \text{(2-4-31 再掲)}$$

が成立すれば，停留曲線 $y = y_0(x)$ は**強い意味の変分に関する局所的極小（最小）曲線**である[†2]．

③ 停留曲線の場 $R$ 内のうち，$x_1 \leq x \leq x_2$ において勾配が，ある正数 $t$ について

$$y_0'(x) - t < k < y_0'(x) + t$$

を満たす（1-5-2 項で示したようにこのとき式 (2-4-32) は自動的に満たされている）すべての曲線に対して

$$E(x, y_0(x), y_0'(x, y), k) \geq 0 \qquad \text{(2-4-31 再掲)}$$

---

†1 閉区間 $[x_1, x_2]$ で定義された関数 $f(x)$ が開区間 $(x_1, x_2)$ において 1 階および 2 階の連続な導関数をもち，区間 $(x_1, x_2)$ 内のある点 $x_0$ および任意の点 $x$ において

$$f'(x_0) = 0 \quad \text{かつ} \quad f''(x) > 0$$

であるならば，$f(x_0)$ は全体的極小（最小）値である（全体的極小（最小）の十分条件）．このことに対応している．

†2 閉区間 $[x_1, x_2]$ で定義された関数 $f(x)$ が開区間 $(x_1, x_2)$ において 1 階および 2 階の連続な導関数をもち，区間 $(x_1, x_2)$ 内の点 $x_0$ において

$$f'(x_0) = 0 \quad \text{かつ} \quad f''(x_0) > 0$$

であるならば，$f(x_0)$ は局所的最小値である（局所的最小の十分条件）．このことに対応している．

が成立すれば，停留曲線 $y = y_0(x)$ は**弱い意味の変分に関する局所的極小（最小）曲線**である．

①から③における $E$ 関数に関する不等式 (2-4-31) に等号がつかないときは本来の意味の極小 (proper minimum) となり，不等号が逆のときは極大曲線である．

ヴァイエルシュトゥラスの $E$ 関数に関するこれらの十分条件①～③が成立するか否かを調べることを**ヴァイエルシュトゥラスの $E$ 試験**と呼ぶ．

さらに，$F(x,y,k)$ が $y'(x)$ についての2階偏導関数まで連続であれば，テイラーの定理により，

$$
\begin{aligned}
&E(x,y,y_0'(x),k)\\
&\quad = F(x,y,k) - F(x,y,y_0'(x)) - (k - y_0'(x))\frac{\partial}{\partial y'}F(x,y,y_0'(x))\\
&\quad = \frac{1}{2}(k - y_0'(x))^2\frac{\partial^2}{\partial y'^2}F(x,y,y_0'(x) + \theta(k - y_0'(x))) \qquad (0 < \theta < 1)
\end{aligned}
$$

となる．したがって，式 (2-4-31) は次のより簡潔な不等式で置き換えることができる．

$$
\frac{\partial^2}{\partial y'^2}F(x,y,p) \geq 0 \tag{2-4-33}
$$

ルジャンドルの十分条件 (2-4-33) が成立するか否かを調べることを**ルジャンドル試験**と呼ぶ．

式 (2-4-31) および式 (2-4-33) をヴァイエルシュトゥラスの**基本的十分条件** (fundamental sufficieny conditions) と呼ぶ．

■ **[強い意味の変分④]**（1-5節の再訪）

汎関数

$$
I(y) = \int_{(0,0)}^{(1,1)} y'^3\,dx
$$

を極小にする変分問題は，弱い意味の局所最小値をもつが，強い意味の局所最小値はもたない．

**証明）** (1) 弱い意味の変分

停留曲線 $y = x$ は本問題のオイラー方程式および境界条件を満たす．そのヴァイエルシュトゥラスの $E$ 試験を試みると

$$
\begin{aligned}
E(x,y,p_1,p_2) &= p_2^3 - p_1^3 + (p_2 - p_1)3p_1^2, \qquad p_1 = y_0'(x,y) = 1\\
&= (p_2 - p_1)^2(p_2 + 2p_1) = (p_2 - 1)^2(p_2 + 2) \geq 0, \qquad |p_2 - 1| < 3
\end{aligned}
$$

ゆえに，停留曲線 $y = x$ は $I(y)$ の弱い意味の局所最小値1を与える．

(2)　強い意味の変分

有資格関数(図 2-18)

$$y(x) = \begin{cases} \dfrac{x}{1-\varepsilon} & (0 \leq x \leq 1-\varepsilon^2) \\ 1 + \dfrac{1}{\varepsilon}(1-x) & (1-\varepsilon^2 < x \leq 1) \end{cases} \tag{2-4-34}$$

を考えると,

$$I(y) = \int_{(0,0)}^{(1,1)} y'^3\, dx = \frac{1}{(1-\varepsilon)^3}(1-\varepsilon^2) - \frac{1}{\varepsilon^3}\varepsilon^2 = \frac{1+\varepsilon}{(1-\varepsilon)^2} - \frac{1}{\varepsilon} \to -\infty, \qquad \varepsilon \to 0+$$

となり，極小値を与えない.

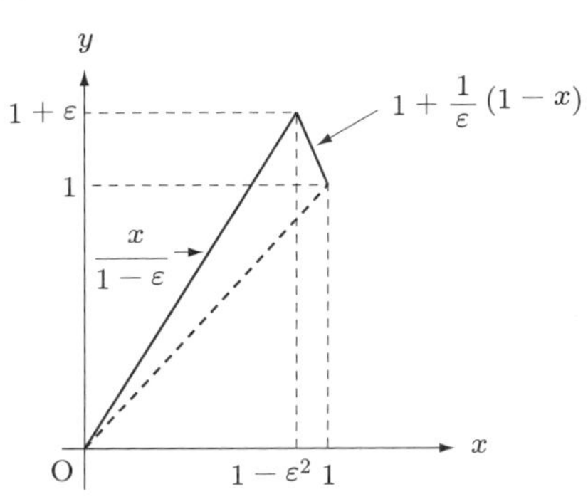


図 **2-18**　強い意味の変分(式 (2-4-34))

このように，強い意味の極小値を与えないことを示すためには実際にある具体的な強い変分について極小でないことを示すか，ヴァイエルシュトゥラスの必要条件を満たさないことを指摘する. ■

## ■[強い意味の変分] $\left(\text{ニュートンの極小抵抗回転体問題 } I(y) = \displaystyle\int_0^{x_2} \frac{x}{1+y'^2}\,dx\right)$

次の汎関数の極小関数を求めると弱い意味の変分に限れば $I$ は極値をもつが，強い意味の変分まで範囲を広げると極値をもたないことがわかる.

$$I(y) = \int_{x_1}^{x_2} \frac{x}{1+y'^2}\,dx$$

そのオイラー方程式は被積分関数が $y$ を含まないので(2-3-2 項(**2**))積分でき,

$$\frac{xy'}{(1+y'^2)^2} = c \tag{2-4-35}$$

であり，これは $p \equiv dy/dx$ を媒介変数として解くことができる．まず，式 (2-4-35) よりただちに

$$x = \frac{c(1+p^2)^2}{p} \tag{2-4-36}$$

および，式 (2-4-36) の微分

$$dx = \frac{c(1+p^2)(3p^2-1)}{p^2}\,dp$$

を得，これから

$$y = \int p\,dx = c\int \frac{(1+p^2)(3p^2-1)}{p}\,dp = c\left(\frac{3}{4}p^4 + p^2 - \log p\right) + C \quad (2\text{-}4\text{-}37)$$

を導くことができる．式 (2-4-36) と式 (2-4-37) が解の媒介変数表示である．

ルジャンドル試験(十分条件)を試みると，

$$\frac{\partial^2 F}{\partial p^2} = 2x\frac{(3p^2-1)}{(1+p^2)^3}$$

であるから，停留曲線の弧が十分短く，$x > 0, |p| > 1/\sqrt{3}$ であれば $\partial^2 F/\partial p^2 > 0$，すなわち勾配に制限がつくので弱い意味の極小曲線である．

しかし，ヴァイエルシュトゥラスの必要条件を調べると

$$E(x,y,p_1,p_2) = \frac{x(p_1-p_2)^2(2p_1p_2+p_1^2-1)}{(1+p_1^2)^2(1+p_2^2)}, \qquad y = y_0(x), \qquad p_1 = y_0'(x)$$

であるから，すべての $p_2$ に対して $E(x,y,p_1,p_2) > 0$ ではないから強い意味の極小曲線ではない．

**例 2-11**　**平面上の与えられた 2 点を結ぶ最短曲線**（極座標，例 2-1 再訪）

ルジャンドルの十分条件

$$\frac{\partial^2 F}{\partial \theta'^2} = \frac{r^2}{(1+r^2\theta'^2)^{3/2}} > 0$$

を満たすので強い意味の全体的極小曲線である．■

**例 2-12**　**測地線**（例 2-2 再訪）

$$\frac{\partial^2}{\partial\,(d\varphi/d\theta)^2}\sqrt{1+\left(\frac{d\varphi}{d\theta}\right)^2\sin^2\theta} = \frac{\sin^2\theta}{\left[1+(d\varphi/d\theta)^2\sin^2\theta\right]^{3/2}} \geq 0$$

であるから強い意味の極小値である．なお，共役点は球面の反対側の点である．

**例 2-13**

2-3 節に現れた

$$I = \int_{(x_1,y_1)}^{(x_2,y_2)} f(x,y)\,ds = \int_{x_1}^{x_2} f(x,y)\sqrt{1+y'^2}\,dx$$

$$F(x,y,y') = f(x,y)\sqrt{1+y'^2}$$

の型の変分問題を考える．この場合，

$$F_{y'y'}(x,y,y') = \frac{f(x,y)}{(1+y'^2)^{3/2}}$$

であるから，停留曲線の場 $R$ 内の点 $(x,y)$ $(x_1 \leq x \leq x_2,\ y$ 座標任意$)$ に対して

$$f(x,y) \geq 0$$

であるならば，停留曲線は強い意味の全体的極小曲線である．ただし，停留曲線上のすべての点で

$$f(x,y) \equiv 0$$

の場合を除く．この例は次の諸問題を含む．

① 平面上の与えられた 2 点を結ぶ極小曲線（例 2-3）

$$f(x,y) = 1$$

② 懸垂線（例題 2-1）と極小回転曲面（例題 2-4）

$$f(x,y) = y > 0 \qquad (y > 0 \text{ の半面に限定される})$$

③ 最速降下線（例題 2-3）とフェルマーの原理（例 2-6，なお，詳しくは 5-1 節参照）

$$f(x,y) = \frac{1}{v} > 0 \qquad (\text{速度および位相速度は正である})$$

④ 最小作用の原理（第 5 章）

$$f(x,y) = v > 0 \qquad (\text{速度が正である場合})$$

■

### ■ 2-4-12　停留曲線の局所的な場の存在を保証する十分条件

前項の基本的十分条件をはじめ，ここまで現れた必要条件ないし十分条件の中には停留曲線の場の存在を仮定するものが多く含まれている．そこで，本項ではどのような条件が満たされるとき停留曲線の場が少なくとも局所的に存在するのかを明らかにしておく．

**定理 2-10**　曲線 $y_0(x)$ を

$$I = \int_{x_1}^{x_2} F(x,y,y')\,dx \qquad \text{端点固定：} \mathrm{P}_1(x_1,y_1), \mathrm{P}_2(x_2,y_2)$$

の停留曲線とする．端点 $\mathrm{P}_2$ を含む曲線 $y_0(x)$ の区間 $[x_1,x_2]$ の中に点 $\mathrm{P}_1$ の共役点が存在せず，また両端を含む曲線 $y_0(x)$ の中に $\partial^2 F/\partial y'^2$ の零点が含まれないならば，曲線 $y_0(x)$ をその一つの要素とする停留曲線の場をつくることができる[†]（図 2-19）．

---

† これは $y_0(x)$ を含む停留曲線の少なくとも局所的な場をつくることができることを意味する．

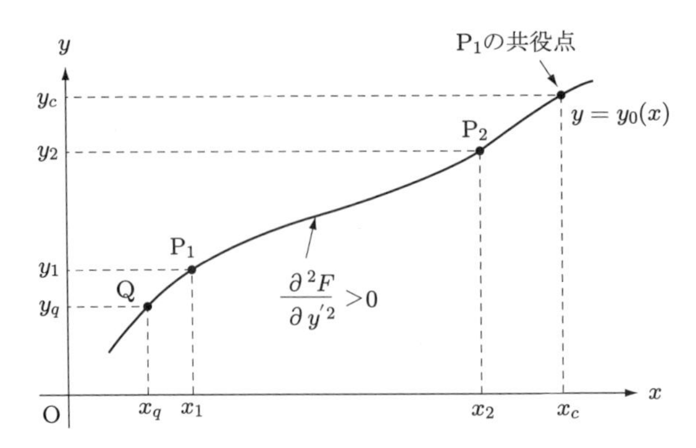


**図 2-19**　近傍に停留曲線場が存在する条件

証明）　一般性を失わず，曲線 $y_0(x)(x_1 \leq x \leq x_2)$ 上において $\partial^2 F/\partial y'^2 > 0$ とする．

まず，ある点 $Q(x_q, y_q)$ を通過する停留曲線の束 (pencil) を考える．これらの停留曲線は一つの助変数，たとえば点 $Q(x_q, y_q)$ における勾配 $\alpha$ で特徴づけられ，

$$y = f(x, \alpha)$$

と表現することができる．このとき，停留曲線の収束点である $Q(x_q, y_q)$ では

$$\frac{\partial f(x_q, \alpha)}{\partial \alpha} = 0 \tag{2-4-38}$$

であるから，停留曲線 $y = f(x, \alpha)$ 上の点 $Q(x_q, y_q)$ の共役点 $(x_c, f(x_c, \alpha))$ も収束点であり，

$$\frac{\partial f(x_c, \alpha)}{\partial \alpha} = 0 \tag{2-4-39}$$

である．

さて，2 階のオイラー方程式の一般解は，$\partial^2 F/\partial y'^2$ の零点が含まれないならば，2-4-6 項に示したように二つの積分定数をもつ次の形に表すことができる．

$$y = h(x, m_1, m_2)$$

このうち，点 $Q(x_q, y_q)$ を通過する停留曲線の束は

$$y_q = h(x_q, m_1, m_2) \tag{2-4-40}$$

を満たすので，式 (2-4-40) により $m_2$ が $m_1$ の関数

$$m_2 = m_2(m_1)$$

として定まる．実際，停留曲線 $y_0(x)$ を

$$y_0(x) = h(x, m_{01}, m_{02})$$

とすると，

$$\frac{\partial h(x, m_{01}, m_{02})}{\partial m_2} \neq 0$$

であれば(以下この条件を仮定する)，陰関数の定理により

$$m_{02} = m_2(m_{01})$$

と定まる．以下，$m_1$ を点 Q を通る個々の停留曲線を指定するパラメータとする．

ここで，条件式 (2-4-38, 39) を $h(x, m_1, m_2)$ で表すと，

$$\frac{\partial h(x_q, m_{01}, m_{02})}{\partial m_1} + \frac{\partial h(x_q, m_{01}, m_{02})}{\partial m_2} m_2'(m_{01}) = 0$$

$$\frac{\partial h(x_c, m_{01}, m_{02})}{\partial m_1} + \frac{\partial h(x_c, m_{01}, m_{02})}{\partial m_2} m_2'(m_{01}) = 0$$

となる．したがって，点 $Q(x_q, y_q)$ の共役点 $(x_c, f(x_c, \alpha))$ の $x$ 座標 $x_c$ は次式を満たす．

$$\begin{aligned} k(x_c, x_q) &\equiv \begin{vmatrix} \dfrac{\partial h(x_c, m_{01}, m_{02})}{\partial m_1} & \dfrac{\partial h(x_c, m_{01}, m_{02})}{\partial m_2} \\ \dfrac{\partial h(x_q, m_{01}, m_{02})}{\partial m_1} & \dfrac{\partial h(x_q, m_{01}, m_{02})}{\partial m_2} \end{vmatrix} \\ &= C_1 \frac{\partial h(x_c, m_{01}, m_{02})}{\partial m_1} + C_2 \frac{\partial h(x_c, m_{01}, m_{02})}{\partial m_2} = 0 \end{aligned}$$

一方，点 $Q(x_q, y_q)$ の共役点をもたない曲線 $y_0(x)$ 上の任意の点 $(x, h(x, m_{01}, m_2(m_{01})))$ において次式が成り立つ．

$$k(x, x_q) \neq 0$$

仮定により，曲線 $y_0(x)$ の端点 $P_1$ の共役点は曲線 $y_0(x)$（弧 $P_1P_2$）の外側にある(図 2-19)．いま，端点 $P_1$ からほんのわずかに左側にある点 $Q(x_q, y_q)$ に移ると，点 $Q(x_q, y_q)$ の共役点は，停留関数の連続性により依然として弧 $P_1P_2$ の外側にある．したがって，

$$k(x, x_q) \neq 0 \quad (\text{以下では一般性を失わずに } k(x, x_q) > 0 \text{ とする}), \qquad (x_1 \leq x \leq x_2)$$

である．

ここで，停留曲線の集合

$$y = f(x, \alpha) = h(x, m_{01} + C_1\alpha, m_2(m_{01}) + C_2\alpha) \tag{2-4-41}$$

を考える．なお，曲線 $y_0(x)$ は

$$y_0(x) = f(x, 0) = h(x, m_{01}, m_2(m_{01}))$$

である．さて，式 (2-4-41) より

$$\frac{\partial f(x, 0)}{\partial \alpha} = C_1 \frac{\partial h(x, m_{01}, m_2(m_{01}))}{\partial m_1} + C_2 \frac{\partial h(x, m_{01}, m_2(m_{01}))}{\partial m_2} = k(x, x_q) > 0$$
$$(x_1 \leq x \leq x_2)$$

となる．関数 $\partial f(x, \alpha)/\partial \alpha$ は二つの変数 $x, \alpha$ に関して連続関数であるから，ある正数 $\delta$ が存在して，

$$x_1 \leq x < x_2, \qquad -\delta \leq \alpha < \delta$$

内のすべての点 $(x, \alpha)$ において

$$\frac{\partial f(x,\alpha)}{\partial \alpha} > 0$$

とすることができる.

したがって，曲線群

$$y = f(x,\alpha) \qquad (-\delta \le \alpha < \delta)$$

は，弧 $P_1P_2$ $(\alpha = 0)$ の近傍に形成された場の停留曲線の集合である．なぜならば，領域 $R$

$$x_1 \le x < x_2, \qquad f(x,-\delta) \le y < f(x,\delta)$$

の各点 $x$ において，$y = f(x,\alpha)$ は $y = f(x,-\delta)$ から $y = f(x,\delta)$ まで単調増加するので（図2-19），その領域内の任意の点 $(x,y)$ に唯一の値 $\alpha$ が対応するからである．■

## 第2章の演習問題

**2-3 節**

**2-1**　被積分関数 $F(x,y,y')$ が $x$ を陽に含まないとき，式 (2-2-1) の両辺に $y'$ をかけると

$$\frac{d}{dx}\left(F - y'\frac{\partial F}{\partial y'}\right) = 0$$

を得ることを示せ.

**2-2**　$(y/c)^2 = 1 + y'^2$ の一般解が双曲線余弦関数

$$y = \pm c \cosh \frac{x+k}{\pm c} \qquad (k：積分定数)$$

であることを示せ.

**2-3**　$y = c\cosh[(x+k)/c]$ には包絡線が存在することを示せ.

**2-4**　有資格関数を $D^1$ 級とするとき，次の変分問題において両端点を結ぶ線分 $y = cx$ は極小曲線であるか.

$$I(y) = \int_{(0,0)}^{(1,c)} \left(y'^2 - 1\right)^2 dx$$

**2-5**　次の変分問題には極大曲線・極小曲線ともに存在しないことを示せ.

$$I(y) = \int_{(0,0)}^{(1,c)} \frac{dx}{y'^2 + 1}$$

**2-6**　例題 2-2 の $n = 1, 2, 1/2, 3/2, -1, 3, 4$ の場合の停留曲線の性質を調べよ.

**2-7**

$$I(y) = \int_{(x_1,y_1)}^{(x_2,y_2)} y^n\, ds = \int_{x_1}^{x_2} y^n \sqrt{1+y'^2}\, dx \qquad (2\text{-}3\text{-}11)$$

の具体例を考える．任意の $n$ についての一般論として，被積分関数が $x$ を陽に含まないので 2-3-2 項 **(3)** により

$$F - y'\frac{\partial F}{\partial y'} = c$$

すなわち，

$$y^n\sqrt{1+y'^2} - y^n\frac{y'^2}{\sqrt{1+y'^2}} = c$$

と積分でき，さらに

$$y^{2n} = c^2\left(1+y'^2\right) \tag{e2-1}$$

を得る．両辺を $x$ で微分すると，

$$2ny^{2n-1}\frac{dy}{dx} = 2c^2\frac{dy}{dx}\frac{d^2y}{dx^2}$$

となる．ゆえに，この問題のオイラー方程式の積分 (e2-1) の解は

$$y = \sqrt[n]{c} \qquad (y' = 0)$$

または

$$\frac{d^2y}{dx^2} = \frac{n}{c^2}y^{2n-1} \tag{e2-2}$$

の解である．式 (2-3-11) の既出の $n = 0, 1, -1/2$

$n = 0$　本文例 2-3 に既出

$n = 1$　$x$ 軸まわりの回転体の表面積　例題 2-1，2-4 に既出

$n = -1/2$　例題 2-3 最速降下線に既出

以外の $n = -1, 1/2$ の場合の停留曲線を求めよ（なお，例 2-13 参照）．

**2-8** ヴァイエルシュトゥラスの問題

$$I(y) = \int_{(-1,-1)}^{(1,1)} x^2\left(\frac{dy}{dx}\right)^2 dx$$

$$(x_1, y_1) = (-1, -1), (x_2, y_2) = (1, 1)$$

の極小曲線について論じよ．

**2-4 節**

**2-9** 次の変分問題の停留曲線を求め，極値曲線であるか検討せよ．

(1) $I(y) = \displaystyle\int_{(0,0)}^{(1,-1)} (2y + y'^2)dx$　　(2) $I(y) = \displaystyle\int_{(-1,1)}^{(1,3)} (2yy' + y'^2)dx$

(3) $I(y) = \displaystyle\int_{x_1}^{x_2} \sqrt{y(1-y'^2)}\,dx$　　(4) $I(y) = \displaystyle\int_{(0,0)}^{(1,1)} yy'\,dx$

(5) $I(y) = \displaystyle\int_{(0,0)}^{(1,1)} xyy'\,dx$　　(6) $I(y) = \displaystyle\int_{(0,0)}^{(\pi/2,0)} (2y\cos x + y^2 + y'^2)dx$

(7) $I(y) = \displaystyle\int_{(0,-1)}^{(\pi/2,-\pi/4)} (2y\cos x + y^2 - y'^2)dx$

(8) $I(y) = \displaystyle\int_{(0,0)}^{(1,0)} (2ye^x + y^2 + y'^2)dx$

(9) $I(y)=\displaystyle\int_{(1,1)}^{(e,2)} xy'^2\,dx$　　(10) $I(y)=\displaystyle\int_{(0,0)}^{(\pi/2,1)} y\sqrt{1-y'^2}\,dx$

**2-10** $I(y)=\displaystyle\int_{(0,2)}^{(2,0)}\left(x^2+2xy'+y'^2\right)dx$ の被積分関数 $F(x,y,y')$ が陽に $y$ を含まないので，この問題のオイラー方程式は式 (2-3-7) により

$$\frac{\partial F(x,y,y')}{\partial y'}=2x+2y'=c$$

である．その一般解は

$$y=-\frac{1}{2}x^2+\frac{c}{2}x+d \tag{e2-3}$$

であり，境界条件を課して解

$$y=-\frac{1}{2}x^2+2$$

を得る．なお，この問題ではオイラー方程式を用いずに，視察により解を得ることができる．それがルジャンドルの十分条件を満たすことを示せ．

**2-11** $z(x)$ が既知関数であるとき，$\delta y(x)$ の微分方程式

$$\delta y'(x)-\delta y(x)\frac{z'(x)}{z(x)}=0 \tag{2-4-10}$$

の解は

$$\delta y(x)=cz(x) \tag{2-4-11}$$

であることを示せ．

# 第3章

# 一般化された変分問題

前章で詳しく考察してきた基本問題は，独立変数と従属変数がそれぞれ1個ずつで，1階微分を超える高階導関数を含まず，付加的な拘束条件を有しない，両端点ともに固定された通常問題[†]の定積分型の汎関数

$$I = \int_{x_1}^{x_2} F(x, y, y')dx \qquad y(x_1) = y_1, y(x_2) = y_2 \tag{2-1-1 再掲}$$

に関する変分問題である．本章ではこの基本問題をさまざまな観点から一般化する．3-1節では基本問題の汎関数において端点の移動(定積分の上・下端の変動)を許容する変分問題を，3-2, 5, 6節では被積分関数 $F$ がそれぞれ，複数個の従属変数を含む場合，高階導関数を含む場合，複数個の独立変数を含む場合を，3-3節では独立変数 $x$ と従属変数 $y$ が媒介変数 $t$ により媒介変数表示されている場合を，また3-4節では付加的な拘束条件を有する変分問題をそれぞれ取り扱う．

また，それらが複合した変分問題をも可能な限り網羅した．

## 3-1　端点の移動を含む変分問題

本節では基本問題の汎関数

$$I = \int_{x_1}^{x_2} F(x, y, y')\,dx \qquad y(x_1) = y_1, y(x_2) = y_2$$

において積分の上・下端が変動することを許容する，より一般的な変分問題を考察する．

そこで，まず一つの端点 $P_2(x_2, y_2)$ がある特定の曲線 $T_2$ すなわち $y = g_2(x)$ 上にあり，その上を移動することを許容する変分問題を考える．なお，独立変数と従属変数は引き続き1個ずつとする．第1変分が0になるという停留条件から，第2章と同

† 媒介変数問題ではないことを意味する．

じオイラーの微分方程式 (2-2-1) が得られると同時に，新たに横断条件という境界条件が得られる．

## 3-1-1 一つの端点の移動を含む問題の第 1 変分・オイラー方程式

定積分型の汎関数

$$I = \int_{x_1}^{x_2} F(x, y, y')\,dx$$

の停留条件を求めるに際し，第 2 章の基本問題と同様に $x$-$y$ 平面上の積分路（曲線）すなわち関数 $y(x)$ $(x_1 \leq x \leq x_2)$ を変動させるのみならず，一方の端点 $\mathrm{P}_2(x_2, y_2)$ を曲線 $T_2$ すなわち

$$y = g_2(x) \tag{3-1-1}$$

に沿って $\mathrm{P}_2'$ まで移動しうるものとする．なお，当面はもう一方の端点 $\mathrm{P}_1(x_1, y_1)$ は固定しておく．すなわち，第 2 章の基本問題では $x$ 座標が与えられたときに曲線の $y$ 座標を停留関数 $y = y_0(x)$ から比較する関数

$$y(x) = y_0(x) + \delta y(x) = y_0(x) + \varepsilon\eta(x) \qquad \text{(1-4-4 再掲)}$$

まで変動させた（弱い意味の変分，図 1-8）が，本節ではこれを端点の移動を反映する形に一般化する．まず，これまで $y = y_0(x)$ と表現してきた停留関数を本節では $y = y(x, 0)$ とかくことにし，これから変動させた比較関数（有資格関数）を $y = y(x, \varepsilon)$ とかくことにする（図 3-1）．

端点が移動する場合の汎関数

$$I = \int_{x_1}^{x_2} F(x, y, y')\,dx$$

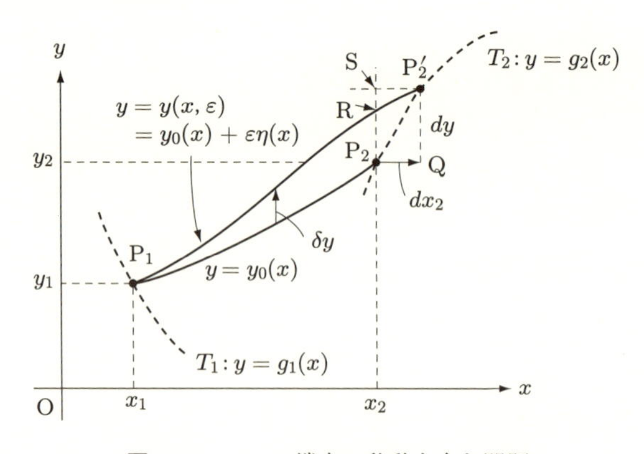


**図 3-1** 一つの端点の移動を含む問題

において，$x_2(\varepsilon), y(x,\varepsilon), y'(x,\varepsilon)$ が $\varepsilon$ の関数であるから，これを $\varepsilon$ で微分すると，基礎定理(ライプニッツの規則，補遺 D)により

$$\frac{dI}{d\varepsilon} = F(x_2(\varepsilon), y(x_2(\varepsilon),\varepsilon), y'(x_2(\varepsilon),\varepsilon))\frac{dx_2}{d\varepsilon} + \int_{x_1}^{x_2}\left(\frac{\partial}{\partial y}F(x,y,y')\frac{dy}{d\varepsilon} + \frac{\partial}{\partial y'}F(x,y,y')\frac{dy'}{d\varepsilon}\right)dx \tag{3-1-2}$$

を得る．記号 $\delta$ の定義 (1-4-12, 17) により

$$\delta^n I \equiv \left.\frac{d^n I}{d\varepsilon^n}\right|_{\varepsilon=0}\varepsilon^n, \qquad \delta^n y \equiv \left.\frac{d^n y}{d\varepsilon^n}\right|_{\varepsilon=0}\varepsilon^n, \qquad \delta^n y' \equiv \left.\frac{d^n y'}{d\varepsilon^n}\right|_{\varepsilon=0}\varepsilon^n \tag{3-1-3}$$

であるから，これに加えて

$$dx_2 \equiv \left.\frac{dx_2}{d\varepsilon}\right|_{\varepsilon=0}\varepsilon$$

とかくことにすると，

$$\delta^1 I = F(x_2, y_0(x_2), y_0'(x_2))dx_2 + \int_{x_1}^{x_2}\left(\frac{\partial}{\partial y}F(x,y_0,y_0')\delta y + \frac{\partial}{\partial y'}F(x,y_0,y_0')\delta y'\right)dx \tag{3-1-4}$$

を得る．

さて，

$$\delta y'(x) = \frac{d}{dx}\delta y(x) \tag{1-4-9 再掲}$$

であるから，式 (3-1-4) の右辺第 2 項の積分は第 2 章の基本問題と同様に部分積分を行うことにより

$$\frac{\partial}{\partial y'}F(x_2, y_0(x_2), y_0'(x_2))\delta y_2(x_2) + \int_{x_1}^{x_2}\left(\frac{\partial}{\partial y}F(x,y_0,y_0') - \frac{d}{dx}\frac{\partial}{\partial y'}F(x,y_0,y_0')\right)\delta y\, dx \tag{3-1-5}$$

となる．ここに

$$\delta y_2(x_2) = y(x_2,\varepsilon) - y(x_2,0) \tag{3-1-6}$$

である．したがって，式 (3-1-4) は

$$\delta^1 I = F(x_2, y_0(x_2), y_0'(x_2))dx_2 + \frac{\partial}{\partial y'}F(x_2, y_0(x_2), y_0'(x_2))\delta y_2(x_2) + \int_{x_1}^{x_2}\left(\frac{\partial}{\partial y}F(x,y_0,y_0') - \frac{d}{dx}\frac{\partial}{\partial y'}F(x,y_0,y_0')\right)\delta y\, dx \tag{3-1-7}$$

となる．端点の移動を許容したのに伴い，右辺の第 1，2 項が新しく発生したのである．さて，端点 $\mathrm{P}_2(x_2, y_2)$ の曲線 $T_2(y = g_2(x))$ 上の移動 ($dx_2$，$\delta y_2$) と，二つの端点

$P_1(x_1, y_1)$ と $P_2(x_2, y_2)$ を結ぶ曲線(関数)の変分 $\delta y$ は独立にとることができる．とくに端点 $P_2(x_2, y_2)$ を固定したときにも，変分 $\delta y$ に対して汎関数 $I$ の第1変分が0でなければならないので，第2章の基本問題と同じく，オイラー方程式

$$\frac{\partial}{\partial y}F(x, y_0, y_0') - \frac{d}{dx}\frac{\partial}{\partial y'}F(x, y_0, y_0') = 0 \qquad \text{(2-2-1 再掲)}$$

が満たされなければならない．その結果，汎関数 $I$ の第1変分には端点 $P_2(x_2, y_2)$ の曲線 $T_2(y = g_2(x))$ 上の移動による寄与

$$\delta^1 I = F(x_2, y_0(x_2), y_0'(x_2))dx_2 + \frac{\partial}{\partial y'}F(x_2, y_0(x_2), y_0'(x_2))\delta y_2(x_2) \qquad \text{(3-1-8)}$$

のみが残る．

図3-1で端点 $P_2(x_2, y_2)$ を通り $y$ 軸に平行な直線 $x = x_2$ が比較関数 $y = y(x, \varepsilon)$ と交わる点をR，同じく直線 $x = x_2$ が $P_2'$ を通り $x$ 軸に平行な直線と交わる点をSとかくと，式(3-1-6)は

$$\delta y_2(x_2) = y(x_2, \varepsilon) - y(x_2, 0) = P_2R = SP_2 - SR$$

である．ここで，

$$SR = y'(x_2, \varepsilon)\,dx_2$$

であるが，$dx_2 = O(\varepsilon)$ であるから十分小さな変分 $P_2P_2'$ では $O(\varepsilon)$ の精度で

$$SR = y'(x_2, 0)\,dx_2 + o(\varepsilon)$$

に等しい．同様に $O(\varepsilon)$ の精度で

$$SP_2 = g_2'(x_2)\,dx_2 + o(\varepsilon)$$

である．したがって，$\varepsilon$ の高次の項を無視する第1変分に関しては

$$\delta y_2(x_2) = (g_2'(x_2) - y_0'(x_2))\,dx_2 \qquad \text{(3-1-9)}$$

である．式(3-1-9)より式(3-1-8)は

$$\begin{aligned}\delta^1 I = \Big[&F(x_2, y_0(x_2), y_0'(x_2)) \\ &+ (g_2'(x_2) - y_0'(x_2))\frac{\partial}{\partial y'}F(x_2, y_0(x_2), y_0'(x_2))\Big]dx_2\end{aligned} \qquad \text{(3-1-10)}$$

となる．したがって，曲線 $T_2(y = g_2(x))$ 上を端点 $P_2(x_2, y_2)$ が自由に移動するときの第1変分が0になるためにはオイラー方程式(2-2-1)に加えて

$$F(x_2, y_0(x_2), y_0'(x_2)) + (g_2'(x_2) - y_0'(x_2))\frac{\partial}{\partial y'}F(x_2, y_0(x_2), y_0'(x_2)) = 0 \qquad \text{(3-1-11)}$$

が成立しなければならない．式 (3-1-11) を**横断条件** (transversality condition) と呼ぶ．

基本問題のオイラー方程式は $x$ の 2 階常微分方程式なのでその一般解は積分定数 2 個を有し，それらは固定端の境界条件 $y(x_1) = y_1, y(x_2) = y_2$ により決定され，特解を得た．本節の移動境界問題では，片方もしくは両方の移動する端点における境界条件の代わりに対応する端点における横断条件が積分定数を決定する役割を担うのである．

**例 3-1**　**2 次元平面において原点と直線 $y = x + 1$ 上の点を最短距離で結ぶ曲線**(図 3-2)

これは一端 $\mathrm{P}_1(0,0)$ が固定されており，他端 $\mathrm{P}_2(x_2, y_2)$ が曲線 $T_2$: $y = g_2(x) = x+1$ 上を動く条件の下で汎関数

$$I(y) = \int_{(0,0)}^{(x_2,y_2)} ds = \int_0^{x_2} \sqrt{1+y'^2}\,dx, \qquad F = \sqrt{1+y'^2}$$

を最小にする変分問題である．

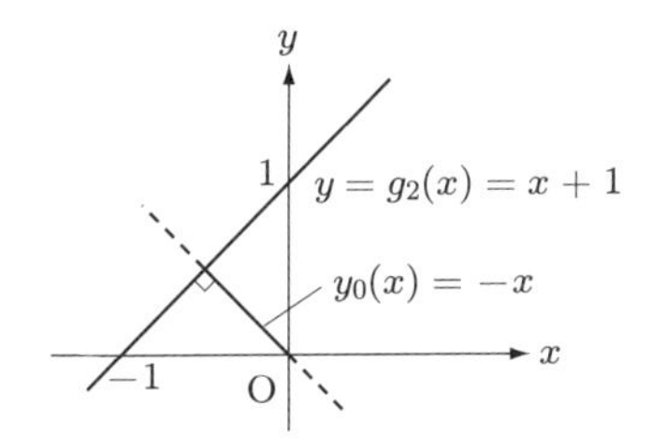


図 **3-2**　原点と $y = x + 1$ 上の点を最短距離で結ぶ曲線

2-3-2 項 (**4**) により，オイラー方程式の解は直線

$$y_0 = ax + b$$

である．まず，固定端 $\mathrm{P}_1(0,0)$ を通るという条件から

$$b = 0$$

を得る．もう一つの係数 $a$ を決定するのが横断条件 (3-1-11) である．

本問では

$$\frac{\partial F}{\partial y'} = \frac{y'}{\sqrt{1+y'^2}}, \qquad g_2'(x_2) = 1, \qquad y_0'(x_2) = a$$

であるから，横断条件は

$$\sqrt{1+a^2} + (1-a)\frac{a}{\sqrt{1+a^2}} = 0$$

である．これから

$$a = -1$$

を得るので，停留曲線 $y_0 = -x$ は一端 $\mathrm{P}_1(0,0)$ から直線 $T_2$: $y = g_2(x) = x + 1$ に下した垂線となる．これが全体的極小曲線であることは幾何学的に明らかであるが，例 3-2 で解析的に示す．■

## ■ 3-1-2　両端点が変動する場合の第1変分

端点 $\mathrm{P}_2(x_2, y_2)$ が曲線 $T_2$ すなわち

$$y = g_2(x) \tag{3-1-1 再掲}$$

に沿って移動するのに加えて，端点 $\mathrm{P}_1(x_1, y_1)$ も曲線 $T_1$ すなわち

$$y = g_1(x) \tag{3-1-12}$$

に沿って移動する場合（図 3-1）には，式 (3-1-11) に加えてもう一つの横断条件

$$F(x_1, y_0(x_1), y_0'(x_1)) + (g_1'(x_1) - y_0'(x_1))\frac{\partial}{\partial y'}F(x_1, y_0(x_1), y_0'(x_1)) = 0 \tag{3-1-11a}$$

が課されることは明らかであろう．

なお，以下の考察の大部分において，端点 $\mathrm{P}_1(x_1, y_1)$ で停留関数を表す曲線と曲線 $T_1$ が，また端点 $\mathrm{P}_2(x_2, y_2)$ で停留関数を表す曲線と曲線 $T_2$ が接していないこと

$$g_1'(x_1) - y_0'(x_1) \neq 0, \qquad g_2'(x_2) - y_0'(x_2) \neq 0 \tag{3-1-13}$$

を仮定する．式 (3-1-11, 11a) を参照すると，このとき両端点において関数 $F$ は 0 にならない．

2-2-1 項の基本問題では

$$\begin{aligned} J'(0) = &\int_{x_1}^{x_2} \left(\frac{\partial}{\partial y}F(x, y_0, y_0') - \frac{d}{dx}\frac{\partial}{\partial y'}F(x, y_0, y_0')\right)\eta(x)\,dx \\ &+ \left(\eta(x_2)\frac{\partial}{\partial y'}F(x_2, y_0(x_2), y_0'(x_2)) - \eta(x_1)\frac{\partial}{\partial y'}F(x_1, y_0(x_1), y_0'(x_1))\right) \\ = &\ 0 \end{aligned} \tag{3-1-14}$$

において，境界条件 $\eta(x_1) = \eta(x_2) = 0$ を用いると第2行のカッコ内の境界値が消え，オイラー方程式 (2-2-1) を得た．

ところで，境界条件「$\eta(x_1) = \eta(x_2) = 0$」の代わりに境界条件「$\boldsymbol{\eta(x_1), \eta(x_2)}$：**任意（制限なし）**」を用いると，停留関数の必要十分条件はどのように変更されるだろうか？ まず，式 (3-1-14) の第2行のカッコ内の境界値にかかわりなく第1行の積分は 0 でなければならない．区間 $[x_1, x_2]$ の内点においては $\eta(x)$ は有資格関数の範囲で任

意の関数であるから，境界条件「$\eta(x_1) = \eta(x_2) = 0$」の場合と同じくオイラー方程式 (2-2-1) を得る．次に，境界条件「$\eta(x_1), \eta(x_2)$：ともに任意」の場合には，式 (3-1-14) 第 2 行のカッコ内の境界項が 0 になるためには

$$\frac{\partial}{\partial y'}F(x_2, y_0(x_2), y_0'(x_2)) = \frac{\partial}{\partial y'}F(x_1, y_0(x_1), y_0'(x_1)) = 0 \tag{3-1-15}$$

でなければならない．もちろん，境界条件「$\eta(x_1) = 0$, $\eta(x_2)$：任意」の場合には，境界項が 0 になるためには

$$\frac{\partial}{\partial y'}F(x_2, y_0(x_2), y_0'(x_2)) = 0 \tag{3-1-15a}$$

のみが満たされなければならない．

本節の移動境界問題という観点から，簡単のために片方の端点のみに注目して以上の結果を解釈すると，境界条件「$\eta(x_2)$：任意」は右端点 $\mathrm{P}_2(x_2, y_2)$ が $x$ 軸に垂直な直線 $T_2 : x = x_2$ 上を移動しうる問題に対応する．この直線 $T_2$ を直線

$$T_2' : y = g(x) = k(x - x_2)$$

の $k \to \infty$ の極限とみなすと，$T_2'$ による横断条件は

$$F(x_2, y_0(x_2), y_0'(x_2)) + (k - y_0'(x_2))\frac{\partial}{\partial y'}F(x_2, y_0(x_2), y_0'(x_2)) = 0$$

すなわち

$$\frac{\partial}{\partial y'}F(x_2, y_0(x_2), y_0'(x_2)) + \frac{1}{k}\left(F(x_2, y_0(x_2), y_0'(x_2)) - y_0'(x_2)\frac{\partial}{\partial y'}F(x_2, y_0(x_2), y_0'(x_2))\right) = 0$$

であるから，その $k \to \infty$ の極限は

$$\frac{\partial}{\partial y'}F(x_2, y_0(x_2), y_0'(x_2)) = 0$$

となり，先の結果 (3-1-15) と一致する．演習問題 4-2 でこの結果を参照する．

### 3-1-3　第 2 変分

3-1-1 項と同様に，$x$-$y$ 平面上の積分路（曲線）すなわち関数 $y(x)(x_1 \leq x \leq x_2)$ を変動させるのみならず，一方の端点 $\mathrm{P}_2(x_2, y_2)$ を曲線 $T_2$ すなわち

$$y = g_2(x) \qquad \text{(3-1-1 再掲)}$$

に沿って移動しうるものとし，もう一方の端点 $\mathrm{P}_1(x_1, y_1)$ は固定する場合から議論を始める．第 1 変分 (3-1-2) をさらに $\varepsilon$ で微分すると，

$$\frac{d^2 I}{d\varepsilon^2} = \frac{d}{dx_2}F(x_2(\varepsilon), y(x_2(\varepsilon), \varepsilon), y'(x_2(\varepsilon), \varepsilon))\left(\frac{dx_2}{d\varepsilon}\right)^2$$

$$
\begin{aligned}
&+ F(x_2(\varepsilon), y(x_2(\varepsilon), \varepsilon), y'(x_2(\varepsilon), \varepsilon)) \frac{d^2 x_2}{d\varepsilon^2} \\
&+ 2\frac{\partial}{\partial y} F(x_2(\varepsilon), y(x_2(\varepsilon), \varepsilon), y'(x_2(\varepsilon), \varepsilon)) \frac{dy}{d\varepsilon}\frac{dx_2}{d\varepsilon} \\
&+ 2\frac{\partial}{\partial y'} F(x_2(\varepsilon), y(x_2(\varepsilon), \varepsilon), y'(x_2(\varepsilon), \varepsilon)) \frac{dy'}{d\varepsilon}\frac{dx_2}{d\varepsilon} \\
&+ \int_{x_1}^{x_2} \left[ \frac{\partial}{\partial y} F(x, y, y') \frac{d^2 y}{d\varepsilon^2} + \frac{\partial^2}{\partial y^2} F(x, y, y') \left(\frac{dy}{d\varepsilon}\right)^2 + \frac{\partial^2}{\partial y \partial y'} F(x, y, y') \frac{dy}{d\varepsilon}\frac{dy'}{d\varepsilon} \right. \\
&\quad \left. + \frac{\partial}{\partial y'} F(x, y, y') \frac{d^2 y'}{d\varepsilon^2} + \frac{\partial^2}{\partial y'^2} F(x, y, y') \left(\frac{dy'}{d\varepsilon}\right)^2 + \frac{\partial^2}{\partial y \partial y'} F(x, y, y') \frac{dy}{d\varepsilon}\frac{dy'}{d\varepsilon} \right] dx
\end{aligned}
\tag{3-1-16}
$$

を得る．なお，式 (3-1-16) の右辺第 3, 4 項には，式 (3-1-2) の境界項の微分と積分項の上端の変動の双方からの寄与があることに注意する．

式 (3-1-3) を用いると，式 (3-1-16) より第 2 変分

$$
\begin{aligned}
\delta^2 I = {} & F(x_2(0), y(x_2(0), 0), y'(x_2(0), 0)) d^2 x_2 + \frac{d}{dx_2} F(x_2, y(x_2, 0), y'(x_2, 0))(dx_2)^2 \\
&+ 2\frac{\partial}{\partial y} F(x_2, y(x_2, 0), y'(x_2, 0)) \delta y \, dx_2 + 2\frac{\partial}{\partial y'} F(x_2, y(x_2, 0), y'(x_2, 0)) \delta y' \, dx_2 \\
&+ \int_{x_1}^{x_2} \left[ \frac{\partial^2}{\partial y^2} F(x, y, y')(\delta y)^2 + 2\frac{\partial^2}{\partial y \partial y'} F(x, y, y') \delta y \delta y' + \frac{\partial^2}{\partial y'^2} F(x, y, y')(\delta y')^2 \right. \\
&\quad \left. + \frac{\partial}{\partial y} F(x, y, y') \delta^2 y + \frac{\partial}{\partial y'} F(x, y, y') \delta^2 y' \right] dx
\end{aligned}
\tag{3-1-17}
$$

を得る．なお，右辺第 2 項以下の $x_2$ は $x_2(0)$ を略記したものである．また

$$
d^2 x_2 \equiv \left. \frac{d^2 x_2}{d\varepsilon^2} \right|_{\varepsilon = 0} \varepsilon^2 \tag{3-1-18}
$$

である．

さて，線形近似では式 (3-1-9) すなわち

$$
dy_2 \equiv g_2'(x_2) dx_2 = y_0'(x_2) \, dx_2 + \delta y(x_2) \tag{3-1-19}
$$

が成り立つが，2 次の項まで考慮すると，$T_2$ に沿って点 $P_2$ から点 $P_2'$ に移動する間の $y$ 座標の変化（図 3-1 の $SR + RP_2$）は

$$
\begin{aligned}
\Delta y_2 &= y(x_2 + dx_2, \varepsilon) - y(x_2, 0) \qquad \left( = dy_2 + \frac{1}{2} d^2 y_2 + \cdots \right) \\
&= \big( y(x_2 + dx_2, \varepsilon) - y(x_2, \varepsilon) \big) + \big( y(x_2, \varepsilon) - y(x_2, 0) \big) \\
&= \left[ \frac{\partial y}{\partial x_2} dx_2 + \frac{1}{2} \frac{\partial^2 y}{\partial x_2^2} (dx_2)^2 + \frac{\partial \delta y}{\partial x_2} dx_2 + \frac{1}{2} \frac{\partial y}{\partial x_2} \frac{d^2 x_2}{d\varepsilon^2} (d\varepsilon)^2 + \cdots \right]
\end{aligned}
$$

$$
\begin{aligned}
&+\left(\delta y(x_2)+\frac{\delta^2 y(x_2)}{2}+\cdots\right)\\
&=\left(\frac{\partial y}{\partial x_2}dx_2+\delta y(x_2)\right)\\
&\quad+\left[\frac{1}{2}\frac{\partial^2 y}{\partial x_2^2}(dx_2)^2+\frac{1}{2}\frac{\partial y}{\partial x_2}d^2x_2+\frac{\partial\delta y(x_2)}{\partial x_2}dx_2+\frac{\delta^2 y(x_2)}{2}\right]+\cdots\\
&=dy_2+\frac{1}{2}d^2y_2+\cdots
\end{aligned}
$$

であるから，

$$
d^2y_2\equiv d(dy_2)=y_0''(x_2)(dx_2)^2+y_0'(x_2)d^2x_2+2\delta y'(x_2)dx_2+\delta^2 y(x_2) \tag{3-1-20}
$$

となる．ここで式 (3-1-19, 20) を用いて式 (3-1-17) の境界 $(x=x_2)$ 項中の $\delta y, \delta y'$ を消去すると，

$$
\begin{aligned}
\delta^2 I &= F(x_2(0),y(x_2(0),0),y'(x_2(0),0))d^2x_2\\
&\quad+\left(\frac{\partial}{\partial x_2}F(x_2(0),y(x_2(0),0),y'(x_2(0),0))-y'(x_2(0),0)\right.\\
&\qquad\left.\times\frac{\partial}{\partial y}F(x_2(0),y(x_2(0),0),y'(x_2(0),0))\right)(dx_2)^2\\
&\quad+(d^2y_2-y'd^2x_2)\frac{\partial}{\partial y'}F(x_2(0),y(x_2(0),0),y'(x_2(0),0))\\
&\quad+2\frac{\partial}{\partial y}F(x_2(0),y(x_2(0),0),y'(x_2(0),0))\,dx_2dy_2\\
&\quad+\int_{x_1}^{x_2}\left[\frac{\partial^2}{\partial y^2}F(x,y,y')(\delta y)^2+2\frac{\partial^2}{\partial y\partial y'}F(x,y,y')\delta y\delta y'\right.\\
&\qquad\left.+\frac{\partial^2}{\partial y'^2}F(x,y,y')(\delta y')^2\right]dx
\end{aligned} \tag{3-1-21}
$$

を得る．

この結果をもう一方の端点 $\mathrm{P}_1(x_1,y_1)$ の移動を許す場合に，次のとおり拡張することは容易である．

$$
\begin{aligned}
\delta^2 I = \Bigg[&F(x_2(0),y(x_2(0),0),y'(x_2(0),0))d^2x_2+\left(\frac{\partial}{\partial x_2}F(x_2(0),y(x_2(0),0),\right.\\
&\left.y'(x_2(0),0))-y'(x_2(0),0)\frac{\partial}{\partial y}F(x_2(0),y(x_2(0),0),y'(x_2(0),0))\right)\\
&\times(dx_2)^2+(d^2y_2-y'd^2x_2)\frac{\partial}{\partial y'}F(x_2(0),y(x_2(0),0),y'(x_2(0),0))
\end{aligned}
$$

$$
\begin{aligned}
&+2\frac{\partial}{\partial y}F(x_2(0),y(x_2(0),0),y'(x_2(0),0))\,dx_2dy_2\Bigg] \\
&-\Bigg[F(x_1(0),y(x_1(0),0),y'(x_1(0),0))d^2x_1 \\
&\quad+\left(\frac{\partial}{\partial x_1}F(x_1(0),y(x_1(0),0),y'(x_1(0),0))\right. \\
&\qquad\left.-y'(x_1(0),0)\frac{\partial}{\partial y}F(x_1(0),y(x_1(0),0),y'(x_1(0),0))\right)(dx_1)^2 \\
&\quad+(d^2y_1-y'd^2x_1)\frac{\partial}{\partial y'}F(x_1(0),y(x_1(0),0),y'(x_1(0),0)) \\
&\quad+2\frac{\partial}{\partial y}F(x_1(0),y(x_1(0),0),y'(x_1(0),0))\,dx_1dy_1\Bigg] \\
&+\int_{x_1}^{x_2}\left[\frac{\partial^2}{\partial y^2}F(x,y,y')(\delta y)^2+2\frac{\partial^2}{\partial y\partial y'}F(x,y,y')\delta y\delta y'\right. \\
&\quad\left.+\frac{\partial^2}{\partial y'^2}F(x,y,y')(\delta y')^2\right]dx
\end{aligned}
\tag{3-1-22}
$$

なお，端点 $\mathrm{P}_1(x_1,y_1)$ が移動する曲線 $T_1$ すなわち $y=g_1(x)$ および $\mathrm{P}_2(x_2,y_2)$ が移動する曲線 $T_2$ すなわち $y=g_2(x)$ をそれぞれ媒介変数表示

$$x=x(t),\qquad y=y(t)$$

すると，式 (3-1-20, 21) および式 (3-1-22) 中の微分記号は以下の通りになる．

$$dx=\dot{x}\,dt,\qquad d^2x\equiv d(dx)=\ddot{x}dt^2+\dot{x}d^2t,\qquad dt^2\equiv(dt)^2$$

$$dy=\dot{y}\,dt,\qquad dy=y_x\,dx,\qquad \frac{dy}{dt}=y_x\frac{dx}{dt},\qquad \frac{d^2y}{dt^2}=y_{xx}\left(\frac{dx}{dt}\right)^2+y_x\frac{d^2x}{dt^2}$$

すなわち　$d^2y\equiv d(dy)=y_{xx}dx^2+y_xd^2x,\quad dx^2\equiv(dx)^2$

### ■ 3-1-4　ヤコビの付帯方程式と焦点を用いた第 2 変分の符号判定

ヤコビの付帯方程式（2-4-3 項）を用いることにより，$\delta^2 I$（式 (3-1-22)）をそれが正負いずれであるかを判別しやすい形に変換することができる．

2 階の常微分方程式であるオイラー方程式の一般解に，端点を通るという境界条件または移動境界の横断条件を課すと，特解である曲線 $y(x)$ が定まる．この停留解 $y(x)$ を代入することにより，三つの関数

$$F_{y(x)y(x)}(x,y(x),y'(x)),\qquad F_{y(x)y'(x)}(x,y(x),y'(x)),$$

$$F_{y'(x)y'(x)}(x, y(x), y'(x))$$

は $x$ の関数として定まる．これらを用いて 2-4-3 項と同じくヤコビの付帯方程式

$$\left(\frac{\partial^2 F}{\partial y^2} - \frac{d}{dx}\frac{\partial^2 F}{\partial y \partial y'}\right) z(x) - \frac{d}{dx}\left(\frac{\partial^2 F}{\partial y'^2}\frac{dz(x)}{dx}\right) = 0 \tag{3-1-23}$$

を定義することができ，式 (3-1-23) は式 (3-1-22) の最終項・積分のオイラー方程式である．ただし，$\delta y(x)$ を $z(x)$ で置き換えている．

さて，もともとのオイラー方程式 (2-2-1) の解を，$m_1, m_2$ を積分定数として

$$y = h(x, m_1, m_2)$$

とかくと，2-4-6 項で示したように

$$y = \frac{\partial h(x, m_1, m_2)}{\partial m_1}, \quad y = \frac{\partial h(x, m_1, m_2)}{\partial m_2}$$

は式 (3-1-22) の解である．

これから，式 (3-1-22) の最終項である積分

$$\int_{x_1}^{x_2} \left[\frac{\partial^2}{\partial y^2}F(x, y, y')(\delta y)^2 + 2\frac{\partial^2}{\partial y \partial y'}F(x, y, y')\delta y \delta y' + \frac{\partial^2}{\partial y'^2}F(x, y, y')(\delta y')^2\right] dx$$

を，$\delta^2 I$（式 (3-1-22)）の境界項を含む全体が正負いずれであるかを判別しやすい形に変換できる．さて，この積分の被積分関数を

$$2\Psi \equiv \frac{\partial^2}{\partial y^2}F(x, y, y')(\delta y)^2 + 2\frac{\partial^2}{\partial y \partial y'}F(x, y, y')\delta y \delta y' + \frac{\partial^2}{\partial y'^2}F(x, y, y')(\delta y')^2 \tag{3-1-24}$$

とおくと，$\Psi$ は $\delta y, \delta y'$ の斉次 2 次式であるから，

$$\int_{x_1}^{x_2} 2\Psi\, dx = \int_{x_1}^{x_2} \left(\delta y \frac{\partial \Psi}{\partial \delta y} + \delta y' \frac{\partial \Psi}{\partial \delta y'}\right) dx$$

と書き換えることができる．さらに部分積分を施すと，

$$\int_{x_1}^{x_2} 2\Psi\, dx = \left[\delta y \frac{\partial \Psi}{\partial \delta y'}\right]_{x_1}^{x_2} + \int_{x_1}^{x_2} \delta y \left(\frac{\partial \Psi}{\partial \delta y} - \frac{d}{dx}\frac{\partial \Psi}{\partial \delta y'}\right) dx$$

を得る．右辺第 2 項に式 (3-1-24) を代入すると，

$$\begin{aligned}
&\int_{x_1}^{x_2} 2\Psi\, dx \\
&\quad = \left[\delta y \frac{\partial \Psi}{\partial \delta y'}\right]_{x_1}^{x_2} + \int_{x_1}^{x_2} \delta y \left[\left(\delta y \frac{\partial^2}{\partial y^2}F(x, y, y') + \delta y' \frac{\partial^2}{\partial y \partial y'}F(x, y, y')\right)\right. \\
&\qquad \left. - \frac{d}{dx}\left(\delta y \frac{\partial^2}{\partial y \partial y'}F(x, y, y') + \delta y' \frac{\partial^2}{\partial y'^2}F(x, y, y')\right)\right] dx
\end{aligned}$$

$$= \left[\delta y \frac{\partial \Psi}{\partial \delta y'}\right]_{x_1}^{x_2} + \int_{x_1}^{x_2} \delta y \left[\delta y \left(\frac{\partial^2}{\partial y^2} F(x,y,y') - \frac{d}{dx}\frac{\partial^2}{\partial y \partial y'} F(x,y,y')\right)\right.$$
$$\left. - \frac{d}{dx}\left(\delta y' \frac{\partial^2}{\partial y'^2} F(x,y,y')\right)\right] dx \tag{3-1-24a}$$

を得る．ここで式 (3-1-23) を用いて右辺積分の第1項を書き換えると，

$$\int_{x_1}^{x_2} 2\Psi\, dx = \left[\delta y \frac{\partial \Psi}{\partial \delta y'}\right]_{x_1}^{x_2}$$
$$+ \int_{x_1}^{x_2} \delta y \left[\frac{\delta y}{z(x)} \frac{d}{dx}\left(\frac{dz(x)}{dx}\frac{\partial^2}{\partial y'^2} F(x,y,y')\right) - \frac{d}{dx}\left(\delta y' \frac{\partial^2}{\partial y'^2} F(x,y,y')\right)\right] dx$$

となるので，部分積分を施すと，

$$\int_{x_1}^{x_2} 2\Psi\, dx = \left[\delta y \frac{\partial \Psi}{\partial \delta y'}\right]_{x_1}^{x_2}$$
$$+ \left[\delta y \left(\delta y \frac{z'(x)}{z(x)} - \delta y'\right) \frac{\partial^2}{\partial y'^2} F(x,y,y')\right]_{x_1}^{x_2}$$
$$- \int_{x_1}^{x_2} \frac{\partial^2}{\partial y'^2} F(x,y,y') \left[\frac{dz(x)}{dx}\frac{d}{dx}\frac{(\delta y)^2}{z(x)} - (\delta y')^2\right] dx \tag{3-1-24b}$$

を得る．右辺第1項に式 (3-1-24) を代入し，被積分関数を変形すると

$$\int_{x_1}^{x_2} 2\Psi\, dx = \left[\frac{(\delta y)^2}{z(x)} \left(z(x) \frac{\partial^2}{\partial y \partial y'} F(x,y,y') + z'(x) \frac{\partial^2}{\partial y'^2} F(x,y,y')\right)\right]_{x_1}^{x_2}$$
$$+ \int_{x_1}^{x_2} \frac{\partial^2}{\partial y'^2} F(x,y,y') \left(\delta y' - \frac{z'(x)}{z(x)} \delta y\right)^2 dx \tag{3-1-25}$$

となる．

続いて，$\delta^2 I$（式 (3-1-22)）の境界項を評価する．まず式 (3-1-9) より

$$\delta y(x_1) = (g_1'(x_1) - y_0'(x_1)) dx_1$$

$$\delta y(x_2) = (g_2'(x_2) - y_0'(x_2)) dx_2$$

である．次に，2階の常微分方程式であるヤコビの付帯方程式 (3-1-23) の二つの独立な特解 $z_1(x), z_2(x)$ を，それぞれ次の二組ずつの境界条件を満たすものとする．

$$z_1(x_1) = (g_1'(x_1) - y_0'(x_1)) dx_1 \tag{3-1-26a}$$

および

$$\left(z_1(x_1) \frac{\partial^2}{\partial y \partial y'} F(x_1,y,y') + z_1'(x_1) \frac{\partial^2}{\partial y'^2} F(x_1,y,y')\right) (g_1'(x_1) - y_0'(x_1)) dx_1$$
$$= -\Big[F(x_1(0), y(x_1(0),0), y'(x_1(0),0)) d^2 x_1$$

$$+\left(\frac{\partial}{\partial x_1}F(x_1(0),y(x_1(0),0),y'(x_1(0),0))\right.$$

$$\left.-y'(x_1(0),0)\frac{\partial}{\partial y}F(x_1(0),y(x_1(0),0),y'(x_1(0),0))\right)(dx_1)^2$$

$$+(d^2y_1-y'd^2x_1)\frac{\partial}{\partial y'}F(x_1(0),y(x_1(0),0),y'(x_1(0),0))$$

$$\left.+2\frac{\partial}{\partial y}F(x_1(0),y(x_1(0),0),y'(x_1(0),0))dx_1\,dy_1\right] \tag{3-1-26b}$$

$$z_2(x_2)=(g_2'(x_2)-y_0'(x_2))dx_2 \tag{3-1-26c}$$

および

$$\left(z_2(x_2)\frac{\partial^2}{\partial y\partial y'}F(x_2,y,y')+z_2'(x_2)\frac{\partial^2}{\partial y'^2}F(x_2,y,y')\right)(g_2'(x_2)-y_0'(x_2))dx_2$$

$$=-\left[F(x_2(0),y(x_2(0),0),y'(x_2(0),0))d^2x_2\right.$$

$$+\left(\frac{\partial}{\partial x_2}F(x_2(0),y(x_2(0),0),y'(x_2(0),0))\right.$$

$$\left.-y'(x_2(0),0)\frac{\partial}{\partial y}F(x_2(0),y(x_2(0),0),y'(x_2(0),0))\right)(dx_2)^2$$

$$+(d^2y_2-y'd^2x_2)\frac{\partial}{\partial y'}F(x_2(0),y(x_2(0),0),y'(x_2(0),0))$$

$$\left.+2\frac{\partial}{\partial y}F(x_2(0),y(x_2(0),0),y'(x_2(0),0))dx_2\,dy_2\right] \tag{3-1-26d}$$

ここで，区間 $(x_1,x_2)$ 内のある点を $x_c$ とするとき式 (3-1-25) 中の $z(x)$ を

区間 $x_1\le x<x_c$ においては $z(x)=z_1(x)$

区間 $x_c<x\le x_2$ においては $z(x)=z_2(x)$

に選ぶ．$x=x_c$ は式 (3-1-25) 右辺の積分項の被積分関数の不連続点なので $x=x_c$ で積分区間を分割すると，式 (3-1-25) 中の境界項に対応する項が新たに現れる．それゆえ式 (3-1-25) は

$$\int_{x_1}^{x_2}2\Psi\,dx=\left[F(x_1(0),y(x_1(0),0),y'(x_1(0),0))d^2x_2\right.$$

$$+\left(\frac{\partial}{\partial x_1}F(x_1(0),y(x_1(0),0),y'(x_1(0),0))\right.$$

$$\left.-y'(x_1(0),0)\frac{\partial}{\partial y}F(x_1(0),y(x_1(0),0),y'(x_1(0),0))\right)(dx_1)^2$$

$$+ (d^2 y_1 - y' d^2 x_1) \frac{\partial}{\partial y'} F(x_1(0), y(x_1(0), 0), y'(x_1(0), 0))$$

$$\left. + 2 \frac{\partial}{\partial y} F(x_1(0), y(x_1(0), 0), y'(x_1(0), 0)) dx_1\, dy_1 \right]$$

$$- \left[ F(x_2(0), y(x_2(0), 0), y'(x_2(0), 0)) d^2 x_2 \right.$$

$$+ \left( \frac{d}{dx_2} F(x_2(0), y(x_2(0), 0), y'(x_2(0), 0)) \right.$$

$$\left. - y'(x_2(0), 0) \frac{\partial}{\partial y} F(x_2(0), y(x_2(0), 0), y'(x_2(0), 0)) \right) (dx_2)^2$$

$$+ (d^2 y_2 - y' d^2 x_2) \frac{\partial}{\partial y'} F(x_2(0), y(x_2(0), 0), y'(x_2(0), 0))$$

$$\left. + 2 \frac{\partial}{\partial y} F(x_2(0), y(x_2(0), 0), y'(x_2(0), 0)) dx_2\, dy_2 \right]$$

$$+ \frac{(\delta y)^2}{z_1(x_c) z_2(x_c)} (z_1'(x_c) z_2(x_c) - z_1(x_c) z_2'(x_c)) \frac{\partial^2}{\partial y'^2} F(x_c, y, y')$$

$$+ \int_{x_1}^{x_c} \frac{\partial^2}{\partial y'^2} F(x, y, y') \left( \delta y' - \frac{z_1'(x)}{z_1(x)} \delta y \right)^2 dx$$

$$+ \int_{x_c}^{x_2} \frac{\partial^2}{\partial y'^2} F(x, y, y') \left( \delta y' - \frac{z_2'(x)}{z_2(x)} \delta y \right)^2 dx$$

となる．こうして，第2変分 $\delta^2 I$（式(3-1-22)）の簡明な表式

$$\delta^2 I = \frac{(\delta y)^2}{z_1(x_c) z_2(x_c)} (z_1'(x_c) z_2(x_c) - z_1(x_c) z_2'(x_c)) \frac{\partial^2}{\partial y'^2} F(x_c, y, y')$$
$$+ \int_{x_1}^{x_c} \frac{\partial^2}{\partial y'^2} F(x, y, y') \left( \delta y' - \frac{z_1'(x)}{z_1(x)} \delta y \right)^2 dx$$
$$+ \int_{x_c}^{x_2} \frac{\partial^2}{\partial y'^2} F(x, y, y') \left( \delta y' - \frac{z_2'(x)}{z_2(x)} \delta y \right)^2 dx \qquad \text{(3-1-27)}$$

を得る．このうち，第1項の中の

$$(z_1'(x_c) z_2(x_c) - z_1(x_c) z_2'(x_c)) \frac{\partial^2}{\partial y'^2} F(x_c, y, y') \qquad \text{(3-1-28)}$$

は式(2-4-27)により，座標 $x_c$ によらない定数 $C$ である．

■[焦点]

端点 $P_1(x_1, y_1)$ における境界条件(3-1-26)を満たす付帯方程式の解 $z_1(x)$ に関して，停留曲線 $P_1P_2$ 上の点 $P_k(x_k, y_k = y_0(x_k))$ において

$$z_1(x_k) = 0$$

であるとき，点 $\mathrm{P}_k(x_k, y_k = y_0(x_k))$ を曲線 $T_1$（式 (3-1-12)）の**焦点** (focal points) と呼ぶ．同様に，端点 $\mathrm{P}_2(x_2, y_2)$ における境界条件 (3-1-26) を満たす付帯方程式の解 $z_2(x)$ に関して，停留曲線 $\mathrm{P}_1\mathrm{P}_2$ 上の点 $\mathrm{P}_k(x_k, y_k = y_0(x_k))$ において

$$z_2(x_k) = 0$$

であるとき，点 $\mathrm{P}_k(x_k, y_k = y_0(x_k))$ を曲線 $T_2$（式 (3-1-1)）の焦点と呼ぶ．

この焦点の定義において端点で変分が 0（端点固定）であれば，焦点は共役点（2-4-4 項）に一致するので，焦点は端点固定問題における共役点を端点移動問題に拡張したものとみなすことができる．

さて，第 2 変分 (3-1-27) のうち，第 2，3 項は $\partial^2 F(x_c, y, y')/\partial y'^2$ がその停留曲線上で定符号ならばその符号に等しい．第 1 項のうち，式 (3-1-28) は一定であるから，符号が変化しうるのは

$$z_1(x_c)z_2(x_c)$$

の部分のみであるが，停留曲線上に曲線 $T_1, T_2$ のいずれの焦点も存在しなければ

$$z_1(x_c)z_2(x_c)$$

は定符号である．したがって，停留曲線上に曲線 $T_1, T_2$ のいずれの焦点も存在せず，停留曲線上の任意の点 $x_c$ において，

$$z_1(x_c)z_2(x_c)(z_1'(z_c)z_2(x_c) - z_1(x_c)z_2'(x_2))$$

が正ならば，第 2 変分 (3-1-27) の第 1〜3 項は $\partial^2 F(x_c, y, y')/\partial y'^2$ の符号に等しい．したがって，この停留曲線は $\partial^2 F(x_c, y, y')/\partial y'^2 > 0$ ならば極小曲線であり，$\partial^2 F(x_c, y, y')/\partial y'^2 < 0$ ならば極大曲線である．

**例 3-2**（例 3-1 再訪）

2 次元平面において原点と直線 $y = x + 1$ 上の点を最短距離で結ぶ曲線を求める変分問題で得られた停留曲線 $y_0 = -x$ が全体的極小曲線であることを解析的に示す．

$$F = \sqrt{1 + y'^2} \tag{3-1-29}$$

から

$$\frac{\partial^2 F}{\partial y^2} = \frac{\partial^2 F}{\partial y \partial y'} = 0, \qquad \left.\frac{\partial^2 F}{\partial y'^2}\right|_{y=y_0} = \left.\frac{1}{(1 + y'^2)^{3/2}}\right|_{y=y_0} = \frac{1}{2\sqrt{2}}$$

を得るので，本問題のヤコビの付帯方程式 (3-1-23) は

$$\frac{d}{dx}\left(\frac{1}{2\sqrt{2}}\frac{dz(x)}{dx}\right) = 0$$

すなわち

$$\frac{dz(x)}{dx} = c_1 \qquad (c_1：定数)$$

であり，その解は

$$z(x) = c_1 x + c_2$$

である．左端点 $(x_1, y_1)$ は固定，右端点 $(x_2, y_2)$ は $y = g_2(x) = x + 1$ 上を動くので，

$$\frac{dx_1}{dt_1} = \frac{dy_1}{dt_1} = 0, \qquad \frac{dx_2}{dt_2} = \frac{dy_2}{dt_2} = 1$$

とおくことができる．ゆえに境界条件 (3-1-26) を満たす特解は

$$z_1(x) = 0 \qquad (z_1(x_1) = 0 \text{ および } z_1'(x_1) = 0)$$
$$z_2(x) = 2 \qquad (z_2(x_2) = 2 \text{ および } z_2'(x_2) = 0)$$

であり，

$$z_1'(x_c) z_2(x_c) - z_1(x_c) z_2'(x_c) = 0$$

である．なお，本例では $z_1(x) \equiv 0$ であるが，式 (3-1-29) により式 (3-1-24a) の右辺積分第1項が消えるので，以下の式で $z'/z$ は出現しない．また移動境界は点 $\mathrm{P}_2(x_2, y_2)$（曲線 $T_2$ 上）のみであり，点 $\mathrm{P}_2(x_2, y_2)$ の焦点すなわち停留曲線 $y_0 = -x$ 上で $z_2(x) = 0$ となる点は存在しない．その結果，

$$\left.\frac{\partial^2 F}{\partial y'^2}\right|_{y=y_0} = \left.\frac{1}{(1+y'^2)^{3/2}}\right|_{y=y_0} = \frac{1}{2\sqrt{2}} > 0$$

であるから，停留曲線 $y_0 = -x$ は極小曲線である．■

## 3-2　複数の従属変数を含む変分問題

複数の従属変数を含む定積分型の変分問題は一般に

$$I = \int_{x_1}^{x_2} F(x; y_1(x), y_2(x), \ldots, y_n(x); y_1'(x), y_2'(x), \ldots, y_n'(x))\, dx$$

端点固定：$y_1(x_1) = y_{11}, y_2(x_1) = y_{12}, \ldots, y_n(x_1) = y_{1n},$

$\qquad\qquad y_1(x_2) = y_{21}, y_2(x_2) = y_{22}, \ldots, y_n(x_2) = y_{2n}$

とかき表すことができるが，従属変数の数 $n$ が3以上の場合にも本質的には同様なので，以下では従属変数が $y(x), z(x)$ の2個の場合を考える．すなわち

$$I = \int_{x_1}^{x_2} F(x; y(x), z(x); y'(x), z'(x))\, dx \tag{3-2-1}$$

端点固定：$y(x_1) = y_1, z(x_1) = z_1, y(x_2) = y_2, z(x_2) = z_2$

という汎関数を極小にする(ないし停留化する)問題を考える.

### 3-2-1 第1変分・オイラー方程式

求める停留関数を $y_0(x), z_0(x)$ とすると,変数 $y(x), z(x)$ の弱い意味の変分の有資格関数は

$$
\begin{aligned}
&y(x) = y_0(x) + \varepsilon\eta(x), \qquad y'(x) = y_0'(x) + \varepsilon\eta'(x) \\
&z(x) = z_0(x) + \varepsilon\xi(x), \qquad z'(x) = z_0'(x) + \varepsilon\xi'(x) \\
&\eta(x_1) = \xi(x_1) = \eta(x_2) = \xi(x_2) = 0 \qquad \eta(x), \xi(x) \in D^1
\end{aligned}
\tag{3-2-2}
$$

とかける.$\varepsilon$ の関数としての汎関数 $I(y)$ を次のようにかくと,

$$
\begin{aligned}
I(y) &= J(\varepsilon) \\
&\equiv \int_{x_1}^{x_2} F(x; y_0(x) + \varepsilon\eta(x), z_0(x) + \varepsilon\xi(x); y_0'(x) + \varepsilon\eta'(x), z_0'(x) + \varepsilon\xi'(x))\, dx
\end{aligned}
\tag{3-2-3}
$$

$y_0(x), z_0(x)$ が停留関数であるための必要条件は

$$
\frac{\partial}{\partial\varepsilon} J(0) = 0
$$

である.式 (3-2-3) により

$$
\begin{aligned}
\frac{\partial}{\partial\varepsilon} J(\varepsilon) = \int_{x_1}^{x_2} &\left(\frac{\partial}{\partial y} F(x; y_0 + \varepsilon\eta, z_0 + \varepsilon\xi; y_0' + \varepsilon\eta', z_0' + \varepsilon\xi')\eta \right. \\
&\left. + \frac{\partial}{\partial y'} F(x; y_0 + \varepsilon\eta, z_0 + \varepsilon\xi; y_0' + \varepsilon\eta', z_0' + \varepsilon\xi')\eta'\right) dx \\
+ \int_{x_1}^{x_2} &\left(\frac{\partial}{\partial z} F(x; y_0 + \varepsilon\eta, z_0 + \varepsilon\xi; y_0' + \varepsilon\eta', z_0' + \varepsilon\xi')\xi \right. \\
&\left. + \frac{\partial}{\partial z'} F(x; y_0 + \varepsilon\eta, z_0 + \varepsilon\xi; y_0' + \varepsilon\eta', z_0' + \varepsilon\xi')\xi'\right) dx
\end{aligned}
$$

であるから,

$$
\begin{aligned}
\frac{\partial}{\partial\varepsilon} J(0) &= \int_{x_1}^{x_2} \left(\frac{\partial}{\partial y} F(x; y_0, z_0; y_0', z_0')\eta + \frac{\partial}{\partial y'} F(x; y_0, z_0; y_0', z_0')\eta'\right) dx \\
&+ \int_{x_1}^{x_2} \left(\frac{\partial}{\partial z} F(x; y_0, z_0; y_0', z_0')\xi + \frac{\partial}{\partial z'} F(x; y_0, z_0; y_0', z_0')\xi'\right) dx = 0
\end{aligned}
\tag{3-2-4}
$$

を得る.ここで式 (3-2-4) の右辺の二つの積分それぞれの第2項を部分積分すると,

$$\int_{x_1}^{x_2} \frac{\partial}{\partial y'} F(x; y_0, z_0; y_0', z_0')\eta'\,dx$$
$$= \left[\eta(x)\frac{\partial}{\partial y'} F(x; y_0, z_0; y_0', z_0')\right]_{x_1}^{x_2} - \int_{x_1}^{x_2} \eta(x)\frac{d}{dx}\frac{\partial}{\partial y'} F(x; y_0, z_0; y_0', z_0')\,dx \tag{3-2-5a}$$

および

$$\int_{x_1}^{x_2} \frac{\partial}{\partial z'} F(x; y_0, z_0; y_0', z_0')\xi'\,dx$$
$$= \left[\xi(x)\frac{\partial}{\partial z'} F(x; y_0, z_0; y_0', z_0')\right]_{x_1}^{x_2} - \int_{x_1}^{x_2} \xi(x)\frac{d}{dx}\frac{\partial}{\partial z'} F(x; y_0, z_0; y_0', z_0')\,dx \tag{3-2-5b}$$

を得るが，式 (3-2-5a, b) の右辺第 1 項は境界条件 (3-2-2) により 0 であるので，式 (3-2-4) は

$$\int_{x_1}^{x_2} \left(\frac{\partial}{\partial y} F(x; y_0, z_0; y_0', z_0') - \frac{d}{dx}\frac{\partial}{\partial y'} F(x; y_0, z_0; y_0', z_0')\right)\eta(x)\,dx$$
$$+ \int_{x_1}^{x_2} \left(\frac{\partial}{\partial z} F(x; y_0, z_0; y_0', z_0') - \frac{d}{dx}\frac{\partial}{\partial z'} F(x; y_0, z_0; y_0', z_0')\right)\xi(x)\,dx = 0 \tag{3-2-6}$$

となる．$\eta(x), \xi(x)$ はそれぞれ任意であるから，二つの積分はそれぞれ 0 にならなければならない．ゆえに 2-2 節の補助定理①により，区間 $[x_1, x_2]$ のすべての $x$ において（複数の従属変数を含む変分問題の）オイラー方程式

$$\frac{\partial}{\partial y} F(x; y_0, z_0; y_0', z_0') - \frac{d}{dx}\frac{\partial}{\partial y'} F(x; y_0, z_0; y_0', z_0') = 0 \tag{3-2-7a}$$

および

$$\frac{\partial}{\partial z} F(x; y_0, z_0; y_0', z_0') - \frac{d}{dx}\frac{\partial}{\partial z'} F(x; y_0, z_0; y_0', z_0') = 0 \tag{3-2-7b}$$

が成立する．

なお，式 (3-2-7a, b) のそれぞれは基本問題のオイラー方程式より格段に複雑である．なぜならば，第 2 項の $x$ による全微分を実行すると，

$$\frac{\partial}{\partial y} F(x; y_0, z_0; y_0', z_0') - \frac{\partial^2}{\partial x \partial y'} F(x; y_0, z_0; y_0', z_0')$$
$$- y_0' \frac{\partial^2}{\partial y \partial y'} F(x; y_0, z_0; y_0', z_0') - y_0'' \frac{\partial^2}{\partial y'^2} F(x; y_0, z_0; y_0', z_0')$$
$$- z_0' \frac{\partial^2}{\partial z \partial y'} F(x; y_0, z_0; y_0', z_0') - z_0'' \frac{\partial^2}{\partial y' \partial z'} F(x; y_0, z_0; y_0', z_0') = 0$$

$$\frac{\partial}{\partial z}F(x;y_0,z_0;y_0',z_0') - \frac{\partial^2}{\partial x\partial z'}F(x;y_0,z_0;y_0',z_0')$$
$$- y_0'\frac{\partial^2}{\partial y\partial z'}F(x;y_0,z_0;y_0',z_0') - y_0''\frac{\partial^2}{\partial y'\partial z'}F(x;y_0,z_0;y_0',z_0')$$
$$- z_0'\frac{\partial^2}{\partial z\partial z'}F(x;y_0,z_0;y_0',z_0') - z_0''\frac{\partial^2}{\partial z'^2}F(x;y_0,z_0;y_0',z_0') = 0$$

のように，たとえば式 (3-2-7a) 中に $y$ のみならず $z$ による偏微分も現れるからである．

一方，式 (3-2-4) の右辺の二つの積分それぞれの第 1 項を部分積分すると

$$\int_{x_1}^{x_2}\frac{\partial}{\partial y}F(x;y_0,z_0;y_0',z_0')\eta\,dx = \left[\eta(x)\int^x\frac{\partial}{\partial y}F(x;y_0,z_0;y_0',z_0')\right]_{x_1}^{x_2}$$
$$-\int_{x_1}^{x_2}\eta'(x)\int^x\frac{\partial}{\partial y}F(t;y_0,z_0;y_0',z_0')\,dtdx \quad \text{(3-2-8a)}$$

および

$$\int_{x_1}^{x_2}\frac{\partial}{\partial z}F(x;y_0,z_0;y_0',z_0')\xi'\,dx = \left[\xi(x)\int_{x_1}^{x_2}\frac{\partial}{\partial z}F(x;y_0,z_0;y_0',z_0')\,dx\right]_{x_1}^{x_2}$$
$$-\int_{x_1}^{x_2}\xi'(x)\int^x\frac{\partial}{\partial z}F(t;y_0,z_0;y_0',z_0')\,dtdx \quad \text{(3-2-8b)}$$

を得るが，式 (3-2-8a, b) それぞれの右辺第 1 項は境界条件 (3-2-2) により 0 であるので，式 (3-2-5a, b, 3-2-8a, b) より

$$\int_{x_1}^{x_2}\left(\frac{\partial}{\partial y'}F(x;y_0,z_0;y_0',z_0') - \int^x\frac{\partial}{\partial y}F(t;y_0,z_0;y_0',z_0')\,dt\right)\eta'(x)\,dx = 0$$

および

$$\int_{x_1}^{x_2}\left(\frac{\partial}{\partial z'}F(x;y_0,z_0;y_0',z_0') - \int^x\frac{\partial}{\partial z}F(x;y_0,z_0;y_0',z_0')\,dt\right)\xi'(x)\,dx = 0$$

を得る．

$\eta'(x), \xi'(x)$ はそれぞれ任意であるから，二つの積分はそれぞれ 0 にならなければならない．ゆえに 2-2 節の補助定理②により，複数の従属変数を含む変分問題のデュボアレイモン方程式

$$\frac{\partial}{\partial y'}F(x;y_0,z_0;y_0',z_0') - \int^x\frac{\partial}{\partial y}F(t;y_0,z_0;y_0',z_0')\,dt = C_1\text{（定数）} \quad \text{(3-2-9a)}$$

および

$$\frac{\partial}{\partial z'}F(x;y_0,z_0;y_0',z_0') - \int^x\frac{\partial}{\partial z}F(x;y_0,z_0;y_0',z_0')\,dt = C_2\text{（定数）} \quad \text{(3-2-9b)}$$

を得る．

**例題 3-1**　**非一様な3次元媒質中を伝播する光線の径路**

3次元非一様媒質中の光の伝播速度 $c(x,y,z)$ が既知であるとき，フェルマーの原理「与えられた2点 $\mathrm{P}_1(x_1,y_1,z_1)$, $\mathrm{P}_2(x_2,y_2,z_2)$ 間を，光はその伝播時間が極小となる径路に沿って進む」(5-1節)により，その径路を決定する微分方程式を求めよ．

解）$x$ を独立変数，$y,z$ をその従属変数に選ぶ．

$$y=y(x),\quad z=z(x),\quad y(x_1)=y_1,\quad z(x_1)=z_1,\quad y(x_2)=y_2,\quad z(x_2)=z_2$$

このとき，光が $\mathrm{P}_1(x_1,y_1,z_1)$ から $\mathrm{P}_2(x_2,y_2,z_2)$ まで伝播するのに要する時間は

$$I=\int_{x_1}^{x_2}\frac{\sqrt{1+(y')^2+(z')^2}}{c(x,y,z)}\,dx$$

であるから，これを極小にする必要条件・オイラー方程式は

$$\frac{\partial c}{\partial y}\frac{\sqrt{1+(y')^2+(z')^2}}{c^2}+\frac{d}{dx}\frac{y'}{c\sqrt{1+(y')^2+(z')^2}}=0$$

$$\frac{\partial c}{\partial z}\frac{\sqrt{1+(y')^2+(z')^2}}{c^2}+\frac{d}{dx}\frac{z'}{c\sqrt{1+(y')^2+(z')^2}}=0$$

である．この連立方程式が2点 $\mathrm{P}_1(x_1,y_1,z_1)$, $\mathrm{P}_2(x_2,y_2,z_2)$ 間の光線の径路を決定する微分方程式である．■

以下に示すように，汎関数 $I$ の被積分関数 $F(x,y,z,y',z')$ が $x,y,z,y',z'$ のいずれかを含まない場合には，オイラー方程式 (3-2-7) は一般に階数が下がりより簡単な方程式となる．

**(1)**　被積分関数 $F(x;y,z;y',z')$ が $x$ を陽に含まないとき，すなわち $F(x;y,z;y',z')=F(y,z;y',z')$ である場合

$$\frac{d}{dx}\left(F(y,z;y',z')-y'\frac{\partial F}{\partial y'}-z'\frac{\partial F}{\partial z'}\right)$$
$$=\frac{\partial F}{\partial x}+y'\left(\frac{\partial F}{\partial y}-\frac{d}{dx}\frac{\partial F}{\partial y'}\right)+z'\left(\frac{\partial F}{\partial z}-\frac{d}{dx}\frac{\partial F}{\partial z'}\right)=\frac{\partial F}{\partial x}=0$$

となるので，式 (3-2-7) は

$$F(y,z;y',z')-y'\frac{\partial F}{\partial y'}-z'\frac{\partial F}{\partial z'}=C \tag{3-2-10}$$

と積分できる．

**(2)**　被積分関数 $F(x;y,z;y',z')$ が $y$ を陽に含まないとき，すなわち $F(x;y,z;y',z')=F(x;z;y',z')$ である場合

式 (3-2-7a) よりただちに

$$\frac{\partial F}{\partial y'}=C \tag{3-2-10a}$$

を得る．

**(3)**　被積分関数 $F(x;y,z;y',z')$ が $z$ を陽に含まないとき，すなわち $F(x;y,z;y',z')=F(x;y;y',z')$ である場合

式 (3-2-7b) よりただちに

$$\frac{\partial F}{\partial z'}=C$$

を得る．

**(4)**　被積分関数 $F(x;y,z;y',z')$ が $F(x;y,z;y',z')=F_1(x;y;y')+F_2(x;z;z')$ と分割できる場合

本問題は二つの独立な基本問題（1 従属変数問題）と等価である．

**例題 3-2**

$$I=\int_0^1\left[4y(x)-4z(x)+\left(y'(x)\right)^2+\left(z'(x)\right)^2\right]dx$$

端点固定：$y(0)=0, z(0)=0, y(1)=2, z(1)=-2$

を停留化する関数 $y(x), z(x)$ を求めよ．

解）(**4**) に該当するので

$$F_1(x;y;y')\equiv 4y(x)+(y'(x))^2,\qquad F_2(x;z;z')\equiv -4z(x)+(z'(x))^2$$

を用いてオイラー方程式は式 (2-2-1) より

$$\frac{\partial}{\partial y}F_1(x;y_0;y_0')-\frac{d}{dx}\frac{\partial}{\partial y'}F_1(x;y_0;y_0')=4-2y_0''=0$$

$$\frac{\partial}{\partial z}F_2(x;z_0;z_0')-\frac{d}{dx}\frac{\partial}{\partial z'}F_2(x;z_0;z_0')=-4-2z_0''=0$$

となり，その一般解は

$$y(x)=x^2+b_1x+c_1$$

$$z(x)=-x^2+b_2x+c_2$$

であり，境界条件をあてはめると次の特解を得る．

$$y(x)=x^2+x$$

$$z(x)=-x^2-x$$

■

## 3-2-2　角に関する必要条件（2-2-2 項参照）

停留曲線上の点 $x_c$ において，関数 $y(x)$ または $z(x)$（あるいは両方）の導関数 $y'(x), z'(x)$ が不連続であるとき，停留曲線は角 $x_c$ をもつという．停留曲線が角 $x_c$ をもつとき，角 $x_c$ において次の定理が成立する．

**定理 3-1**　区分的に滑らかな関数 $y_0(x), z_0(x)$ が

$$I = \int_{x_1}^{x_2} F(x; y(x), z(x); y'(x), z'(x))\,dx$$

を弱い意味で停留にし，$x_c$ が角であるならば，

$$\begin{aligned}&\frac{\partial}{\partial y'}F(x_c; y_0(x_c), z_0(x_c); y'_{0-}(x_c), z'_{0-}(x_c))\\&\quad= \frac{\partial}{\partial y'}F(x_c; y_0(x_c), z_0(x_c); y'_{0+}(x_c), z'_{0+}(x_c))\end{aligned} \tag{3-2-11a}$$

$$\begin{aligned}&\frac{\partial}{\partial z'}F(x_c; y_0(x_c), z_0(x_c); y'_{0-}(x_c), z'_{0-}(x_c))\\&\quad= \frac{\partial}{\partial z'}F(x_c; y_0(x_c), z_0(x_c); y'_{0+}(x_c), z'_{0+}(x_c))\end{aligned} \tag{3-2-11b}$$

が成立する．

**証明）**
$$\frac{\partial}{\partial y'}F(x; y_0, z_0; y'_0, z'_0) = \int^x \frac{\partial}{\partial y}F(t; y_0, z_0; y'_0, z'_0)\,dt + C_1 \tag{3-2-9a 再掲}$$

$$\frac{\partial}{\partial z'}F(x; y_0, z_0; y'_0, z'_0) = \int^x \frac{\partial}{\partial z}F(t; y_0, z_0; y'_0, z'_0)\,dt + C_2 \tag{3-2-9b 再掲}$$

において，右辺の被積分関数の中に $x_c$ において不連続な関数 $y'(x), z'(x)$ が含まれているがその積分は連続であるから，左辺の導関数は連続である．■

**定理 3-2**　区分的に滑らかな関数 $y_0$ が $I(y) \equiv \displaystyle\int_{x_1}^{x_2} F(x; y, z; y', z')\,dx$ を強い意味で極小（極大）にし，$x_c$ が角であるならば，

$$\begin{aligned}&F(x_c; y_0(x_c), z_0(x_c); y'_{0-}(x_c), z'_{0-}(x_c))\\&\qquad - y'_{0-}(x_c)\frac{\partial}{\partial y'}F(x_c; y_0(x_c), z_0(x_c); y'_{0-}(x_c), z'_{0-}(x_c))\\&\qquad - z'_{0-}(x_c)\frac{\partial}{\partial z'}F(x_c; y_0(x_c), z_0(x_c); y'_{0-}(x_c), z'_{0-}(x_c))\end{aligned} \tag{3-2-12a}$$

$$\begin{aligned}&= F(x_c; y_0(x_c), z_0(x_c); y'_{0+}(x_c), z'_{0+}(x_c))\\&\qquad - y'_{0+}(x_c)\frac{\partial}{\partial y'}F(x_c; y_0(x_c), z_0(x_c); y'_{0+}(x_c), z'_{0+}(x_c))\\&\qquad - z'_{0+}(x_c)\frac{\partial}{\partial z'}F(x_c; y_0(x_c), z_0(x_c); y'_{0+}(x_c), z'_{0+}(x_c))\end{aligned} \tag{3-2-12b}$$

が成立する．

**証明）** 定理 2-4 の拡張であり，証明は式 (2-2-11) と同様. ■

### 3-2-3 2 階導関数 $y_0''(x), z_0''(x)$ の存在と連続性

停留曲線の 2 階導関数が存在し，それが連続関数であるための十分条件が存在する.

**定理 3-3** 停留曲線上にあり，各変数の値が $x, y_0(x), z_0(x), y_0'(x), z_0'(x)$ であり，次式を満たす角ではない点 $x$ を考える（2-3-1 項 正規曲線 参照).

$$\begin{vmatrix} \dfrac{\partial^2}{\partial y'^2}F(x;y_0,z_0;y_0',z_0') & \dfrac{\partial^2}{\partial y'\partial z'}F(x;y_0,z_0;y_0',z_0') \\ \dfrac{\partial^2}{\partial z'\partial y'}F(x;y_0,z_0;y_0',z_0') & \dfrac{\partial^2}{\partial z'^2}F(x;y_0,z_0;y_0',z_0') \end{vmatrix} \neq 0 \qquad \text{(3-2-13)}$$

このとき，停留曲線上の $x$ の近傍において 2 階導関数 $y_0''(x), z_0''(x)$ が存在し連続である.

**証明）** オイラー方程式 (3-2-7a, b) 内の $x$ による全微分を詳しくかき，$y_0''(x), z_0''(x)$ を左辺にそろえると，

$$\begin{aligned} & y_0''\frac{\partial^2}{\partial^2 y'}F(x;y_0,z_0;y_0',z_0') + z_0''\frac{\partial^2}{\partial y'\partial z'}F(x;y_0,z_0;y_0',z_0') \\ &\quad = \frac{\partial}{\partial y}F(x;y_0,z_0;y_0',z_0') - \frac{\partial^2}{\partial y'\partial x}F(x;y_0,z_0;y_0',z_0') \\ &\qquad - y_0'\frac{\partial^2}{\partial y'\partial y}F(x;y_0,z_0;y_0',z_0') - z_0'\frac{\partial^2}{\partial y'\partial z}F(x;y_0,z_0;y_0',z_0') \\ & y_0''\frac{\partial^2}{\partial z'\partial y'}F(x;y_0,z_0;y_0',z_0') + z_0''\frac{\partial^2}{\partial^2 z'}F(x;y_0,z_0;y_0',z_0') \\ &\quad = \frac{\partial}{\partial z}F(x;y_0,z_0;y_0',z_0') - \frac{\partial^2}{\partial z'\partial x}F(x;y_0,z_0;y_0',z_0') \\ &\qquad - y_0'\frac{\partial^2}{\partial z'\partial y}F(x;y_0,z_0;y_0',z_0') - z_0'\frac{\partial^2}{\partial z'\partial z}F(x;y_0,z_0;y_0',z_0') \end{aligned}$$

となる．これは $y_0''(x), z_0''(x)$ の連立 1 次方程式であるから，式 (3-2-13) のとき一意的な解をもつ．その解はクラメルの公式[18] により与えられるが，分母である式 (3-2-13) の左辺が 0 でないので，$x$ の連続関数である. ■

停留曲線 $y_0(x), z_0(x)$ が角をもたず，かつ曲線上の任意の点で式 (3-2-13) を満たすとき，この停留曲線を（2 従属変数の場合の）**正規曲線** (regular arcs) と呼ぶ.

### 3-2-4 端点移動問題

本節でここまで考察してきた定積分型の汎関数

$$I = \int_{x_1}^{x_2} F(x; y, z; y', z')\, dx \tag{3-2-1 再掲}$$

は積分の両端点ともに固定されていた．

$$y(x_1) = y_1, y(x_2) = y_2, z(x_1) = z_1, z(x_2) = z_2$$

本項では 3-1 節と 3-2 節の複合問題を考察する．まず一つの端点 $(x_2, y_2, z_2)$ が移動することを許容する変分問題を考える．このとき，第 1 変分が 0 になるという停留条件から，3-2-1 項と同じオイラーの微分方程式 (3-2-7a, b) が得られると同時に，新たに 3-1 節と同様の**横断条件**が得られる．

なお，従属変数は引き続き 2 個とする．

### (1) 一方の端点の移動を含む問題の第 1 変分

定積分型の汎関数

$$I = \int_{x_1}^{x_2} F(x; y, z; y', z') dx \tag{3-2-1 再掲}$$

の停留条件を求めるのに際し，$x$-$y$-$z$ 空間内の積分路(曲線)すなわち関数 $y(x), z(x) (x_1 \leq x \leq x_2)$ を変動させるのみならず，一方の端点 $\mathrm{P}_2(x_2, y_2, z_2)$ を曲線 $T_2$ すなわち

$$y = g_2(x), \qquad z = k_2(x) \tag{3-2-14}$$

に沿って移動しうるものとする．なお，当面はもう一方の端点 $\mathrm{P}_1(x_1, y_1, z_1)$ は固定しておく(図 3-3)．

弱い意味の変分を考え，汎関数 $I$ (式 (3-2-1))を

$$J(\varepsilon) = \int_{x_1}^{x_2} F(x; y(x, \varepsilon), z(x, \varepsilon); y'(x, \varepsilon), z'(x, \varepsilon))\, dx \tag{3-2-3 再掲}$$

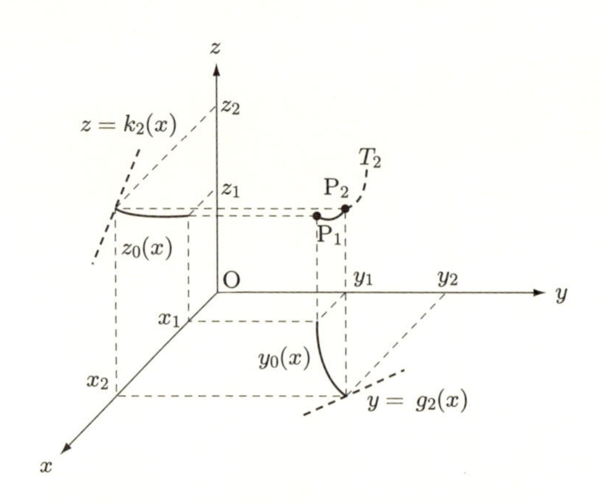


**図 3-3**　2 従属変数をもつ端点移動問題

とかく．ここで $x_2(\varepsilon), y(x,\varepsilon), y'(x,\varepsilon), z(x,\varepsilon), z'(x,\varepsilon)$ が $\varepsilon$ の関数であるから，これを $\varepsilon$ で微分すると，ライプニッツの規則(補遺 D)により

$$\begin{aligned}\frac{dJ}{d\varepsilon} &= F(x_2(\varepsilon); y(x_2(\varepsilon),\varepsilon), z(x_2(\varepsilon),\varepsilon); y'(x_2(\varepsilon),\varepsilon), z'(x_2(\varepsilon),\varepsilon))\frac{dx_2}{d\varepsilon} \\ &\quad + \int_{x_1}^{x_2}\left(\frac{\partial}{\partial y}F(x;y,z;y',z')\frac{dy}{d\varepsilon} + \frac{\partial}{\partial y'}F(x;y,z;y',z')\frac{dy'}{d\varepsilon}\right. \\ &\qquad \left. + \frac{\partial}{\partial z}F(x;y,z;y',z')\frac{dz}{d\varepsilon} + \frac{\partial}{\partial z'}F(x;y,z;y',z')\frac{dz'}{d\varepsilon}\right)dx\end{aligned}$$

を得る．記号 $\delta$ の定義 (1-4-12, 17) により

$$\begin{aligned}&\delta^n I \equiv \left.\frac{d^n J}{d\varepsilon^n}\right|_{\varepsilon=0}\varepsilon^n, \qquad \delta^n y \equiv \left.\frac{d^n y}{d\varepsilon^n}\right|_{\varepsilon=0}\varepsilon^n, \qquad \delta^n y' \equiv \left.\frac{d^n y'}{d\varepsilon^n}\right|_{\varepsilon=0}\varepsilon^n, \\ &\delta^n z \equiv \left.\frac{d^n z}{d\varepsilon^n}\right|_{\varepsilon=0}\varepsilon^n, \qquad \delta^n z' \equiv \left.\frac{d^n z'}{d\varepsilon^n}\right|_{\varepsilon=0}\varepsilon^n\end{aligned} \tag{3-2-15}$$

であるから，これに加えて

$$dx_2 \equiv \left.\frac{dx_2}{d\varepsilon}\right|_{\varepsilon=0}\varepsilon$$

とかくことにすると，

$$\begin{aligned}\delta^1 I &= F(x_2; y_0(x_2), z_0(x_2); y_0'(x_2), z_0'(x_2))\,dx_2 \\ &\quad + \int_{x_1}^{x_2}\left(\frac{\partial}{\partial y}F(x;y,z;y',z')\delta y + \frac{\partial}{\partial y'}F(x;y,z;y',z')\delta y'\right. \\ &\qquad \left. + \frac{\partial}{\partial z}F(x;y,z;y',z')\delta z + \frac{\partial}{\partial z'}F(x;y,z;y',z')\delta z'\right)dx\end{aligned} \tag{3-2-16}$$

を得る．式 (1-4-9) より

$$\delta y'(x) = \frac{d}{dx}\delta y(x), \qquad \delta z'(x) = \frac{d}{dx}\delta z(x)$$

であるから，式 (3-2-16) の右辺積分中の $y'$ および $z'$ による偏微分を含む項は部分積分を行うことにより，それぞれ

$$\begin{aligned}&\frac{\partial}{\partial y'}F(x_2; y_0(x_2), z_0(x_2); y_0'(x_2), z_0'(x_2))\delta y_2(x_2) \\ &\quad - \int_{x_1}^{x_2}\delta y\frac{d}{dx}\frac{\partial}{\partial y'}F(x;y_0,z_0;y_0',z_0')dx\end{aligned}$$

および

$$\begin{aligned}&\frac{\partial}{\partial z'}F(x_2; y_0(x_2), z_0(x_2); y_0'(x_2), z_0'(x_2))\delta z_2(x_2) \\ &\quad - \int_{x_1}^{x_2}\delta z\frac{d}{dx}\frac{\partial}{\partial z'}F(x;y_0,z_0;y_0',z_0'))dx\end{aligned}$$

となる．ここに

$$\delta y_2 = y(x_2, \varepsilon) - y(x_2, 0), \qquad \delta z_2 = z(x_2, \varepsilon) - z(x_2, 0) \tag{3-2-17}$$

である．したがって，

$$\begin{aligned}
\delta^1 I = {} & F(x_2; y_0(x_2), z_0(x_2); y_0'(x_2), z_0'(x_2))dx_2 \\
& + \frac{\partial}{\partial y'} F(x_2; y_0(x_2), z_0(x_2); y_0'(x_2), z_0'(x_2))\delta y_2(x_2) \\
& + \frac{\partial}{\partial z'} F(x_2; y_0(x_2), z_0(x_2); y_0'(x_2), z_0'(x_2))\delta z_2(x_2) \\
& + \int_{x_1}^{x_2} \left( \frac{\partial}{\partial y} F(x; y_0(x), z_0(x); y_0'(x), z_0'(x)) \right. \\
& \qquad \left. - \frac{d}{dx}\frac{\partial}{\partial y'} F(x; y_0(x), z_0(x); y_0'(x), z_0'(x)) \right) \delta y \, dx \\
& + \int_{x_1}^{x_2} \left( \frac{\partial}{\partial z} F(x; y_0(x), z_0(x); y_0'(x), z_0'(x)) \right. \\
& \qquad \left. - \frac{d}{dx}\frac{\partial}{\partial z'} F(x; y_0(x), z_0(x); y_0'(x), z_0'(x)) \right) \delta z \, dx
\end{aligned}$$

を得る．端点の移動を許容したのに伴い，右辺の第1～3項が新しく発生したのである．

さて，端点 $P_2(x_2, y_2, z_2)$ が曲線 $T_2(y = g_2(x), z = k_2(x))$ 上を移動すること $(dx_2, \delta y_2, \delta z_2)$ と，二つの端点 $P_1(x_1, y_1, z_1)$ と $P_2(x_2, y_2, z_2)$ を結ぶ曲線 (関数) の変分 $\delta y$ および $\delta z$ は独立にとることができる．とくに端点 $P_2(x_2, y_2, z_2)$ を固定したときにも，変分 $\delta y$ および $\delta z$ に対して汎関数 $I$ の第1変分が0でなければならないので従属変数が二つの場合の**オイラー方程式**

$$\frac{\partial}{\partial y} F(x; y_0, z_0; y_0', z_0') - \frac{d}{dx}\frac{\partial}{\partial y'} F(x; y_0, z_0; y_0', z_0') = 0 \tag{3-2-7a 再掲}$$

および

$$\frac{\partial}{\partial z} F(x; y_0, z_0; y_0', z_0') - \frac{d}{dx}\frac{\partial}{\partial z'} F(x; y_0, z_0; y_0', z_0') = 0 \tag{3-2-7b 再掲}$$

が満たされなければならない．その結果，端点 $P_2(x_2, y_2, z_2)$ の曲線 $T_2$ $(y = g_2(x), z = k_2(x))$ 上の移動による汎関数 $I$ の第1変分への寄与は次式となる．

$$\begin{aligned}
\delta^1 I = {} & F(x_2; y_0(x_2), z_0(x_2); y_0'(x_2), z_0'(x_2))dx_2 \\
& + \frac{\partial}{\partial y'} F(x; y_0(x_2), z_0(x_2); y_0'(x), z_0'(x_2))\delta y_2(x_2) \\
& + \frac{\partial}{\partial z'} F(x; y_0(x_2), z_0(x_2); y_0'(x), z_0'(x_2))\delta z_2(x_2)
\end{aligned} \tag{3-2-18}$$

さて，第1変分に関しては

$$\begin{aligned}\delta y_2(x_2) &= (g_2'(x_2) - y_0'(x_2))dx_2 \\ \delta z_2(x_2) &= (k_2'(x_2) - z_0'(x_2))dx_2\end{aligned} \tag{3-2-19}$$

であるから式 (3-2-18) は

$$\begin{aligned}\delta^1 I = F(x_2; y_0(x_2), z_0(x_2); y_0'(x_2), z_0'(x_2))dx_2 \\ + (g_2'(x_2) - y_0'(x_2))\frac{\partial}{\partial y'}F(x_2; y_0(x_2), z_0(x_2); y_0'(x_2), z_0'(x_2))\, dx_2 \\ + (k_2'(x_2) - z_0'(x_2))\frac{\partial}{\partial z'}F(x_2; y_0(x_2), z_0(x_2); y_0'(x_2), z_0'(x_2))\, dx_2\end{aligned} \tag{3-2-20}$$

となる．したがって，端点 $\mathrm{P}_2(x_2, y_2, z_2)$ の曲線 $T_2(y = g_2(x))$ 上の移動に対して第 1 変分が 0 になるためには，式 (3-2-7a, b) に加えて

$$\begin{aligned}F(x_2; y_0(x_2), z_0(x_2); y_0'(x_2), z_0'(x_2)) \\ + (g_2'(x_2) - y_0'(x_2))\frac{\partial}{\partial y'}F(x_2; y_0(x_2), z_0(x_2); y_0'(x_2), z_0'(x_2)) \\ + (k_2'(x_2) - z_0'(x_2))\frac{\partial}{\partial z'}F(x_2; y_0(x_2), z_0(x_2); y_0'(x_2), z_0'(x_2)) = 0\end{aligned} \tag{3-2-21}$$

が成立しなければならない．$x_2$ に関する代数方程式 (3-2-21) を**横断条件** (transversality condition) と呼ぶ．

**(2)　両端点の移動を含む問題の第 1 変分**

端点 $\mathrm{P}_2(x_2, y_2, z_2)$ が曲線 $T_2$ すなわち

$$y = g_2(x), \qquad z = k_2(x) \tag{3-2-14 再掲}$$

に沿って移動するのに加えて，端点 $\mathrm{P}_1(x_1, y_1, z_1)$ も曲線 $T_1$ すなわち

$$y = g_1(x), \qquad z = k_1(x) \tag{3-2-22}$$

に沿って移動する場合には，式 (3-2-21) に加えてもう一つの横断条件

$$\begin{aligned}F(x_1; y_0(x_1), z_0(x_1); y_0'(x_1), z_0'(x_1)) \\ + (g_1'(x_1) - y_0'(x_1))\frac{\partial}{\partial y'}F(x_1; y_0(x_1), z_0(x_1); y_0'(x_1), z_0'(x_1)) \\ + (k_1'(x_1) - z_0'(x_1))\frac{\partial}{\partial z'}F(x_1; y_0(x_1), z_0(x_1); y_0'(x_1), z_0'(x_1)) = 0\end{aligned} \tag{3-2-23}$$

が課されることは明らかであろう．

なお，以下の考察の大部分において，端点 $\mathrm{P}_1(x_1, y_1, z_1)$ で停留関数を表す曲線と曲線 $T_1$ が，また端点 $\mathrm{P}_2(x_2, y_2, z_2)$ で停留関数を表す曲線と曲線 $T_2$ が接していない

こと，すなわち

$$
\begin{aligned}
g_1'(x_1) - y_0'(x_1) \neq 0, \qquad g_2'(x_2) - y_0'(x_2) \neq 0 \\
k_1'(x_1) - z_0'(x_1) \neq 0, \qquad k_2'(x_2) - z_0'(x_2) \neq 0
\end{aligned}
\tag{3-2-24}
$$

を仮定する．

## 3-2-5　ヴァイエルシュトゥラスの必要条件 (3)

基本問題における重要な定理として 2-4-1 項に登場した定理「ヴァイエルシュトゥラスの必要条件」の証明方法はやや複雑であり，あるいは難解であったかもしれない．そこで停留関数の場とヒルベルト積分が準備された 2-4-9 項で，同定理のより簡明な証明法を紹介したが，一般化された問題を取り扱う第 3 章の本項と 3-3-5 項では，新たな観点から同定理のやはり簡潔な別の証明方法を紹介する．

極小曲線 $y = y_0(x), z = z_0(x)$ 上の角のない区間内に 2 点 $\mathrm{P}_1(x_1, y_1, z_1)$，$\mathrm{P}_2(x_2, y_2, z_2)$ をとる $(x_1 < x_2)$．曲線 $T_1(y = g_1(x), z = k_1(x))$ を点 $\mathrm{P}_1$ を通る任意の有資格曲線とし，$T_1$ 上に点 $\mathrm{Q}(s, g_1(s), k_1(s))$ をとる $(x_1 < s)$（図 3-4）．

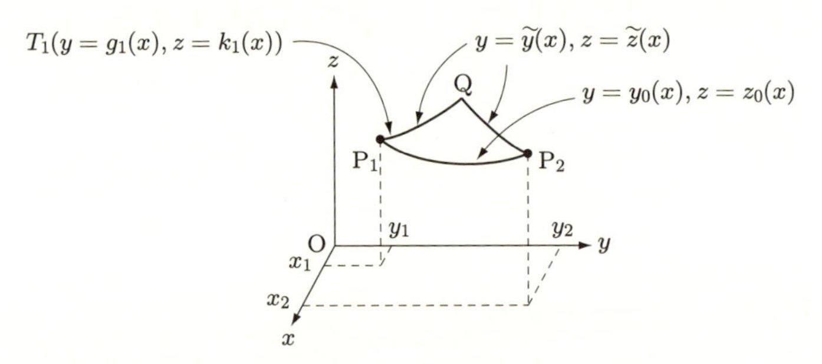


**図 3-4**　3 次元 $(x\text{-}y\text{-}z)$ 空間内の極小曲線 $\mathrm{P}_1\mathrm{P}_2$ と有資格曲線 $\mathrm{P}_1\mathrm{QP}_2$

さて，曲線 $T_1$ 上を $\mathrm{P}_1$ から Q まで進み，その後（Q が $\mathrm{P}_1$ に近づくとき，もとの極小曲線 $y = y_0(x)$，$z = z_0(x)$ に収束する）有資格曲線 $\mathrm{QP}_2$ を通り $\mathrm{P}_2$ に至る積分路 $\mathrm{P}_1\mathrm{QP}_2$ $(y = \widetilde{y}(x), z = \widetilde{z}(x))$ を考える．積分路 $\mathrm{P}_1\mathrm{QP}_2$ による汎関数 $I$ の値と，もともとの極小曲線 $y = y_0(x)$，$z = z_0(x)$ による $I$ の値の差を $J(s)$ とかくと，

$$
\begin{aligned}
\delta I = J(s) \equiv & \int_{\mathrm{P}_1\mathrm{QP}_2} F(x; \widetilde{y}(x), \widetilde{z}(x); \widetilde{y}'(x), \widetilde{z}'(x))\, dx \\
& - \int_{\mathrm{P}_1\mathrm{P}_2(y_0, z_0)} F(x; y_0(x), z_0(x); y_0'(x), z_0'(x))\, dx
\end{aligned}
\tag{3-2-25}
$$

となる．もともとの積分路 $\mathrm{P}_1\mathrm{P}_2$ $(y = y_0(x), z = z_0(x))$ が極小曲線であるから，端

点で極小をとる必要条件(補遺 A-3-4 項参照)により

$$J'(s = x_1) \geq 0$$

である．式 (3-2-25) において $s \to x_1 + 0$ の極限をとったものは，極小曲線の左端点が曲線 $T_1$ に沿って移動したものと第 2 項のうち $\mathrm{P_1Q}$ 間の積分の和を意味するので，前項で得られた

$$\begin{aligned}\delta^1 I = {} & F(x_1; y_0(x_1), z_0(x_1); y_0'(x_1), z_0'(x_1))\, dx_1 \\ & + (g_1'(x_1) - y_0'(x_1)) \frac{\partial}{\partial y'} F(x_1; y_0(x_1), z_0(x_1); y_0'(x_1), z_0'(x_1))\, dx_1 \\ & + (k_1'(x_1) - z_0'(x_1)) \frac{\partial}{\partial z'} F(x_1; y_0(x_1), z_0(x_1); y_0'(x_1), z_0'(x_1))\, dx_1\end{aligned} \quad \text{(3-2-20 再掲)}$$

を式 (3-2-25) の第 2 の積分に適用すると，

$$\begin{aligned}\frac{\delta I}{dx_1} = J'(x_1) = {} & F(x_1; y_0(x_1), z_0(x_1); g_1'(x_1), k_1'(x_1)) \\ & - \Bigg[ F(x_1; y_0(x_1), z_0(x_1); y_0'(x_1), z_0'(x_1)) \\ & \quad + (g_1'(x_1) - y_0'(x_1)) \frac{\partial}{\partial y'} F(x_1; y_0(x_1), z_0(x_1); y_0'(x_1), z_0'(x_1)) \\ & \quad + (k_1'(x_1) - z_0'(x_1)) \frac{\partial}{\partial z'} F(x_1; y_0(x_1), z_0(x_1); y_0'(x_1), z_0'(x_1)) \Bigg] \\ \geq {} & 0\end{aligned}$$

となる．そこで 2 従属変数の場合のヴァイエルシュトゥラスの $E$ 関数

$$\begin{aligned} & E(x; y_0(x), z_0(x); y_0'(x), z_0'(x); p_y, p_z) \\ & \quad \equiv F(x; y_0(x), z_0(x); p_y, p_z) - F(x; y_0(x), z_0(x); y_0'(x), z_0'(x)) \\ & \quad - (p_y - y_0'(x)) \frac{\partial}{\partial y'} F(x; y_0(x), z_0(x); y_0'(x), z_0'(x)) \\ & \quad - (p_z - z_0'(x)) \frac{\partial}{\partial z'} F(x; y_0(x), z_0(x); y_0'(x), z_0'(x))\end{aligned} \quad \text{(3-2-26)}$$

を定義すると，$y_0(x), z_0(x)$ が強い意味の極小曲線であるためには「極小曲線上の任意の点において，かつ任意の実数 $p_y, p_z$ に対して

$$E(x; y_0(x), z_0(x); y_0'(x), z_0'(x); p_y, p_z) \geq 0$$

が成立しなければならない」ことがわかる．これが従属変数が二つの場合の**ヴァイエルシュトゥラスの必要条件**である．

### ■ 3-2-6　ルジャンドルの必要条件

ヴァイエルシュトゥラスの $E$ 関数 (3-2-26) は被積分関数 $F$ を2変数 $(y_0'(x), z_0'(x))$ で1次までテイラー展開したときの残差であるから，テイラーの定理により

$$
\begin{aligned}
&E(x; y_0(x), z_0(x); y_0'(x), z_0'(x); p_y, p_z)\\
&\quad = \frac{1}{2}(p_y - y_0'(x))^2 \frac{\partial^2}{\partial^2 y'} F(x; y_0(x), z_0(x);\\
&\qquad y_0'(x) + (p_y - y_0'(x))\theta_y, z_0'(x) + (p_z - z_0'(x))\theta_z)\\
&\qquad + (p_y - y_0'(x))(p_z - z_0'(x)) \frac{\partial^2}{\partial y' \partial z'} F(x; y_0(x), z_0(x);\\
&\qquad y_0'(x) + (p_y - y_0'(x))\theta_y, z_0'(x) + (p_z - z_0'(x))\theta_z)\\
&\qquad + \frac{1}{2}(p_z - z_0'(x))^2 \frac{\partial^2}{\partial^2 z'} F(x; y_0(x), z_0(x);\\
&\qquad y_0'(x) + (p_y - y_0'(x))\theta_y, z_0'(x) + (p_z - z_0'(x))\theta_z)\\
&\qquad\quad (0 < \theta_y < 1,\ 0 < \theta_z < 1)
\end{aligned}
\tag{3-2-27}
$$

とかける．

ここで弱い意味の変分を仮定して

$$
p_y = y_0'(x) + \delta y_0'(x), \qquad p_z = z_0'(x) + \delta z_0'(x)
$$

とおき，$\delta y_0'(x) \to 0, \delta z_0'(x) \to 0$ の極限をとれば，式 (3-2-27) は

$$
\begin{aligned}
&E(x; y_0(x), z_0(x); y_0'(x), z_0'(x); p_y, p_z)\\
&\quad = \frac{1}{2}(\delta y_0'(x))^2 \frac{\partial^2}{\partial^2 y'} F(x; y_0(x), z_0(x); y_0'(x), z_0'(x))\\
&\qquad + \delta y_0'(x)\delta z_0'(x) \frac{\partial^2}{\partial y' \partial z'} F(x; y_0(x), z_0(x); y_0'(x), z_0'(x))\\
&\qquad + \frac{1}{2}(\delta z_0'(x))^2 \frac{\partial^2}{\partial^2 z'} F(x; y_0(x), z_0(x); y_0'(x), z_0'(x))
\end{aligned}
\tag{3-2-28}
$$

を得る．したがって，2-4-2項の1従属変数の場合と同様に弱い意味の変分に限定すると，ヴァイエルシュトゥラスの必要条件よりゆるい条件として，式 (3-2-28) の右辺，すなわち $\delta y_0'(x)$ と $\delta z_0'(x)$ の2次形式が**非負定値**であるという条件を得る．これが，二つの従属変数の場合の**ルジャンドルの必要条件**である．なお，2次形式 (3-2-28) が非負定値であることは，

$$
\frac{\partial^2}{\partial^2 y'} F(x; y_0(x), z_0(x); y_0'(x), z_0'(x)) \geq 0
$$

および

$$\begin{vmatrix} \dfrac{\partial^2}{\partial^2 y'}F(x;y_0(x),z_0(x);y_0'(x),z_0'(x)) & \dfrac{\partial^2}{\partial y'\partial z'}F(x;y_0(x),z_0(x);y_0'(x),z_0'(x)) \\ \dfrac{\partial^2}{\partial z'\partial y'}F(x;y_0(x),z_0(x);y_0'(x),z_0'(x)) & \dfrac{\partial^2}{\partial^2 z'}F(x;y_0(x),z_0(x);y_0'(x),z_0'(x)) \end{vmatrix} \geq 0$$

と等価である.

### 3-2-7　停留曲線の場とヒルベルト積分

二つの従属変数の場合のオイラー方程式 (3-2-7a, b) は $y, z$ の 2 階導関数までを含む常微分方程式であるからその一般解は 4 個の積分定数をもつ．これにたとえばある点 $(x_c, y_c, z_c)$ を通るという条件を付加すると，2 個の積分定数をもつ停留曲線の集合

$$y = h_1(x, m_1, m_2), \qquad z = h_2(x, m_1, m_2) \tag{3-2-29}$$

を得る．陰関数の定理により関数行列式(ヤコビアン)が

$$\begin{vmatrix} \dfrac{\partial h_1(x,m_1,m_2)}{\partial m_1} & \dfrac{\partial h_1(x,m_1,m_2)}{\partial m_2} \\ \dfrac{\partial h_2(x,m_1,m_2)}{\partial m_1} & \dfrac{\partial h_2(x,m_1,m_2)}{\partial m_2} \end{vmatrix} \neq 0 \tag{3-2-29a}$$

の条件を満たすとき，式 (3-2-29) を $m_1, m_2$ について

$$m_1 = k_1(x, y, z), \qquad m_2 = k_2(x, y, z)$$

と解くことができる．したがって，領域内の各点をただ一つの停留曲線 $(y = h_1(x, m_1, m_2),\ z = h_2(x, m_1, m_2))$ が通過する．

ここで**傾斜関数**† (slope functions)

$$Y_0'(x,y,z) \equiv h_1'(x, k_1(x,y,z), k_2(x,y,z))$$

$$Z_0'(x,y,z) \equiv h_2'(x, k_1(x,y,z), k_2(x,y,z))$$

を定義し，さらに

$$\begin{aligned} &P(x;y,z;Y_0'(x,y,z),Z_0'(x,y,z)) \\ &\quad \equiv F(x;y,z;Y_0'(x,y,z),Z_0'(x,y,z)) \\ &\qquad - Y_0'(x,y,z)\frac{\partial F(x;y,z;Y_0'(x,y,z),Z_0'(x,y,z))}{\partial y'} \\ &\qquad - Z_0'(x,y,z)\frac{\partial F(x;y,z;Y_0'(x,y,z),Z_0'(x,y,z))}{\partial z'} \end{aligned}$$

† 第 2 章の $y_0'(x,y)$ に対応する.

$$Q(x,y,z) \equiv \frac{\partial F(x;y,z;Y_0'(x,y,z),Z_0'(x,y,z))}{\partial y'}$$

$$R(x,y,z) \equiv \frac{\partial F(x;y,z;Y_0'(x,y,z),Z_0'(x,y,z))}{\partial z'}$$

を定義し，二つの従属変数の場合のヒルベルト積分(2-4-8 項参照)の微分を

$$dH \equiv P(x,y,z)\,dx + Q(x,y,z)\,dy + R(x,y,z)\,dz \tag{3-2-30}$$

と定義するが，式 (3-2-30) は必ずしもある関数(ポテンシャル)の全微分ではない．たとえば一般に

$$\frac{\partial Q(x,y,z)}{\partial z} = \frac{\partial R(x,y,z)}{\partial y}$$

が成立しない．

式 (3-2-30) が全微分ではない場合，2 点 A, B 間のヒルベルト積分

$$\begin{aligned}
I_H = H(\mathrm{A,B}) &\equiv \int \big(P(x,y,z)\,dx + Q(x,y,z)\,dy + R(x,y,z)\,dz\big)\\
&= \int_{x_1}^{x_2} \left(P(x,y,z) + Q(x,y,z)\frac{dy}{dx} + R(x,y,z)\frac{dz}{dx}\right) dx\\
&= \int_{x_1}^{x_2} \bigg[F + (y'(x) - Y_0'(x,y,z))\frac{\partial F}{\partial y'} \qquad (3\text{-}2\text{-}30a)\\
&\qquad + (z'(x) - Z_0'(x,y,z))\frac{\partial F}{\partial z'}\bigg]\,dx\\
F &= F(x;y(x),z(x);Y_0'(x,y,z),Z_0'(x,y,z))
\end{aligned}$$

は両端点のみならず径路にも依存する．一方，とくにヒルベルト積分が一つの従属変数の場合と同様，両端点のみに依存して径路には依存しないとき，**停留曲線の場**が存在するという．つまり，基本問題(2-4-7 項)において停留曲線の場が存在する条件であった $\partial f(x,\alpha)/\partial\alpha \neq 0$ に対応する条件 (3-2-29a) に加えて，本節ではヒルベルト積分の値が径路に依存しないという条件が付加される．

## ■ 3-2-8　停留曲線が極値曲線であるための基本的十分条件

停留曲線の場が存在し，ヒルベルト積分が両端点のみに依存し径路にはよらない場合を考える．このとき 2-4-11 項とほぼ同じ論理で停留曲線が極値曲線であるための基本的十分条件を得ることができる．

さて，点 $\mathrm{P}_1(x_1,y_1,z_1)$ と $\mathrm{P}_2(x_2,y_2,z_2)$ を結ぶ滑らかな停留曲線 $y=y_0(x)$，$z=z_0(x)$ $(\mathrm{P}_1 \to \mathrm{P}_2)$ を考える．さらに停留曲線の場 $R$ が定義されていると仮定する．ここで，$y=g_1(x)$，$z=g_2(x)$ $(\mathrm{P}_1 \to \mathrm{Q} \to \mathrm{P}_2)$ をこの停留曲線の場の中にある

$P_1(x_1, y_1, z_1)$ と $P_2(x_2, y_2, z_2)$ を結ぶ $D^1$ 級に属する任意の曲線とする(図3-4)．このとき，式(3-2-30a)を用いると

$$\int_{x_1}^{x_2} F(x; g_1(x), g_2(x); g_1'(x), g_2'(x))\,dx - \int_{x_1}^{x_2} F(x; y_0(x), z_0(x); y_0'(x), z_0'(x))\,dx$$
$$= \int_{x_1}^{x_2} F(x; g_1(x), g_2(x); g_1'(x), g_2'(x))\,dx - I_H^{(0)}(P_1 \to P_2)$$
$$= \int_{x_1}^{x_2} F(x; g_1(x), g_2(x); g_1'(x), g_2'(x))\,dx - I_H^{(g(x))}(P_1 \to Q \to P_2)$$
$$= \int_{x_1}^{x_2} \Big[F(x; g_1(x), g_2(x); g_1'(x), g_2'(x)) - F(x; g_1(x), g_2(x); y_0'(x), z_0'(x))$$
$$- (g_1'(x) - y_0'(x))\frac{\partial}{\partial y'}F(x; g_1(x), g_2(x); y_0'(x), z_0'(x))$$
$$- (g_2'(x) - z_0'(x))\frac{\partial}{\partial z'}F(x; g_1(x), g_2(x); y_0'(x), z_0'(x))\Big]\,dx$$

であるが，この被積分関数は次の二つの従属変数の場合のヴァイエルシュトゥラスの $E$ 関数に等しいので右辺は次式となる．

$$= \int_{x_1}^{x_2} E(x; g_1(x), g_2(x); Y_0'(x, g_1(x), g_2(x)), Z_0'(x, g_1(x), g_2(x)), g_1'(x), g_2'(x))\,dx$$

ただし，$Y_0'(x, g_1(x), g_2(x)), Z_0'(x, g_1(x), g_2(x))$ は傾斜関数すなわち積分路上の点 $(x, g_1(x), g_2(x))$ を通る停留曲線のその点における勾配である．

したがって，停留曲線の場 $R$ が定義されている滑らかな停留曲線 $y = g_1(x), z = g_2(x)(P_1 \to Q \to P_2)$ について，次のことが成り立つ．

① 停留曲線の場 $R$ 内の，$x_1 \leq x \leq x_2$ であり $y, z$ **座標任意の点** $(x, y, z)$ **と任意の実数** $k_1, k_2$ に対して

$$E(x, y, z; Y_0'(x, y, z), Z_0'(x, y, z), k_1, k_2) \geq 0 \tag{3-2-31a}$$

が成立すれば，

$$\int_{x_1}^{x_2} F(x; g_1(x), g_2(x); g_1'(x), g_2'(x))dx$$
$$- \int_{x_1}^{x_2} F(x; y_0(x), z_0(x); y_0'(x), z_0'(x))dx \geq 0$$

となり，停留曲線 $y = y_0(x), z = z_0(x)$ は**強い意味の変分に関する全体的な極小(最小)曲線**である．

② 停留曲線の場 $R$ 内のうち，停留曲線 $y = y_0(x), z = z_0(x)$ の近傍の領域

$$x_1 \leq x \leq x_2, \qquad y_0(x) - s_1 < y < y_0(x) + s_1,$$

$$z_0(x) - s_2 < z < z_0(x) + s_2$$

と**任意の実数** $k_1, k_2$ に対して

$$E(x; y, z; Y_0'(x,y,z), Z_0'(x,y,z), k_1, k_2) \geq 0 \tag{3-2-31b}$$

が成立すれば，停留曲線 $y = y_0(x)$，$z = z_0(x)$ は**強い意味の変分に関する局所的極小曲線**である．

③　停留曲線の場 $R$ 内のうち，$x_1 \leq x \leq x_2$ において勾配が

$$y_0'(x) - t_1 < y' < y_0'(x) + t_1, \qquad z_0'(x) - t_2 < z' < z_0'(x) + t_2$$

を満たすすべての曲線に対して

$$E(x; y, z; Y_0'(x,y,z), Z_0'(x,y,z), k_1, k_2) \geq 0 \tag{3-2-31c}$$

が成立すれば，停留曲線 $y = y_0(x), z = z_0(x)$ は**弱い意味の変分に関する局所的極小曲線**である．

式 (3-2-31a〜c) に等号がつかないときは本来の意味の (proper) 極小となり，不等号が逆のときは極大曲線である．

式 (3-2-31a〜c) をヴァイエルシュトゥラスの**基本的十分条件**と呼ぶ．

## 3-3　媒介変数問題

本節では媒介変数表示された(平面)曲線

$$x = x(t), \qquad y = y(t)$$

を考える．一般性を失うことなく媒介変数は $t_1$ から $t_2$ まで単調に増加することと，$dx(t)/dt$ と $dy(t)/dt$ は同時には 0 にならないこと

$$\left(\frac{dx(t)}{dt}\right)^2 + \left(\frac{dy(t)}{dt}\right)^2 > 0$$

すなわち，曲線上に有限時間で到達できない**臨界点** (critical points)[16] をもたないことを仮定する．

### 3-3-1　通常問題と異なる媒介変数問題に特有の性質

媒介変数表示による定式化(媒介変数問題)は閉曲線上の積分などにとくに便利である．なぜならば，通常の陽関数表示(通常問題)では有資格関数 $y = y(x)$ は1価関数なので閉曲線を表現できないが，閉曲線を1次元の対象として描くことのできる媒介変数表示では，閉曲線を表現する二つの関数 $x = x(t)$，$y = y(t)$ をそれぞれ1価関数と

し，媒介変数 $t$ と(閉)曲線上の点を 1 対 1 に対応させることができるので，曲線上の点の位置および移動の方向を記述するのにも適しているからである．

**例 3-3　原点を中心とする単位円**

もっとも簡単な閉曲線として原点を中心とする単位円

$$x^2 + y^2 = 1$$

を考える．これを通常問題として取り扱うと，

$$y = \pm\sqrt{1 - x^2}$$

という 2 価関数として表現する必要がある．ところが，これを

$$x = \cos t, \qquad y = \sin t$$

と媒介変数表示すると，$x, y$ はそれぞれ媒介変数 $t$ の 1 価関数と表現できる．しかも媒介変数 $t$ は点 $\mathrm{P}(x, y)$ と原点を結ぶ動径の偏角という幾何学的意味を有し，媒介変数 $t$ がその定義域を 0 から $2\pi$ へと変化するとき，曲線上の点の反時計回りの回転移動を運動方向を含めて自然に表現する．■

また端点移動の問題を通常問題として定式化すると(3-1 節)必然的に汎関数 $I$ の積分の端点(独立変数の上下限)を変動させなければならないが，媒介変数問題では独立変数である媒介変数の積分の端点($t_1$ および $t_2$)を一定に保つことができる．もちろん，通常問題としての定式化のほうが便利な問題も存在する．たとえば，独立変数 $x$ を時間とする動力学の問題では，従属変数である(複数の)座標，すなわち系の配位は時間の 1 価関数であるから，通常問題として定式化するほうが平易であり，解析も容易である(第 6 章)．

さて，基本問題の独立変数を $x$ から媒介変数 $t$ に変換すると，

$$\begin{aligned} I &= \int_{x_1}^{x_2} F\left(x; y; \frac{dy}{dx}\right) dx = \int_{t_1}^{t_2} F\left(x; y; \frac{dy/dt}{dx/dt}\right) \frac{dx}{dt} dt \\ &= \int_{t_1}^{t_2} \widehat{F}(x, y; x', y')\, dt \end{aligned} \tag{3-3-1}$$

$$\text{端点固定：} (x(t_1), y(t_1)) = (x_1, y_1), (x(t_2), y(t_2)) = (x_2, y_2)$$

を得る．どのような媒介変数表示を用いる場合にも当然ながら積分の値自体は不変である．このことから媒介変数 $t$ による積分の被積分関数 $\widehat{F}(t; x(t), y(t); x'(t), y'(t))$ に次のいくつかの条件がつく．なお，$x'(t) \equiv dx/dt$, $y'(t) \equiv dy/dt$ を表す．

① 被積分関数 $\widehat{F}$ は媒介変数 $t$ に陽に依存しない．

$$\widehat{F} = \widehat{F}(x(t), y(t); x'(t), y'(t))$$

また，$I = \int_{x_1}^{x_2} F\left(x; y; \dfrac{dy}{dx}\right) dx = \int_{t_1}^{t_2} F\left(x; y; \dfrac{y'}{x'}\right) x'\, dt$ の右辺の形から，

② 被積分関数 $\widehat{F}$ は $x'(t), y'(t)$ に関し斉次 (homogeneous) 式であり，しかも 1 次同次 (equi-dimensional) 式である．すなわち

$$\widehat{F}(x(t), y(t); kx'(t), ky'(t)) = k\widehat{F}(x(t), y(t); x'(t), y'(t))$$

$$\widehat{F}(x(t), y(t); x'(t), y'(t)) = \widetilde{F}\left(x(t), y(t); x'(t)h\left(\frac{y'(t)}{x'(t)}\right)\right) \qquad (h \text{ は任意関数})$$

と表すことができ，$\widetilde{F}$ は $x'(t)h(y'(t)/x'(t))$ について 1 次である．

被積分関数 $\widehat{F}$ に関してさらに次の仮定を設ける．

③ $\widehat{F} \in C^4$

また，規格化

$$x'(t)^2 + y'(t)^2 = 1$$

が必要に応じて可能である．

なお，式 (3-3-1) の等式中の

$$I = \int_{x_1}^{x_2} F\left(x; y; \frac{dy}{dx}\right) dx \tag{3-3-1a}$$

と

$$I = \int_{t_1}^{t_2} F\left(x; y; \frac{y'}{x'}\right) x'\, dt \tag{3-3-1b}$$

は，弱い意味の変分に限定すれば等価であるが，強い意味の変分にまで拡大すると後者の媒介変数表示のほうがより広範な問題を含む．

すなわち，変分問題 (3-3-1a) の極小曲線は必ずしも変分問題 (3-3-1b) の極小曲線とは限らない．具体例でこれを見てゆこう．

**例 3-4　2-3-2 項再訪**

通常問題

$$I = \int_0^1 \left(\frac{dy}{dx}\right)^2 dx \qquad \text{端点固定：} \mathrm{P}_1(0,0), \mathrm{P}_2(1,1)$$

の極小曲線は線分 $\mathrm{P}_1\mathrm{P}_2$（極小値 $I = 1$）である．しかしこの問題に対応する媒介変数問題

$$I = \int_{t_1}^{t_2} \frac{(dy/dt)^2}{(dx/dt)^2} \frac{dx}{dt} dt = \int_{t_1}^{t_2} \frac{(dy/dt)^2}{dx/dt}\, dt$$

においては，通常問題の極小曲線（線分 $\mathrm{P}_1\mathrm{P}_2$）の任意の近傍に，図 1-10(a) に示すような折れ線 ($(dy/dt)/(dx/dt)$ が $x$ 軸に平行な部分では 0，斜めの部分では線分の勾配

$(-k<0$：任意$)$に等しい)の径路(強い意味の変分)を描くことができ，その径路をとるとき $I=-k$ である．$k$ および折れ線の区間長は任意の値をとりうる(図 1-10(a))ので，通常問題の極小曲線(線分 $P_1P_2$)は媒介変数問題の極小曲線ではない．しかし，弱い変分に限定すれば通常問題 (3-3-1a) と媒介変数問題 (3-3-1b) は等価である． ■

式 (3-3-1) で導入した $\widehat{F}$ ともともとの被積分関数 $F$ の関係

$$\widehat{F}(x,y;x',y') \equiv F\left(x;y;\frac{dy}{dx}\right)x'$$

から，それらの導関数の間には

$$\frac{\partial \widehat{F}(x,y;x',y')}{\partial x} = x'\frac{\partial F\,(x;y;dy/dx)}{\partial x} \tag{3-3-2a}$$

$$\frac{\partial \widehat{F}(x,y;x',y')}{\partial y} = x'\frac{\partial F\,(x;y;dy/dx)}{\partial y} \tag{3-3-2b}$$

$$\frac{\partial \widehat{F}(x,y;x',y')}{\partial x'} = F\left(x;y;\frac{dy}{dx}\right) - \frac{y'}{x'}\frac{\partial F\,(x;y;dy/dx)}{\partial (dy/dx)} \tag{3-3-2c}$$

$$\frac{\partial \widehat{F}(x,y;x',y')}{\partial y'} = \frac{\partial F\,(x;y;dy/dx)}{\partial (dy/dx)} \tag{3-3-2d}$$

という対応関係がある．また，$\widehat{F}(x,y;x',y')$ が $x',y'$ に関して 1 次の同次式であるので，恒等式

$$x'\frac{\partial}{\partial x'}\widehat{F}(x,y;x',y') + y'\frac{\partial}{\partial y'}\widehat{F}(x,y;x',y') = \widehat{F}(x,y;x',y') \tag{3-3-3a}$$

が成立する．さらに $\partial\widehat{F}(x,y;x',y')/\partial x'$，$\partial\widehat{F}(x,y;x',y')/\partial y'$ がそれぞれ $x',y'$ に関して 0 次の同次式であるので，

$$x'\frac{\partial^2}{\partial x'^2}\widehat{F}(x,y;x',y') + y'\frac{\partial^2}{\partial x'\partial y'}\widehat{F}(x,y;x',y') = 0 \tag{3-3-3b}$$

$$x'\frac{\partial^2}{\partial x'\partial y'}\widehat{F}(x,y;x',y') + y'\frac{\partial^2}{\partial y'^2}\widehat{F}(x,y;x',y') = 0 \tag{3-3-3c}$$

が成立する(演習問題 3-6)．それゆえ，$x,y,x',y'$ の関数

$$\begin{aligned} G(x,y;x',y') &\equiv \frac{\partial^2\widehat{F}(x,y;x',y')/\partial x'^2}{y'^2} = \frac{\partial^2\widehat{F}(x,y;x',y')/\partial x'\partial y'}{-x'y'} \\ &= \frac{\partial^2\widehat{F}(x,y;x',y')/\partial y'^2}{x'^2} \end{aligned} \tag{3-3-4}$$

を定義することができる．これら付加条件の存在が，被積分関数の形が同じである 3-2 節の 2 従属変数問題と，本節の(本質的には) 1 従属変数問題との相違点である．

### 3-3-2　第1変分・オイラー方程式

両端点固定の変分問題

$$I = \int_{x_1}^{x_2} F\left(x; y; \frac{dy}{dx}\right) dx = \int_{t_1}^{t_2} F\left(x; y; \frac{y'}{x'}\right) x'\, dt = \int_{t_1}^{t_2} \widehat{F}\left(x, y; x', y'\right) dt$$

端点固定：$(x(t_1), y(t_1)) = (x_1, y_1), (x(t_2), y(t_2)) = (x_2, y_2)$

の停留曲線を $x = x_0(t)$，$y = y_0(t)$ とする $(x_0(t),\ y_0(t) \in D^1)$．その弱い意味の変分

$$\begin{aligned} x &= x_0(t) + \varepsilon\zeta(t) \\ y &= y_0(t) + \varepsilon\eta(t) \end{aligned} \tag{3-3-5}$$

を考える．ここで

$$J(\varepsilon) = \int_{t_1}^{t_2} \widehat{F}\left(x_0(t) + \varepsilon\zeta(t), y_0(t) + \varepsilon\eta(t); x_0'(t) + \varepsilon\zeta'(t), y_0'(t) + \varepsilon\eta'(t)\right) dt$$

とかくと，$x = x_0(t)$，$y = y_0(t)$ が停留曲線であるための必要条件は

$$\begin{aligned} J'(0) = \int_{t_1}^{t_2} \Bigg( & \zeta(t)\frac{\partial \widehat{F}(x_0(t), y_0(t); x_0'(t), y_0'(t))}{\partial x} + \eta(t)\frac{\partial \widehat{F}(x_0(t), y_0(t); x_0'(t), y_0'(t))}{\partial y} \\ & + \zeta'(t)\frac{\partial \widehat{F}(x_0(t), y_0(t); x_0'(t), y_0'(t))}{\partial x'} + \eta'(t)\frac{\partial \widehat{F}(x_0(t), y_0(t); x_0'(t), y_0'(t))}{\partial y'}\Bigg) dt \\ = 0 & \end{aligned}$$

である．これから，2-2 節の基本問題の場合と同様にデュボアレイモン方程式

$$\frac{\partial \widehat{F}(x_0(t), y_0(t); x_0'(t), y_0'(t))}{\partial x'} = \int_{t_1}^{t} \frac{\partial \widehat{F}(x_0(u), y_0(u); x_0'(u), y_0'(u))}{\partial x} du + C_1 \tag{3-3-6a}$$

$$\frac{\partial \widehat{F}(x_0(t), y_0(t); x_0'(t), y_0'(t))}{\partial y'} = \int_{t_1}^{t} \frac{\partial \widehat{F}(x_0(u), y_0(u); x_0'(u), y_0'(u))}{\partial y} du + C_2 \tag{3-3-6b}$$

を得る．さらに，停留曲線に存在する可能性のある角を除く停留曲線上の点においては，$x = x_0(t), y = y_0(t)$ はオイラー方程式

$$\frac{d}{dt}\frac{\partial \widehat{F}(x_0(t), y_0(t); x_0'(t), y_0'(t))}{\partial x'} = \frac{\partial \widehat{F}(x_0(t), y_0(t); x_0'(t), y_0'(t))}{\partial x} \tag{3-3-7a}$$

$$\frac{d}{dt}\frac{\partial \widehat{F}(x_0(t), y_0(t); x_0'(t), y_0'(t))}{\partial y'} = \frac{\partial \widehat{F}(x_0(t), y_0(t); x_0'(t), y_0'(t))}{\partial y} \tag{3-3-7b}$$

を満足する．二つの従属変数 $y, z$ を含む通常問題(3-2 節)では式 (3-3-7a, b) に対応する方程式系 (3-2-7a, b) は独立であるが，本節の媒介変数問題ではこれら二つの微分方程式 (3-3-7a, b) は独立でない．なぜならば，式 (3-3-3a) により

$$x_0'(t)\left(\frac{d}{dt}\frac{\partial\widehat{F}(x_0(t),y_0(t);x_0'(t),y_0'(t))}{\partial x'}-\frac{\partial\widehat{F}(x_0(t),y_0(t);x_0'(t),y_0'(t))}{\partial x}\right)$$
$$+\,y_0'(t)\left(\frac{d}{dt}\frac{\partial\widehat{F}(x_0(t),y_0(t);x_0'(t),y_0'(t))}{\partial y'}-\frac{\partial\widehat{F}(x_0(t),y_0(t);x_0'(t),y_0'(t))}{\partial y}\right)$$
$$=\frac{d}{dt}\left(x_0'(t)\frac{\partial\widehat{F}(x_0(t),y_0(t);x_0'(t),y_0'(t))}{\partial x'}+y_0'(t)\frac{\partial\widehat{F}(x_0(t),y_0(t);x_0'(t),y_0'(t))}{\partial y'}\right.$$
$$\left.-\,\widehat{F}(x_0(t),y_0(t);x_0'(t),y_0'(t))\right)=0$$

となるからである．つまり，$x$ に関するオイラーの方程式 (3-3-7a) が満たされれば $y$ に関するオイラーの方程式 (3-3-7b) は満たされ，逆に式 (3-3-7b) が満たされれば式 (3-3-7a) は満たされるのである．そこで，式 (3-3-7a) および式 (3-3-7b) と等価で $x,y$ に関して対称な表式を導くことが望ましい(美しい)．

そのために次の式変形を行う．もし $x=x_0(t), y=y_0(t)$ が 2 階微分可能であれば，式 (3-3-7a, b) はそれぞれ

$$x_0'(t)\frac{\partial^2\widehat{F}(x_0(t),y_0(t);x_0'(t),y_0'(t))}{\partial x\partial x'}+y_0'(t)\frac{\partial^2\widehat{F}(x_0(t),y_0(t);x_0'(t),y_0'(t))}{\partial y\partial x'}$$
$$+\,x_0''(t)\frac{\partial^2\widehat{F}(x_0(t),y_0(t);x_0'(t),y_0'(t))}{\partial^2 x'}+y_0''(t)\frac{\partial^2\widehat{F}(x_0(t),y_0(t);x_0'(t),y_0'(t))}{\partial x'\partial y'}$$
$$=\frac{\partial\widehat{F}(x_0(t),y_0(t);x_0'(t),y_0'(t))}{\partial x}\tag{3-3-8a}$$

$$x_0'(t)\frac{\partial^2\widehat{F}(x_0(t),y_0(t);x_0'(t),y_0'(t))}{\partial x\partial y'}+y_0'(t)\frac{\partial^2\widehat{F}(x_0(t),y_0(t);x_0'(t),y_0'(t))}{\partial y\partial y'}$$
$$+\,x_0''(t)\frac{\partial^2\widehat{F}(x_0(t),y_0(t);x_0'(t),y_0'(t))}{\partial x'\partial y'}+y_0''(t)\frac{\partial^2\widehat{F}(x_0(t),y_0(t);x_0'(t),y_0'(t))}{\partial^2 y'}$$
$$=\frac{\partial\widehat{F}(x_0(t),y_0(t);x_0'(t),y_0'(t))}{\partial y}\tag{3-3-8b}$$

とかける．式 (3-3-8a) に，$\partial\widehat{F}(x,y;x',y')/\partial x$ が $x',y'$ に関して 1 次の同次式であるために成立する恒等式

$$\frac{\partial}{\partial x}\widehat{F}(x,y;x',y')=x'\frac{\partial^2}{\partial x\partial x'}\widehat{F}(x,y;x',y')+y'\frac{\partial^2}{\partial x\partial y'}\widehat{F}(x,y;x',y')$$

を代入すると

$$\left(-\frac{\partial^2\widehat{F}(x_0(t),y_0(t);x_0'(t),y_0'(t))}{\partial x\partial y'}+\frac{\partial^2\widehat{F}(x_0(t),y_0(t);x_0'(t),y_0'(t))}{\partial y\partial x'}\right)y_0'(t)$$

$$+x_0''(t)\frac{\partial^2\widehat{F}(x_0(t),y_0(t);x_0'(t),y_0'(t))}{\partial^2 x'}+y_0''(t)\frac{\partial^2\widehat{F}(x_0(t),y_0(t);x_0'(t),y_0'(t))}{\partial x'\partial y'}$$
$$=0 \tag{3-3-9}$$

を得る．ここで式(3-3-4)で定義した $G(x,y,x',y')$ を用いると，式(3-3-9)は最終的にヴァイエルシュトゥラスによる表式（オイラー方程式）

$$-\frac{\partial^2\widehat{F}(x_0(t),y_0(t);x_0'(t),y_0'(t))}{\partial x\partial y'}+\frac{\partial^2\widehat{F}(x_0(t),y_0(t);x_0'(t),y_0'(t))}{\partial y\partial x'}$$
$$+G(x_0(t),y_0(t);x_0'(t),y_0'(t))(x_0''(t)y_0'(t)-x_0'(t)y_0''(t))=0 \tag{3-3-10}$$

となる．

最後に，いくつかの特殊な場合にデュボアレイモン方程式(3-3-6a, b)が簡略化されることを指摘しておく．

① $\widehat{F}(x(t),y(t);x'(t),y'(t))$ が $x$ を陽に含まないとき，式(3-3-6a)は

$$\frac{\partial\widehat{F}(x_0(t),y_0(t);x_0'(t),y_0'(t))}{\partial x'}=c_1\text{（定数）} \tag{3-3-11}$$

となる．

② $\widehat{F}(x(t),y(t);x'(t),y'(t))$ が $y$ を陽に含まないとき，式(3-3-6b)は

$$\frac{\partial\widehat{F}(x_0(t),y_0(t);x_0'(t),y_0'(t))}{\partial y'}=c_2\text{（定数）} \tag{3-3-12}$$

となる．

### ■ 3-3-3　角に関する必要条件

角において $x_0'(t), y_0'(t)$ は不連続であるが，デュボアレイモン方程式中の積分は連続である．したがって，

$$\frac{\partial\widehat{F}(x_0(t),y_0(t);x_0'(t),y_0'(t))}{\partial x'}\quad\text{および}\quad\frac{\partial\widehat{F}(x_0(t),y_0(t);x_0'(t),y_0'(t))}{\partial y'}$$

は角において連続である．

### ■ 3-3-4　端点移動問題—横断条件のより簡明な導出

媒介変数表示は閉曲線を記述するためにとくに有効であるが，端点が移動する場合の変分を考えるときにも好適である．なぜならば，通常問題では汎関数 $I$ の積分の端点（独立変数の上下限）を当然ながら変化させなければならないが，媒介変数問題では独立変数である媒介変数の積分の端点（$t_1$ から $t_2$）を一定に保つことができるからである．さらに，通常問題では二つの変数 $x, y$ を $y=y(x)$ として独立変数 $x$ と従属変

数 $y$ の役割を区別するが，媒介変数表示では二つの変数 $x, y$ を $x = x(t)$，$y = y(t)$ と対称的に取り扱うので，最終的に得られる式も二つの変数 $x, y$ について対称的で理解しやすい形になるからである．

さて，$x = x_0(t)$，$y = y_0(t)$ をデュボアレイモン方程式

$$\frac{\partial \widehat{F}(x_0(t), y_0(t); x_0'(t), y_0'(t))}{\partial x'} = \int_{t_1}^{t} \frac{\partial \widehat{F}(x_0(u), y_0(u); x_0'(u), y_0'(u))}{\partial x}\, du + C_1$$

$$\frac{\partial \widehat{F}(x_0(t), y_0(t); x_0'(t), y_0'(t))}{\partial y'} = \int_{t_1}^{t} \frac{\partial \widehat{F}(x_0(u), y_0(u); x_0'(u), y_0'(u))}{\partial y}\, du + C_2$$

(3-3-6 再掲)

を満たす停留曲線とする．ここで，$\varepsilon = 0$ のとき停留曲線 $x = x_0(t)$，$y = y_0(t)$ を表す，パラメータ $\varepsilon$ をもつ関数の集合 $\{x = x_\varepsilon(t),\ y = y_\varepsilon(t)\}$ を考える．この関数が表現する曲線は $\varepsilon$ が小さいとき停留曲線 $x = x_0(t)$，$y = y_0(t)$ の近傍にある(図 3-5)．なお，二つの端点 $\mathrm{P}_1, \mathrm{P}_2$ が移動するとき，一般性を失うことなくそれぞれの点を表示する媒介変数はつねに同じ値をとるものとする．すなわち，つねに $\mathrm{P}_1(t_1)$，$\mathrm{P}_2(t_2)$ とする．関数の集合 $\{x = x_\varepsilon(t),\ y = y_\varepsilon(t)\}$ は，$\varepsilon = 0$ の近傍かつ区間 $t_1 \leq t \leq t_2$ において $C^1$ 級に属し，$\partial^2 x_\varepsilon(t)/\partial t \partial \varepsilon$ は同じ領域で連続とする．

さて，

$$J(\varepsilon) \equiv \int_{t_1}^{t_2} \widehat{F}(x_\varepsilon(t), y_\varepsilon(t); x_\varepsilon'(t), y_\varepsilon'(t))\, dt \tag{3-3-13}$$

とかくと，関数(曲線)の変分を考えるとき，端点の媒介変数は変化しないので，

$$J'(\varepsilon) = \int_{t_1}^{t_2} \left( \frac{\partial x_\varepsilon(t)}{\partial \varepsilon} \frac{\partial}{\partial x} \widehat{F}(x_\varepsilon(t), y_\varepsilon(t); x_\varepsilon'(t), y_\varepsilon'(t)) \right.$$
$$\left. + \frac{\partial y_\varepsilon(t)}{\partial \varepsilon} \frac{\partial}{\partial y} \widehat{F}(x_\varepsilon(t), y_\varepsilon(t); x_\varepsilon'(t), y_\varepsilon'(t)) \right.$$

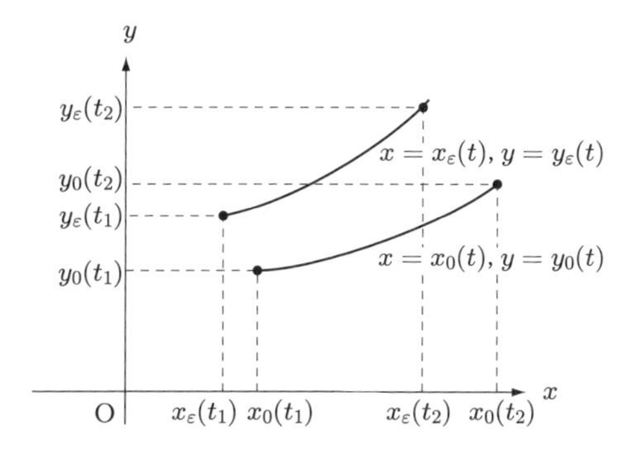


**図 3-5**　媒介変数表示の端点移動問題

$$
+\frac{\partial x'_\varepsilon(t)}{\partial\varepsilon}\frac{\partial}{\partial x'}\widehat{F}(x_\varepsilon(t),y_\varepsilon(t);x'_\varepsilon(t),y'_\varepsilon(t))
+\frac{\partial y'_\varepsilon(t)}{\partial\varepsilon}\frac{\partial}{\partial y'}\widehat{F}(x_\varepsilon(t),y_\varepsilon(t);x'_\varepsilon(t),y'_\varepsilon(t))\Bigg)dt
$$

であるから，

$$
\begin{aligned}
J'(0)=\int_{t_1}^{t_2}\Bigg(&\frac{\partial x_0(t)}{\partial\varepsilon}\frac{\partial}{\partial x}\widehat{F}(x_0(t),y_0(t);x'_0(t),y'_0(t))\\
&+\frac{\partial y_0(t)}{\partial\varepsilon}\frac{\partial}{\partial y}\widehat{F}(x_0(t),y_0(t);x'_0(t),y'_0(t))\\
&+\frac{\partial x'_0(t)}{\partial\varepsilon}\frac{\partial}{\partial x'}\widehat{F}(x_0(t),y_0(t);x'_0(t),y'_0(t))\\
&+\frac{\partial y'_0(t)}{\partial\varepsilon}\frac{\partial}{\partial y'}\widehat{F}(x_0(t),y_0(t);x'_0(t),y'_0(t))\Bigg)dt
\end{aligned}
\tag{3-3-14}
$$

を得る．ここで，オイラー方程式

$$
\begin{aligned}
\frac{d}{dt}\frac{\partial\widehat{F}(x_0(t),y_0(t);x'_0(t),y'_0(t))}{\partial x'}&=\frac{\partial\widehat{F}(x_0(t),y_0(t);x'_0(t),y'_0(t))}{\partial x}\\
\frac{d}{dt}\frac{\partial\widehat{F}(x_0(t),y_0(t);x'_0(t),y'_0(t))}{\partial y'}&=\frac{\partial\widehat{F}(x_0(t),y_0(t);x'_0(t),y'_0(t))}{\partial y}
\end{aligned}
\tag{3-3-7 再掲}
$$

を式 (3-3-14) に代入すると，

$$
\begin{aligned}
J'(0)&=\int_{t_1}^{t_2}\Bigg(\frac{\partial x_0(t)}{\partial\varepsilon}\frac{d}{dt}\frac{\partial}{\partial x'}\widehat{F}(x_0(t),y_0(t);x'_0(t),y'_0(t))\\
&\qquad+\frac{\partial y_0(t)}{\partial\varepsilon}\frac{d}{dt}\frac{\partial}{\partial y'}\widehat{F}(x_0(t),y_0(t);x'_0(t),y'_0(t))\\
&\qquad+\frac{\partial x'_0(t)}{\partial\varepsilon}\frac{\partial}{\partial x'}\widehat{F}(x_0(t),y_0(t);x'_0(t),y'_0(t))\\
&\qquad+\frac{\partial y'_0(t)}{\partial\varepsilon}\frac{\partial}{\partial y'}\widehat{F}(x_0(t),y_0(t);x'_0(t),y'_0(t))\Bigg)dt\\
&=\int_{t_1}^{t_2}\frac{d}{dt}\Bigg(\frac{\partial x_0(t)}{\partial\varepsilon}\frac{\partial}{\partial x'}\widehat{F}(x_0(t),y_0(t);x'_0(t),y'_0(t))\\
&\qquad+\frac{\partial y_0(t)}{\partial\varepsilon}\frac{\partial}{\partial y'}\widehat{F}(x_0(t),y_0(t);x'_0(t),y'_0(t))\Bigg)dt\\
&=\Bigg[\frac{\partial x_0(t)}{\partial\varepsilon}\frac{\partial}{\partial x'}\widehat{F}(x_0(t),y_0(t);x'_0(t),y'_0(t))\\
&\qquad+\frac{\partial y_0(t)}{\partial\varepsilon}\frac{\partial}{\partial y'}\widehat{F}(x_0(t),y_0(t);x'_0(t),y'_0(t))\Bigg]_{t_1}^{t_2}
\end{aligned}
\tag{3-3-15}
$$

を得るので，最終的に端点が移動する場合の媒介変数表示の第 1 変分

$$\delta^1 I = J'(0)d\varepsilon = \left[\frac{\partial x_0(t)}{\partial \varepsilon}\frac{\partial}{\partial x'}\widehat{F}(x_0(t), y_0(t); x_0'(t), y_0'(t)) + \frac{\partial y_0(t)}{\partial \varepsilon}\frac{\partial}{\partial y'}\widehat{F}(x_0(t), y_0(t); x_0'(t), y_0'(t))\right]_{t_1}^{t_2} d\varepsilon \qquad \text{(3-3-16a)}$$

すなわち

$$\delta^1 I = \left[\frac{\partial}{\partial x'}\widehat{F}(x_0(t), y_0(t); x_0'(t), y_0'(t))\, dx + \frac{\partial}{\partial y'}\widehat{F}(x_0(t), y_0(t); x_0'(t), y_0'(t))\, dy\right]_{t_1}^{t_2} \qquad \text{(3-3-16b)}$$

を得る．式 (3-3-16b) 中の $dx, dy$ は，3-1 節における端点 $\mathrm{P}_1(x_1, y_1)$ の曲線 $T_1(x = g_1(t), y = k_1(t))$ および端点 $\mathrm{P}_2(x_2, y_2)$ の曲線 $T_2(x = g_2(t), y = k_2(t))$ に沿う微小変位である．

したがって，式 (3-3-16b) を媒介変数表示から通常表示にもどすと，

$$\frac{\partial \widehat{F}(x, y; x', y')}{\partial x'} = F\left(x; y; \frac{dy}{dx}\right) - \frac{y'}{x'}\frac{\partial F\,(x; y; dy/dx)}{\partial\,(dy/dx)} \qquad \text{(3-3-2c 再掲)}$$

$$\frac{\partial \widehat{F}(x, y; x', y')}{\partial y'} = \frac{\partial F\,(x; y; dy/dx)}{\partial\,(dy/dx)} \qquad \text{(3-3-2d 再掲)}$$

に注意して，

$$\begin{aligned}
\delta^1 I &= \left[\frac{\partial}{\partial x'}\widehat{F}(x_0(t), y_0(t); x_0'(t), y_0'(t))\, dx + \frac{\partial}{\partial y'}\widehat{F}(x_0(t), y_0(t); x_0'(t), y_0'(t))\, dy\right]_{t_1}^{t_2} \\
&= \left[F\left(x_0(t); y_0(t); \frac{dy_0}{dx}\right) - \frac{dy_0}{dx}\frac{\partial}{\partial y'}F\left(x_0(t); y_0(t); \frac{dy_0}{dx}\right) dx + \frac{\partial}{\partial y'}F\left(x_0(t); y_0(t); \frac{dy_0}{dx}\right) dy\right]_{t_1}^{t_2} \\
&= \left[\left(F\left(x_0(t); y_0(t); \frac{dy_0}{dx}\right) + \left(\frac{k'(t)}{g'(t)} - \frac{dy_0}{dx}\right)\frac{\partial}{\partial y'}F\left(x_0(t); y_0(t); \frac{dy_0}{dx}\right)\right) dx\right]_{t_1}^{t_2}
\end{aligned} \qquad \text{(3-3-17)}$$

を得る．ここに $x = g(t), y = k(t)$ は境界点が移動する曲線 $T_1, T_2$ の媒介変数表示である．式 (3-3-17) はそれぞれの端点における横断条件 (3-1-11) と (3-1-11a) を総合したものに一致している．

この媒介変数表示による横断条件の導出法は，通常問題による定式化（3-1 節）よりすっきりしており，結果を表す式も式 (3-3-17) より式 (3-3-16) のほうが簡潔である．

### 3-3-5　ヴァイエルシュトゥラスの必要条件 (4)

すでに3通りの証明方法をみてきた定理「ヴァイエルシュトゥラスの必要条件」の4番目の証明方法を紹介する．この方法は第3番目の方法とほぼ同じ論理であり，媒介変数が介在する点が目新しい．

極小曲線 $x = x_0(t), y = y_0(t)$ 上の角のない区間内の 2 点を $\mathrm{P}_1(x(t_1), y(t_1))$, $\mathrm{P}_2(x(t_2), y(t_2))$ $(t_1 < t_2)$ とする．曲線 $T_1(x = g_1(t), y = k_1(t))$ を点 $\mathrm{P}_1$ を通る任意の有資格曲線とし，$T_1$ 上の点を $\mathrm{Q}(g_1(s), k_1(s))$ とする $(t_1 < s)$（図 3-6）.

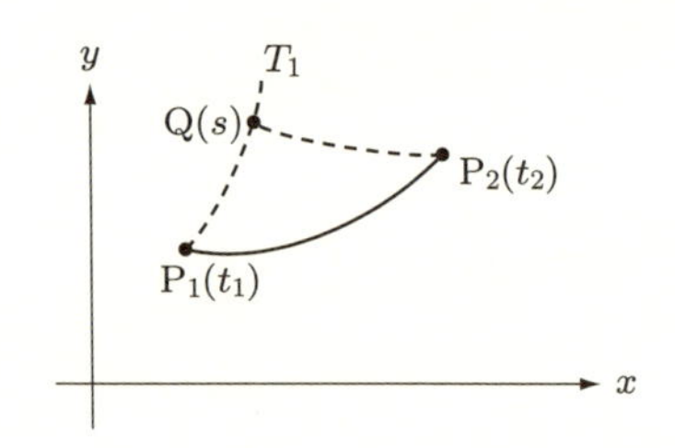


**図 3-6**　極小曲線 $\mathrm{P}_1\mathrm{P}_2$ と有資格曲線 $T_1$

さて，曲線 $T_1$ 上を $\mathrm{P}_1$ から Q まで進み，その後（Q が $\mathrm{P}_1$ に近づくとき，もとの極小曲線 $x = x_0(t)$, $y = y_0(t)$ に収束する）有資格曲線 $\mathrm{QP}_2$ を通り $\mathrm{P}_2$ に至る積分路 $\mathrm{P}_1\mathrm{QP}_2$ を考える．積分路 $\mathrm{P}_1\mathrm{QP}_2$ による $I$ の値と，もともとの極小曲線 $x = x_0(t)$, $y = y_0(t)$ による $I$ の値の差を $J(s)$ とかくと，

$$
\begin{aligned}
J(s) &\equiv \int_{\mathrm{P}_1\mathrm{QP}_2} F(x; y; y')\,dx - \int_{\mathrm{P}_1\mathrm{P}_2(x_0, y_0)} F(x; y; y')\,dx \\
&= \int_{t_1}^{s} \widehat{F}(x, y; x', y')\,dt + \int_{s}^{t_2} \widehat{F}(x, y; x', y')\,dt + C
\end{aligned}
$$

となる．なお最終行の第 1 の積分は $\mathrm{P}_1\mathrm{Q}$，第 2 の積分は $\mathrm{QP}_2$ に沿うものである．$s$ が $t_1$ に近づくとき $\mathrm{P}_1\mathrm{QP}_2$ は極小曲線 $\mathrm{P}_1\mathrm{P}_2$ に近づく．

もともとの積分路 $\mathrm{P}_1\mathrm{P}_2(x = x_0(t), y = y_0(t))$ が極小曲線であるから，端点で極小をとる必要条件（補遺 A-3-4 項参照）は

$$
J'(t_1) \geq 0
$$

である．3-3-4 項の式 (3-3-16b) を第 2 の積分（下端移動とみることができる）に適用すると，

$$
\begin{aligned}
J'(t_1) &= \widehat{F}(x_0(t_1), y_0(t_1); g_1'(t_1), k_1'(t_1)) \\
&\qquad - g_1'(t_1) \frac{\partial}{\partial x'} \widehat{F}(x_0(t_1), y_0(t_1); x_0'(t_1), y_0'(t_1))
\end{aligned}
$$

$$-k_1'(t_1)\frac{\partial}{\partial y'}\widehat{F}(x_0(t_1),y_0(t_1);x_0'(t_1),y_0'(t_1))\geq 0$$

となる．そこで媒介変数問題の場合のヴァイエルシュトゥラスの $E$ 関数

$$\begin{aligned}
&E(x_0(t_1),y_0(t_1);x_0'(t_1),y_0'(t_1),g_1'(t_1),k_1'(t_1))\\
&\quad\equiv \widehat{F}(x_0(t_1),y_0(t_1);g_1'(t_1),k_1'(t_1))\\
&\qquad -g_1'(t_1)\frac{\partial}{\partial x'}\widehat{F}(x_0(t_1),y_0(t_1);x_0'(t_1),y_0'(t_1))\\
&\qquad -k_1'(t_1)\frac{\partial}{\partial y'}\widehat{F}(x_0(t_1),y_0(t_1);x_0'(t_1),y_0'(t_1))\\
&\quad = g_1'(t_1)\left(\frac{\partial}{\partial x'}\widehat{F}(x_0(t_1),y_0(t_1);g_1'(t_1),k_1'(t_1))\right.\\
&\qquad\quad \left.-\frac{\partial}{\partial x'}\widehat{F}(x_0(t_1),y_0(t_1);x_0'(t_1),y_0'(t_1))\right)\\
&\qquad +k_1'(t_1)\left(\frac{\partial}{\partial y'}\widehat{F}(x_0(t_1),y_0(t_1);g_1'(t_1),k_1'(t_1))\right.\\
&\qquad\quad \left.-\frac{\partial}{\partial y'}\widehat{F}(x_0(t_1),y_0(t_1);x_0'(t_1),y_0'(t_1))\right)
\end{aligned}$$

（最後の等式は式 (3-3-3a) による）を定義すると，「強い意味の極小曲線上の任意の点において，かつ任意の実数 $p_x, p_y$ に対して

$$E(x_0(t),y_0(t);x_0'(t),y_0'(t);p_x,p_y)\geq 0 \tag{3-3-18}$$

が成立しなければならない」ことがわかる．これが**ヴァイエルシュトゥラスの必要条件**である．本項では 3-2-5 項とほぼ同じ論理を用いている．

### 3-3-6　停留曲線の場とヒルベルト積分

停留曲線の場に関する通常問題と媒介変数問題の定式化による差異は，通常問題では関数（曲線）のうち，陽関数表示 $y=f(x)$ で表されるものしか対象にできないのに対して，媒介変数問題では陽関数表示の 1 価関数では表示できない閉曲線などより広範な関数（曲線）を取り扱うことができる点だけである．

オイラー方程式 (3-3-7) の一般解に，たとえばある点を通過するという一つの条件を付加することにより，$(x,y)$ のある領域 $R$ において一つの積分定数をもつ曲線の集合（群）

$$x=h_1(t,m),\qquad y=h_2(t,m)\qquad (h_1,h_2\in C^2) \tag{3-3-19}$$

を得る．その関数行列式が 0 でなければ，すなわち

$$\begin{vmatrix} \dfrac{\partial h_1(t,m)}{\partial t} & \dfrac{\partial h_1(t,m)}{\partial m} \\ \dfrac{\partial h_2(t,m)}{\partial t} & \dfrac{\partial h_2(t,m)}{\partial m} \end{vmatrix} \neq 0$$

であれば，式 (3-3-19) の独立変数について一意的な解

$$t = t(x, y), \qquad m = m(x, y)$$

を得ることができ，領域 $R$ 内の任意の点 $(x, y)$ を唯一の停留曲線が通過する．

領域 $R$ 内の停留曲線の場において，**傾斜関数** (slope function)

$$X_0'(x, y) \equiv h_1'(t(x, y), m(x, y))$$

$$Y_0'(x, y) \equiv h_2'(t(x, y), m(x, y))$$

が一意的に定義できる．ここにプライム（$'$，prime）は $t$ による偏微分 $(h_1' \equiv \partial h_1/\partial t)$ を意味する．

ここで端点移動問題にもどると，ある停留曲線から別の曲線（一般に停留曲線ではない）に積分路を変更するときの $I$ の第1変分は，

$$\delta^1 I = \left[\frac{\partial}{\partial x'}\widehat{F}(x_0(t), y_0(t); x_0'(t), y_0'(t))\,dx \right.$$
$$\left. + \frac{\partial}{\partial y'}\widehat{F}(x_0(t), y_0(t); x_0'(t), y_0'(t))\,dy\right]_{t_1}^{t_2} \tag{3-3-16b}$$

である．

この形から，媒介変数問題のヒルベルト積分を式 (3-3-2c, d) を用いて

$$H(\mathrm{P}_1, \mathrm{P}_2) \equiv \int_{\mathrm{P}_1}^{\mathrm{P}_2} \left(\frac{\partial}{\partial x'}\widehat{F}(x, y; X_0'(x, y), Y_0'(x, y))\,dx \right.$$
$$\left. + \frac{\partial}{\partial y'}\widehat{F}(x, y; X_0'(x, y), Y_0'(x, y))\,dy\right)$$
$$= \int_{\mathrm{P}_1}^{\mathrm{P}_2} \left(F\left(x; y; \frac{Y_0'(x, y)}{X_0'(x, y)}\right)\right.$$
$$- \frac{Y_0'(x, y)}{X_0'(x, y)} \frac{\partial F(x, y; Y_0'(x, y)/X_0'(x, y))}{\partial\,(dy/dx)}\,dx$$
$$\left. + \frac{\partial F(x, y; Y_0'(x, y)/X_0'(x, y))}{\partial\,(dy/dx)}\,dy\right)$$
$$= \int_{t_1}^{t_2} \left[F\left(x; y; \frac{Y_0'(x, y)}{X_0'(x, y)}\right)\right.$$
$$\left. + \left(\frac{y'}{x'} - \frac{Y_0'(x, y)}{X_0'(x, y)}\right) \frac{\partial F(x, y; Y_0'(x, y)/X_0'(x, y))}{\partial\,(dy/dx)}\right] x'\,dt \tag{3-3-20}$$

と定義する．ここに $y'/x'$ は $(x,y)$ における積分径路の勾配であり，$Y_0'(x,y)/X_0'(x,y)$ は $(x,y)$ を通る停留曲線の $(x,y)$ における勾配である．このとき $H(\mathrm{P}_1,\mathrm{P}_2)$ の定義式 (3-3-20) の第 1 行の被積分関数に関して次のことがわかる．

$$
\begin{aligned}
&\frac{d}{dy}\frac{\partial}{\partial x'}\widehat{F}(x,y;X_0'(x,y),Y_0'(x,y)) - \frac{d}{dx}\frac{\partial}{\partial y'}\widehat{F}(x,y;X_0'(x,y),Y_0'(x,y))\\
&\quad = \frac{\partial^2}{\partial x'\partial y}\widehat{F}(x,y;X_0'(x,y),Y_0'(x,y))\\
&\qquad + \frac{\partial X_0'(x,y)}{\partial y}\frac{\partial^2}{\partial x'^2}\widehat{F}(x,y;X_0'(x,y),Y_0'(x,y))\\
&\qquad + \frac{\partial Y_0'(x,y)}{\partial y}\frac{\partial^2}{\partial x'\partial y'}\widehat{F}(x,y;X_0'(x,y),Y_0'(x,y))\\
&\qquad - \left(\frac{\partial^2}{\partial y'\partial x}\widehat{F}(x,y;X_0'(x,y),Y_0'(x,y))\right.\\
&\qquad\quad + \frac{\partial X_0'(x,y)}{\partial x}\frac{\partial^2}{\partial y'\partial x'}\widehat{F}(x,y;X_0'(x,y),Y_0'(x,y))\\
&\qquad\quad \left. + \frac{\partial Y_0'(x,y)}{\partial x}\frac{\partial^2}{\partial y'^2}\widehat{F}(x,y;X_0'(x,y),Y_0'(x,y))\right)
\end{aligned} \tag{3-3-21}
$$

であり，ここで式 (3-3-4) を用いると，式 (3-3-21) は

$$
\begin{aligned}
&\frac{\partial^2}{\partial x'\partial y}\widehat{F}(x,y;X_0'(x,y),Y_0'(x,y)) - \frac{\partial^2}{\partial y'\partial x}\widehat{F}(x,y;X_0'(x,y),Y_0'(x,y))\\
&\quad + G(x,y;X_0'(x,y),Y_0'(x,y))\left(Y_0'(x,y)^2\frac{\partial X_0'(x,y)}{\partial y} - X_0'(x,y)Y_0'(x,y)\frac{\partial Y_0'(x,y)}{\partial y}\right.\\
&\qquad \left. + X_0'(x,y)Y_0'(x,y)\frac{\partial X_0'(x,y)}{\partial x} - X_0'(x,y)^2\frac{\partial Y_0'(x,y)}{\partial x}\right)\\
&= \frac{\partial^2}{\partial x'\partial y}\widehat{F}(x,y;X_0'(x,y),Y_0'(x,y)) - \frac{\partial^2}{\partial y'\partial x}\widehat{F}(x,y;X_0'(x,y),Y_0'(x,y))\\
&\quad + G(x,y;X_0'(x,y),Y_0'(x,y))\left[Y_0'(x,y)\left(Y_0'(x,y)\frac{\partial X_0'(x,y)}{\partial y} + X_0'(x,y)\frac{\partial X_0'(x,y)}{\partial x}\right)\right.\\
&\quad \left. - X_0'(x,y)\left(X_0'(x,y)\frac{\partial Y_0'(x,y)}{\partial x} + Y_0'(x,y)\frac{\partial Y_0'(x,y)}{\partial y}\right)\right]\\
&= \frac{\partial^2}{\partial x'\partial y}\widehat{F}(x,y;X_0'(x,y),Y_0'(x,y)) - \frac{\partial^2}{\partial y'\partial x}\widehat{F}(x,y;X_0'(x,y),Y_0'(x,y))\\
&\quad + G(x,y;X_0'(x,y),Y_0'(x,y))(y'x'' - x'y'')
\end{aligned}
$$

となる．右辺は

$$
-\frac{\partial^2\widehat{F}(x_0(t),y_0(t);x_0'(t),y_0'(t))}{\partial x\partial y'} + \frac{\partial^2\widehat{F}(x_0(t),y_0(t);x_0'(t),y_0'(t))}{\partial y\partial x'}
$$

$$+ G(x_0(t), y_0(t); x_0'(t), y_0'(t))(x_0''(t)y_0'(t) - x_0'(t)y_0''(t)) = 0 \quad \text{(3-3-10 再掲)}$$

により 0 である．つまり，ヒルベルト積分 (3-3-20) の被積分関数は全微分であるので，ヒルベルト積分の値は両端点のみに依存し，径路にはよらない．

## 3-3-7　停留曲線が極値曲線であるための基本的十分条件

ヒルベルト積分

$$H(\mathrm{P}_1, \mathrm{P}_2)$$

$$= \int_{t_1}^{t_2} \left[ x' \frac{\partial}{\partial x'} \widehat{F}(x, y; X_0'(x, y), Y_0'(x, y)) + y' \frac{\partial}{\partial y'} \widehat{F}(x, y; X_0'(x, y), Y_0'(x, y)) \right] dt$$

$$= \int_{t_1}^{t_2} \left[ F\left(x; y; \frac{Y_0'(x, y)}{X_0'(x, y)}\right) + \left(\frac{y'}{x'} - \frac{Y_0'(x, y)}{X_0'(x, y)}\right) \frac{\partial F\left(x; y; Y_0'(x, y)/X_0'(x, y)\right)}{\partial y'} \right] x'\, dt$$

は，積分径路が停留曲線であれば，$y'/x' = Y_0'(x, y)/X_0'(x, y)$ であるから，もとの汎関数 $I$ に一致する．

$$H_0(\mathrm{P}_1, \mathrm{P}_2) = \int_{t_1}^{t_2} F\left(x; y; \frac{Y_0'(x, y)}{X_0'(x, y)}\right) x' dt = I_0(\mathrm{P}_1, \mathrm{P}_2) \tag{3-3-22}$$

（添え字 0 は積分路が停留曲線であることを意味する）

したがって，ある停留曲線に沿って積分した汎関数 $I$ の値と，別の(停留曲線でない)曲線 $C$ に沿って積分した汎関数 $I$ の値との差は，式 (3-3-22) とヒルベルト積分の径路によらない性質を用いて

$$\begin{aligned} I_C(\mathrm{P}_1, \mathrm{P}_2) - I_0(\mathrm{P}_1, \mathrm{P}_2) &= I_C(\mathrm{P}_1, \mathrm{P}_2) - H_0(\mathrm{P}_1, \mathrm{P}_2) \\ &= I_C(\mathrm{P}_1, \mathrm{P}_2) - H_C(\mathrm{P}_1, \mathrm{P}_2) \end{aligned}$$

と，同じ径路 $C$ にわたる積分の差に置き換えられる．ゆえに

$$\begin{aligned} &I_C(\mathrm{P}_1, \mathrm{P}_2) - I_0(\mathrm{P}_1, \mathrm{P}_2) = I_C(\mathrm{P}_1, \mathrm{P}_2) - H_C(\mathrm{P}_1, \mathrm{P}_2) \\ &\quad = \int_{t_1}^{t_2} \Bigl( \widehat{F}(x(t), y(t); x'(t), y'(t)) \\ &\qquad - x'(t) \frac{\partial}{\partial x'} \widehat{F}(x(t), y(t); X_0'(x, y), Y_0'(x, y)) \\ &\qquad - y'(t) \frac{\partial}{\partial y'} \widehat{F}(x(t), y(t); X_0'(x, y), Y_0'(x, y)) \Bigr) dt \\ &\quad = \int_{t_1}^{t_2} E(x(t), y(t); X_0'(x, y), Y_0'(x, y), x'(t), y'(t))\, dt \end{aligned}$$

を得る．したがって，停留曲線の場 $R$ が定義されている滑らかな停留曲線（積分路）$P_1P_2(x = x_0(t), y = y_0(t))$ について，停留曲線の場 $R$ 内のすべての点 $(x, y)$ と任意の実数の組 $(p_x, p_y)$ に対して

$$E(x, y; X_0'(x, y), Y_0'(x, y), p_x, p_y) \geq 0 \qquad (3\text{-}3\text{-}23)$$

が成立すれば，

$$I_C(P_1, P_2) - I_0(P_1, P_2) \geq 0$$

となり，停留曲線 $P_1P_2$ に沿う積分は他のいかなる径路に沿う積分よりも小さい $(x' > 0)$．

すなわち，停留曲線 $x = x_0(t), y = y_0(t)$ は**強い意味の変分に関する全体的な極小（最小）曲線**である．式 (3-3-23) が（強い変分をも含めた）**基本的十分条件**である．式 (3-3-23) に等号がつかないときは本来の意味の (proper) 極小となり，不等号が逆のときは極大曲線である．

# 3-4 拘束条件のある変分問題：ラグランジュの未定乗数法

## 3-4-1 等周問題

古典的等周問題は「与えられた長さで可能な最大の面積を囲む閉曲線を決定する」ことであり，古代ギリシャ（プトレマイオス期のアレクサンドリア）の数学者ゼノドルス (Zenodorus) によって提起され，彼自身により円周という正解が得られている．また，「与えられた長さで可能な最大の面積を囲む多角形を決定する」という問題 (Steiner's problem) は 19 世紀に提起され正多角形という解が得られた．これらの問題は純粋に幾何学的に解かれている．

このような歴史的経緯があり，現在ではある積分の値が与えられているという拘束条件のもとで，別の積分を停留化する問題を一般に**等周問題** (isoperimetrical problem)† と呼ぶ．

当面，3-4-4 項までは従属変数と拘束条件がそれぞれ一つの場合を考える．すなわち

$$\int_{x_1}^{x_2} G(x; y(x); y'(x))\, dx = L \ (\text{定数}) \qquad (3\text{-}4\text{-}1)$$

という拘束条件（等周条件）の下で

$$I = \int_{x_1}^{x_2} F(x; y(x); y'(x))\, dx \qquad (3\text{-}4\text{-}2)$$

$$F(x; y(x); y'(x)) \in C^2, \qquad G(x; y(x); y'(x)) \in C^2, \qquad y(x) \in D^1$$

† iso-：等しい，同じ．perimeter：周長．

を停留化する問題を考える．また，簡単のために

$$\text{端点固定}：y(x_1)=y_1, y(x_2)=y_2$$

とする．

### 3-4-2　第1変分・オイラー方程式

汎関数 $I$（式 (3-4-2)）中の関数 $y(x)$ が有資格関数のうち拘束条件 (3-4-1) を満たす関数に制限されるので，拘束条件のない場合に比べて一般に $I$ のとりうる値も限定される．

つまり，弱い意味の変分

$$y(x)=y_0(x)+\varepsilon\eta(x) \tag{1-4-4 再掲}$$

$$\eta(x_1)=\eta(x_2)=0$$

を考えると，$\varepsilon\eta(x)$ が拘束条件 (3-4-1) により制限を受けることになる．

さて，

$$J(\varepsilon)\equiv\int_{x_1}^{x_2}F(x;y_0+\varepsilon\eta;y_0'+\varepsilon\eta')\,dx \tag{2-2-3 再掲}$$

を定義すると，全変分は

$$\begin{aligned}\Delta I=J(\varepsilon)-J(0)&=\varepsilon\int_{x_1}^{x_2}\left(\frac{\partial}{\partial y}F(x;y_0;y_0')\eta+\frac{\partial}{\partial y'}F(x;y_0;y_0')\eta'\right)dx+O(\varepsilon^2)\\&=\varepsilon\int_{x_1}^{x_2}\left(\frac{\partial}{\partial y}F(x;y_0;y_0')-\frac{d}{dx}\frac{\partial}{\partial y'}F(x;y_0;y_0')\right)\eta(x)\,dx+O(\varepsilon^2)\end{aligned} \tag{3-4-3}$$

と，同様に，式 (3-4-1) については $L$ が定数であるから

$$0=\varepsilon\int_{x_1}^{x_2}\left(\frac{\partial}{\partial y}G(x;y_0;y_0')-\frac{d}{dx}\frac{\partial}{\partial y'}G(x;y_0;y_0')\right)\eta(x)dx+O(\varepsilon^2) \tag{3-4-4}$$

と $\varepsilon$ のベキに展開される．$G(x;y;y')$ は与えられた関数であるから式 (3-4-4) は $\varepsilon\eta(x)$ の満たすべき条件式である．つまり，$\varepsilon\eta(x)$ は**任意関数ではない**ので，式 (3-4-3) において，拘束条件 (3-4-1) のない場合のように，単純に

$$\frac{\partial}{\partial y}F(x;y_0;y_0')-\frac{d}{dx}\frac{\partial}{\partial y'}F(x;y_0;y_0')=0 \tag{2-2-1 再掲}$$

とおくことはできない．

そこで，**ラグランジュの未定乗数法** [18] を用いる．すなわち，式 (3-4-4) に未定乗数 $\lambda$ をかけて式 (3-4-3) から差し引くと，

$$\Delta I=\varepsilon\int_{x_1}^{x_2}\left(\frac{\partial}{\partial y}F(x;y_0;y_0')-\frac{d}{dx}\frac{\partial}{\partial y'}F(x;y_0;y_0')\right)\eta(x)\,dx$$

$$- \varepsilon\lambda \int_{x_1}^{x_2} \left( \frac{\partial}{\partial y} G(x; y_0; y_0') - \frac{d}{dx}\frac{\partial}{\partial y'} G(x; y_0; y_0') \right) \eta(x)\, dx + O(\varepsilon^2) \tag{3-4-5}$$

を得る．式 (3-4-5) において汎関数 $I$ が停留値をとるためには，$\Delta I$ の $O(\varepsilon)$ の項は $\varepsilon\eta(x)$ をどのように選択するかにかかわらず 0 でなければならない．そのためには定数 $\lambda$ に対して $y_0(x)$ は

$$\frac{\partial}{\partial y}(F(x; y_0; y_0') - \lambda G(x; y_0; y_0')) - \frac{d}{dx}\frac{\partial}{\partial y'}(F(x; y_0; y_0') - \lambda G(x; y_0; y_0')) = 0 \tag{3-4-6}$$

を満足しなければならない．式 (3-4-6) が拘束条件（等周条件）(3-4-1) の下で汎関数 (3-4-2) を停留化する変分問題のオイラー方程式である．すなわち，この拘束条件付き変分問題は汎関数

$$I = \int_{x_1}^{x_2} \left( F(x; y; y') - \lambda G(x; y; y') \right) dx \tag{3-4-7}$$

を停留化する変分問題と等価であることを示している．

オイラー方程式 (3-4-6) の解は積分定数二つと係数 $\lambda$ を含む $y(x, C_1, C_2, \lambda)$ の形をしており，三つの定数は両端を通る条件 $y(x_1) = y_1, y(x_2) = y_2$ と等周条件 (3-4-1) により定まる．

基本問題（式 (2-2-1)）の解は一般に等周条件 (3-4-1) を満たさないが，係数 $\lambda$ を含む式 (3-4-6) の解 $y(x, C_1, C_2, \lambda)$ は等周条件 (3-4-1) を満たすように係数 $\lambda$ を決めることができるのである．

**例題 3-3**

2 定点 $\mathrm{P}_1, \mathrm{P}_2$（距離 $2a$）があるとき，長さ $L$ ($L \geq 2a$) の平面曲線と線分 $\mathrm{P}_1, \mathrm{P}_2$ が囲む面積が最大になるような曲線とその面積を求めよ．

**解）** 線分 $\mathrm{P}_1, \mathrm{P}_2$ の中点 O を原点，$\mathrm{OP}_2$ を $x$ 軸の正方向とするデカルト座標を用いる（図 3-7）と，本問題は

$$\int_{-a}^{a} \sqrt{1 + y'^2}\, dx = L \text{（定数）}, \qquad G = \sqrt{1 + y'^2} \tag{3-4-8}$$

という拘束条件の下で

$$I = \int_{-a}^{a} y\, dx, \qquad F = y \qquad \text{端点固定：} y(-a) = 0,\ y(a) = 0 \tag{3-4-9}$$

を最大化するという変分問題となる．このとき，オイラー方程式 (3-4-6) は

$$\frac{\partial}{\partial y}\left( y - \lambda\sqrt{1 + y'^2} \right) - \frac{d}{dx}\left[ \frac{\partial}{\partial y'}\left( y - \lambda\sqrt{1 + y'^2} \right) \right] = 0$$

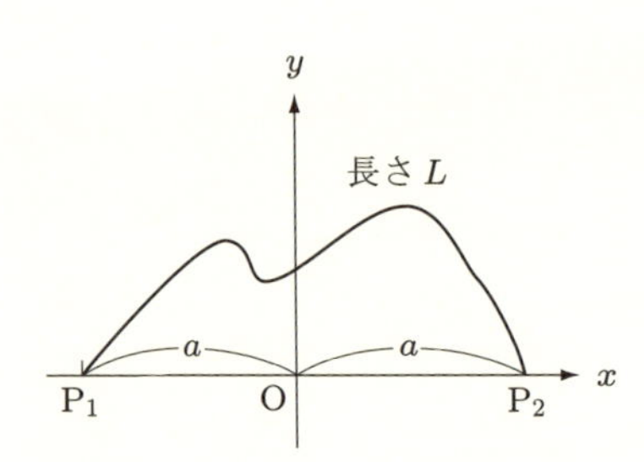


図 3-7　2点 $P_1, P_2$ を結ぶ長さ $L$ の曲線

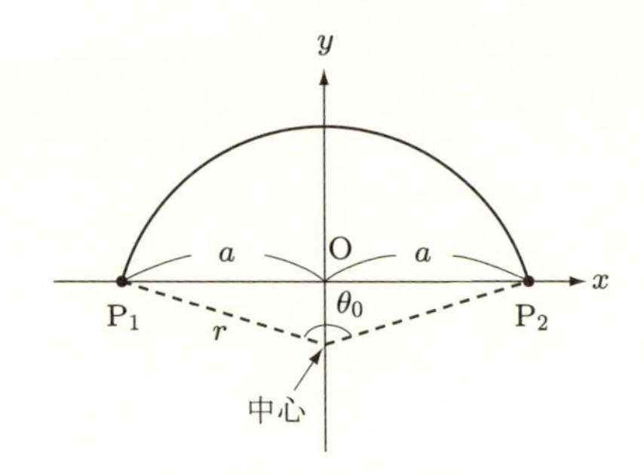


図 3-8　2点 $P_1, P_2$ を通る長さ $L$ の円弧

すなわち

$$1+\lambda\frac{d}{dx}\left(\frac{\partial}{\partial y'}\sqrt{1+y'^2}\right)=0$$

であり，これから

$$\frac{1}{\lambda}=\frac{-d^2y/dx^2}{\left[1+(dy/dx)^2\right]^{3/2}}\ (>0) \tag{3-4-10}$$

を得る．式 (3-4-10) の右辺は曲線 $y=y_0(x)$ の点 $(x, y_0(x))$ における曲率(補遺 E)であるから，式 (3-4-10) は曲線 $y=y_0(x)$ のすべての点で曲率が一定値 $\lambda$ をとることを示している．すなわち，停留曲線 $y=y_0(x)$ は円の一部すなわち，2点 $P_1, P_2$ を両端とする円弧である(図 3-8)．その半径 $r$ と中心角 $\theta_0$ は次式により定まる．

$$r\sin\frac{\theta_0}{2}=a, \qquad r\theta_0=L$$

なお，この停留曲線は

$$\frac{\partial^2(F-\lambda G)}{\partial y'^2}=\frac{-\lambda}{(1+y'^2)^{3/2}}<0$$

であるから全体的極大曲線である(3-4-3 項参照)．■

## 例題 3-4　懸垂線 (2)

2-3-2 項 (**3**) の例題 2-1 と同様に，壁面上の同じ高さの2定点 $P_1, P_2$ に滑らかな釘が固定されている(図 3-9)．その二つの釘に，細いが質量を無視できない柔軟かつ一様な綱がかけられている．点 $P_1, P_2$ を両端とする綱が重力による平衡にあるときその形状を求めよ．ただし，本問では点 $P_1, P_2$ の間の綱の全長 $L$ は与えられている．

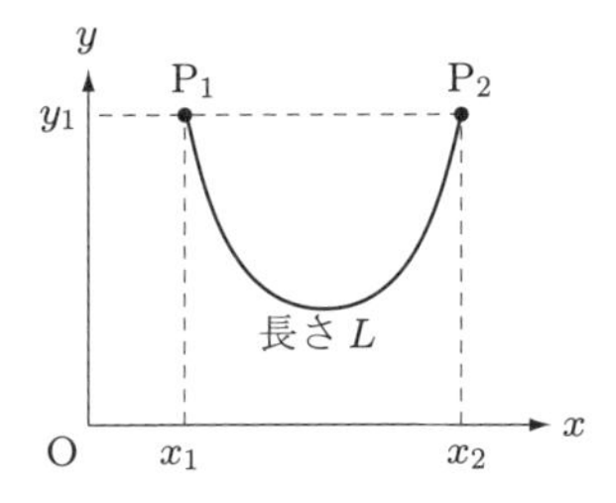


**図 3-9** 同じ高さの 2 点 $\mathrm{P}_1, \mathrm{P}_2$ を結ぶ長さ $L$ の重力平衡にある綱

**解)** 綱が重力による平衡にあるとき，そのポテンシャルエネルギーは極小である．一様な綱の線密度を $\sigma$ [kg/m] とすると，2 点 $\mathrm{P}_1(x_1, y_1), \mathrm{P}_2(x_2, y_1)$ $(x_1 < x_2)$ 間の綱全体のポテンシャルエネルギーは，例題 2-1 と同じく

$$I = \int_{(x_1,y_1)}^{(x_2,y_1)} \sigma g y \, ds = \sigma g \int_{x_1}^{x_2} y \frac{ds}{dx} \, dx = \sigma g \int_{x_1}^{x_2} y \sqrt{1 + \left(\frac{dy}{dx}\right)^2} \, dx \ [\mathrm{J}]$$

である．この汎関数を点 $\mathrm{P}_1, \mathrm{P}_2$ の間の綱の全長が $L$ である

$$\int_{x_1}^{x_2} \sqrt{1 + \left(\frac{dy}{dx}\right)^2} \, dx = L \ (\text{定数}) \tag{3-4-11}$$

という条件の下で極小化する曲線 $y = y_0(x)$ を求めればよい．この問題のオイラー方程式 (3-4-6) は

$$\frac{\partial}{\partial y}(y\sqrt{1+y'^2} - \lambda\sqrt{1+y'^2}) - \frac{d}{dx}\frac{\partial}{\partial y'}(y\sqrt{1+y'^2} - \lambda\sqrt{1+y'^2}) = 0$$

すなわち

$$\sqrt{1+y'^2} - \frac{d}{dx}\frac{(y-\lambda)y'}{\sqrt{1+y'^2}} = 0 \tag{3-4-12}$$

である．式 (3-4-12) の解も懸垂線

$$y = \lambda + m \cosh \frac{x+n}{m} \tag{3-4-13}$$

である．三つの定数 $\lambda, m, n$ は曲線が 2 点 $\mathrm{P}_1(x_1, y_1), \mathrm{P}_2(x_2, y_1)(x_1 < x_2)$ を通ることと，綱の全長が $L$ であることから定まる．

$$y_1 = \lambda + m \cosh \frac{x_1+n}{m} = \lambda + m \cosh \frac{x_2+n}{m} \tag{3-4-14}$$

$$L = \int_{x_1}^{x_2} \sqrt{1 + \sinh^2 \frac{x+n}{m}} dx = \int_{x_1}^{x_2} \cosh \frac{x+n}{m} \, dx$$
$$= m\left(\sinh \frac{x_2+n}{m} - \sinh \frac{x_1+n}{m}\right) \tag{3-4-15}$$

式 (3-4-14) より

$$n = -\frac{x_1+x_2}{2}$$

を得る．この $n$ を式 (3-4-15) に代入すると，

$$L = 2m \sinh \frac{x_2 - x_1}{2m}$$

を得る．$m$ が唯一の解をもつことの証明は演習問題 3-12 とする．

なお，演習問題 3-12 により $m > 0$ であり式 (3-4-13) により $y - \lambda > 0$ であることがわかるので

$$\frac{\partial^2}{\partial y'^2}(F - \lambda G) = \frac{y - \lambda}{(1 + y'^2)^{3/2}} > 0$$

となる．ゆえにこの停留曲線は全体的極小曲線である．■

### 例題 3-5　シャボン玉の形状

どのような形の枠に石鹸水をはった場合にも，吹き出したシャボン玉は球形になるのはなぜだろうか？ 石鹸水表面に働く表面張力はシャボン玉の全表面積を極小にするように働く(そのとき表面張力によるポテンシァル(自由)エネルギーが極小になる)が，その拘束条件は吹き込んだ息の体積が一定であることである．この拘束条件つき極小化問題の解が球であることを示すために以下のような変分法による定式化を行う．

一般性を失わず，$x$ 軸上の 2 点 $\mathrm{P}_1(x_1, 0), \mathrm{P}_2(x_2, 0)$ $(x_1 < x_2)$ を両端とする曲線 $y = y(x)$ (1 価関数)を考える．求める立体は $x$ 軸に関する対称性から回転体である．そこで曲線 $y = y(x)$ を $x$ 軸のまわりに 1 回転してできる回転体の体積を $V$，表面積を $S$ とするとき，$V = V_0$ (一定)の条件の下で表面積 $S$ を極小にする曲線 $y_0(x)$ を求めよ．

解）本問題は，拘束条件

$$V = \pi \int_{x_1}^{x_2} y^2 \, dx = V_0, \qquad G = \pi y^2 \tag{3-4-16}$$

の下で，

$$S = 2\pi \int_{x_1}^{x_2} y\sqrt{1 + y'^2} \, dx, \qquad F = 2\pi y\sqrt{1 + y'^2}$$

を極小にする関数 $y = y_0(x)$ を求めるものである．この問題の被積分関数は

$$F - \lambda G = 2\pi y\sqrt{1 + y'^2} - \lambda\pi y^2 \tag{3-4-17}$$

であり $x$ を陽に含まないので式 (2-3-8) により，オイラー方程式 (3-4-6) は

$$2\pi y\sqrt{1 + y'^2} - \lambda\pi y^2 - \pi y' \frac{\partial}{\partial y'}(2y\sqrt{1 + y'^2} - \lambda y^2) = C'$$

すなわち

$$\frac{2y}{\sqrt{1 + y'^2}} - \lambda y^2 = C \tag{3-4-18}$$

と積分できる．両端点は $x$ 軸上にあるので

$$C = 0$$

である．このとき式 (3-4-18) は

$$y = \frac{2}{\lambda\sqrt{1+y'^2}} = \frac{2}{\lambda}\cos\varphi \tag{3-4-19}$$

とかける．ここに $\varphi$ は曲線 $y = y(x)$ の点 $(x, y)$ における接線と $x$ 軸正方向のなす角である．式 (3-4-19) を曲線 $y = y(x)$ に沿う距離 $s$ で微分すると

$$\frac{dy}{ds} = -\frac{2}{\lambda}\sin\varphi\frac{d\varphi}{ds}$$

を得るが，

$$\frac{dy}{ds} = \sin\varphi$$

であるから，これは曲率

$$\frac{1}{\rho} \equiv \frac{d\varphi}{ds} = -\frac{\lambda}{2} = \text{一定}$$

であることを意味する．したがって，曲線 $y = y(x)$ は円弧である．しかも両端点 $\mathrm{P}_1, \mathrm{P}_2$ において

$$y = 0$$

であるから，式 (3-4-19) により，

$$\varphi = \frac{\pi}{2}$$

すなわち，曲線 $y = y(x)$ は半円である．したがって，曲線 $y = y(x)$ を $x$ 軸のまわりに回転した空間図形は球である．

なお，この停留曲線は

$$\frac{\partial^2}{\partial y'^2}(F - \lambda G) = \frac{2\pi y}{(1+y'^2)^{3/2}} > 0$$

となるので全体的極小曲線である．■

**例題 3-6**

2 点 $\mathrm{P}_1(x_1, y_1), \mathrm{P}_2(x_2, y_2)(x_1 < x_2)$ を両端とする曲線 $y = y(x)$（1 価関数）がある．曲線 $y = y(x)$ を $x$ 軸のまわりに 1 回転してできる回転体の体積を $V$，表面積を $S$ とする．表面積 $S$ が与えられたときに体積 $V$ を最大にする曲線 $y = y_0(x)$ の満たす方程式を求めよ．とくに $y_1 = y_2 = 0$ のとき，その曲線を求めよ．

**解）** 本問題は，拘束条件

$$2\pi\int_{x_1}^{x_2} y\sqrt{1+y'^2}\,dx = S\ (\text{定数}), \qquad G = 2\pi y\sqrt{1+y'^2} \tag{3-4-20}$$

の下で，

$$V = \pi\int_{x_1}^{x_2} y^2\,dx, \qquad F = \pi y^2$$

を最大にする関数 $y = y_0(x)$ を求めるものである．

この拘束条件つき変分問題の被積分関数は

$$F - \lambda G = \pi y^2 - 2\pi\lambda y\sqrt{1 + y'^2}$$

であるが，これは例題 3-5 の被積分関数における $\lambda$ に $1/\lambda$ を代入し符号を反転させたものである．ゆえに本問題のオイラー方程式(の積分)は

$$y^2 - \frac{2y}{\lambda\sqrt{1 + y'^2}} = C \tag{3-4-21}$$

である．式 (3-4-21) の解には楕円関数が介在するが，とくに $y_1 = y_2 = 0$ の解は，例題 3-5 の解における $\lambda$ に $1/\lambda$ を代入したもの，すなわち半円となり，これは全体的極大曲線である．■

## ■ 3-4-3　第 2 変分

3-4-2 項において拘束条件

$$\int_{x_1}^{x_2} G(x; y(x); y'(x))\, dx = L\ (\text{定数}) \qquad \text{(3-4-1 再掲)}$$

の下で汎関数

$$I = \int_{x_1}^{x_2} F(x; y(x); y'(x))\, dx \qquad \text{(3-4-2 再掲)}$$

を停留化する変分問題は，ラグランジュの未定乗数法を用いて被積分関数 $F$ を拘束条件を取り入れた形の汎関数

$$I = \int_{x_1}^{x_2} \big(F(x; y; y') - \lambda G(x; y; y')\big)\, dx \qquad \text{(3-4-7 再掲)}$$

を停留化する変分問題と等価であることが示されたので，以下の解析を第 2 章の基本問題と同様に進めることが可能である．したがって，第 2 変分に関しても，共役点，停留曲線の場など第 2 章と本質的には同じ解析をたどることができる．その結果，ヤコビ試験(2-4-5 項)，ヴァイエルシュトゥラスの $E$ 試験，ルジャンドル試験(2-4-11 項)において $F$ を $F - \lambda G$ で置き換えたものが成立する．

## ■ 3-4-4　媒介変数問題

媒介変数問題(3-3 節参照)として定式化された両端点固定の変分問題

$$I = \int_{x_1}^{x_2} F\left(x; y; \frac{dy}{dx}\right) dx = \int_{t_1}^{t_2} \widehat{F}(x, y; x', y')\, dt$$

$$\left(x' \equiv \frac{dx}{dt},\ y' = \frac{dy}{dt}\right) \qquad \text{(3-3-1 再掲)}$$

端点固定：$(x(t_1), y(t_1)) = (x_1, y_1)$，$(x(t_2), y(t_2)) = (x_2, y_2)$

に拘束条件

$$L = \int_{x_1}^{x_2} G\left(x; y; \frac{dy}{dx}\right) dx = \int_{t_1}^{t_2} \widehat{G}(x, y; x', y')\, dt$$

が付加された場合を対象とする．

弱い意味の変分における停留曲線を求めることは，3-4-2 項の通常問題における結論と同様に，

$$\int_{t_1}^{t_2} \left(\widehat{F}(x, y; x', y') - \lambda \widehat{G}(x, y; x', y')\right) dt$$

を停留化する関数 $x = x_0(t), y = y_0(t)$ を求めることと等価である．

したがって角を除く停留曲線上の点においては，$x = x_0(t), y = y_0(t)$ はオイラー方程式

$$\begin{aligned}
&\frac{d}{dt}\frac{\partial}{\partial x'}\left(\widehat{F}(x_0(t), y_0(t); x_0'(t), y_0'(t)) - \lambda \widehat{G}(x_0(t), y_0(t); x_0'(t), y_0'(t))\right) \\
&\quad = \frac{\partial}{\partial x}\left(\widehat{F}(x_0(t), y_0(t); x_0'(t), y_0'(t)) - \lambda \widehat{G}(x_0(t), y_0(t); x_0'(t), y_0'(t))\right) \\
&\frac{d}{dt}\frac{\partial}{\partial y'}\left(\widehat{F}(x_0(t), y_0(t); x_0'(t), y_0'(t)) - \lambda \widehat{G}(x_0(t), y_0(t); x_0'(t), y_0'(t))\right) \\
&\quad = \frac{\partial}{\partial y}\left(\widehat{F}(x_0(t), y_0(t); x_0'(t), y_0'(t)) - \lambda \widehat{G}(x_0(t), y_0(t); x_0'(t), y_0'(t))\right)
\end{aligned} \tag{3-4-22}$$

を満足する（3-3-7 項参照）．

**例 3-5**　**古典的等周問題** (classical (original) isoperimetric(al) problem)

与えられた長さ $L$ の（平面）閉曲線で最大の面積を囲むものを求める問題を考える．閉曲線であるから媒介変数問題

$$x = x(t), \qquad y = y(t) \qquad (t_1 \le t \le t_2)$$

$$x(t_1) = x(t_2) = a, \qquad y(t_1) = y(t_2) = b$$

と定式化するのが便利である（図 1-7）．閉曲線は反時計回りに領域を囲むとして一般性を失わず，囲まれた面積は

$$I(y) = \frac{1}{2}\int \boldsymbol{r} \times d\boldsymbol{r} = \frac{1}{2}\int_{t_1}^{t_2} (x(t)y'(t) - x'(t)y(t))\, dt \qquad \left(\boldsymbol{r} = \begin{pmatrix} x(t) \\ y(t) \end{pmatrix}\right)$$

$$\widehat{F} = x(t)y'(t) - x'(t)y(t)$$

である．拘束条件は

$$L = \int_{t_1}^{t_2} \sqrt{x'(t)^2 + y'(t)^2}\, dt, \qquad \widehat{G} = \sqrt{x'(t)^2 + y'(t)^2}$$

である．この拘束条件付き媒介変数問題の被積分関数は

$$\widehat{F}-\lambda\widehat{G}=\frac{1}{2}(x(t)y'(t)-x'(t)y(t))-\lambda\sqrt{x'(t)^2+y'(t)^2}$$

であり，オイラー方程式

$$\frac{\partial(\widehat{F}-\lambda\widehat{G})}{\partial x}-\frac{d}{dt}\frac{\partial(\widehat{F}-\lambda\widehat{G})}{\partial x'}=0,\qquad \frac{\partial(\widehat{F}-\lambda\widehat{G})}{\partial y}-\frac{d}{dt}\frac{\partial(\widehat{F}-\lambda\widehat{G})}{\partial y'}=0$$

は，それぞれ

$$\frac{1}{2}y'(t)-\frac{d}{dt}\left(-\frac{1}{2}y(t)-\frac{\lambda x'(t)}{\sqrt{x'(t)^2+y'(t)^2}}\right)=0$$

$$-\frac{1}{2}x'(t)-\frac{d}{dt}\left(\frac{1}{2}x(t)-\frac{\lambda y'(t)}{\sqrt{x'(t)^2+y'(t)^2}}\right)=0$$

である．これらはただちに積分でき，

$$y(t)+\frac{\lambda x'(t)}{\sqrt{x'(t)^2+y'(t)^2}}=C_1,\qquad x(t)-\frac{\lambda y'(t)}{\sqrt{x'(t)^2+y'(t)^2}}=C_2$$

を得る．これから円の方程式

$$(x(t)-C_2)^2+(y(t)-C_1)^2=\lambda^2$$

を得る．拘束条件により

$$\lambda=-\frac{L}{2\pi}$$

である．

また，初期条件は

$$(a-C_2)^2+(b-C_1)^2=\left(\frac{L}{2\pi}\right)^2$$

を意味するので，

$$C_2=a+\frac{L}{2\pi}\cos m,\qquad C_1=b+\frac{L}{2\pi}\sin m$$

と表すことができ，独立な積分定数は $m$ のみとなる．しかし，この停留曲線群は互いに交差するので停留曲線の場の存在を前提とする十分条件を適用できない．

さて，汎関数 $I(y)$ は明らかに有界な連続関数なので最大値をもつ．ゆえにこの停留曲線は最大(全体的極小)曲線である．なお，極小値ももつのではないか，という疑問が生じるかもしれないが，本解法の汎関数 $I(y)$ は負の値もとりうるので 0 は極値とならないことに留意されたい．　■

### 3-4-5 端点移動問題

3-4-2 項において拘束条件

$$\int_{x_1}^{x_2} G(x; y(x); y'(x))\, dx = L \text{ (定数)} \tag{3-4-1 再掲}$$

の下で汎関数

$$I = \int_{x_1}^{x_2} F(x; y(x); y'(x))\, dx \tag{3-4-2 再掲}$$

を停留化する変分問題は汎関数

$$I = \int_{x_1}^{x_2} (F(x; y; y') - \lambda G(x; y; y'))\, dx \tag{3-4-7 再掲}$$

を停留化する変分問題と等価であることが示されたので，端点移動問題については次のことがわかる．

端点 $\mathrm{P}_1(x_1, y_1)$ が曲線 $T_1(y = g_1(x))$ に沿って移動し端点 $\mathrm{P}_2(x_2, y_2)$ が曲線 $(y = g_2(x))$ に沿って移動する場合には，横断条件は

$$\begin{aligned}
&F(x_1; y_0(x_1); y_0'(x_1)) - \lambda G(x_1; y_0(x_1); y_0'(x_1)) \\
&\quad + (g_1'(x_1) - y_0'(x_1)) \frac{\partial}{\partial y'}(F(x_1; y_0(x_1); y_0'(x_1)) - \lambda G(x_1; y_0(x_1); y_0'(x_1))) = 0 \\
&F(x_2; y_0(x_2); y_0'(x_2)) - \lambda G(x_2; y_0(x_2); y_0'(x_2)) \\
&\quad + (g_2'(x_2) - y_0'(x_2)) \frac{\partial}{\partial y'}(F(x_2; y_0(x_2); y_0'(x_2)) - \lambda G(x_2; y_0(x_2); y_0'(x_2))) = 0
\end{aligned}$$

となる．

### 3-4-6 代数型拘束条件

本項以降では従属変数が複数 $(n)$ 個，拘束条件が $m$ 個 $(1 \leqq m < n)$ 存在する場合を考察する．すなわち，

$$\begin{aligned}
&G_j(x; y_1(x), y_2(x), \ldots, y_n(x); y_1'(x), y_2'(x), \ldots, y_n'(x)) = 0 \\
&\qquad (j = 1, 2, \ldots, m) \qquad (m < n)
\end{aligned} \tag{3-4-23}$$

という拘束条件の下で

$$I = \int_{x_1}^{x_2} F(x; y_1(x), y_2(x), \ldots, y_n(x); y_1'(x), y_2'(x), \ldots, y_n'(x))\, dx \tag{3-4-24}$$

（簡単のために端点固定 $y_j(x_1) = y_{j1}, y_j(x_2) = y_{j2}$ $(j = 1, 2, \ldots, n)$ とする）

$$F(x; y_1(x), y_2(x), \ldots, y_n(x); y_1'(x), y_2'(x), \ldots, y_n'(x)) \in C^2$$

$$G(x; y_1(x), y_2(x), \dots, y_n(x); y_1'(x), y_2'(x), \dots, y_n'(x)) \in C^2$$

を停留化する問題を考える．拘束条件の式の一つをたとえば，従属変数 $y_n(x)$ について

$$y_n(x) = f(y_1(x), y_2(x), \dots, y_{n-1}(x)) \tag{3-4-25}$$

と解くことができれば，被積分関数 $F$ 中の $y_n(x)$ に式 (3-4-25) を代入することにより，拘束条件および従属変数の数を同時に一つずつ減らすことができる．しかし，式 (3-4-25) があまりにも煩雑あるいは実用的でない不便な形であったり，あるいは変数間の対称性を失うときなどには，拘束条件のままで解くほうがよい．

まず従属変数が二つの場合の具体例を考える．すなわち拘束条件

$$G(x; y_1(x), y_2(x); y_1'(x), y_2'(x)) = 0 \tag{3-4-26}$$

の下で

$$I = \int_{x_1}^{x_2} F(x; y_1(x), y_2(x); y_1'(x), y_2'(x))\, dx$$

を停留化する問題を考える．

停留条件の解である関数を $y_{10}(x), y_{20}(x)$ とし，それらの変分を，定数 $\varepsilon_1, \varepsilon_2$ と $x$ の関数 $\eta_1(x), \eta_2(x)$ を用いて

$$\delta y_1(x) = \varepsilon_1 \eta_1(x), \qquad \delta y_2(x) = \varepsilon_2 \eta_2(x)$$

$$\eta_1(x_1) = \eta_2(x_1) = 0, \qquad \eta_1(x_2) = \eta_2(x_2) = 0$$

とかく．拘束条件 (3-4-26) によりこれら四つの量のうち独立なものは三つである．

さて，

$$I = \int_{x_1}^{x_2} F(x; y_1(x), y_2(x); y_1'(x), y_2'(x))\, dx$$

の全変分は

$$\begin{aligned} \Delta I &= J(\varepsilon_1, \varepsilon_2) - J(0,0) \\ &= \varepsilon_1 \int_{x_1}^{x_2} \eta_1 \left( \frac{\partial F}{\partial y_1} - \frac{d}{dx}\frac{\partial F}{\partial y_1'} \right) dx + \varepsilon_2 \int_{x_1}^{x_2} \eta_2 \left( \frac{\partial F}{\partial y_2} - \frac{d}{dx}\frac{\partial F}{\partial y_2'} \right) dx + O(\varepsilon^2) \end{aligned} \tag{3-4-27}$$

となり，同様に，式 (3-4-26) については

$$\varepsilon_1 \left( \eta_1 \frac{\partial G}{\partial y_1} + \eta_1' \frac{\partial G}{\partial y_1'} \right) + \varepsilon_2 \left( \eta_2 \frac{\partial G}{\partial y_2} + \eta_2' \frac{\partial G}{\partial y_2'} \right) + O(\varepsilon^2) = 0 \tag{3-4-28}$$

を得る．

ここで定数ではなく $x$ の関数である未定乗数（関数 $\lambda(x)$）を導入する．一般に $\lambda(x)$ を $x$ の任意関数とすると，恒等式

$$\lambda(x)\left(\varepsilon_1\eta_1'\frac{\partial G}{\partial y_1'}+\varepsilon_2\eta_2'\frac{\partial G}{\partial y_2'}\right)=\frac{d}{dx}\left[\lambda(x)\left(\varepsilon_1\eta_1\frac{\partial G}{\partial y_1'}+\varepsilon_2\eta_2\frac{\partial G}{\partial y_2'}\right)\right]$$
$$-\varepsilon_1\eta_1\frac{d}{dx}\left(\lambda(x)\frac{\partial G}{\partial y_1'}\right)-\varepsilon_2\eta_2\frac{d}{dx}\left(\lambda(x)\frac{\partial G}{\partial y_2'}\right) \quad (3\text{-}4\text{-}29)$$

が成り立つ．そこで式 (3-4-28) に $\lambda(x)$ をかけたものから式 (3-4-29) を引くと，

$$\varepsilon_1\eta_1\left[\lambda\frac{\partial G}{\partial y_1}-\frac{d}{dx}\left(\lambda\frac{\partial G}{\partial y_1'}\right)\right]+\varepsilon_2\eta_2\left[\lambda\frac{\partial G}{\partial y_2}-\frac{d}{dx}\left(\lambda\frac{\partial G}{\partial y_2'}\right)\right]$$
$$+\frac{d}{dx}\left(\varepsilon_1\eta_1\lambda\frac{\partial G}{\partial y_1'}\right)+\frac{d}{dx}\left(\varepsilon_2\eta_2\lambda\frac{\partial G}{\partial y_2'}\right)+O(\varepsilon^2)=0$$

を得る．これを

$$\eta_1(x_1)=\eta_2(x_1)=0, \qquad \eta_1(x_2)=\eta_2(x_2)=0$$

に注意して積分すると，

$$\varepsilon_1\int_{x_1}^{x_2}\eta_1\left[\lambda\frac{\partial G}{\partial y_1}-\frac{d}{dx}\left(\lambda\frac{\partial G}{\partial y_1'}\right)\right]dx$$
$$+\varepsilon_2\int_{x_1}^{x_2}\eta_2\left[\lambda\frac{\partial G}{\partial y_2}-\frac{d}{dx}\left(\lambda\frac{\partial G}{\partial y_2'}\right)\right]dx+O(\varepsilon^2)=0 \quad (3\text{-}4\text{-}30)$$

を得る．

ここで，$y_{10}(x), y_{20}(x)$ が微分方程式

$$\frac{\partial F}{\partial y_1}-\frac{d}{dx}\left(\frac{\partial F}{\partial y_1'}\right)-\left[\lambda\frac{\partial G}{\partial y_1}-\frac{d}{dx}\left(\lambda\frac{\partial G}{\partial y_1'}\right)\right]=\frac{\partial}{\partial y_1}(F-\lambda G)-\frac{d}{dx}\frac{\partial}{\partial y_1'}(F-\lambda G)=0 \quad (3\text{-}4\text{-}31)$$

を満足するように $\lambda(x)$ を選ぶ．そして式 (3-4-27) から式 (3-4-30) を引くと，式 (3-4-31) により，$\eta_1$ の係数が 0 になるので

$$\Delta I=\varepsilon_2\int_{x_1}^{x_2}\eta_2\left[\frac{\partial F}{\partial y_2}-\frac{d}{dx}\frac{\partial F}{\partial y_2'}-\lambda\frac{\partial G}{\partial y_2}+\frac{d}{dx}\left(\lambda\frac{\partial G}{\partial y_2'}\right)\right]dx+O(\varepsilon^2)=0$$

を得る．

したがって，$y_{10}(x), y_{20}(x)$ は

$$\frac{\partial}{\partial y_1}(F-\lambda G)-\frac{d}{dx}\frac{\partial}{\partial y_1'}(F-\lambda G)=0 \quad (3\text{-}4\text{-}31\ 再掲)$$

に加えて，

$$\frac{\partial}{\partial y_2}(F-\lambda G)-\frac{d}{dx}\frac{\partial}{\partial y_2'}(F-\lambda G)=0 \quad (3\text{-}4\text{-}32)$$

を満たさなければならない．

式 (3-4-31, 32) が，代数型拘束条件 (3-4-26) をもつときの（ラグランジュの未定乗数法を用いた）オイラー方程式である．$\lambda = \lambda(x)$ が定数ではなく $x$ の関数とする必要がある点が目新しい．

もとに戻り，一般に $m$ 個の拘束条件と $n$ 個の従属変数をもつ問題すなわち，

$$G_j(x; y_1(x), y_2(x), \ldots, y_n(x); y_1'(x), y_2'(x), \ldots, y_n'(x)) = 0 \qquad (j = 1, 2, \ldots, m) \qquad (m < n) \qquad \text{(3-4-23 再掲)}$$

という拘束条件と汎関数

$$I = \int_{x_1}^{x_2} F(x; y_1(x), y_2(x), \ldots, y_n(x); y_1'(x), y_2'(x), \ldots, y_n'(x))\, dx \qquad \text{(3-4-24 再掲)}$$

の場合には $m$ 個の未定乗数（$x$ の関数）

$$\lambda_j(x) \qquad (j = 1, 2, \ldots, m)$$

を用いることにより，

$$I = \int_{x_1}^{x_2} \left( F(x, \ldots) - \sum_{j=1}^{m} \lambda_j(x) G_j(x, \ldots) \right) dx$$

を停留化すればよい．そのオイラー方程式は

$$\frac{\partial}{\partial y_k} \left( F(x, \ldots) - \sum_{j=1}^{m} \lambda_j(x) G(x, \ldots) \right) - \frac{d}{dx} \frac{\partial}{\partial y_k'} \left( F(x, \ldots) - \sum_{j=1}^{m} \lambda_j(x) G_j(x, \ldots) \right) = 0 \qquad (k = 1, 2, \ldots, n) \qquad \text{(3-4-33)}$$

とかける．

**例題 3-7**

代数型拘束条件

$$G(x; y_1(x), y_2(x); y_1'(x), y_2'(x)) = y_1(x)^2 + y_2(x)^2 - 1 = 0 \qquad \text{(3-4-34)}$$

の下で $I = \displaystyle\int_{x_1}^{x_2} \sqrt{y_1'(x)^2 + y_2'(x)^2 + 1}\, dx$（端点固定）を停留化せよ．

**解）** オイラー方程式 (3-4-31, 32) は

$$-2\lambda(x) y_1(x) - \frac{d}{dx} \frac{y_1'(x)}{\sqrt{y_1'(x)^2 + y_2'(x)^2 + 1}} = 0$$

$$-2\lambda(x)y_2(x)-\frac{d}{dx}\frac{y_2'(x)}{\sqrt{y_1'(x)^2+y_2'(x)^2+1}}=0$$

となる．拘束条件 (3-4-34) より

$$y_1(x)=\cos t(x),\qquad y_2(x)=\sin t(x)$$

とおくことができるので，このとき

$$y_1'(x)=-t'(x)\sin t(x),\qquad y_2'(x)=t'(x)\cos t(x),$$

$$y_1'(x)^2+y_2'(x)^2+1=t'(x)^2+1$$

となる．したがってオイラー方程式は

$$-2\lambda(x)\cos t(x)+\frac{d}{dx}\frac{t'(x)\sin t(x)}{\sqrt{t'(x)^2+1}}=0 \tag{3-4-35a}$$

$$-2\lambda(x)\sin t(x)-\frac{d}{dx}\frac{t'(x)\cos t(x)}{\sqrt{t'(x)^2+1}}=0 \tag{3-4-35b}$$

となる．式 (3-4-35a) に $\sin t(x)$，式 (3-4-35b) に $\cos t(x)$ をかけて辺々引き算し $\lambda(x)$ を消去すると，

$$\sin t(x)\frac{d}{dx}\frac{t'(x)\sin t(x)}{\sqrt{t'(x)^2+1}}+\cos t(x)\frac{d}{dx}\frac{t'(x)\cos t(x)}{\sqrt{t'(x)^2+1}}=0$$

を得るが，左辺を変形すると

$$\frac{d}{dx}\left[\frac{t'(x)(\sin^2 t(x)+\cos^2 t(x))}{\sqrt{t'(x)^2+1}}\right]-\cos t(x)\frac{t'(x)\sin t(x)}{\sqrt{t'(x)^2+1}}+\sin t(x)\frac{t'(x)\cos(x)}{\sqrt{t'(x)^2+1}}=0$$

すなわち

$$\frac{d}{dx}\frac{t'(x)}{\sqrt{t'(x)^2+1}}=0$$

となる．これは $t'(x)$ が定数であることを意味する．ゆえに

$$t(x)=ax+b$$

したがって，停留曲線の一般解

$$y_1(x)=\cos(ax+b),\qquad y_2(x)=\sin(ax+b)$$

を得る．定数 $a,b$ は境界条件により定まる． ■

## ■ 3-4-7 微分型拘束条件（とくに，不可消去条件）

不可消去条件は一つの独立変数に複数の従属変数がある場合に生じ，とくに 3 個以上の従属変数があるとき重要になる．以下，従属変数を 3 とし，拘束条件

$$\begin{aligned}&G_1(x;y_1(x),y_2(x),y_3(x))dy_1(x)+G_2(x;y_1(x),y_2(x),y_3(x))dy_2(x)\\&\quad+G_3(x;y_1(x),y_2(x),y_3(x))dy_3(x)=0\end{aligned} \tag{3-4-36}$$

を考える．

**定理 3-4**　微分型拘束条件である式 (3-4-36) は条件

$$G_1\left(\frac{\partial G_2}{\partial y_3(x)}-\frac{\partial G_3}{\partial y_2(x)}\right)+G_2\left(\frac{\partial G_3}{\partial y_1(x)}-\frac{\partial G_1}{\partial y_3(x)}\right)$$
$$+G_3\left(\frac{\partial G_1}{\partial y_2(x)}-\frac{\partial G_2}{\partial y_1(x)}\right)=0 \tag{3-4-37}$$

が満たされるときに限り

$$\varphi(x,y_1(x),y_2(x),y_3(x))=C \tag{3-4-38}$$

の形に積分できる．

**証明）**　式 (3-4-38) の形に積分できると仮定すると，

$$\frac{\partial\varphi}{\partial y_1(x)}dy_1(x)+\frac{\partial\varphi}{\partial y_2(x)}dy_2(x)+\frac{\partial\varphi}{\partial y_3(x)}dy_3(x)=0$$

であるから，$G_1, G_2, G_3$ は $\varphi$ の勾配に比例する．

$$\frac{\partial\varphi}{\partial y_1(x)}=cG_1,\qquad \frac{\partial\varphi}{\partial y_2(x)}=cG_2,\qquad \frac{\partial\varphi}{\partial y_3(x)}cG_3$$

第 1 の式を $y_2(x)$ で偏微分したものと，第 2 の式を $y_1(x)$ で偏微分したものは等しいので

$$0=\frac{\partial cG_1}{\partial y_2(x)}-\frac{\partial cG_2}{\partial y_1(x)}=c\left(\frac{\partial G_1}{\partial y_2(x)}-\frac{\partial G_2}{\partial y_1(x)}\right)+G_1\frac{\partial c}{\partial y_2(x)}-G_2\frac{\partial c}{\partial y_1(x)} \tag{3-4-39}$$

を得，同様に，

$$c\left(\frac{\partial G_2}{\partial y_3(x)}-\frac{\partial G_3}{\partial y_2(x)}\right)+G_2\frac{\partial c}{\partial y_3(x)}-G_3\frac{\partial c}{\partial y_2(x)}=0 \tag{3-4-40}$$

$$c\left(\frac{\partial G_3}{\partial y_1(x)}-\frac{\partial G_1}{\partial y_3(x)}\right)+G_3\frac{\partial c}{\partial y_1(x)}-G_1\frac{\partial c}{\partial y_3(x)}=0 \tag{3-4-41}$$

を得る．式 (3-4-39) に $G_3$，式 (3-4-40) に $G_1$，式 (3-4-35) に $G_2$ をかけて足し合わせると，

$$G_1\left(\frac{\partial G_2}{\partial y_3(x)}-\frac{\partial G_3}{\partial y_2(x)}\right)+G_2\left(\frac{\partial G_3}{\partial y_1(x)}-\frac{\partial G_1}{\partial y_3(x)}\right)+G_3\left(\frac{\partial G_1}{\partial y_2(x)}-\frac{\partial G_2}{\partial y_1(x)}\right)=0 \tag{3-4-42}$$

を得る．以上で定理 3-4 の対偶が証明された．■

式 (3-4-38) と積分できるとき，たとえば，式 (3-4-38) を従属変数 $y_3(x)$ について解き $y_1(x), y_2(x)$ で表すことができるので，これを消去することにより，拘束条件なしの二つの従属変数 $y_1(x), y_2(x)$ の変分問題に変換することができる．一方，式 (3-4-37) が満たされないとき，この微分型拘束条件 (3-4-36) を**不可消去条件** (non-holonomic conditions) と呼び，新たな解法を案出しなければならない．

そこで，式 (3-4-37) が満たされないときに拘束条件 (3-4-36) の下で

$$I = \int_{x_1}^{x_2} F(x; y_1(x), y_2(x), y_3(x); y_1'(x), y_2'(x), y_3'(x))\, dx$$

を停留化する問題を考える．停留解である関数を $y_{10}(x), y_{20}(x), y_{30}(x)$ とし，それらの変分を，定数 $\varepsilon_1, \varepsilon_2, \varepsilon_3$ と $x$ の関数 $\eta_1(x), \eta_2(x), \eta_3(x)$ を用いて

$$\delta y_1(x) = \varepsilon_1 \eta_1(x), \qquad \delta y_2(x) = \varepsilon_2 \eta_2(x), \qquad \delta y_3(x) = \varepsilon_3 \eta_3(x)$$

$$\eta_1(x_1) = \eta_2(x_1) = \eta_3(x_1) = 0, \qquad \eta_1(x_2) = \eta_2(x_2) = \eta_3(x_2) = 0$$

とかく．拘束条件 (3-4-36) によりこれら六つの量 $\varepsilon_1, \varepsilon_2, \varepsilon_3, \eta_1(x), \eta_2(x), \eta_3(x)$ のうち独立なものは五つである．さて，式 (3-4-36) に

$$dy_1(x) = \varepsilon_1 \eta_1(x), \qquad dy_2(x) = \varepsilon_2 \eta_2(x), \qquad dy_3(x) = \varepsilon_3 \eta_3(x)$$

を代入し全体に未定乗数（関数）$\lambda(x)$ をかけて積分すると

$$\varepsilon_1 \int_{x_1}^{x_2} \lambda G_1 \eta_1(x)\, dx + \varepsilon_2 \int_{x_1}^{x_2} \lambda G_2 \eta_2(x)\, dx + \varepsilon_3 \int_{x_1}^{x_2} \lambda G_3 \eta_3(x)\, dx = 0 \tag{3-4-43}$$

を得る．

ここで，$y_{10}(x), y_{20}(x), y_{30}(x)$ が微分方程式

$$\frac{\partial F}{\partial y_1} - \frac{d}{dx}\frac{\partial F}{\partial y_1'} - \lambda G_1 = 0 \tag{3-4-44}$$

を満足するように $\lambda(x)$ を選ぶ．そして式 (3-4-27) を 3 変数に拡張した式

$$\begin{aligned}\Delta I &= J(\varepsilon_1, \varepsilon_2, \varepsilon_3) - J(0,0,0)\\ &= \varepsilon_1 \int_{x_1}^{x_2} \eta_1 \left(\frac{\partial F}{\partial y_1} - \frac{d}{dx}\frac{\partial F}{\partial y_1'}\right) dx + \varepsilon_2 \int_{x_1}^{x_2} \eta_2 \left(\frac{\partial F}{\partial y_2} - \frac{d}{dx}\frac{\partial F}{\partial y_2'}\right) dx\\ &\quad + \varepsilon_3 \int_{x_1}^{x_2} \eta_3 \left(\frac{\partial F}{\partial y_3} - \frac{d}{dx}\frac{\partial F}{\partial y_3'}\right) dx + O(\varepsilon^2)\end{aligned}$$

から式 (3-4-43) を引き，式 (3-4-44) に注意すると，

$$\begin{aligned}\Delta I &= \varepsilon_2 \int_{x_1}^{x_2} \eta_2 \left(\frac{\partial F}{\partial y_2} - \frac{d}{dx}\frac{\partial F}{\partial y_2'} - \lambda G_2\right) dx\\ &\quad + \varepsilon_3 \int_{x_1}^{x_2} \eta_3 \left(\frac{\partial F}{\partial y_3} - \frac{d}{dx}\frac{\partial F}{\partial y_3'} - \lambda G_3\right) dx + O(\varepsilon^2)\end{aligned}$$

を得る．

したがって，$y_{10}(x), y_{20}(x), y_{30}(x)$ は

$$\frac{\partial F}{\partial y_1} - \frac{d}{dx}\frac{\partial F}{\partial y_1'} - \lambda G_1 = 0 \qquad \text{(3-4-44 再掲)}$$

に加えて,

$$\frac{\partial F}{\partial y_2} - \frac{d}{dx}\frac{\partial F}{\partial y_2'} - \lambda G_2 = 0 \tag{3-4-45}$$

$$\frac{\partial F}{\partial y_3} - \frac{d}{dx}\frac{\partial F}{\partial y_3'} - \lambda G_3 = 0 \tag{3-4-46}$$

を満たさなければならない.

式 (3-4-44〜46) が, 微分型拘束条件をもつときの(ラグランジュの未定乗数法を用いた)オイラー方程式である.

以上の結果を, 従属変数 $n$ 個,

$$I = \int_{x_1}^{x_2} F\big(x; y_1(x), y_2(x), \ldots, y_n(x); y_1'(x), y_2'(x), \ldots, y_n'(x)\big)\,dx$$

(3-4-24 再掲)

代数型拘束条件 $m$ 個,

$$G_j(x; y_1(x), y_2(x), \ldots, y_n(x); y_1'(x), y_2'(x), \ldots, y_n'(x)) = 0$$

$$(j = 1, 2, \ldots, m)$$

(3-4-23 再掲)

不可消去微分型拘束条件 $l$ 個

$$P_{k,1}(x; y_1(x), y_2(x), \ldots, y_n(x))dy_1(x) + P_{k,2}(x; y_1(x), y_2(x), \ldots, y_n(x))dy_2(x)$$
$$+ \cdots + P_{k,n}(x; y_1(x), y_2(x), \ldots, y_n(x))dy_n(x) = 0 \qquad (k = 1, 2, \ldots, l)$$

の場合に一般化できる. その結果は

$$\frac{\partial F}{\partial y_i} - \frac{d}{dx}\frac{\partial F}{\partial y_i'} - \sum_{j=1}^{m}\left[\lambda_j \frac{\partial G_j}{\partial y_i} - \frac{d}{dx}\left(\lambda_j \frac{\partial G_j}{\partial y_i'}\right)\right] - \sum_{k=1}^{l} \lambda_{m+k} P_{k,i} = 0$$
$$(i = 1, 2, \ldots, n)$$

である.

## 3-5　高階導関数を含む変分問題

基本問題を停留化するオイラー方程式 (2-2-1) は独立変数 $x$ の 2 階の常微分方程式である. 本節では被積分関数 $F$ が高階導関数 $y'(x), y''(x), \ldots, y^{(n-1)}$ を含む変分問題

$$I = \int_{x_1}^{x_2} F(x; y(x); y'(x), y''(x), \ldots, y^{(n-1)})\,dx \tag{3-5-1}$$

$$\text{端点固定}^{\dagger 1}:\ y(x_1) = y_{11}, y'(x_1) = y_{12}, \ldots, y^{(n-2)}(x_1) = y_{1,n-1},$$
$$y(x_2) = y_{21}, y'(x_2) = y_{22}, \ldots, y^{(n-2)}(x_2) = y_{2,n-1}$$

を考察するが，そのもっとも簡単な場合である 2 階導関数までを含む場合

$$I = \int_{x_1}^{x_2} F(x; y(x); y'(x), y''(x))\, dx \tag{3-5-2}$$

のオイラー方程式は，以下（式 (3-5-5)）で明らかになるように独立変数 $x$ の 4 階常微分方程式となる．一方，物理学を始めさまざまな興味深い問題を支配する常微分方程式は 2 階常微分方程式に属するので[†2]，4 階以上の常微分方程式に支配される複雑な問題を深く掘り下げることはしない．

### 3-5-1　第 1 変分とオイラー方程式 (1)

導関数の最高階が 3 以上（$n$ が 4 以上）の場合にも本質的には同様なので，以下では主に 2 階の導関数までを含む場合

$$I = \int_{x_1}^{x_2} F(x; y(x); y'(x), y''(x))\, dx$$
$$\text{端点固定}:\ y(x_1) = y_{11}, y'(x_1) = y_{12},\ y(x_2) = y_{21}, y'(x_2) = y_{22} \tag{3-5-3}$$
$$F \in C^4, \qquad y(x) \in D^2$$

において停留解 $y_0(x)$ からの弱い意味の変分

$$y(x) = y_0(x) + \varepsilon\eta(x)$$

を取り扱う．

$$y'(x) = y_0'(x) + \varepsilon\eta'(x)$$
$$y''(x) = y_0''(x) + \varepsilon\eta''(x)$$
$$\eta(x_1) = \eta'(x_1) = \eta(x_2) = \eta'(x_2) = 0, \qquad \eta(x) \in D^2$$

を考えると，

$$J(\varepsilon) \equiv \int_{x_1}^{x_2} F\big(x; y_0(x) + \varepsilon\eta(x); y_0'(x) + \varepsilon\eta'(x), y_0''(x) + \varepsilon\eta''(x)\big)dx$$

は，$y_0(x)$ が停留解であるから

$$J'(0) = 0$$

である．そこで

---

†1　後に明らかになるように式 (3-5-1) のオイラー方程式は $2(n\quad 1)$ 階常微分方程式となる．
†2　例外は梁の弾性方程式など．

$$J'(\varepsilon) = \int_{x_1}^{x_2} \left( \frac{\partial}{\partial y} F(x; y_0 + \varepsilon\eta; y_0' + \varepsilon\eta', y_0'' + \varepsilon\eta'')\eta \right.$$
$$+ \frac{\partial}{\partial y'} F(x; y_0 + \varepsilon\eta; y_0' + \varepsilon\eta', y_0'' + \varepsilon\eta'')\eta'$$
$$\left. + \frac{\partial}{\partial y''} F(x; y_0 + \varepsilon\eta; y_0' + \varepsilon\eta', y_0'' + \varepsilon\eta'')\xi' \right) dx$$

であるから，

$$J'(0) = \int_{x_1}^{x_2} \left( \frac{\partial}{\partial y} F(x; y_0; y_0', y_0'')\eta \right.$$
$$\left. + \frac{\partial}{\partial y'} F(x; y_0; y_0', y_0'')\eta' + \frac{\partial}{\partial y''} F(x; y_0; y_0', y_0'')\eta'' \right) dx = 0 \quad \text{(3-5-4)}$$

を得る．ここで式 (3-5-4) の第 2 辺第 2, 3 項を部分積分すると，それぞれ

$$\int_{x_1}^{x_2} \frac{\partial}{\partial y'} F(x; y_0; y_0', y_0'')\eta' dx$$
$$= \left[ \eta(x) \frac{\partial}{\partial y'} F(x; y_0; y_0', y_0'') \right]_{x_1}^{x_2} - \int_{x_1}^{x_2} \eta(x) \frac{d}{dx} \frac{\partial}{\partial y'} F(x; y_0; y_0', y_0'')\, dx$$
$$= - \int_{x_1}^{x_2} \eta(x) \frac{d}{dx} \frac{\partial}{\partial y'} F(x; y_0; y_0', y_0'')\, dx$$

$$\int_{x_1}^{x_2} \frac{\partial}{\partial y''} F(x; y_0; y_0', y_0'')\eta'' dx$$
$$= \left[ \eta'(x) \frac{\partial}{\partial y''} F(x; y_0; y_0', y_0'') \right]_{x_1}^{x_2} - \left[ \eta(x) \frac{d}{dx} \frac{\partial}{\partial y''} F(x; y_0; y_0', y_0'') \right]_{x_1}^{x_2}$$
$$+ \int_{x_1}^{x_2} \eta(x) \frac{d^2}{dx^2} \frac{\partial}{\partial y''} F(x; y_0; y_0', y_0'')\, dx$$
$$= \int_{x_1}^{x_2} \eta(x) \frac{d^2}{dx^2} \frac{\partial}{\partial y''} F(x; y_0; y_0', y_0'')\, dx$$

となるので，式 (3-5-4) は

$$\int_{x_1}^{x_2} \eta \left( \frac{\partial}{\partial y} F(x; y_0; y_0', y_0'') - \frac{d}{dx} \frac{\partial}{\partial y'} F(x; y_0; y_0', y_0'') + \frac{d^2}{dx^2} \frac{\partial}{\partial y''} F(x; y_0; y_0', y_0'') \right)$$
$$= 0$$

となる．これからオイラー方程式

$$\frac{\partial}{\partial y} F(x; y_0; y_0', y_0'') - \frac{d}{dx} \frac{\partial}{\partial y'} F(x; y_0; y_0', y_0'') + \frac{d^2}{dx^2} \frac{\partial}{\partial y''} F(x; y_0; y_0', y_0'') = 0$$
$$\text{(3-5-5)}$$

を得る．式 (3-5-5) の左辺最終項は項 $d^2y_0''(x)/dx^2$ を含むので，式 (3-5-5) は独立変数 $x$ の 4 階常微分方程式であり，式 (3-5-3) の四つの境界条件により積分定数が定まる．

汎関数の被積分関数 $F$ が次の 2 例のような特別な形をしているとき，オイラー方程式を積分することができる．

**■ [被積分関数 $F$ が $y$ を陽に含まない場合]**

すなわち，$F(x;y;y',y'')=F(x;y',y'')$ であるとき，オイラー方程式 (3-5-5) は

$$\frac{\partial}{\partial y'}F(x;y_0',y_0'')-\frac{d}{dx}\frac{\partial}{\partial y''}F(x;y_0',y_0'')=C$$

と積分できる．

**■ [被積分関数 $F$ が $x$ を陽に含まない場合]**

すなわち，$F(x;y;y',y'')=F(y;y',y'')$ であるとき，オイラー方程式 (3-5-5) は

$$\begin{aligned}&F(y_0;y_0',y_0'')-y_0'\left(\frac{\partial}{\partial y'}F(y_0;y_0',y_0'')-\frac{d}{dx}\frac{\partial}{\partial y''}F(y_0;y_0',y_0'')\right)\\&\quad-y_0''\frac{\partial}{\partial y''}F(y_0;y_0',y_0'')=C\end{aligned}$$

と積分できる（演習問題 3-15）．

なお，容易に類推できるように，$y(x),y'(x),\ldots,y^{(n-2)}(x)$ の端点における境界条件を与えた変分

$$I=\int_{x_1}^{x_2}F(x;y(x);y'(x),y''(x),\ldots,y^{(n-1)}(x))\,dx$$

のオイラー方程式は

$$\begin{aligned}&\frac{\partial}{\partial y}F(x;y_0;y_0',y_0'',\ldots,y_0^{(n-1)})\\&\quad-\frac{d}{dx}\frac{\partial}{\partial y'}F(x;y_0;y_0',y_0'',\ldots,y_0^{(n-1)})+\frac{d^2}{dx^2}\frac{\partial}{\partial y''}F(x;y_0;y_0',y_0'',\ldots,y_0^{(n-1)})\\&\quad+\cdots+(-1)^{n-1}\frac{d^{n-1}}{dx^{n-1}}\frac{\partial}{\partial y^{(n-1)}}F(x;y_0;y_0',y_0'',\ldots,y_0^{(n-1)})=0\end{aligned}\tag{3-5-6}$$

となる．

### ■ 3-5-2　第 1 変分とオイラー方程式 (2)：代数型拘束条件のある変分問題としての定式化

この問題を 3-2 節の複数の従属変数を含む変分問題

$$I=\int_{x_1}^{x_2}F(x;y_1(x),y_2(x),\ldots,y_n(x);y_1'(x),y_2'(x),\ldots,y_n'(x))\,dx$$

において，被積分関数 $F$ が従属変数の導関数 $y_1'(x), y_2'(x), \ldots, y_n'(x)$ を含まない問題

$$F = F(x; y_1(x), y_2(x), \ldots, y_n(x))$$

であり，さらに，従属変数 $y_1(x), y_2(x), \ldots, y_n(x)$ に $n-1$ 個の代数型拘束条件

$$y_1'(x) - y_2(x) = 0, \qquad y_2'(x) - y_3(x) = 0, \qquad \ldots, \qquad y_{n-1}'(x) - y_n(x) = 0$$

を付加した問題(3-4 節)とみることもできる．

3-4-6 項によれば，この代数型拘束条件つき変分問題は汎関数

$$F = F(x; y_1(x), y_2(x), \ldots, y_n(x)) - \sum_{j=1}^{n-1} \lambda_j(x)(y_j'(x) - y_{j+1}(x))$$

を単純に停留化する問題と等価である．3-2-2 項に従うと，そのオイラー方程式は

$$\frac{\partial}{\partial y_j}\left[F(x; y_1, y_2, \ldots, y_n) - \sum_{j=1}^{n-1} \lambda_j(x)(y_j'(x) - y_{j+1}(x))\right]$$
$$- \frac{d}{dx}\frac{\partial}{\partial y_j'}\left[F(x; y_1, y_2, \ldots, y_n) - \sum_{j=1}^{n-1} \lambda_j(x)(y_j'(x) - y_{j+1}(x))\right] = 0$$
$$(j = 1, 2, \ldots, n)$$

すなわち

$$\frac{\partial F(x; y_1, y_2, \ldots, y_n)}{\partial y_j} + \lambda_{j-1}(x) + \frac{d\lambda_j(x)}{dx} = 0 \qquad (j = 2, \ldots, n)$$
$$\frac{\partial F(x; y_1, y_2, \ldots, y_n)}{\partial y_1} + \frac{d\lambda_1(x)}{dx} = 0$$

である．これから，

$$\begin{aligned}
\frac{\partial F(x; y_1, y_2, \ldots, y_n)}{\partial y_1} &= -\frac{d\lambda_1(x)}{dx} \\
&= -\frac{d}{dx}\left(-\frac{\partial F(x; y_1, y_2, \ldots, y_n)}{\partial y_2} - \frac{d\lambda_2(x)}{dx}\right) \\
&= \frac{d}{dx}\frac{\partial F(x; y_1, y_2, \ldots, y_n)}{\partial y_2} \\
&\quad + \frac{d^2}{dx^2}\left(-\frac{\partial F(x; y_1, y_2, \ldots, y_n)}{\partial y_3} - \frac{d\lambda_3(x)}{dx}\right) \\
&= \frac{d}{dx}\frac{\partial F(x; y_1, y_2, \ldots, y_n)}{\partial y_2} - \frac{d^2}{dx^2}\frac{\partial F(x; y_1, y_2, \ldots, y_n)}{\partial y_3} + \cdots \\
&\quad - (-1)^{n-1}\frac{d^{n-1}}{dx^{n-1}}\frac{\partial F(x; y_1, y_2, \ldots, y_n)}{\partial y_n}
\end{aligned}$$

を得る．これは前項の結果である式 (3-5-6) と一致している．

### 3-5-3　端点移動問題

再び2階の導関数までを含む場合を取り扱う．

$$I = \int_{x_1}^{x_2} F(x; y(x); y'(x), y''(x))dx$$
$$F \in C^4, \qquad y(x) \in D^2 \tag{3-5-3 再掲}$$

弱い意味の変分

$$y(x) = y_0(x) + \varepsilon\eta(x), \quad y'(x) = y_0'(x) + \varepsilon\eta'(x), \quad y''(x) = y_0''(x) + \varepsilon\eta''(x)$$
$$\eta(x) \in D^2$$

を考えると，

$$J(\varepsilon) \equiv \int_{x_1+dx_1}^{x_2+dx_2} F(x; y_0(x) + \varepsilon\eta(x); y_0'(x) + \varepsilon\eta'(x), y_0''(x) + \varepsilon\eta''(x))\, dx$$
$$dx_1 \equiv \left.\frac{dx_1}{d\varepsilon}\right|_{\varepsilon=0} \qquad \text{(3-1-1 項)}$$

は，$y_0(x)$ が停留関数であるから $\varepsilon = 0$ で局所的に最小となり，その必要条件は

$$J'(0) = 0$$

である．そこで

$$\begin{aligned} J'(\varepsilon) = \int_{x_1}^{x_2} \biggl( &\frac{\partial}{\partial y}F(x; y_0 + \varepsilon\eta; y_0' + \varepsilon\eta', y_0'' + \varepsilon\eta'')\eta \\ &+ \frac{\partial}{\partial y'}F(x; y_0 + \varepsilon\eta; y_0' + \varepsilon\eta', y_0'' + \varepsilon\eta'')\eta' \\ &+ \frac{\partial}{\partial y''}F(x; y_0 + \varepsilon\eta; y_0' + \varepsilon\eta', y_0'' + \varepsilon\eta'')\eta'' \biggr) dx \\ &+ \bigl(F(x_2; y_0; y_0', y_0'')dx_2 - F(x_1; y_0; y_0', y_0'')dx_1\bigr) \end{aligned}$$

から

$$\begin{aligned} J'(0) = \int_{x_1}^{x_2} \biggl( &\frac{\partial}{\partial y}F(x; y_0; y_0', y_0'')\eta \\ &+ \frac{\partial}{\partial y'}F(x; y_0; y_0', y_0'')\eta' + \frac{\partial}{\partial y''}F(x; y_0; y_0', y_0'')\eta'' \biggr) dx \\ + \biggl( &F(x_2; y_0; y_0', y_0'')\frac{dx_2}{d\varepsilon} - F(x_1; y_0; y_0', y_0'')\frac{dx_1}{d\varepsilon} \biggr) = 0 \end{aligned} \tag{3-5-7}$$

を得る．式 (3-5-7) の第2辺被積分項の第2, 3項を部分積分すると，それぞれ

$$\int_{x_1}^{x_2} \frac{\partial}{\partial y'}F(x; y_0; y_0', y_0'')\eta' dx$$

$$= \left[\eta(x)\frac{\partial}{\partial y'}F(x;y_0;y_0',y_0'')\right]_{x_1}^{x_2} - \int_{x_1}^{x_2}\eta(x)\frac{d}{dx}\frac{\partial}{\partial y'}F(x;y_0;y_0',y_0'')\,dx$$

$$\int_{x_1}^{x_2}\frac{\partial}{\partial y''}F(x;y_0;y_0',y_0'')\eta''dx$$

$$= \left[\eta'(x)\frac{\partial}{\partial y''}F(x;y_0;y_0',y_0'')\right]_{x_1}^{x_2} - \left[\eta(x)\frac{d}{dx}\frac{\partial}{\partial y''}F(x;y_0;y_0',y_0'')\right]_{x_1}^{x_2}$$

$$+ \int_{x_1}^{x_2}\eta(x)\frac{d^2}{dx^2}\frac{\partial}{\partial y''}F(x;y_0;y_0',y_0'')\,dx$$

となるので，式 (3-5-7) は

$$\begin{aligned}
&\int_{x_1}^{x_2}\eta\left(\frac{\partial}{\partial y}F(x;y_0;y_0',y_0'') - \frac{d}{dx}\frac{\partial}{\partial y'}F(x;y_0;y_0',y_0'') + \frac{d^2}{dx^2}\frac{\partial}{\partial y''}F(x;y_0;y_0',y_0'')\right) \\
&\quad + \left[\eta(x)\frac{\partial}{\partial y'}F(x;y_0;y_0',y_0'')\right]_{x_1}^{x_2} + \left[\eta'(x)\frac{\partial}{\partial y''}F(x;y_0;y_0',y_0'')\right]_{x_1}^{x_2} \\
&\quad - \left[\eta(x)\frac{d}{dx}\frac{\partial}{\partial y''}F(x;y_0;y_0',y_0'')\right]_{x_1}^{x_2} \\
&\quad + \left(F(x_2;y_0;y_0',y_0'')\frac{dx_2}{d\varepsilon} - F(x_1;y_0;y_0',y_0'')\frac{dx_1}{d\varepsilon}\right) = 0 \qquad (3\text{-}5\text{-}8)
\end{aligned}$$

となる．特に端点固定の場合にも式 (3-5-8) を満足しなければならないので，やはりオイラー方程式

$$\frac{\partial}{\partial y}F(x;y_0;y_0',y_0'') - \frac{d}{dx}\frac{\partial}{\partial y'}F(x;y_0;y_0',y_0'') + \frac{d^2}{dx^2}\frac{\partial}{\partial y''}F(x;y_0;y_0',y_0'') = 0$$

(3-5-5 再掲)

を満たさなければならない．

端点移動に伴い新たに現れる**横断条件**は，式 (3-5-8) の境界項全体を $\varepsilon$ 倍すると (図 3-1)

$$\begin{aligned}
&\left(F(x_2;y_0;y_0',y_0'')\,dx_2 - F(x_1;y_0;y_0',y_0'')\,dx_1\right) \\
&\quad + \left[\delta y_2\left(\frac{\partial}{\partial y'}F(x_2;y_0;y_0',y_0'') - \frac{d}{dx}\frac{\partial}{\partial y''}F(x_2;y_0;y_0',y_0'')\right)\right] \\
&\quad - \left[\delta y_1\left(\frac{\partial}{\partial y'}F(x_1;y_0;y_0',y_0'') - \frac{d}{dx}\frac{\partial}{\partial y''}F(x_1;y_0;y_0',y_0'')\right)\right] \\
&\quad + \left(\delta y_2'\frac{\partial}{\partial y''}F(x_2;y_0;y_0',y_0'') - \delta y_1'\frac{\partial}{\partial y''}F(x_1;y_0;y_0',y_0'')\right) = 0 \qquad (3\text{-}5\text{-}9)
\end{aligned}$$

となる．ここで，端点 $\mathrm{P}_1(x_1,y_1)$, $\mathrm{P}_2(x_2,y_2)$ がそれぞれ条件 $G_1(x;y;y')=0$, $G_2(x;y;$

$y')=0$ を満足しつつ移動するものとすると，

$$dx_1, \qquad \delta y_1 = dy_1 - y_0' dx_1, \qquad \delta y_1' = dy_1' - y_0'' dx_1 \tag{3-5-10}$$

$$dx_2, \qquad \delta y_2 = dy_2 - y_0' dx_2, \qquad \delta y_2' = dy_2' - y_0'' dx_2 \tag{3-5-11}$$

はそれぞれ

$$\frac{\partial}{\partial x}G_1(x;y;y')\,dx_1 + \frac{\partial}{\partial y}G_1(x;y;y')\,dy_1 + \frac{\partial}{\partial y'}G_1(x;y;y')dy_1' = 0 \tag{3-5-12}$$

$$\frac{\partial}{\partial x}G_2(x;y;y')dx_2 + \frac{\partial}{\partial y}G_2(x;y;y')dy_2 + \frac{\partial}{\partial y'}G_2(x;y;y')\,dy_2' = 0 \tag{3-5-13}$$

を満足する．そこで (3-5-10, 11) を用いて $dy_1, dy_2, dy_1', dy_2'$ を消去すると式 (3-5-9) は

$$\begin{aligned}
&\left[F(x_2;y_0;y_0',y_0'') - y_0'\left(\frac{\partial}{\partial y'}F(x_2;y_0;y_0',y_0'') - \frac{d}{dx}\frac{\partial}{\partial y''}F(x_2;y_0;y_0',y_0'')\right)\right.\\
&\quad\left. -y_0''\frac{\partial}{\partial y''}F(x_2;y_0;y_0',y_0'')\right]dx_2\\
&+\left(\frac{\partial}{\partial y'}F(x_2;y_0;y_0',y_0'') - \frac{d}{dx}\frac{\partial}{\partial y''}F(x_2;y_0;y_0',y_0'')\right)dy_2 + \frac{\partial}{\partial y''}F(x_2;y_0;y_0',y_0'')dy_2'\\
&-\left[F(x_1;y_0;y_0',y_0'') - y_0'\left(\frac{\partial}{\partial y'}F(x_1;y_0;y_0',y_0'') - \frac{d}{dx}\frac{\partial}{\partial y''}F(x_1;y_0;y_0',y_0'')\right)\right.\\
&\quad\left. -y_0''\frac{\partial}{\partial y''}F(x_1;y_0;y_0',y_0'')\right]dx_1\\
&-\left(\frac{\partial}{\partial y'}F(x_1;y_0;y_0',y_0'') - \frac{d}{dx}\frac{\partial}{\partial y''}F(x_1;y_0;y_0',y_0'')\right)dy_1 - \frac{\partial}{\partial y''}F(x_1;y_0;y_0',y_0'')dy_1'
\end{aligned} \tag{3-5-14}$$

とかける．条件 (3-5-14) が式 (3-5-10, 11) の満たすべき条件 (3-5-12, 13) と矛盾なく成立するためには，端点 $\mathrm{P}_2(x_2, y_2)$ において，三つの条件

$$\begin{aligned}
&F(x_2;y_0;y_0',y_0'') - y_0'\left(\frac{\partial}{\partial y'}F(x_2;y_0;y_0',y_0'') - \frac{d}{dx}\frac{\partial}{\partial y''}F(x_2;y_0;y_0',y_0'')\right)\\
&\qquad - y_0''\frac{\partial}{\partial y''}F(x_2;y_0;y_0',y_0'') = C\frac{\partial}{\partial x}G_2(x_2;y;y'),\\
&\frac{\partial}{\partial y'}F(x_2;y_0;y_0',y_0'') - \frac{d}{dx}\frac{\partial}{\partial y''}F(x_2;y_0;y_0',y_0'') = C\frac{\partial}{\partial y}G_2(x_2;y;y'),\\
&\frac{\partial}{\partial y''}F(x_2;y_0;y_0',y_0'') = C\frac{\partial}{\partial y'}G_2(x_2;y;y')
\end{aligned}$$

および

$$G_2(x_2;y;y') = 0 \tag{3-5-15}$$

を満たさなければならない．このうち定数 $C$ を消去すれば，端点 $\mathrm{P}_2(x_2, y_2)$ において

独立な条件は3個となる．まったく同様に端点 $P_1(x_1, y_1)$ においても独立な条件は3個であるから合計6個の横断条件を得る．

オイラー方程式は4階であるから積分定数は4個であり，これに両端点の $x$ 座標 $x_1, x_2$ を加えた6個の定数が式 (3-5-15) により決定される．

## 3-5-4　第2変分と停留曲線が極値曲線であるための必要条件および十分条件

本項では，第1変分が0であるという条件，すなわち $y(x)$ が停留曲線であるという条件の下で，弱い意味の第2変分

$$
\begin{aligned}
\delta^2 I &= \int_{x_1}^{x_2} \delta^2 F\, dx \qquad (3\text{-}5\text{-}16)\\
&= \int_{x_1}^{x_2} \varphi''(0)\varepsilon^2\, dx = \int_{x_1}^{x_2} 2\Omega\, dx\\
\Omega &\equiv \frac{1}{2}F_{y(x)y(x)}(x; y(x); y'(x), y''(x))(\delta y(x))^2\\
&\quad + F_{y(x)y'(x)}(x; y(x); y'(x), y''(x))\delta y(x)\delta y'(x)\\
&\quad + F_{y(x)y''(x)}(x; y(x); y'(x), y''(x))\delta y(x)\delta y''(x)\\
&\quad + \frac{1}{2}F_{y'(x)y'(x)}(x; y(x); y'(x), y''(x))(\delta y'(x))^2\\
&\quad + F_{y'(x)y''(x)}(x; y(x); y'(x), y''(x))\delta y'(x)\delta y''(x)\\
&\quad + \frac{1}{2}F_{y''(x)y''(x)}(x; y(x); y'(x), y''(x))(\delta y''(x))^2 \qquad (3\text{-}5\text{-}17)
\end{aligned}
$$

を解析し，停留曲線 $y(x)$ が極値曲線であるための必要条件および十分条件を調べる．

### [付帯方程式]

まず2-4-3項と同様にして，汎関数に2階導関数を含む場合の付帯方程式を得る．

4階の常微分方程式であるオイラー方程式の一般解に，両端点 $(x_1, y_1), (x_2, y_2)$ において $y(x)$ および $y'(x)$ を指定すると，特解である曲線 $y(x)$ が定まる．この停留解 $y(x)$ を代入することにより，六つの関数

$$
\begin{aligned}
&F_{y(x)y(x)}(x; y(x); y'(x), y''(x)), &&F_{y(x)y'(x)}(x; y(x); y'(x), y''(x)),\\
&F_{y'(x)y'(x)}(x; y(x); y'(x), y''(x)), &&F_{y(x)y''(x)}(x; y(x); y'(x), y''(x)),\\
&F_{y'(x)y''(x)}(x; y(x); y'(x), y''(x)), &&F_{y''(x)y''(x)}(x; y(x); y'(x), y''(x))
\end{aligned}
$$

は $x$ の関数として定まる．

さて，第 2 変分 (3-5-16) において $\delta y(x)$ を（停留化する）従属変数とみなしたとき，その（形式的な）汎関数に 2 階導関数を含む場合のオイラー方程式 (3-5-5) を 2 で割ったものは

$$\frac{\partial \Omega}{\partial \delta y} - \frac{d}{dx}\frac{\partial \Omega}{\partial \delta y'} + \frac{d^2}{dx^2}\frac{\partial \Omega}{\partial \delta y''} = 0 \tag{3-5-17}$$

である．式 (3-5-17) において $\delta y(x)$ の代わりに $z(x)$ とおくと，汎関数に 2 階導関数を含む場合の**ヤコビの付帯方程式**

$$\begin{aligned}
&\frac{\partial \Omega}{\partial z} - \frac{d}{dx}\frac{\partial \Omega}{\partial z'} + \frac{d^2}{dx^2}\frac{\partial \Omega}{\partial z''} = 0\\
&\Omega \equiv \frac{1}{2}F_{y(x)y(x)}(x; y(x); y'(x), y''(x))(z(x))^2\\
&\quad + F_{y(x)y'(x)}(x; y(x); y'(x), y''(x))z(x)z'(x)\\
&\quad + F_{y(x)y''(x)}(x; y(x); y'(x), y''(x))z(x)z''(x)\\
&\quad + \frac{1}{2}F_{y'(x)y'(x)}(x; y(x); y'(x), y''(x))(z'(x))^2\\
&\quad + F_{y'(x)y''(x)}(x; y(x); y'(x), y''(x))z'(x)z''(x)\\
&\quad + \frac{1}{2}F_{y''(x)y''(x)}(x; y(x); y'(x), y''(x))(z''(x))^2
\end{aligned} \tag{3-5-18}$$

を得る．

**■[第 2 変分の標準化]**

第 1 変分を 0 とする解（停留解）に対する任意の変分による第 2 変分

$$\delta^2 I = \int_{x_1}^{x_2} 2\Omega\, dx$$

が常に正（または常に負）であるならば，その停留解は極小（または極大）解である．そこで，基本問題について 2-4-3 項以下で行ったものに対応する解析を試みる．このとき，停留解の支配方程式であるオイラー方程式が基本問題では 2 階微分方程式であったものが本問題では 4 階微分方程式へと複雑化するのに伴い手続きがきわめて煩雑化する．そこで実用上重要な微分方程式の中に 4 階微分方程式はあまり多くないという事情を勘案し，ここでは詳細を省き主な結果を述べるに留める．

さて，第 2 変分の標準化を行う，すなわち第 2 変分の符号を判別しやすい形に変換する目的で（可能ならば）

$$F_{y''(x)y''(x)}(x; y(x); y'(x), y''(x))\left(2\Omega + \frac{d}{dx}U(\delta y(x), \delta y'(x))\right)$$

$$= \left(F''_{y(x)y''(x)}(x; y(x); y'(x), y''(x))\delta y''(x) + k(x)\delta y'(x) + m(x)\delta y(x)\right)^2 \tag{3-5-19}$$

を満足する関数 $U(\delta y(x), \delta y'(x)), k(x), m(x)$ を求めることを目指す．その結果，$z(x)$ を付帯方程式 (3-5-18) の任意の解とするとき，$z(x), k(x), m(x)$ および新たな関数 $n(x)$ が

$$F_{y''(x)y''(x)}(x; y(x); y'(x), y''(x))z''(x) + k(x)z'(x) + m(x)z(x) = 0 \tag{3-5-20}$$

$$\begin{aligned} k(x)^2 &= F_{y''(x)y''(x)}(x; y(x); y'(x), y''(x))\Big[F_{y'(x)y'(x)}(x; y(x); y'(x), y''(x)) \\ &\quad + k'(x) - \frac{d}{dx}F_{y'(x)y''(x)}(x; y(x); y'(x), y''(x)) \\ &\quad + 2\left(m(x) - F_{y(x)y''(x)}(x; y(x); y'(x), y''(x))\right)\Big] \end{aligned}$$

$$\begin{aligned} k(x)m(x) &= F_{y''(x)y''(x)}(x; y(x); y'(x), y''(x))\Big(F_{y(x)y'(x)}(x; y(x); y'(x), y''(x)) \\ &\quad + m'(x) - \frac{d}{dx}F_{y(x)y''(x)}(x; y(x); y'(x), y''(x)) + n(x)\Big) \end{aligned}$$

$$\begin{aligned} m(x)^2 &= F_{y''(x)y''(x)}(x; y(x); y'(x), y''(x)) \\ &\quad \times \left(F_{y(x)y(x)}(x; y(x); y'(x), y''(x)) + n'(x)\right) \end{aligned}$$

を満足するならば，$U$ を

$$\begin{aligned} U(\delta y(x), \delta y'(x)) &= (k(x) - F_{y'(x)y''(x)}(x; y(x); y'(x), y''(x)))(\delta y'(x))^2 \\ &\quad + 2(m(x) - F_{y(x)y''(x)}(x; y(x); y'(x), y''(x)))\delta y(x)\delta y'(x) + n(x)(\delta y(x))^2 \end{aligned} \tag{3-5-21}$$

とする式 (3-5-19) が成立することを示すことができる [4].

$z(x)$ に対してここまでは，微分方程式 (3-5-20) を満たす付帯方程式 (3-5-18) の解であるという条件をつけたのみであったが，$z(x)$ の満たすべき条件 (3-5-20)

$$F_{y''(x)y''(x)}(x; y(x); y'(x), y''(x))z_1''(x) + k(x)z_1'(x) + m(x)z_1(x) = 0$$

$$F_{y''(x)y''(x)}(x; y(x); y'(x), y''(x))z_2''(x) + k(x)z_2'(x) + m(x)z_2(x) = 0$$

および条件

$$\begin{aligned} &F_{y''(x)y''(x)}(x; y(x); y'(x), y''(x))\big(z_1(x)z_2^{(4)}(x) - z_1^{(4)}(x)z_2(x) \\ &\quad - z_1'(x)z_2''(x) + z_1''(x)z_2'(x)\big) \end{aligned}$$

$$
\begin{aligned}
&\times \frac{dF_{y''(x)y''(x)}(x;y(x);y'(x),y''(x))}{dx}\big(z_1(x)z_2''(x)-z_1''(x)z_2(x)\big)\\
&-\bigg(F_{y'(x)y'(x)}(x;y(x);y'(x),y''(x))-2F_{y(x)y''(x)}(x;y(x);y'(x),y''(x))\\
&\quad-\frac{dF_{y'(x)y''(x)}(x;y(x);y'(x),y''(x))}{dx}\bigg)\\
&\times\big(z_1(x)z_2'(x)-z_1'(x)z_2(x)\big)=0
\end{aligned}
$$

を満たす二つの独立な関数 $z_1(x), z_2(x)$ を導入する（必ず存在することを証明できる）ことにより，関数 $k(x), m(x), n(x)$ を以下のように決定できる．

$$
\begin{aligned}
k(x)&=-F_{y''(x)y''(x)}(x;y(x);y'(x),y''(x))\frac{z_1(x)z_2''(x)-z_1''(x)z_2(x)}{z_1(x)z_2'(x)-z_1'(x)z_2(x)}\\
m(x)&=F_{y''(x)y''(x)}(x;y(x);y'(x),y''(x))\frac{z_1'(x)z_2''(x)-z_1''(x)z_2'(x)}{z_1(x)z_2'(x)-z_1'(x)z_2(x)}\\
n(x)&=-F_{y(x)y'(x)}(x;y(x);y'(x),y''(x))-\frac{dF_{y(x)y''(x)}(x;y(x);y'(x),y''(x))}{dx}\\
&\quad-\frac{1}{z_1(x)z_2'(x)-z_1'(x)z_2(x)}\\
&\quad\times\frac{d}{dx}\Big[F_{y''(x)y''(x)}(x;y(x);y'(x),y''(x))(z_1'(x)z_2''(x)-z_1''(x)z_2'(x))\Big]
\end{aligned}
$$

これらを式 (3-5-19) に代入すると，

$$
\begin{aligned}
&2\Omega+\frac{d}{dx}U(\delta y(x),\delta y'(x))\\
&=\frac{F_{y''(x)y''(x)}(x;y(x);y'(x),y''(x))}{\big(z_1(x)z_2'(x)-z_1'(x)z_2(x)\big)^2}\begin{vmatrix}\delta y''(x) & \delta y'(x) & \delta y(x)\\ z_1''(x) & z_1'(x) & z_1(x)\\ z_2''(x) & z_2'(x) & z_2(x)\end{vmatrix}^2
\end{aligned}
$$

を得る．

まず，左辺第 2 項を積分すると式 (3-5-21) により

$$
\int_{x_1}^{x_2}\frac{d}{dx}U(\delta y(x),\delta y'(x))=\Big[U(\delta y(x),\delta y'(x))\Big]_{x_1}^{x_2}=0
$$

となるので

$$
2\Omega=\frac{F_{y''(x)y''(x)}(x;y(x);y'(x),y''(x))}{\big(z_1(x)z_2'(x)-z_1'(x)z_2(x)\big)^2}\begin{vmatrix}\delta y''(x) & \delta y'(x) & \delta y(x)\\ z_1''(x) & z_1'(x) & z_1(x)\\ z_2''(x) & z_2'(x) & z_2(x)\end{vmatrix}^2
$$

と考えてよい．また，$z_1(x), z_2(x)$ は独立な関数であるから，右辺の分母（ロンスキー行列式）は 0 でない．

$$z_1(x)z_2'(x) - z_1'(x)z_2(x) \neq 0$$

したがって，この停留曲線が極小(極大)曲線であるための必要条件は

$$F_{y''(x)y''(x)}(x; y(x); y'(x), y''(x)) \geq 0 \ (\leq 0)$$

である(ルジャンドルの必要条件).

さらに詳しくは右辺の行列式

$$\begin{vmatrix} \delta y''(x) & \delta y'(x) & \delta y(x) \\ z_1''(x) & z_1'(x) & z_1(x) \\ z_2''(x) & z_2'(x) & z_2(x) \end{vmatrix}$$

が0になる可能性を調べなければならない.

次に，$z_1(x), z_2(x)$ は独立な関数であるから，行列式の第2行と第3行は独立である．したがって，行列式が積分区間全体にわたり0になる(したがって第2変分が0になり，第3変分以上を取り扱う必要が生じる)のは，変分なし $(\delta y(x) \equiv 0)$ のときを除くと，

$$\delta y(x) = az_1(x) + bz_2(x) \neq 0, \qquad \delta y(x_1) = \delta y(x_2) = 0 \tag{3-5-22}$$

のときのみである.

ゆえに，

$$\delta y(x_1) = az_1(x_1) + bz_2(x_1) = 0$$

となるように定数 $a, b$ (実質的には自由度は1である)を定めるとき，$x_1 < x \leq x_2$ の範囲に

$$\delta y(x) = az_1(x) + bz_2(x) = 0$$

となる点($x_1$ の共役点)が存在しないならば，式(3-5-22)を満たすような変分は存在しえない．すなわち，任意の変分に対して，

$$\begin{vmatrix} \delta y''(x) & \delta y'(x) & \delta y(x) \\ z_1''(x) & z_1'(x) & z_1(x) \\ z_2''(x) & z_2'(x) & z_2(x) \end{vmatrix} \neq 0$$

を満たす．このとき，条件

$$F_{y''(x)y''(x)}(x, y(x), y'(x), y''(x)) > 0 \ (< 0)$$

は停留曲線が極小(極大)曲線であるための十分条件である(ヤコビ試験)．基本問題において $F_{y'y'}(x, y, y')$ が担っていた役割を本節では $F_{y''y''}(x, y, y', y'')$ が受けもっている.

# 3-6　複数の独立変数を含む変分問題

## 3-6-1　第1変分とオイラー方程式

複数の独立変数を含む変分問題を取り扱う．最後の3-6-5項を除き従属変数は一つとする．まず，二つの独立変数 $z = z(x, y)$ の場合を考える．

$$I = \iint_S F(x, y; z, p, q)\, dxdy \qquad z = z(x, y),\ p \equiv \frac{\partial z}{\partial x},\ q \equiv \frac{\partial z}{\partial y} \tag{3-6-1}$$

この変分問題は，被積分関数 $F(x, y; z, p, q)$ の関数形(と積分領域 $S$)が与えられているとき，積分型の汎関数 $I$ が極値(ないし停留値)をとるような2変数関数 $z = z(x, y)$ を決定することである．2変数関数 $z = z(x, y)$ は3次元空間内の曲面を表すので，汎関数 $I$ が停留値をとるような2変数関数 $z = z_0(x, y)$ ないしそれが表す曲面を**停留曲面** (extremals) と呼ぶ．まず(簡単のために)空間内の解曲面を囲む曲線 $C$ は固定されているとする(図3-10)．

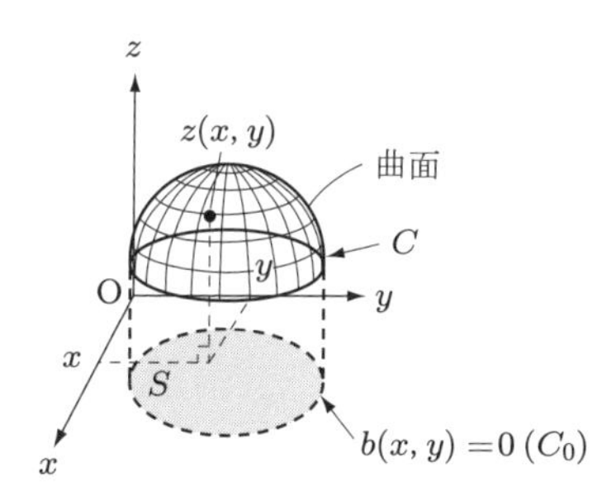


図 **3-10**　二つの独立変数をもつ関数 $z(x, y)$ と積分領域

弱い意味の変分

$$z = z_0(x, y) + \varepsilon\eta(x, y) \tag{3-6-2}$$

を考える．曲線 $C$ が固定されているので $x$-$y$ 平面の積分領域 $S$ を囲む曲線 $C_0$ ($b(x, y) = 0$) 上で

$$\eta(x, y) = 0 \tag{3-6-3}$$

である．このとき，

$$J(\varepsilon) = \iint_S F\left(x, y; z_0(x, y) + \varepsilon\eta(x, y), \frac{\partial z_0(x, y)}{\partial x} + \varepsilon\frac{\partial \eta(x, y)}{\partial x},\right.$$
$$\left.\frac{\partial z_0(x, y)}{\partial y} + \varepsilon\frac{\partial \eta(x, y)}{\partial y}\right) dxdy \tag{3-6-4}$$

とかくと，$z = z_0(x, y)$ が停留曲線であるための必要条件は

$$
\begin{aligned}
J'(0) = \iint_S \Biggl( & \eta(x,y) \frac{\partial F\left(x, y; z_0(x,y), \partial z_0(x,y)/\partial x, \partial z_0(x,y)/\partial y\right)}{\partial z} \\
& + \frac{\partial \eta(x,y)}{\partial x} \frac{\partial F\left(x, y; z_0(x,y), \partial z_0(x,y)/\partial x, \partial z_0(x,y)/\partial y\right)}{\partial p} \\
& + \frac{\partial \eta(x,y)}{\partial y} \frac{\partial F\left(x, y; z_0(x,y), \partial z_0(x,y)/\partial x, \partial z_0(x,y)/\partial y\right)}{\partial q} \Biggr) dxdy \\
= 0 \qquad & \qquad (3\text{-}6\text{-}5)
\end{aligned}
$$

である．

グリーンの定理

$$
\iint_S \left( \frac{\partial P(x,y)}{\partial x} - \frac{\partial Q(x,y)}{\partial y} \right) dS = \oint_{C_0} \left( P(x,y)\, dy + Q(x,y)\, dx \right) \qquad (3\text{-}6\text{-}6)
$$

（曲線 $C$ は積分領域 $S$ を左に見つつ1周する曲線）

において，

$$
P(x,y) = \eta(x,y) \frac{\partial F\left(x, y; z_0(x,y), \partial z_0(x,y)/\partial x, \partial z_0(x,y)/\partial y\right)}{\partial p} \qquad (3\text{-}6\text{-}7\text{a})
$$

$$
Q(x,y) = -\eta(x,y) \frac{\partial F\left(x, y; z_0(x,y), \partial z_0(x,y)/\partial x, \partial z_0(x,y)/\partial y\right)}{\partial q} \qquad (3\text{-}6\text{-}7\text{b})
$$

とおくと，

$$
\begin{aligned}
\iint_S \Biggl[ & \frac{\partial \eta(x,y)}{\partial x} \frac{\partial F\left(x, y; z_0(x,y), \partial z_0(x,y)/\partial x, \partial z_0(x,y)/\partial y\right)}{\partial p} \\
& + \frac{\partial \eta(x,y)}{\partial y} \frac{\partial F\left(x, y; z_0(x,y), \partial z_0(x,y)/\partial x, \partial z_0(x,y)/\partial y\right)}{\partial q} \\
& + \eta(x,y) \Biggl( \frac{\partial}{\partial x} \frac{\partial F\left(x, y; z_0(x,y), \partial z_0(x,y)/\partial x, \partial z_0(x,y)/\partial y\right)}{\partial p} \\
& + \frac{\partial}{\partial y} \frac{\partial F\left(x, y; z_0(x,y), \partial z_0(x,y)/\partial x, \partial z_0(x,y)/\partial y\right)}{\partial q} \Biggr) \Biggr] dxdy \\
= \oint_C \eta(x,y) \Biggl( & \frac{\partial F\left(x, y; z_0(x,y), \partial z_0(x,y)/\partial x, \partial z_0(x,y)/\partial y\right)}{\partial p} dy \\
& - \frac{\partial F\left(x, y; z_0(x,y), \partial z_0(x,y)/\partial x, \partial z_0(x,y)/\partial y\right)}{\partial q} dx \Biggr) \qquad (3\text{-}6\text{-}8)
\end{aligned}
$$

であるが，式 (3-6-8) の右辺の線積分は，積分領域 $S$ の境界をなす曲線 $C_0$ 上の積分であるから，その上で

$$
\eta(x,y) = 0 \qquad (3\text{-}6\text{-}3\ 再掲)
$$

である．したがって，

$$\iint_S \left( \frac{\partial \eta(x,y)}{\partial x} \frac{\partial F(x,y;z_0(x,y),\partial z_0(x,y)/\partial x, \partial z_0(x,y)/\partial y)}{\partial p} \right.$$
$$\left. + \frac{\partial \eta(x,y)}{\partial y} \frac{\partial F(x,y;z_0(x,y),\partial z_0(x,y)/\partial x, \partial z_0(x,y)/\partial y)}{\partial q} \right) dxdy$$
$$= - \iint_S \eta(x,y) \left( \frac{\partial}{\partial x} \frac{\partial F(x,y;z_0(x,y),\partial z_0(x,y)/\partial x, \partial z_0(x,y)/\partial y)}{\partial p} \right.$$
$$\left. + \frac{\partial}{\partial y} \frac{\partial F(x,y;z_0(x,y),\partial z_0(x,y)/\partial x, \partial z_0(x,y)/\partial y)}{\partial q} \right) dxdy \qquad \text{(3-6-9)}$$

を得る．式 (3-6-5) の被積分関数の第 2, 3 項に式 (3-6-9) の右辺を代入すると，式 (3-6-5) は

$$\iint_S \eta(x,y) \left( \frac{\partial F(x,y;z_0(x,y),\partial z_0(x,y)/\partial x, \partial z_0(x,y)/\partial y)}{\partial z} \right.$$
$$- \frac{\partial}{\partial x} \frac{\partial F(x,y;z_0(x,y),\partial z_0(x,y)/\partial x, \partial z_0(x,y)/\partial y)}{\partial p}$$
$$\left. - \frac{\partial}{\partial y} \frac{\partial F(x,y;z_0(x,y),\partial z_0(x,y)/\partial x, \partial z_0(x,y)/\partial y)}{\partial q} \right) dxdy = 0 \qquad \text{(3-6-10)}$$

となる．積分領域 $S$ の内部において $\eta(x,y)$ は任意の値をとりうるから，式 (3-6-10) が成立するためには

$$\frac{\partial F(x,y;z_0(x,y),\partial z_0(x,y)/\partial x, \partial z_0(x,y)/\partial y)}{\partial z}$$
$$- \frac{\partial}{\partial x} \frac{\partial F(x,y;z_0(x,y),\partial z_0(x,y)/\partial x, \partial z_0(x,y)/\partial y)}{\partial p}$$
$$- \frac{\partial}{\partial y} \frac{\partial F(x,y;z_0(x,y),\partial z_0(x,y)/\partial x, \partial z_0(x,y)/\partial y)}{\partial q} = 0 \qquad \text{(3-6-11)}$$

すなわち，

$$\frac{\partial F(x,y;z_0(x,y),\partial z_0(x,y)/\partial x, \partial z_0(x,y)/\partial y)}{\partial z}$$
$$- \frac{\partial^2 F(x,y;z_0(x,y),\partial z_0(x,y)/\partial x, \partial z_0(x,y)/\partial y)}{\partial x \partial p}$$
$$- \frac{\partial^2 F(x,y;z_0(x,y),\partial z_0(x,y)/\partial x, \partial z_0(x,y)/\partial y)}{\partial y \partial q}$$
$$- \frac{\partial z_0(x,y)}{\partial x} \frac{\partial^2 F(x,y;z_0(x,y),\partial z_0(x,y)/\partial x, \partial z_0(x,y)/\partial y)}{\partial z \partial p}$$
$$- \frac{\partial z_0(x,y)}{\partial y} \frac{\partial^2 F(x,y;z_0(x,y),\partial z_0(x,y)/\partial x, \partial z_0(x,y)/\partial y)}{\partial z \partial q}$$
$$- \frac{\partial^2 z_0(x,y)}{\partial x^2} \frac{\partial^2 F(x,y;z_0(x,y),\partial z_0(x,y)/\partial x, \partial z_0(x,y)/\partial y)}{\partial p^2}$$

$$- \frac{\partial^2 z_0(x,y)}{\partial y^2} \frac{\partial^2 F\,(x,y;z_0(x,y),\partial z_0(x,y)/\partial x,\partial z_0(x,y)/\partial y)}{\partial q^2}$$

$$- 2\frac{\partial^2 z_0(x,y)}{\partial x \partial y} \frac{\partial^2 F\,(x,y;z_0(x,y),\partial z_0(x,y)/\partial x,\partial z_0(x,y)/\partial y)}{\partial p \partial q} = 0$$

(3-6-12)

でなければならない．式 (3-6-11) あるいは式 (3-6-12) が，汎関数 $I$ が停留値をとるような 2 変数関数 $z = z_0(x,y)$ を決定する 2 階の偏微分方程式のオイラー方程式である．

ここまでの解析は，$n$ 個の独立変数を含むケース

$$I = \iint_S F(x_1, x_2, \ldots, x_n; z, p_1, p_2, \ldots, p_n)\,dxdy$$

$$z = z(x_1, x_2, \ldots, x_n), \qquad p_k \equiv \frac{\partial z}{\partial x_k} \quad (k = 1, 2, \ldots, n)$$

（$n-1$ 次元の境界上で $z = z(x_1, x_2, \ldots, x_n)$ を固定する）　(3-6-13)

に（グリーンの定理を含めて）容易に拡張することができ，その結果，式 (3-6-13) が停留値をとる（必要十分）条件は，$z = z(x_1, x_2, \ldots, x_n)$ が 2 階の偏微分方程式であるオイラー方程式

$$\frac{\partial F(x_1, x_2, \ldots, x_n; z_0, p_1, p_2, \ldots, p_n)}{\partial z} - \sum_{k=1}^{n} \frac{\partial}{\partial x_k} \frac{\partial F(x_1, x_2, \ldots, x_n; z_0, p_1, p_2, \ldots, p_n)}{\partial p_k} = 0 \qquad \text{(3-6-13a)}$$

を満たすこととなる．

## ■ 3-6-2　オイラー方程式の解の存在と一意性

オイラー方程式（3-6-11，あるいは 12）は 2 階偏微分方程式であり，コーシーの存在と一意性定理 [4] により，次の二つの境界条件を満たす，$x$-$y$ 平面上の曲線 $C_0$

$$b(x,y) = 0$$

で囲まれる，$x$-$y$ 平面内の領域 $S$ で定義される一意的な解（解曲面）$z(x,y)$ をもつ．

① 任意の指定された曲線 $C_0$（境界：ただし，以下で明らかになる二つの特異な曲線群に属さない）上で従属変数 $z$ が任意の指定された値 $Z(x,y)$ をとる．ただし $z(x,y)$ は有界で変数 $(x,y)$ について任意階微分可能であるとする．

② 同じ曲線 $C_0$ 上で，二つの 1 階偏導関数 $p \equiv \partial z(x,y)/\partial x, q \equiv \partial z(x,y)/\partial y$ のうちいずれかが任意の指定された値をとる．ただしその 1 階偏導関数は有界で変数 $(x,y)$ について任意階微分可能であるとする．

以下にその証明の概略を述べる．

曲線 $C_0$

$$b(x,y)=0$$

上では

$$\frac{\partial b(x,y)}{\partial x}dx+\frac{\partial b(x,y)}{\partial y}dy=0$$

である．$y$ による 1 階偏導関数を $q=\partial z(x,y)/\partial y$ であるとし，その $C_0$ 上での値を $Z_y(x,y)$ とかく．

解曲面上では

$$dz(x,y)=\frac{\partial z(x,y)}{\partial x}dx+\frac{\partial z(x,y)}{\partial y}dy$$

が成立するので，その境界である曲線 $C$ 上では

$$\frac{\partial Z(x,y)}{\partial x}dx+\frac{\partial Z(x,y)}{\partial y}dy=pdx+Z_y(x,y)dy$$

となる．したがって，指定されていないほうの 1 階偏導関数

$$p=Z_x(x,y)\equiv\frac{\partial Z(x,y)}{\partial x}+\left(\frac{\partial Z(x,y)}{\partial y}-Z_y(x,y)\right)\theta,\qquad \theta\equiv\frac{dy}{dx}$$

を得る．つまり，関数 $p=Z_x(x,y)$ は曲線 $C_0$ 上で $(x,y)$ の関数として決定される．

さらに，解曲面上では

$$dp=rdx+sdy,\qquad r\equiv\frac{\partial^2 z(x,y)}{\partial x^2},\qquad s\equiv\frac{\partial^2 z(x,y)}{\partial x\partial y}$$

$$dq=sdx+tdy,\qquad t\equiv\frac{\partial^2 z(x,y)}{\partial y^2}$$

が成立するので，曲線 $C_0$ 上では

$$r\,dx+s\,dy=\frac{\partial Z_x(x,y)}{\partial x}\,dx+\frac{\partial Z_x(x,y)}{\partial y}\,dy$$

$$s\,dx+t\,dy=\frac{\partial Z_y(x,y)}{\partial x}\,dx+\frac{\partial Z_y(x,y)}{\partial y}\,dy$$

となる．これから，2 階偏導関数三つのうち $r,s$ をもう一つの $t$ の関数として次のように表すことができる．

$$r=-\left(-t+\frac{\partial Z_y(x,y)}{\partial y}\right)\theta^2+\left(\frac{\partial Z_x(x,y)}{\partial y}-\frac{\partial Z_y(x,y)}{\partial x}\right)\theta+\frac{\partial Z_x(x,y)}{\partial x}\tag{3-6-14}$$

$$s=\left(-t+\frac{\partial Z_y(x,y)}{\partial y}\right)\theta+\frac{\partial Z_y(x,y)}{\partial x}$$

式 (3-6-12) を $p = Z_x(x, y)$，$q = Z_y(x, y)$ および $r, s, t$ で表すと

$$
\begin{aligned}
&\frac{\partial F\left(x, y; z_0(x, y), \partial z_0(x, y)/\partial x, \partial z_0(x, y)/\partial y\right)}{\partial z} \\
&\quad - \frac{\partial^2 F\left(x, y; z_0(x, y), \partial z_0(x, y)/\partial x, \partial z_0(x, y)/\partial y\right)}{\partial x \partial p} \\
&\quad - \frac{\partial^2 F\left(x, y; z_0(x, y), \partial z_0(x, y)/\partial x, \partial z_0(x, y)/\partial y\right)}{\partial y \partial q} \\
&\quad - p\frac{\partial^2 F\left(x, y; z_0(x, y), \partial z_0(x, y)/\partial x, \partial z_0(x, y)/\partial y\right)}{\partial z \partial p} \\
&\quad - q\frac{\partial^2 F\left(x, y; z_0(x, y), \partial z_0(x, y)/\partial x, \partial z_0(x, y)/\partial y\right)}{\partial z \partial q} \\
&\quad - r\frac{\partial^2 F\left(x, y; z_0(x, y), \partial z_0(x, y)/\partial x, \partial z_0(x, y)/\partial y\right)}{\partial p^2} \\
&\quad - t\frac{\partial^2 F\left(x, y; z_0(x, y), \partial z_0(x, y)/\partial x, \partial z_0(x, y)/\partial y\right)}{\partial q^2} \\
&\quad - 2s\frac{\partial^2 F\left(x, y; z_0(x, y), \partial z_0(x, y)/\partial x, \partial z_0(x, y)/\partial y\right)}{\partial p \partial q} = 0
\end{aligned}
$$

となるので，式 (3-6-14) により $r, s$ を $t$ で表した後の式中の $t$ の係数である

$$
\begin{aligned}
&\theta^2\frac{\partial^2 F\left(x, y; z_0(x, y), \partial z_0(x, y)/\partial x, \partial z_0(x, y)/\partial y\right)}{\partial p^2} \\
&\quad + \frac{\partial^2 F\left(x, y; z_0(x, y), \partial z_0(x, y)/\partial x, \partial z_0(x, y)/\partial y\right)}{\partial q^2} \\
&\quad - 2\theta\frac{\partial^2 F\left(x, y; z_0(x, y), \partial z_0(x, y)/\partial x, \partial z_0(x, y)/\partial y\right)}{\partial p \partial q}
\end{aligned}
$$

が 0 でないかぎり，$(x, y)$ の関数として $t$ が決定される．すなわち，曲線 $C$ 上で 1 階および 2 階のすべての導関数 $p, q, r, s, t$ が決定された（このうち $q = Z_y(x, y)$ は境界条件として与えられている）．

同じ方法により 3 階以上の偏導関数を得ることができる．すなわち 2 変数のテイラー級数解が得られ，それが絶対かつ一様収束することを証明できる．その条件は

$$
\begin{aligned}
&\frac{\partial^2 F\left(x, y; z_0(x, y), \partial z_0(x, y)/\partial x, \partial z_0(x, y)/\partial y\right)}{\partial p^2}\left(\frac{\partial b(x, y)}{\partial x}\right)^2 \\
&\quad + \frac{\partial^2 F\left(x, y; z_0(x, y), \partial z_0(x, y)/\partial x, \partial z_0(x, y)/\partial y\right)}{\partial q^2}\left(\frac{\partial b(x, y)}{\partial y}\right)^2 \\
&\quad - 2\frac{\partial^2 F\left(x, y; z_0(x, y), \partial z_0(x, y)/\partial x, \partial z_0(x, y)/\partial y\right)}{\partial p \partial q}\frac{\partial b(x, y)}{\partial x}\frac{\partial b(x, y)}{\partial y} = 0
\end{aligned}
\tag{3-6-15}
$$

でないことである．すなわち，本項はじめの①で曲線 $C$ の候補から除外された曲線群は式 (3-6-15) を満たす曲線群である．

## 3-6-3　境界移動問題

独立変数が 1 個の問題における端点移動問題に対応する，独立変数が 2 個の問題における境界(曲線)の移動を含む問題を考える．この場合，汎関数

$$I = \int_{y_1}^{y_2}\int_{x_1}^{x_2} F(x, y; z, p, q)dxdy \qquad z = z(x, y),\ p \equiv \frac{\partial z}{\partial x},\ q \equiv \frac{\partial z}{\partial y}$$

の全変分は

$$\begin{aligned}
\Delta I &= \int_{y_1+dy_1}^{y_2+dy_2}\int_{x_1+dx_1}^{x_2+dx_2} F(x, y; z_0 + \delta z, p_0 + \delta p, q_0 + \delta q)\,dxdy \\
&\quad - \int_{y_1}^{y_2}\int_{x_1}^{x_2} F(x, y; z_0, p_0, q_0)\,dxdy \\
&z_0 = z_0(x, y), \qquad p_0 \equiv \frac{\partial z_0}{\partial x}, \qquad q_0 \equiv \frac{\partial z_0}{\partial y}, \\
&dx_2 = O(\varepsilon), \qquad dy_2 = O(\varepsilon)
\end{aligned}$$

である．さて，

$$\begin{aligned}
&\int_{y_1+dy_1}^{y_2+dy_2}\int_{x_1+dx_1}^{x_2+dx_2} F(x, y; z_0+\delta z, p_0+\delta p, q_0+\delta q)\,dxdy \\
&= \int_{y_1+dy_1}^{y_2+dy_2}\left[\left(\int_{x_2}^{x_2+dx_2} + \int_{x_1}^{x_2} + \int_{x_1+dx_1}^{x_1}\right) F(x, y; z_0+\delta z, p_0+\delta p, q_0+\delta q)dx\right] dy \\
&= \int_{y_1+dy_1}^{y_2+dy_2}\left[\int_{x_1}^{x_2} F(x, y; z_0+\delta z, p_0+\delta p, q_0+\delta q)\,dx\right. \\
&\quad \left. + \left(\bar{F}_2(x, y; z_0+\delta z, p_0+\delta p, q_0+\delta q)\,dx_2 - \bar{F}_1(x, y; z_0+\delta z, p_0+\delta p, q_0+\delta q)\,dx_1\right)\right] dy
\end{aligned} \tag{3-6-16}$$

である．ここに $\bar{F}_2(x, y; z_0 + \delta z, p_0 + \delta p, q_0 + \delta q), \bar{F}_1(x, y; z_0 + \delta z, p_0 + \delta p, q_0 + \delta q)$ はそれぞれ区間 $(x_2, x_2 + dx_2), (x_1, x_1 + dx_1)$ における $F(x, y; z_0 + \delta z, p_0 + \delta p, q_0 + \delta q)$ の平均値である．

さて，第 1 変分を考えるとき，$dx_2 = O(\varepsilon)(dy_2 = O(\varepsilon))$ であるから，式 (3-6-16) の最終境界積分において，積分の上下限を $y_1, y_2$ とすることができ，また

$$\bar{F}_2(x, y; z_0 + \delta z, p_0 + \delta p, q_0 + \delta q), \qquad \bar{F}_1(x, y; z_0 + \delta z, p_0 + \delta p, q_0 + \delta q)$$

をそれぞれ

$$F(x_2, y; z_0, p_0, q_0), \qquad F(x_1, y; z_0, p_0, q_0)$$

で置き換えることができる．したがって，第1変分はまず

$$\begin{aligned}
\delta^1 I = &\int_{y_1+dy_1}^{y_2+dy_2} \left( \int_{x_1}^{x_2} F(x, y; z_0 + \delta z, p_0 + \delta p, q_0 + \delta q) \right) dxdy \\
&- \int_{y_1}^{y_2} \int_{x_1}^{x_2} F(x, y; z_0, p_0, q_0)\, dxdy \\
&+ \int_{y_1}^{y_2} (F(x_2, y; z_0, p_0, q_0)dx_2 - F(x_1, y; z_0, p_0, q_0)dx_1)\, dy
\end{aligned}$$

とかける．右辺第1項の重積分のうち変数 $y$ に関する積分についても同様の操作を行うと，

$$\begin{aligned}
\delta^1 I = &\int_{y_1}^{y_2} \left( \int_{x_1}^{x_2} F(x, y; z_0 + \delta z, p_0 + \delta p, q_0 + \delta q) - F(x, y; z_0, p_0, q_0) \right) dxdy \\
&+ \int_{y_1}^{y_2} (F(x_2, y; z_0, p_0, q_0)\, dx_2 - F(x_1, y; z_0, p_0, q_0)\, dx_1)\, dy \\
&- \int_{x_1}^{x_2} (F(x, y_2; z_0, p_0, q_0)\, dy_2 - F(x, y_1; z_0, p_0, q_0)\, dy_1)\, dx
\end{aligned}$$

となり，式 (3-6-8) を導いたのと同じ操作により，

$$\begin{aligned}
\delta^1 I = &\int_{y_1}^{y_2} \int_{x_1}^{x_2} \delta z \left( \frac{\partial}{\partial z} - \frac{\partial}{\partial x}\frac{\partial}{\partial p} - \frac{\partial}{\partial y}\frac{\partial}{\partial q} \right) F(x, y; z_0, p_0, q_0)\, dxdy \\
&+ \int_{y_1}^{y_2} \delta z \frac{\partial}{\partial p} (F(x_2, y; z_0, p_0, q_0) - F(x_1, y; z_0, p_0, q_0))\, dy \\
&- \int_{x_1}^{x_2} \delta z \frac{\partial}{\partial q} (F(x, y_2; z_0, p_0, q_0) + F(x, y_1; z_0, p_0, q_0))\, dx \\
&+ \int_{y_1}^{y_2} (F(x_2, y; z_0, p_0, q_0)\, dx_2 - F(x_1, y; z_0, p_0, q_0)\, dx_1)\, dy \\
&- \int_{x_1}^{x_2} (F(x, y_2; z_0, p_0, q_0)dy_2 - F(x, y_1; z_0, p_0, q_0)\, dy_1)\, dx
\end{aligned}$$

すなわち，

$$\begin{aligned}
\delta^1 I = &\int_{y_1}^{y_2} \int_{x_1}^{x_2} \delta z \left( \frac{\partial}{\partial z} - \frac{\partial}{\partial x}\frac{\partial}{\partial p} - \frac{\partial}{\partial y}\frac{\partial}{\partial q} \right) F(x, y; z_0, p_0, q_0)\, dxdy \\
&+ \int_{y_1}^{y_2} \left( \delta z \frac{\partial}{\partial p} F(x_2, y; z_0, p_0, q_0) + F(x_2, y; z_0, p_0, q_0)dx_2 \right) dy \\
&- \int_{y_1}^{y_2} \left( \delta z \frac{\partial}{\partial p} F(x_1, y; z_0, p_0, q_0) + F(x_1, y; z_0, p_0, q_0)dx_1 \right) dy
\end{aligned}$$

$$
\begin{aligned}
&-\int_{x_1}^{x_2}\left(\delta z\frac{\partial}{\partial q}F(x,y_2;z_0,p_0,q_0)+F(x,y_2;z_0,p_0,q_0)dy_2\right)dx\\
&+\int_{x_1}^{x_2}\left(\delta z\frac{\partial}{\partial q}F(x,y_1;z_0,p_0,q_0)+F(x,y_1;z_0,p_0,q_0)dy_1\right)dx \quad (3\text{-}6\text{-}17)
\end{aligned}
$$

を得る．したがって，領域内でオイラー方程式を満たさなければならないのに加えて，境界上において複数の独立変数を含む変分問題の横断条件

$$
\begin{aligned}
&\int_C\left[\left(\delta z\frac{\partial}{\partial p}F(x_1,y;z_0,p_0,q_0)+F(x_1,y;z_0,p_0,q_0)dx_1\right)dy\right.\\
&\left.\quad-\left(\delta z\frac{\partial}{\partial q}F(x,y_1;z_0,p_0,q_0)+F(x,y_1;z_0,p_0,q_0)dy_1\right)dx\right]=0
\end{aligned}
$$

を満たさなければならない．

さて，境界上の点 $\mathrm{P}(x,y,z)$ が所定の曲線(境界形状は全体として変化しない)または曲面上を $\mathrm{P}(x+dx_1,y+dy_1,z+dz_1)$ に移動したとすると，1 次近似では

$$
\delta z=dz_1-\frac{\partial z_0}{\partial x}dx_1-\frac{\partial z_0}{\partial y}dy_1
$$

である．ゆえに境界上のすべての点において

$$
\begin{aligned}
&\left[\left(dz_1-\frac{\partial z_0}{\partial x}dx_1-\frac{\partial z_0}{\partial y}dy_1\right)\frac{\partial}{\partial p}F(x,y;z_0,p_0,q_0)+F(x,y;z_0,p_0,q_0)dx_1\right]dy\\
&-\left[\left(dz_1-\frac{\partial z_0}{\partial x}dx_1-\frac{\partial z_0}{\partial y}dy_1\right)\frac{\partial}{\partial q}F(x,y;z_0,p_0,q_0)+F(x,y;z_0,p_0,q_0)dy_1\right]dx=0
\end{aligned}
\quad (3\text{-}6\text{-}18)
$$

を満たさなければならない．

① 確定した曲線

$$
b_1(x,y,z)=0,\qquad b_2(x,y,z)=0
$$

上を境界が移動可能である(境界形状は全体として変化しない)場合には，$dx_1,dy_1,dz_1$ は拘束条件

$$
\begin{aligned}
&\frac{\partial b_1(x,y,z)}{\partial x}dx_1+\frac{\partial b_1(x,y,z)}{\partial y}dy_1+\frac{\partial b_1(x,y,z)}{\partial z}dz_1=0\\
&\frac{\partial b_2(x,y,z)}{\partial x}dx_1+\frac{\partial b_2(x,y,z)}{\partial y}dy_1+\frac{\partial b_2(x,y,z)}{\partial z}dz_1=0
\end{aligned}
$$

を満たすので，式 (3-6-18) は

$$
\left[\left(\begin{vmatrix}\dfrac{\partial b_1(x,y,z)}{\partial x} & \dfrac{\partial b_2(x,y,z)}{\partial x}\\ \dfrac{\partial b_1(x,y,z)}{\partial y} & \dfrac{\partial b_2(x,y,z)}{\partial y}\end{vmatrix}-\frac{\partial z_0}{\partial x}\begin{vmatrix}\dfrac{\partial b_1(x,y,z)}{\partial y} & \dfrac{\partial b_2(x,y,z)}{\partial y}\\ \dfrac{\partial b_1(x,y,z)}{\partial z} & \dfrac{\partial b_2(x,y,z)}{\partial z}\end{vmatrix}\right.\right.
$$

$$
-\frac{\partial z_0}{\partial y}\begin{vmatrix}\dfrac{\partial b_1(x,y,z)}{\partial z} & \dfrac{\partial b_2(x,y,z)}{\partial z}\\ \dfrac{\partial b_1(x,y,z)}{\partial x} & \dfrac{\partial b_2(x,y,z)}{\partial x}\end{vmatrix}\Bigg) \frac{\partial F(x,y;z_0,p_0,q_0)}{\partial p}
$$

$$
+F(x,y;z_0,p_0,q_0)\begin{vmatrix}\dfrac{\partial b_1(x,y,z)}{\partial y} & \dfrac{\partial b_2(x,y,z)}{\partial y}\\ \dfrac{\partial b_1(x,y,z)}{\partial z} & \dfrac{\partial b_2(x,y,z)}{\partial z}\end{vmatrix}\Bigg] dy
$$

$$
-\Bigg[\Bigg(\begin{vmatrix}\dfrac{\partial b_1(x,y,z)}{\partial x} & \dfrac{\partial b_2(x,y,z)}{\partial x}\\ \dfrac{\partial b_1(x,y,z)}{\partial y} & \dfrac{\partial b_2(x,y,z)}{\partial y}\end{vmatrix} - \frac{\partial z_0}{\partial x}\begin{vmatrix}\dfrac{\partial b_1(x,y,z)}{\partial y} & \dfrac{\partial b_2(x,y,z)}{\partial y}\\ \dfrac{\partial b_1(x,y,z)}{\partial z} & \dfrac{\partial b_2(x,y,z)}{\partial z}\end{vmatrix}
$$

$$
-\frac{\partial z_0}{\partial y}\begin{vmatrix}\dfrac{\partial b_1(x,y,z)}{\partial z} & \dfrac{\partial b_2(x,y,z)}{\partial z}\\ \dfrac{\partial b_1(x,y,z)}{\partial x} & \dfrac{\partial b_2(x,y,z)}{\partial x}\end{vmatrix}\Bigg) \frac{\partial F(x,y;z_0,p_0,q_0)}{\partial q}
$$

$$
-F(x,y;z_0,p_0,q_0)\begin{vmatrix}\dfrac{\partial b_1(x,y,z)}{\partial z} & \dfrac{\partial b_2(x,y,z)}{\partial z}\\ \dfrac{\partial b_1(x,y,z)}{\partial x} & \dfrac{\partial b_2(x,y,z)}{\partial x}\end{vmatrix}\Bigg] dx = 0
$$

となる．

② 確定した曲面

$$
b_3(x,y,z) = 0
$$

上を境界が移動可能である場合には，$dx_1, dy_1, dz_1$ は拘束条件

$$
\frac{\partial b_3(x,y,z)}{\partial x}dx_1 + \frac{\partial b_3(x,y,z)}{\partial y}dy_1 + \frac{\partial b_3(x,y,z)}{\partial z}dz_1 = 0
$$

を満たすので，式 (3-6-18) は

$$
\frac{F(x,y;z_0,p_0,q_0)dy - \dfrac{\partial z_0}{\partial x}\left(\dfrac{\partial}{\partial p}F(x,y;z_0,p_0,q_0)\,dy - \dfrac{\partial}{\partial q}F(x,y;z_0,p_0,q_0)\,dx\right)}{\dfrac{\partial b_3(x,y,z)}{\partial x}}
$$

$$
= \frac{-F(x,y;z_0,p_0,q_0)dx - \dfrac{\partial z_0}{\partial y}\left(\dfrac{\partial}{\partial q}F(x,y;z_0,p_0,q_0)dy - \dfrac{\partial}{\partial q}F(x,y;z_0,p_0,q_0)dx\right)}{\dfrac{\partial b_3(x,y,z)}{\partial y}}
$$

$$
= \frac{\dfrac{\partial}{\partial q}F(x,y;z_0,p_0,q_0)dy - \dfrac{\partial}{\partial q}F(x,y;z_0,p_0,q_0)dx}{\dfrac{\partial b_3(x,y,z)}{\partial z}}
$$

となる．

### 3-6-4　第 2 変分とその標準化

3-6-2 項で調べたように，特異なものを除く「適切な」境界条件を与えると，オイラー(偏微分)方程式の一意的な解：停留解 $z_0 = z_0(x, y)$ が得られる．その結果，従属変数 $z$ にこの停留解 $z = z_0(x, y)$ を代入した汎関数の被積分関数

$$F(x, y; z_0, p_0, q_0), \qquad z_0 = z_0(x, y), \qquad p_0 \equiv \frac{\partial z_0}{\partial x}, \qquad q_0 \equiv \frac{\partial z_0}{\partial y}$$

(およびその偏導関数)は $(x, y)$ の関数として定まる．

さて，停留解 $z = z_0(x, y)$ からの全変分の主要部 [15] は第 2 変分である．

$$\delta^2 I = \iint_S \delta^2 F\, dxdy = \iint_S \varphi''(0)\varepsilon^2\, dxdy = \iint_S 2\Omega\, dxdy$$

$$\begin{aligned}\Omega \equiv & \frac{1}{2}F_{z,z}(x, y; z_0, p_0, q_0)(\delta z)^2 + F_{z,p}(x, y; z_0, p_0, q_0)\delta z\delta p \\ & + F_{z,q}(x, y; z_0, p_0, q_0)\delta z\delta q + \frac{1}{2}F_{p,p}(x, y; z_0, p_0, q_0)(\delta p)^2 \\ & + F_{p,q}(x, y; z_0, p_0, q_0)\delta p\delta q + \frac{1}{2}F_{q,q}(x, y; z_0, p_0, q_0)(\delta q)^2 \end{aligned} \tag{3-6-18a}$$

ここで，第 2 変分の被積分関数 $2\Omega$ を次の偏微分方程式

$$\begin{aligned} & \mu^2\left(F_{z,z}(x, y; z_0, p_0, q_0) - \frac{\partial A}{\partial x} - \frac{\partial B}{\partial y}\right) \\ & \quad = F_{p,p}(x, y; z_0, p_0, q_0)\left(\frac{\partial \mu}{\partial x}\right)^2 + 2F_{p,q}(x, y; z_0, p_0, q_0)\frac{\partial \mu}{\partial x}\frac{\partial \mu}{\partial y} \\ & \qquad + F_{q,q}(x, y; z_0, p_0, q_0)\left(\frac{\partial \mu}{\partial y}\right)^2 \\ & A \equiv F_{z,p}(x, y; z_0, p_0, q_0) + F_{p,p}(x, y; z_0, p_0, q_0)\frac{\partial \mu/\partial x}{\mu} \\ & \qquad + F_{p,q}(x, y; z_0, p_0, q_0)\frac{\partial \mu/\partial y}{\mu} \\ & B \equiv F_{z,q}(x, y; z_0, p_0, q_0) + F_{p,q}(x, y; z_0, p_0, q_0)\frac{\partial \mu/\partial x}{\mu} \\ & \qquad + F_{q,q}(x, y; z_0, p_0, q_0)\frac{\partial \mu/\partial y}{\mu} \end{aligned} \tag{3-6-19}$$

の解 $\mu(x, y)$ を用いて

$$\begin{aligned} 2\Omega = & F_{p,p}(x, y; z_0, p_0, q_0)\left(\frac{\partial \delta z}{\partial x} - \frac{\partial \mu/\partial x}{\mu}\delta z\right)^2 \\ & + F_{q,q}(x, y; z_0, p_0, q_0)\left(\frac{\partial \delta z}{\partial y} - \frac{\partial \mu/\partial y}{\mu}\delta z\right)^2 \end{aligned}$$

$$+ 2F_{p,q}(x,y;z_0,p_0,q_0)\left(\frac{\partial\delta z}{\partial x}-\frac{\partial\mu/\partial x}{\mu}\delta z\right)\left(\frac{\partial\delta z}{\partial y}-\frac{\partial\mu/\partial y}{\mu}\delta z\right)$$
$$+\frac{\partial}{\partial x}\left[A(x,y)(\delta z)^2\right]+\frac{\partial}{\partial y}\left[B(x,y)(\delta z)^2\right] \tag{3-6-20}$$

と書き換えることができる．式 (3-6-20) により第2変分は

$$\begin{aligned}\delta^2 I &= \int_{y_1}^{y_2}\int_{x_1}^{x_2} 2\Omega dxdy\\ &= \int_{y_1}^{y_2}\int_{x_1}^{x_2}\left[F_{p,p}(x,y;z_0,p_0,q_0)\left(\frac{\partial\delta z}{\partial x}-\frac{\partial\mu/\partial x}{\mu}\delta z\right)^2\right.\\ &\quad + 2F_{p,q}(x,y;z_0,p_0,q_0)\left(\frac{\partial\delta z}{\partial x}-\frac{\partial\mu/\partial x}{\mu}\delta z\right)\left(\frac{\partial\delta z}{\partial y}-\frac{\partial\mu/\partial y}{\mu}\delta z\right)\\ &\quad \left.+ F_{q,q}(x,y;z_0,p_0,q_0)\left(\frac{\partial\delta z}{\partial y}-\frac{\partial\mu/\partial y}{\mu}\delta z\right)^2\right]dxdy\\ &\quad + \int_{y_1}^{y_2}\left[A(x,y)(\delta z)^2\right]_{x_1}^{x_2}dy + \int_{x_1}^{x_2}\left[B(x,y)(\delta z)^2\right]_{y_1}^{y_2}dx\end{aligned} \tag{3-6-21}$$

であるが，最終2項の境界積分は $\delta z = 0$ のため消える．

■[ルジャンドル試験]

式 (3-6-20) より，もし，積分領域内で

$$\frac{\partial\delta z}{\partial x}-\frac{\partial\mu/\partial x}{\mu}\delta z, \qquad \frac{\partial\delta z}{\partial y}-\frac{\partial\mu/\partial y}{\mu}\delta z \tag{3-6-22}$$

の両方が恒等的に0になることがなく，$F_{p,p}(x,y;z_0,p_0,q_0)$ および $F_{q,q}(x,y;z_0,p_0,q_0)$ がそれぞれ定符号であり，

$$F_{p,p}(x,y;z_0,p_0,q_0)F_{q,q}(x,y;z_0,p_0,q_0)-\left(F_{p,q}(x,y;z_0,p_0,q_0)\right)^2>0 \tag{3-6-23}$$

であるならば，式 (3-6-23) を満たすために同符号でなければならない $F_{p,p}(x,y;z_0,p_0,q_0)$ および $F_{q,q}(x,y;z_0,p_0,q_0)$ が正（負）のとき極小（大）である．

一方，積分領域内で式 (3-6-22) の両方が恒等的に0になる可能性がある場合についての解析，すなわち基本問題における付帯方程式，共役点の一般化は，本書では行わない．

## ■ 3-6-5　複数の独立変数および従属変数を含む変分問題

本節の複数の独立変数を含む変分問題において，従属変数もまた複数になった場合

$$I = \int_{x_{n1}}^{x_{n2}} dx_n \cdots \int_{x_{21}}^{x_{22}} dx_2 \int_{x_{11}}^{x_{12}} dx_1 F\Big(x_1, x_2, \ldots, x_n; y_1(x_1, x_2, \ldots, x_n),$$

$$y_2(x_1, x_2, \ldots, x_n), \ldots, y_m(x_1, x_2, \ldots, x_n); \frac{\partial y_1}{\partial x_1}, \frac{\partial y_1}{\partial x_2}, \ldots, \frac{\partial y_1}{\partial x_n},$$
$$\left.\frac{\partial y_2}{\partial x_1}, \frac{\partial y_2}{\partial x_2}, \ldots, \frac{\partial y_2}{\partial x_n}, \ldots, \frac{\partial y_m}{\partial x_1}, \frac{\partial y_m}{\partial x_2}, \ldots, \frac{\partial y_m}{\partial x_n}\right) \quad \text{（端点・境界面固定）}$$

の第 1 変分を停留化する条件を求める．この場合も各従属変数の変分を独立にとることができ，各従属変数について式 (3-6-13a) が成立するので，停留関数群

$$y_1(x_1, x_2, \ldots, x_n), \quad y_2(x_1, x_2, \ldots, x_n), \quad \ldots, \quad y_m(x_1, x_2, \ldots, x_n)$$

の満たすべきオイラー方程式は，連立方程式

$$\frac{\partial F}{\partial y_1} - \sum_{j=1}^{n} \frac{\partial}{\partial x_j}\left[\frac{\partial F}{\partial(\partial y_1/\partial x_j)}\right] = 0, \quad \frac{\partial F}{\partial y_2} - \sum_{j=1}^{n} \frac{\partial}{\partial x_j}\left[\frac{\partial F}{\partial(\partial y_2/\partial x_j)}\right] = 0,$$
$$\ldots, \quad \frac{\partial F}{\partial y_m} - \sum_{j=1}^{n} \frac{\partial}{\partial x_j}\left[\frac{\partial F}{\partial(\partial y_m/\partial x_j)}\right] = 0 \quad \text{(3-6-24)}$$

となる．

## 第 3 章の演習問題

**3-1 節**

**3-1**
$$I(y) = \int_{s_1}^{s_2} G(x, y)\, ds = \int_{x_1}^{x_2} G(x, y)\sqrt{1 + y'^2}\, dx$$
$$F(x, y, y') = G(x, y)\sqrt{1 + y'^2}, \qquad G(x_1, g_1(x_1)) \neq 0, G(x_2, g_2(x_2)) \neq 0$$

において，端点 $P_1(x_1, y_1)$, $P_2(x_2, y_2)$ がそれぞれ曲線 $T_1(y = g_1(x))$, $T_2(y = g_2(x))$ に沿って移動する場合，停留曲線は曲線 $T_1$, $T_2$ に直交することを示せ．

**3-2** ［**最速降下線の 1 端点移動問題**］（例 1-9，例題 2-3 参照）

直線 $T_2$ と，$T_2$ 上にない点 $P_1$ が鉛直面内にある．静止した粒子が点 $P_1$ から重力を受けつつその鉛直面内の滑らかな曲線に沿って直線 $T_2$ 上のある点 $P_2$ まですべり降りる．この条件下でもっとも短い到達時間を実現する曲線（最速降下線）を求めよ．

**3-3**
$$I = \int_0^{x_2} \frac{\sqrt{y'^2 + 1}}{y}\, dx, \qquad y(0) = 0$$

の右端点が次のそれぞれの上を動くときの停留曲線を求めよ．

(1) $y = x - 2$　　(2) $(x - 4)^2 + y^2 = 4$

**3-2 節**

**3-4**
$$\frac{\partial^2 F}{\partial y'^2}\frac{\partial^2 F}{\partial z'^2} - \left(\frac{\partial^2 F}{\partial y' \partial z'}\right)^2 \neq 0 \qquad (x_1 \leq x \leq x_2) \quad \text{(e3-1)}$$

のとき，$I = \int_{x_1}^{x_2} F(y', z')\, dx$ の停留曲線は 3 次元空間内の直線群であることを示せ．

**3-5** 次の汎関数の端点固定 $y(x_1)=y_1, z(x_1)=z_1,\ y(x_2)=y_2, z(x_2)=z_2$ の場合の停留曲線を求めよ．

(1) $I=\displaystyle\int_{x_1}^{x_2}(y'^2+z'^2)\,dx$　　(2) $I=\displaystyle\int_{x_1}^{x_2}(y'^2+z'^2-yz)\,dx$

(3) $I=\displaystyle\int_{x_1}^{x_2}(y'^2+z'^2+y-z)\,dx$

**3-3 節**

**3-6** 式 (3-3-3a〜c) が成立することを示せ．

**3-7** 平面上の最短路

$$I=\int_{t_1}^{t_2}\sqrt{\left(\frac{dx}{dt}\right)^2+\left(\frac{dy}{dt}\right)^2}\,dt$$

端点固定：$(x(t_1),y(t_1))=(x_1,y_1),(x(t_2),y(t_2))=(x_2,y_2)$

を最小にする曲線を求めよ．

**3-8** 最速降下線（例題 2-3 参照）

$$I=\int_{t_1}^{t_2}\frac{\sqrt{(dx/dt)^2+(dy/dt)^2}}{\sqrt{y}}\,dt\qquad(y>0)$$

端点固定：$(x(t_1),y(t_1))=(x_1,y_1),\ (x(t_2),y(t_2))=(x_2,y_2)$

を最小にする曲線を求めよ．

**3-9** ［**例題 2-2 再訪**］

通常問題

$$I=\int_0^1(y')^2dx\qquad \text{端点固定：}\mathrm{P}_1(0,0),\mathrm{P}_2(1,1)$$

の極小曲線は線分 $\mathrm{P}_1\mathrm{P}_2$（極小値 $I=1$）である．しかしこの問題に対応する媒介変数問題

$$I=\int_{t_2}^{t_2}\frac{(dy/dt)^2}{(dx/dt)^2}\frac{dx}{dt}dt=\int_{t_2}^{t_2}\frac{(dy/dt)^2}{dx/dt}dt$$

においては，通常問題の極小曲線（線分 $\mathrm{P}_1\mathrm{P}_2$）の任意の近傍に，図 1-10 に示すような折れ線（$(dy/dt)/(dx/dt)$ が $x$ 軸に平行な部分では 0，斜めの部分では線分の勾配（$-k<0$：任意）に等しい）の径路を描くことができ，その径路をとるとき $I=-k$ である．$k$ は任意の値をとりうる（図 1-10）ので，通常問題の極小曲線（線分 $\mathrm{P}_1\mathrm{P}_2$）は媒介変数問題の極小曲線ではない．これを $E$ 関数を求めることにより確認せよ．

**3-4 節**

**3-10** 面積 $\displaystyle\int_0^1 y\,dx=1, y(0)=0,\ y(1)=1$ の条件下で $\displaystyle\int_0^1 y'^2\,dx$ を最小にする $y(x)$ を求めよ．

**3-11** ［**例題 3-3 の具体例**］

曲線の長さ

$$\int_{-1}^{1} \sqrt{y'^2+1}\,dx = \frac{2\pi}{3} \tag{e3-2}$$

$$y(-1) = y(1) = 0$$

の条件下で面積 $\int_{-1}^{1} y\,dx$ を最大にする $y(x)$ を求めよ.

**3-12** 例題 3-4 中の式 (3-4-14) より

$$n = -\frac{x_1 + x_2}{2}$$

を得る. この $n$ を式 (3-4-15) に代入すると,

$$L = 2m \sinh \frac{x_2 - x_1}{2m}$$

を得る. $m$ に唯一の解があることを示せ.

**3-13** [与えられた **3** 次元曲面上の **2** 定点を結ぶ最短曲線]

3 次元曲面を表す代数型拘束条件 $G(x, y, z) = 0$ の下で媒介変数表示の変分

$$I = \int_{t_1}^{t_2} \sqrt{x'(t)^2 + y'(t)^2 + z'(t)^2}\,dt$$

を最小化するための定式化を行え.

**3-14** 次の代数型拘束条件付きの変分問題

$$G(x; y_1(x), y_2(x); y_1'(x), y_2'(x)) = y_1(x) - y_2(x)^2 = 0$$

$$I = \int_{x_1}^{x_2} F(x; y_1(x), y_2(x); y_1'(x), y_2'(x))\,dx$$

$$= \int_{x_1}^{x_2} (x^2 + y_1(x)^2 + y_2(x)^2 - y_1'(x)^2 - y_2'(x)^3)\,dx$$

を, ① 一つの変数を消去して基本問題として解いた場合と② 式 (3-4-31, 32) を連立して解いた場合で同じ常微分方程式が得られることを確認せよ.

**3-5 節**

**3-15** [被積分関数 $F$ が $x$ を陽に含まないとき]

$F(x; y; y', y'') = F(y; y', y'')$ であるとき, オイラー方程式 (3-5-5) は

$$F(y_0; y_0', y_0'') - y_0' \left( \frac{\partial}{\partial y'} F(y_0; y_0', y_0'') - \frac{d}{dx} \frac{\partial}{\partial y''} F(y_0; y_0', y_0'') \right)$$

$$- y_0'' \frac{\partial}{\partial y''} F(y_0; y_0', y_0'') = C$$

と積分できることを示せ.

**3-16** $$I = \int_0^1 y''(x)^2\,dx \qquad y(0) = 0,\ y(1) = 1$$

を導関数に関する境界条件が次の 2 種類の場合について極小化する関数 $y(x)$ を求めよ.

(1) $y'(0) - y'(1) = 0$ (2) 境界条件が付加されない.

**3-17** $$I = \int_0^1 (y''(x)^2 - 2y(x))\,dx \qquad y(0)=1,\ y'(0)=0,\ y(1)=1,\ y'(1)=1$$

を停留化する関数 $y(x)$ を求めよ.

**3-18** $$I = \int_0^{\pi/2} (y''(x)^2 + y'(x)^2 - 2y(x)^2 + f(x))\,dx \qquad f(x)\ \text{：任意関数}$$

$$y(0)=0,\ y'(0)=1,\ y\left(\frac{\pi}{2}\right)=-1,\ y'\left(\frac{\pi}{2}\right)=0$$

を停留化する関数 $y(x)$ を求めよ.

**3-6節**

**3-19** 汎関数

$$I(u) = \iiint_V \left[\left(\frac{\partial u(x,y,z)}{\partial x}\right)^2 + \left(\frac{\partial u(x,y,z)}{\partial y}\right)^2 + \left(\frac{\partial u(x,y,z)}{\partial z}\right)^2\right] dxdydz$$

が境界上において指定された値をとる場合のオイラー方程式を導け.

**3-20** 汎関数

$$I(u) = \iint_S \sqrt{\left(\frac{\partial u(x,y)}{\partial x}\right)^2 + \left(\frac{\partial u(x,y)}{\partial y}\right)^2 + 1}\ dxdy$$

が境界上において指定された値をとる場合のオイラー方程式を導け.

**3-21** 式 (3-6-19) を用いて式 (3-6-18a) から式 (3-6-20) を導け.

# 第 4 章

# 直接解法(微分方程式の近似解法)

前章までで採用してきた基本的な手続きは，汎関数の極値ないし停留値とそれを実現する解(関数・曲線)を求める変分問題を，オイラー方程式という一般に非線形の微分方程式の解を求めることに置き換えることであった．この方法を変分問題の**間接解法** (indirect methods) と呼ぶ．そこでは，オイラー方程式の解が存在するか否かを調べ，存在する場合には解を求めその性質を究明することが主要な課題であった．

しかし，汎関数の(全体的)極値を求めるためには，オイラー方程式の解である停留関数 $y_0(x)$ の近傍の局所的な汎関数の振舞いを調べるだけでは不十分であり，与えられた境界条件を満たす広範囲の関数にわたって汎関数の振舞いを調べる必要がある．特に，独立変数が複数になり対応するオイラー方程式が偏微分方程式となる場合(3-6 節)など，第 3 章のより複雑な一般化された問題や，実用上の問題に現れる複雑な境界形状をもつ問題においては，多くの場合微分方程式の厳密解を求めるという間接解法は功を奏さない．

間接解法とは対照的に，微分方程式を介在させることなく，有資格関数の選択による汎関数の収束の性質を重視する方法が，本章で解説する変分問題の**直接解法** (direct methods) である．

## 4-1　直接解法と極小列

本節では変分問題の直接解法の基礎理論を述べる．そこでは関数の極小列が主要な役割を担う．

### 4-1-1　直接解法の基本手続き

ある級 $K$ に属する有資格関数の上で定義された汎関数 $I(y(x))$ の全体的極小問題を解く，変分問題を考える．この問題を解く直接解法の中にはレイリー-リッツ法，差分法を始め多数の具体的方法があるが，それらに共通する基本手続きは次の通りである．

① ある有資格関数 $\widehat{y}(x)$ に対して汎関数 $I(\widehat{y}(x))$ が有限の値をとり，かつ有限な下限(infimum)が存在することを仮定する．

$$I(\widehat{y}(x)) < \infty, \qquad \inf_y I(y(x)) = \lambda > -\infty$$

② その場合，

$$\lim_{n\to\infty} I(y_n(x)) = \lambda$$

を満足する極小(無限)関数列 $\{y_n\} = y_1, y_2, \ldots$ が存在するので，具体的にその極小関数列を一つ求める．

③ 極小関数列に極限(関数)が存在し，

$$\lim_{n\to\infty} y_n(x) = \widetilde{y}(x)$$

$\widetilde{y}(x)$ が当該級に属する有資格関数である(場合にその)ことを証明する．

④ 最後に極限

$$\lim_{n\to\infty} I(y_n(x)) = I(\widetilde{y}(x))$$

が成立する(場合にその)ことを証明する．

これら①～④の手順が尽くされたとき，$\widetilde{y}(x)$ が解であり，一般に比較的小さな $n$ に対する $y_n(x)$ が高精度の近似解である．

### 4-1-2　極小関数列の極限(関数)が当該級に属する有資格関数でない場合

$$I(y(x)) = \int_0^1 x^2 y'^2 \, dx \qquad 端点：(0,0),(1,1)$$

のとき，汎関数 $I(y(x))$ は明らかに非負であり，正のいくらでも小さい値をとりうるのでその下限は

$$\inf_y I(y(x)) = 0$$

である．実際，下限0に収束する極小列

$$y_n(x) = \begin{cases} nx & \left(0 \leq x \leq \dfrac{1}{n}\right) \\ 1 & \left(\dfrac{1}{n} < x \leq 1\right) \end{cases} \tag{4-1-1}$$

$$I(y_n(x)) = \int_0^1 x^2 y'^2 dx = \int_0^{1/n} n^2 x^2\, dx = \frac{1}{3n} \to 0+, \qquad n \to \infty$$

が存在する（図 4-1）．しかし，その極限は

$$\widetilde{y}(x) = \begin{cases} 0 & (x = 0) \\ 1 & (0 < x \leq 1) \end{cases} \tag{4-1-2}$$

という不連続な関数であり，有資格関数ではない．

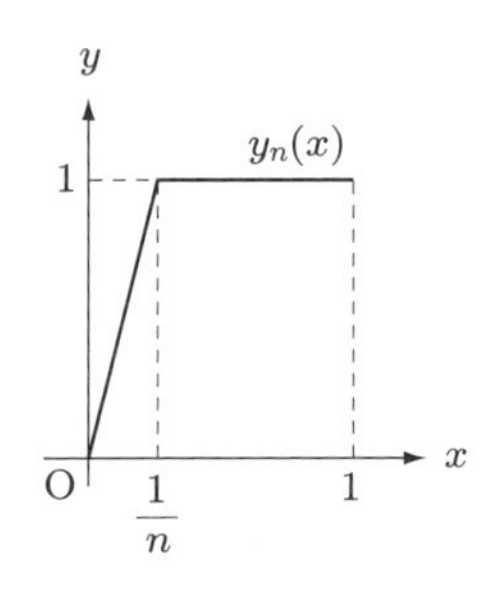


**図 4-1**　極限が不連続関数となる境界層の構造をもつ関数列 (1)

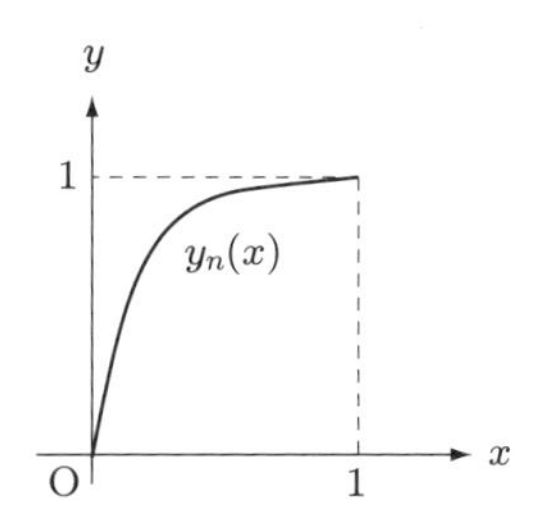


**図 4-2**　極限が不連続関数となる境界層の構造をもつ関数列 (2)

なお，このような好ましからざる極限関数が現れた原因は，極小列として滑らかでない関数 (4-1-1) を選んだことではない．たとえば，別の滑らかな極小列

$$y_n(x) = \frac{\tan^{-1} nx}{\tan^{-1} n} \qquad (0 \leq x \leq 1) \qquad \text{（図 4-2）} \tag{4-1-3}$$

$$\begin{aligned} I(y_n(x)) &= \int_0^1 x^2 \frac{n^2}{(\tan^{-1} n)^2[1 + (nx)^2]^2}\, dx \\ &< \frac{1}{(\tan^{-1} n)^2} \int_0^1 \frac{1}{1 + (nx)^2}\, dx \\ &= \frac{1}{n \tan^{-1} n} \to 0+, \qquad n \to \infty \end{aligned}$$

を採用した場合にも，その極限は前の滑らかでない極小列の場合と同じ

$$\widetilde{y}(x) = \begin{cases} 0 & (x = 0) \\ 1 & (0 < x \leq 1) \end{cases}$$

という不連続な関数となる†．

ちなみに，この変分問題のオイラー方程式は，被積分関数が $y$ に依存しないことを用いると

† 式 (4-1-1, 3) いずれの場合も境界層の構造をもつ極小列である [15]．

$$x^2 y' = c \tag{4-1-4}$$

と積分でき，その連続曲線の解は

$$y = -\frac{c}{x} + d$$

である．しかし，この曲線は端点 $(0,0),(1,1)$ の両方を通ることはできない．そこで式 (4-1-4) にもどると，

$$x^2 y' = c = 0$$

すなわち不連続な関数 (4-1-2) のみが，オイラー方程式と端点 $(0,0),(1,1)$ の両方を通るという境界条件を満たす解であることがわかる．

## ■ 4-1-3　極小関数列の極限(関数)が正しい解(関数)に収束しない場合

原点を中心とする単位円の境界を(2次元の)端とする空間曲面のうち，面積(補遺F)が最小であるものとそのときの最小面積を求める問題は，汎関数

$$I(z(x,y)) = \iint_R \sqrt{1 + \left(\frac{\partial z}{\partial x}\right)^2 + \left(\frac{\partial z}{\partial y}\right)^2}\, dxdy$$

($R$：原点を中心とする単位円の境界および内部)

を最小にする変分問題である．

明らかにこの問題の解は，$x$-$y$ 平面内の原点を中心とする(高さ0の)単位円 $R$ すなわち

$$z(x,y) = 0$$

そのものであり，最小面積は $\pi$ である．ところが，汎関数の値が $\pi$ に収束する極小関数列であるものの，その極限が正しい解 $z(x,y)=0$ に収束しないものが存在する．いま，$x$-$y$ 平面の原点に，中心が原点で半径 $1/n$ の円を底面とする高さが $h$ の直円錐

$$z(x,y) = (1 - n\sqrt{x^2+y^2})h \qquad \left(0 \leq \sqrt{x^2+y^2} \leq \frac{1}{n}\right)$$

をつくる(図4-3)と，その側面積は

$$S = \frac{\pi}{n^2}\sqrt{1+n^2h^2} = \frac{\pi}{n}\sqrt{\frac{1}{n^2}+h^2} \to 0, \qquad n \to \infty$$

であるから，この直円錐とその外側は平面 $z(x,y)=0$ であるような曲面を考えると，確かにその汎関数の値は $\pi$ に収束するが，その関数列は最後まで高さが $h$ の直円錐をもっているので，明らかにその極限は正解 $z(x,y)=0$ と異なる．

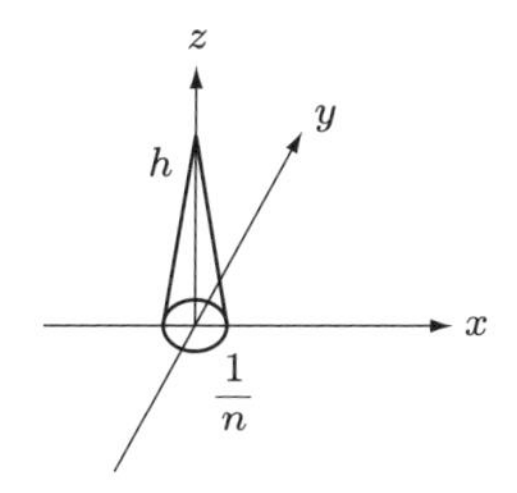


**図 4-3**　極小列の極限が正しい解に収束しない例

## 4-1-4　極限操作が成立しない場合

極小関数列に極限(関数)が存在している場合

$$\lim_{n\to\infty} y_n(x) = \widetilde{y}(x)$$

にも，それが 1-5-1 項で定義した 0 階の距離 $d_0$ が 0 に近づくという意味であれば，必ずしも

$$\lim_{n\to\infty} y'_n(x) = \widetilde{y}'(x) \tag{4-1-5}$$

とはいえない．すなわち 1 階の距離 $d_1$ は 0 に近づくとは限らない．そこで 4-1-1 項④を保証する十分条件を与えるのが次の定理である．

**定理 4-1**　$\{y_1, y_2, \ldots\}$ が汎関数 $I(y(x))$ の極小関数列であり，$I(y(x))$ が極限関数 $\widetilde{y}(x)$ において下(半)連続であれば，すなわち任意の $\varepsilon > 0$ について $\delta > 0$ が存在し，

$$d_0(y(x), \widetilde{y}(x)) \equiv \sup_x \left|y(x) - \widetilde{y}(x)\right| < \delta$$

を満たす任意の関数 $y(x)$ が

$$I(y(x)) - I\big(\widetilde{y}(x)\big) > -\varepsilon \tag{4-1-6}$$

を満たすならば，4-1-1 項④が成立する．

**証明)**　式 (4-1-6) より

$$I(y(x)) + \varepsilon > I(\widetilde{y}(x))$$

が任意の $\varepsilon > 0$ について成立するから，

$$\lim_{n\to\infty} I(y_n(x)) \geq I(\widetilde{y}(x))$$

である．一方，

$$I(\widetilde{y}(x)) \geq \lim_{n\to\infty} I(y_n(x)) = \inf_y I(y(x))$$

であるから，次式を得る．

$$\lim_{n\to\infty} I(y_n(x)) = I(\widetilde{y}(x))$$ ■

4-1-2〜4 項のいくつかの特殊例に挙げたような例外を除くと，この直接解法という方法が確立される．その結果，前章までの間接解法とは逆に，微分方程式を解く問題を変分問題に置き換えてその近似解を求めるという方法が脚光を浴びるようになった†．

すなわち

① 解く必要のある微分方程式がある汎関数 $I(y(x))$ のオイラー方程式であることを示す．

② ある十分に滑らかな有資格関数によりその汎関数 $I(y(x))$ が極値をとることを示す．

③ ①と②により，その微分方程式はその汎関数 $I(y(x))$ に対応する境界条件を満足する解を有する．こうして

④ 微分方程式の任意の精度を有する高精度近似解を得ることができる．

以下の節で直接解法の具体例をいくつか紹介する．

## 4-2　ポテンシャル理論

ある領域においてラプラスの方程式

$$\Delta u = 0, \qquad \Delta \equiv \frac{\partial^2}{\partial x^2} + \frac{\partial^2}{\partial y^2} \qquad (2\text{ 次元})$$

$$\Delta \equiv \frac{\partial^2}{\partial x^2} + \frac{\partial^2}{\partial y^2} + \frac{\partial^2}{\partial z^2} \qquad (3\text{ 次元})$$

を満足し，その境界上において指定された値をとる解 $u(x,y)$ (2 次元)または $u(x,y,z)$ (3 次元)を求める境界値問題(ディリクレ問題)に関する理論をポテンシャル理論と呼ぶ．

本節では 2 次元の場合

$$\left(\frac{\partial^2}{\partial x^2} + \frac{\partial^2}{\partial y^2}\right) u(x,y) = 0 \qquad (4\text{-}2\text{-}1)$$

を解説する．まず最初に式 (4-2-1) は汎関数

$$I(u) = \iint_S F\left(x, y; u, \frac{\partial u(x,y)}{\partial x}, \frac{\partial u(x,y)}{\partial y}\right) dxdy$$

† 差分法は 18 世紀にオイラーにより発明されたとされ，19 世紀にはレイリー-リッツ法，20 世紀には有限要素法などが開発された．

$$\equiv \iint_S \left[ \left( \frac{\partial u(x,y)}{\partial x} \right)^2 + \left( \frac{\partial u(x,y)}{\partial y} \right)^2 \right] dxdy \tag{4-2-2}$$

を，境界上において指定された値をとる場合に停留化する条件から導かれるオイラー方程式 (3-6-11) である(演習問題 3-19 参照).

$$\frac{\partial F}{\partial u} - \frac{\partial}{\partial x}\left(\frac{\partial F}{\partial u_x}\right) - \frac{\partial}{\partial y}\left(\frac{\partial F}{\partial u_y}\right) = -\frac{\partial}{\partial x}\left(2\frac{\partial u}{\partial x}\right) - \frac{\partial}{\partial y}\left(2\frac{\partial u}{\partial y}\right) = 0$$

ここに，解 $u(x,y)$ の候補となる関数は $C^2$ 級に属するものとする.

さて，汎関数 $I(u)$ は非負であるから下限 $K_2$ が存在する．そして，ディリクレ，リーマンらは**ディリクレの原理** (Dirichlet's principle)「この下限 $K_2$ を実現する関数すなわち変分問題の解 $u_0(x,y)$ が常に存在する」

$$I(u_0(x,y)) = K_2 \tag{4-2-3}$$

を仮定して，広汎な問題を解くことに成功した．もっとも後に，その境界上において指定された値をとる平面領域における積分 (4-2-2) の下限を実現する，$C^2$ 級に属する関数が存在しない問題のあることをヴァイエルシュトゥラスが指摘したのであるが，これはすでに 1 変数の積分型汎関数の場合に見てきたいくつかの例(4-1-2, 3 項)に相当するものである.

## 4-2-1　ディリクレの原理

改めて記すと，ディリクレの原理は「境界条件を満足し，$I(u_0(x,y)) = K_2$ (下限) を実現する関数(調和関数)が必ず存在し，その関数は一意的である」というものである．これが必ずしも成立しないことはすでに述べた通りであるが，広汎な条件のもとで成立する実り豊かな原理であるので，本項でやや詳しく調べることにする．対象は，曲線 $C$ を境界にもつ領域 $S$ 上の 2 次元積分型の汎関数

$$I(u) = \iint_S \left[ \left( \frac{\partial u(x,y)}{\partial x} \right)^2 + \left( \frac{\partial u(x,y)}{\partial y} \right)^2 \right] dxdy \tag{4-2-2 再掲}$$

とそのオイラー方程式(2 次元ラプラス方程式)

$$\left( \frac{\partial^2}{\partial x^2} + \frac{\partial^2}{\partial y^2} \right) u(x,y) = 0 \tag{4-2-1 再掲}$$

である．対象とする有資格関数は $C^2$ 級に属するものとする.

まず，二つの基本定理を証明しておく.

**定理 4-2**　もし

$$I(u_0(x,y)) = K_2 \tag{4-2-3 再掲}$$

を満足する関数 $u_0(x,y)$ が存在すれば，それは一意的である．

**証明)**　背理法による．いま，式 (4-2-3) を満足する別の関数 $u_0(x,y)+v_0(x,y)$ が存在すると仮定する．

$$I(u_0(x,y)+v_0(x,y)) = K_2 \tag{4-2-4}$$

このとき $v_0(x,y)$ は領域 $S$ 上で $C^2$ 級に属し，その境界である曲線 $C$ 上で

$$v_0(x,y) = 0 \tag{4-2-5}$$

を満たす．さて，

$$\begin{aligned}
&I(u_0(x,y)+v_0(x,y)) - I(u_0(x,y)) \\
&\quad = 2\iint_S \left(\frac{\partial u_0(x,y)}{\partial x}\frac{\partial v_0(x,y)}{\partial x} + \frac{\partial u_0(x,y)}{\partial y}\frac{\partial v_0(x,y)}{\partial y}\right) dxdy + I(v_0(x,y))
\end{aligned} \tag{4-2-6}$$

であるが，式 (4-2-6) の右辺第1項の積分は，グリーンの定理(部分積分)により，

$$\begin{aligned}
&\iint_S \left(\frac{\partial u_0(x,y)}{\partial x}\frac{\partial v_0(x,y)}{\partial x} + \frac{\partial u_0(x,y)}{\partial y}\frac{\partial v_0(x,y)}{\partial y}\right) dxdy \\
&\quad = \int_C \left(\frac{\partial u_0(x,y)}{\partial x} v_0(x,y)dy + \frac{\partial u_0(x,y)}{\partial y} v_0(x,y)dx\right) \\
&\qquad - \iint_S \left(\frac{\partial^2 u_0(x,y)}{\partial x^2} + \frac{\partial^2 u_0(x,y)}{\partial y^2}\right) v_0(x,y)\, dxdy
\end{aligned}$$

と変形することができる．その右辺第1項は境界 $C$ 上で $v_0(x,y)=0$ である(式 (4-2-5))ゆえ，また第2項は $u_0(x,y)$ がラプラス方程式の解であるゆえ，いずれも 0 である．また式 (4-2-3, 4) より式 (4-2-6) の左辺は 0 であるから，その右辺に残る最終項

$$I(v_0(x,y)) = 0$$

となる．これと式 (4-2-2) の被積分関数の形より，積分領域 $S$ 上で $v_0(x,y)$ は定数であることがわかるが，式 (4-2-5) により，

$$v_0(x,y) \equiv 0$$

である．　■

**定理 4-3** もしディィリクレの境界条件 † を満足する調和関数 $u_0(x,y)$ が存在すれば，その関数は式 (4-2-3) を満足する．

$$I(u_0(x,y)) = K_2 \tag{4-2-3 再掲}$$

**証明）** $u_0(x,y)+v_0(x,y)$ を境界条件を満足する任意の関数とすると，$v_0(x,y)$ は境界 $C$ 上で

$$v_0(x,y) = 0 \tag{4-2-5 再掲}$$

を満たす．このとき，式 (4-2-6) と同様の変形を行うことができ，

$$I(u_0(x,y)+v_0(x,y)) = I(u_0(x,y)) + I(v_0(x,y))$$

を得る．ゆえに $v_0(x,y) \equiv 0$ でないかぎり

$$I(u_0(x,y)+v_0(x,y)) > I(u_0(x,y)) \tag{4-2-7}$$

である．これはまさに式 (4-2-3) を意味している．なぜならば，もし

$$I(u_0(x,y)) > K_2$$

であれば，

$$I(u_0(x,y)) > I(u_0(x,y)+v_0(x,y)) > K_2$$

を満足する $u_0(x,y)+v_0(x,y)$ が存在することになり，これは式 (4-2-7) に矛盾するからである． ■

## 4-2-2 領域が円である問題

簡単のために領域を原点中心の単位円とし，境界 $r=1$ で指定する値（第 1 種境界条件）を $\gamma(\theta)$ とする．$\gamma(\theta)$ は周期 $2\pi$ の連続関数でなければならない．この問題を記述するためには極座標が便利であり，このときラプラス方程式は

$$\left(\frac{d^2}{dr^2} + \frac{1}{r}\frac{d}{dr} + \frac{1}{r^2}\frac{d^2}{d\theta^2}\right)u(r,\theta) = 0 \tag{4-2-8}$$

である．変数分離型の解

$$u(r,\theta) = R(r)\Theta(\theta) \tag{4-2-9}$$

を式 (4-2-8) に代入し，両辺を $R(r)\Theta(\theta)$ で割ると，

$$\frac{r^2\left(\dfrac{d^2}{dr^2} + \dfrac{1}{r}\dfrac{d}{dr}\right)R(r)}{R(r)} = -\frac{\dfrac{d^2}{d\theta^2}\Theta(\theta)}{\Theta(\theta)} \tag{4-2-10}$$

† 微分方程式の境界条件のうち代表的なものには次の四つがある．境界において，1) 関数の値そのものを指定するものをディリクレの境界条件（または第 1 種の境界条件），2) 関数の導関数の値を指定するものをノイマンの境界条件（または第 2 種の境界条件），3) 関数の値と導関数の値の 1 次結合 $ay+by'$ を指定するものをロビンの境界条件（または第 3 種境界条件），4) 境界の一部で関数の値そのものを指定し，その他の部分で関数の導関数の値を指定するものを混合型境界条件と呼ぶ．

となる．式 (4-2-10) の左辺は $r$ のみの関数であり，右辺は $\theta$ のみの関数であるから，これが恒等式であるためには定数に等しくなければならない．

$$\frac{r^2\left(\dfrac{d^2}{dr^2}+\dfrac{1}{r}\dfrac{d}{dr}\right)R(r)}{R(r)}=-\frac{\dfrac{d^2}{d\theta^2}\Theta(\theta)}{\Theta(\theta)}=C$$

さらに，$\Theta(\theta)$ が周期 $2\pi$ をもつためには

$$C=n^2 \qquad (n：自然数または 0)$$

でなければならない．すなわち，$R(r),\Theta(\theta)$ はそれぞれ

$$\left(r^2\frac{d^2}{dr^2}+r\frac{d}{dr}-n^2\right)R(r)=0 \tag{4-2-11}$$

$$\left(\frac{d^2}{d\theta^2}\Theta(\theta)+n^2\right)\Theta(\theta)=0 \tag{4-2-12}$$

を満たす．式 (4-2-11) の二つの独立な解は，

$$R(r)=r^n,\ \frac{1}{r^n}$$

であるが，このうち領域である単位円内全体で有界な解は $r^n$ のみである．一方，式 (4-2-12) の二つの独立な解は，

$$\Theta(\theta)=\cos n\theta,\ \sin n\theta$$

である．したがって，変数分離型の解の 1 次結合

$$u(r,\theta)=a_0+\sum_{n=1}^{\infty}r^n(a_n\cos n\theta+b_n\sin n\theta) \tag{4-2-13}$$

が $C^2(C^\infty)$ 級に属するもっとも一般的な解である．

境界条件 $\gamma(\theta)$ のフーリエ級数展開 † が

$$\gamma(\theta)=c_0+\sum_{n=1}^{\infty}(c_n\cos n\theta+d_n\sin n\theta) \tag{4-2-14}$$

であるならば，式 (4-2-13) と比較すると

$$u(r,\theta)=a_0+\sum_{n=1}^{\infty}r^n(c_n\cos n\theta+d_n\sin n\theta) \tag{4-2-15}$$

は，文献 [17] の定理 5-4 により，$r(<1)$ に関して一様収束するので，$r\to 1-0$ の極限で単位円周上での境界条件 $\gamma(\theta)$ を満たす．すなわち式 (4-2-15) がラプラス方程式の(特)解である．

† ($\theta$ に関して)周期的境界条件を満たすフーリエ級数は一様収束する [17].

さて，積分領域を原点中心の半径 $r_0(<1)$ の円とするとき，汎関数の値は

$$I_{r_0}(u) = \int_0^{r_0} dr \int d\theta \left[ \left( \frac{\partial u(r,\theta)}{\partial r} \right)^2 + \left( \frac{\partial u(r,\theta)}{r\partial \theta} \right)^2 \right] = \pi \sum_{n=1}^{\infty} r_0^{2n} n(c_n^2 + d_n^2)$$

となる．したがって，$I_{r_0}(u)$ の $r_0 \to 1-0$ の極限である $I(u)$ が存在するためには，無限級数

$$\pi \sum_{n=1}^{\infty} n(c_n^2 + d_n^2) \tag{4-2-16}$$

が存在しなければならない．存在しない場合それがディリクレの原理の反例となる．その一つの例が次のアダマール (Hadamard) の例題である．

■ [アダマールの例題]

単位円周上での境界条件 $\gamma(\theta)$ が一様収束するフーリエ級数

$$\gamma(\theta) = \sum_{m=1}^{\infty} \frac{1}{m^2} \sin m!\theta$$

で与えられるとき，この境界条件を満たす調和関数 (4-2-15) は

$$u(r,\theta) = \sum_{m=1}^{\infty} \frac{r^{m!}}{m^2} \sin m!\theta$$

であるが，このとき式 (4-2-16) は

$$\pi \sum_{n=1}^{\infty} n(c_n^2 + d_n^2) = \sum_{m=1}^{\infty} \frac{m!}{m^4}$$

であり，$+\infty$ に発散してしまう．すなわち，この極値問題に解はない(ディリクレの原理不成立)．

## 4-3 レイリー-リッツ法

ある級 $K$ に属する有資格関数の上で定義された汎関数 $I(y(x))$ を最小(大)化する変分問題の直接解法として，4-5 節の差分法とともに代表的な方法であるのがレイリー-リッツ (Rayleigh-Ritz) 法である．いま考えている有資格関数の級 $K$ は，$n$ 階の距離(1-5-1 項)の定義された，線形(関数)空間であるとする [18]．さて，

$$Y_1, Y_2, \ldots, Y_n, \ldots$$

を級 $K$ に属する無限関数列とし，その初めの $n$ 個の関数列

$$\{Y_1, Y_2, \ldots, Y_n\}$$

の張る部分空間

$$\{\{Y_1, Y_2, \ldots, Y_n\}\} \equiv \left\{ \sum_{j=1}^{n} c_j Y_j \middle| c_j \text{ は実数} \right\}$$

を $K_n$ とかく．このとき，それぞれの部分空間 $K_n$ の上で定義される汎関数 $I(y(x))$ は，$n$ 個の実数 $\{c_1, c_2, \ldots, c_n\}$ の（汎関数ではないふつうの）関数

$$\lambda_n = I\left(\sum_{j=1}^{n} c_j Y_j\right) \tag{4-3-1}$$

に変換されるので，汎関数 $I(y(x))$ を最小化する変分問題は，ずっと簡単な問題である $n$ 個の（実）変数の関数 (4-3-1) の最小化問題

$$\frac{\partial}{\partial c_k} I\left(\sum_{j=1}^{n} c_j Y_j\right) = 0 \qquad (k = 1, 2, \ldots, n)$$

に変換される．

すなわち，関数 (4-3-1) を最小化するように $n$ 個の実数 $\left\{\widetilde{c}_1, \widetilde{c}_2, \ldots, \widetilde{c}_n\right\}$ を定め，そのときの最小値を $\lambda_n$，それを実現する（部分空間 $K_n$ の要素である）関数を

$$\widetilde{y}_n \equiv \sum_{j=1}^{n} \widetilde{c}_j Y_j \tag{4-3-2}$$

とかく．こうして $I(y(x))$ を極小にする関数の高精度近似解 $\widetilde{y}_n$ を求める方法をレイリー－リッツ法と呼ぶ．

部分空間 $K_{n+1}$ は $Y_{n+1} = 0$ に対応する部分空間 $K_n$ を含むので，$\lambda_n$ は減少（非増加）数列

$$\lambda_1 \geq \lambda_2 \geq \ldots \geq \lambda_n \geq \ldots$$

である．

次に，関数列 $\{\widetilde{y}_n\}$ が極小（関数）列であるための十分条件を示す．まず，術語の定義から始めると，関数空間 $K$ に属する任意の関数 $y$ と任意の正数 $\varepsilon$ に対して，

$$d_0(y_n, y) \equiv \sup_x \left| y_n(x) - y(x) \right| < \varepsilon$$

を満たす，十分大きな $n$ と

$$y_n = \sum_{j=1}^{n} c_j Y_j$$

が存在するとき，関数列 $\{Y_j\}$ は（関数空間 $K$ において）**完備**（完全，complete）であるという．これを用いて，次の定理を述べることができる．

**定理 4-4** 汎関数 $I(y(x))$ が連続であり，関数空間 $K$ に属する無限関数列 $Y_1, Y_2, \ldots, Y_n, \ldots$ が完備であるならば，関数 $y(x)$ を部分空間 $K_n$ の要素に限定したときの汎関数 $I(y(x))$ の最小値 $\lambda_n$ の無限数列 $\lambda_1 \geq \lambda_2 \geq \ldots \geq \lambda_n \geq \ldots$ は汎関数 $I(y(x))$ の下限に収束する．

$$\lim_{n\to\infty} \lambda_n = \lambda = \inf_y I(y(x))$$

すなわち，関数列 $\{y_n\}$ は極小列である．

**証明）** $\lambda$ は汎関数 $I(y(x))$ の下限であるから，任意の正数 $\varepsilon$ に対して

$$I(\widehat{y}(x)) < \lambda + \varepsilon \tag{4-3-3}$$

を満たす級 $K$ に属する関数 $\widehat{y}(x)$ が存在する．一方，汎関数 $I(y(x))$ は連続であるから，

$$d_0(\widehat{y}, y) < \delta$$

であるようなすべての $\widehat{y}(x)$ が

$$\bigl|I(\widehat{y}(x)) - I(y(x))\bigr| < \varepsilon \tag{4-3-4}$$

を満たすように $\delta(\varepsilon)$ を定めることができる．さて，関数列 $Y_1, Y_2, \ldots, Y_n, \ldots$ が完備であるから，十分大きな $n$ に対して，

$$y_n = \sum_{j=1}^{n} c_j Y_j$$

が部分空間 $K_n$ において汎関数 $I(y(x))$ を最小化し，かつ

$$d_0(\widehat{y}, y_n) < \delta$$

を満たすようにできる．このとき，式 (4-3-3, 4) により

$$\lambda < I(y_n(x)) < I(\widehat{y}(x)) + \varepsilon < \lambda + 2\varepsilon$$

が成立する．正数 $\varepsilon$ の大きさは任意であるから，次式を得る．

$$\lim_{n\to\infty} I(y_n(x)) = \lambda$$

■

**例題 4-1**

次の汎関数を最大にする問題の近似解をレイリー-リッツ法により求め，その精度を吟味せよ．

$$I(y(x)) = \int_0^1 (y^2 - y'^2 + xy)\,dx \qquad \text{端点を } (0,0), (1,0) \text{ に固定する}$$

なお，この変分問題のオイラー方程式は

$$y'' + y = -\frac{x}{2}$$

であり，その境界条件 $y(0) = y(1) = 0$ を満足する解(厳密解)は

$$y_{\text{exact}} = \frac{\sin x}{2\sin 1} - \frac{x}{2} \tag{4-3-5}$$

である．また，

$$\begin{aligned} E(x; y; y_0', k) &= F(x; y; k) - F(x; y; y_0') - (k - y_0')\frac{\partial}{\partial y'}F(x; y; y_0') \\ &= -(k + y_0')^2 \leq 0 \end{aligned}$$

$$\left(\frac{\partial^2 F}{\partial y'^2} = \frac{\partial^2}{\partial y'^2}(y^2 - y'^2 + xy) = -2\right)$$

であるから，この汎関数の停留解 (4-3-5) は全体的極大解である．

**解）** 境界条件 $y(0) = y(1) = 0$ を満足する極大関数列 $\{Y_1, Y_2, \ldots, Y_j, \ldots\}$ として完備な関数列 $\{x(1-x), x^2(1-x), \ldots, x^j(1-x), \ldots\}$ を採用し，次の近似解を求める．

$$y_n = \sum_{j=1}^{n} c_j Y_j = (1-x)\sum_{j=1}^{n} c_j x^j \qquad (n = 1, 2, 3, \ldots)$$

① $y_1 = c_1 x(1-x)$

$$I\left(\sum_{j=1}^{1} c_j Y_j\right) = \int_0^1 \left[c_1^2 x^2(1-x)^2 - c_1^2(1-2x)^2 + c_1 x^2(1-x)\right] dx$$

であるから

$$\frac{\partial}{\partial c_1} I\left(\sum_{j=1}^{1} c_j Y_j\right) = \int_0^1 [2c_1 x^2(1-x)^2 - 2c_1(1-2x)^2 + x^2(1-x)]\, dx = 0$$

とおくと，

$$c_1 \int_0^1 [x^2(1-x)^2 - (1-2x)^2]\, dx = -\int_0^1 \frac{x^2(1-x)}{2}\, dx$$

すなわち

$$\frac{-3}{10}c_1 = \frac{-1}{24} \quad \text{より} \quad c_1 = \frac{5}{36}$$

$$y_1 = \frac{5}{36}x(1-x)$$

② $y_2 = c_1 x(1-x) + c_2 x^2(1-x)$

$$\begin{aligned} &I\left(\sum_{j=1}^{2} c_j Y_j\right) \\ &\quad = \int_0^1 \Big\{\big[c_1 x(1-x) + c_2 x^2(1-x)\big]^2 \\ &\qquad - \big[c_1(1-2x) + c_2 x(2-3x)\big]^2 + x\big[c_1 x(1-x) + c_2 x^2(1-x)\big]\Big\} dx \end{aligned}$$

である．ゆえに

$$\frac{\partial}{\partial c_1} I\left(\sum_{j=1}^{2} c_j Y_j\right)$$
$$= \int_0^1 \big\{2x(1-x)\big[c_1 x(1-x) + c_2 x^2(1-x)\big]$$
$$- 2(1-2x)\big[c_1(1-2x) + c_2 x(2-3x)\big] + x^2(1-x)\big\}dx = 0$$

とおくと，

$$2c_1 \int_0^1 \big[x^2(1-x)^2 - (1-2x)^2\big]dx$$
$$+ 2c_2 \int_0^1 \big[x^3(1-x)^2 - (1-2x)x(2-3x)\big]dx = -\int_0^1 x^2(1-x)\,dx$$

すなわち

$$36c_1 + 18c_2 = 5$$

であり，を得る．また，

$$\frac{\partial}{\partial c_2} I\left(\sum_{j=1}^{2} c_j Y_j\right)$$
$$= \int_0^1 \big\{2x^2(1-x)\big[c_1 x(1-x) + c_2 x^2(1-x)\big]$$
$$- 2x(2-3x)\big[c_1(1-2x) + c_2 x(2-3x)\big] + x^3(1-x)\big\}dx = 0$$

とおくと，

$$2c_1 \int_0^1 \big[x^3(1-x)^2 - x(1-2x)(2-3x)\big]dx$$
$$+ 2c_2 \int_0^1 \big[x^4(1-x)^2 - x^2(2-3x)^2\big]dx = -\int_0^1 x^3(1-x)\,dx$$

すなわち

$$126c_1 + 104c_2 = 21$$

を得る．その解は

$$c_1 = 0.0962059, \qquad c_2 = 0.0853658$$

であり，2 項まででですでにかなりよい近似になっている(図 4-4)．

なお，定義域内で厳密解が極大・極小を多く有する(振動する)関数であるときには，これを精度よく近似するためにより多くの項数を必要とする． ■

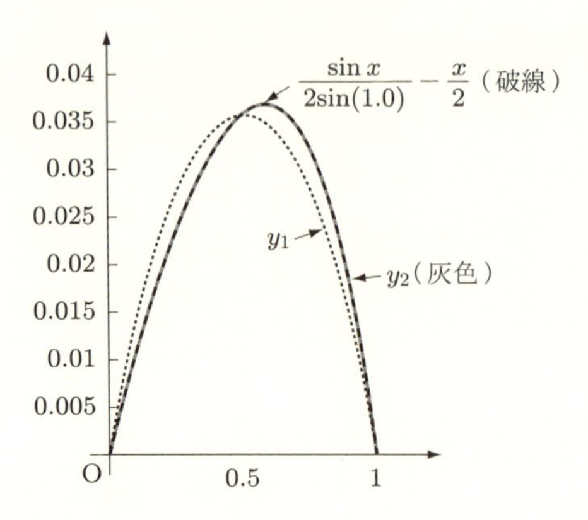


図 **4-4**　厳密解とレイリー－リッツ法による高精度近似解

## 4-4　シュトゥルム－リゥヴィル問題

任意の2階斉次線形微分方程式は積分因子を乗じることによりシュトゥルム方程式

$$\frac{d}{dx}\left(R(x)\frac{dy}{dx}\right) + (\lambda U(x) - V(x))y = 0 \qquad (a \leq x \leq b) \tag{4-4-1}$$

に変換することができる．2階斉次線形微分方程式 (4-4-1) に斉次境界条件

$$\beta_a y(a,\lambda) - \alpha_a y'(a,\lambda) = 0$$

$$\beta_b y(b,\lambda) + \alpha_b y'(b,\lambda) = 0$$

を組み合わせたものをシュトゥルム－リゥヴィル (Sturm-Liouville) 問題（Ⅰ）と，また周期的境界条件

$$y(a,\lambda) = y(b,\lambda), \qquad y'(a,\lambda) = y'(b,\lambda)$$

を組み合わせたものをシュトゥルム－リゥヴィル問題（Ⅱ）と呼ぶ．シュトゥルム－リゥヴィル問題は，物理学の広範囲の問題に関連して出現する典型的な2階線形常微分方程式系の問題である（一般論に関しては文献 [17] 参照）．ここに，$R(x), U(x), V(x)$ は区間 $a \leq x \leq b$ において，パラメータ $\lambda$ に依存しない $x$ の実連続関数であり，かつ，

$$R(x) > 0, \qquad U(x) > 0$$

とする．なお，$R(a) = 0$ または $R(b) = 0$ のとき特異シュトゥルム－リゥヴィル問題と呼ぶ．また，係数 $\alpha_a, \alpha_b, \beta_a, \beta_b$ もパラメータ $\lambda$ に依存しないものとする．このとき，

$$S(x,\lambda) \equiv V(x) - \lambda U(x)$$

は区間 $a \leq x \leq b$ 内のすべての $x$ において，$\lambda$ の単調減少関数である．特に，

$$-\frac{S_{\max}(\lambda)}{R_{\max}} \to +\infty, \qquad \lambda \to \lambda_{\max}$$

が成り立つ．その結果，シュトゥルム-リゥヴィル問題(Ⅰ)(Ⅱ)のいずれにも無限個の実数固有値が存在する．それらを小さい順に

$$\lambda_0, \lambda_1, \lambda_2, \lambda_3, \ldots, \lambda_m, \ldots$$

と並べ，それぞれの固有値に対応する解(固有関数)を

$$Y_0(x), Y_1(x), Y_2(x), Y_3(x), \ldots, Y_m(x), \ldots$$

とかくと，解 $Y_m$ は定数倍を除いて一意的であり，区間 $a \leq x \leq b$ 内に $m$ 個の零点を有する．

さて，具体的問題として

$$\frac{d}{dx}\left(R(x)\frac{dy}{dx}\right) + (\lambda U(x) - V(x))y = 0 \qquad \text{(4-4-1 再掲)}$$

において，$U(x) = 1$ とおき，配置を変えると，

$$-\frac{d}{dx}\left(R(x)\frac{dy}{dx}\right) + V(x)y = \lambda y \qquad \text{(4-4-2)}$$

となる．微分方程式 (4-4-2) は，汎関数

$$I(y) \equiv \int_{x_1}^{x_2} \left(R(x)y'^2 + V(x)y^2\right) dx \qquad \text{(4-4-3)}$$

に境界条件

$$y(a, \lambda) = y(b, \lambda) = 0 \qquad \text{(4-4-4)}$$

と拘束条件†

$$\int_{x_1}^{x_2} y^2 dx = 1 \qquad \text{(4-4-5)}$$

のついた変分問題のオイラー方程式である．したがって，汎関数 (4-4-3) を停留化する変分問題の解は，微分方程式 (4-4-2) の境界条件 (4-4-4) を満たす解，しかも式 (4-4-5) により有意の($y(x) \equiv 0$ でない)解である．

そこで，レイリー-リッツ法を適用する．簡単のために区間 $[x_1, x_2]$ を $[0, \pi]$ とし，「展開関数」として境界条件 (4-4-4) を満足する完備な直交関数系

$$\sin jx, \qquad \frac{2}{\pi}\int_0^{\pi} \sin jx \sin kx \, dx = \delta_{jk} \qquad (j, k = 1, 2, \ldots)$$

を採用する．まず，汎関数が次式のように下に有界であることを確認できる．

† 関数 $y(x)$ を $k$ 倍すると汎関数 (4-4-3) は $k^2$ 倍になるので，一般性を失うことなく拘束条件 (4-4-5) により規格化することができる．

$$\int_{x_1}^{x_2} \left(R(x)y'^2 + V(x)y^2\right) dx \geq \int_{x_1}^{x_2} V(x)y^2\, dx \geq K_2 \int_{x_1}^{x_2} y^2\, dx = K_2$$

ここに $K_2$ は $V(x)$ の区間 $[0, \pi]$ における下限(最小値)である．したがって，4-1-1 項で検討したように，特異な例を除き汎関数 $I$ には最小値が存在する．そこで極小関数列を

$$y_n = \sum_{j=1}^{n} c_j \sin jx$$

とおくと，拘束条件 (4-4-5) は

$$\int_0^{\pi} y_n^2\, dx = \frac{\pi}{2} \sum_{j=1}^{n} c_j^2 = 1 \tag{4-4-6}$$

となり，また汎関数 (4-4-3) は

$$\begin{aligned} I_n(y_n) &= I_n(c_1, c_2, \ldots, c_n) \\ &= \int_0^{\pi} \left[ R(x) \left( \sum_{j=1}^{n} c_j j \cos jx \right)^2 + V(x) \left( \sum_{j=1}^{n} c_j \sin jx \right)^2 \right] dx \end{aligned} \tag{4-4-7}$$

となる．したがって，もとの変分問題は，未知変数 $(c_1, c_2, \ldots, c_n)$ の $n$ 次元空間内の球面 (4-4-6) 上で 2 次形式 $I_n(c_1, c_2, \ldots, c_n)$ (式 (4-4-7)) を最小化する問題 [18, 6-2 節] に変換される．

## 4-5　差分法

差分法では積分区間 $[x_0, x_n]$ を $n$ 等分し，連続変数である独立変数 $x$ を間隔 $\Delta x = (x_n - x_0)/n$ で並ぶ $n+1$ 個の格子点 $x_j = x_0 + j\Delta x$ で代表させる(図 4-5)．一方，連続関数(解)をその格子点における $y$ の $n+1$ 個の値 $y_j = y(x_j) = y(x_0 + j\Delta x)$ で代表させることにより，汎関数から $y_j (j = 0, 1, 2, \ldots, n)$ を求める代数方程式に変換して，$y(x)$ の近似解を求める．

そのために，汎関数

$$I(y(x)) = \int_{x_0}^{x_n} F(x; y; y')dx \tag{2-1-1 再掲}$$

において，1 階微分 $dy/dx$ は 1 階差分

$$\frac{y_j - y_{j-1}}{\Delta x} \qquad (j = 1, 2, \ldots, n)$$

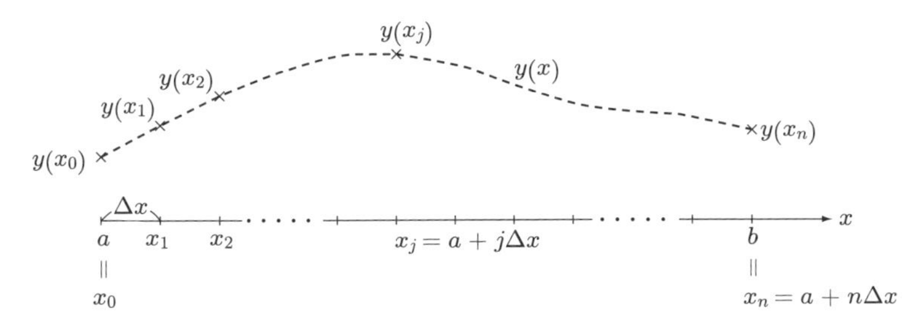


図 **4-5**　差分法の格子点と関数の値

$$I(y_0, y_1, \ldots, y_n) \equiv \sum_{j=1}^{n} F\left(x_j; y_j; \frac{y_j - y_{j-1}}{\Delta x}\right) \Delta x$$

に変換される．この多変数関数が極値をとるための必要条件はすべての変数$(y_0, y_1, \ldots, y_n)$による偏微分が 0 になることである．

$$\frac{\partial}{\partial y_j} I(y_0, y_1, \ldots, y_n) = F_y\left(x_j; y_j; \frac{y_j - y_{j-1}}{\Delta x}\right) \Delta x + F_{y'}\left(x_j; y_j; \frac{y_j - y_{j-1}}{\Delta x}\right) - F_{y'}\left(x_{j+1}; y_{j+1}; \frac{y_{j+1} - y_j}{\Delta x}\right) = 0 \tag{4-5-1}$$

両端点固定の場合　　$(j = 1, 2, \ldots, n-1)$

なお，式 (4-5-1) の両辺を $\Delta x$ で割ると，

$$\frac{1}{\Delta x}\frac{\partial}{\partial y_j} I(y_0, y_1, \ldots, y_n) = F_y\left(x_j; y_j; \frac{y_j - y_{j-1}}{\Delta x}\right) + \frac{1}{\Delta x}\left(F_{y'}\left(x_j; y_j; \frac{y_j - y_{j-1}}{\Delta x}\right) - F_{y'}\left(x_{j+1}; y_{j+1}; \frac{y_{j+1} - y_j}{\Delta x}\right)\right) = 0$$

となるので，$\Delta x \to 0+$ の極限をとると式 (4-5-1) はオイラー方程式

$$\frac{\partial}{\partial y} F(x; y; y') - \frac{d}{dx}\frac{\partial}{\partial y'} F(x; y; y') = 0$$

となることが確かめられる．

## 4-6　変分法による正方行列の固有値の高精度近似解 [18]

本章では，汎関数の停留解(停留関数)を求める変分問題について，前章までのオイラー方程式を解析的に得る手法の代わりに用いるさまざまな直接解法の基礎理論と具体的な手法をみてきた．ところで，ある区間で定義されたある級に属する関数(群)を(抽象的な無限次元の)ベクトルとみなすことができる．本節では逆に，固有値方程式を解析的に解くことが困難な(有限次元の)正方行列の固有値問題を，ベクトルを関数

と，また2次形式を汎関数と見立てることにより，変分法の直接解法の一つとして定式化する．

$n$ 次実対称行列(エルミート行列) $A$ の固有値 $\lambda_j$ $(j = 1, 2, \ldots, n)$ は実数である[18]．それらを

$$\lambda_1 \geq \lambda_2 \geq \ldots \geq \lambda_n$$

とする．

$n$ 次実対称行列は $n$ 個の1次独立な固有ベクトル $\boldsymbol{x}_i$ $(i = 1, 2, \ldots, n)$ をもち，それらを列ベクトルとする直交行列 $P \equiv (\boldsymbol{x}_1 \quad \boldsymbol{x}_2 \quad \cdots \quad \boldsymbol{x}_n)$ (エルミート行列の場合ユニタリー行列)とその逆行列(転置行列，エルミート行列の場合転置共役行列) $P^{-1} = P^t$ $(P^{-1} = P^{*t})$ により，各成分を固有値とする対角行列 $D$ に変換できる[18]．

$$D = \begin{pmatrix} \lambda_1 & 0 & \cdots & \cdots & 0 \\ 0 & \lambda_2 & \ddots & & \vdots \\ \vdots & \ddots & \ddots & \ddots & \vdots \\ \vdots & & \ddots & \ddots & 0 \\ 0 & \cdots & \cdots & 0 & \lambda_n \end{pmatrix} = P^{-1}AP$$

これを用いて，$\boldsymbol{y} = P^{-1}\boldsymbol{x}$ とかくと，$\boldsymbol{x}^t\boldsymbol{x} = \boldsymbol{y}^t\boldsymbol{y}$ であり，

$$\boldsymbol{x}^t A\boldsymbol{x} = \boldsymbol{x}^t PP^{-1}APP^{-1}\boldsymbol{x} = (P^{-1}\boldsymbol{x})^t D(P^{-1}\boldsymbol{x}) = \boldsymbol{y}^t D\boldsymbol{y} = \sum_{k=1}^{n} \lambda_k \boldsymbol{y}_k^2$$

を得る．これから，

$$\lambda_1 \sum_{k=1}^{n} \boldsymbol{x}_k^2 = \lambda_1 \sum_{k=1}^{n} \boldsymbol{y}_k^2 \geq \sum_{k=1}^{n} \lambda_k \boldsymbol{y}_k^2 = \boldsymbol{x}^t A\boldsymbol{x} \geq \lambda_n \sum_{k=1}^{n} \boldsymbol{y}_k^2 = \lambda_n \sum_{k=1}^{n} \boldsymbol{x}_k^2$$

すなわち

$$\lambda_1 \geq \frac{\boldsymbol{x}^t A\boldsymbol{x}}{\sum_{k=1}^{n} \boldsymbol{x}_k^2} = \frac{\boldsymbol{x}^t A\boldsymbol{x}}{\boldsymbol{x}^t\boldsymbol{x}} \geq \lambda_n \tag{4-6-1}$$

を得る．したがって，最大の固有値 $\lambda_1$ は

$$\lambda_1 = \max_{x} \frac{\boldsymbol{x}^t A\boldsymbol{x}}{\boldsymbol{x}^t\boldsymbol{x}}$$

と得られる．次に大きな固有値 $\lambda_2$ は

$$\lambda_2 = \max_{\boldsymbol{x}^t\boldsymbol{y}_1=0} \frac{\boldsymbol{x}^t A\boldsymbol{x}}{\boldsymbol{x}^t\boldsymbol{x}}$$

である．同様に $j$ 番目に大きな固有値 $\lambda_j$ は

$$\lambda_j = \max_{\boldsymbol{x}^t \boldsymbol{y}_i = 0 \ (i=1,2,\dots,j-1)} \frac{\boldsymbol{x}^t A \boldsymbol{x}}{\boldsymbol{x}^t \boldsymbol{x}}$$

である．実用的には，試みにいくつかのベクトル $\boldsymbol{x}$ を

$$\frac{\boldsymbol{x}^t A \boldsymbol{x}}{\boldsymbol{x}^t \boldsymbol{x}}$$

に代入することにより，十分な精度で $\lambda_1, \lambda_n$，すなわち固有値の分布する範囲を推定することが可能である．

**例 4-1** 変分表現を用いた固有値の高精度近似計算

3 次正方行列

$$\begin{pmatrix} 19/10 & 1/2\sqrt{5} & 4/5\sqrt{6} \\ 1/2\sqrt{5} & 3/2 & -4/\sqrt{30} \\ 4/5\sqrt{6} & -4/\sqrt{30} & 13/5 \end{pmatrix} \tag{4-6-2}$$

の固有値の近似値を求める．球座標表示の単位ベクトル

$$\begin{pmatrix} x \\ y \\ z \end{pmatrix} = \begin{pmatrix} \sin\theta\cos\varphi \\ \sin\theta\sin\varphi \\ \cos\theta \end{pmatrix}$$

において，$\theta = k\pi/8\ (k = 0, 1, 2, 3, 4)$ (北半球のみ)，$\varphi = m\pi/8\ (m = 0, 2, 4, 6, 8, 10, 12, 14)$ について

$$\frac{\boldsymbol{x}^t A \boldsymbol{x}}{\boldsymbol{x}^t \boldsymbol{x}} \tag{4-6-3}$$

を計算すると，表 4-1 を得る．

**表 4-1** $\dfrac{\boldsymbol{x}^t A \boldsymbol{x}}{\boldsymbol{x}^t \boldsymbol{x}}$ の格子点上の値

| $k$ \ $m$ | 0 | 2 | 4 | 6 | 8 | 10 | 12 | 13 | 14 |
|---|---|---|---|---|---|---|---|---|---|
| 0 | 2.6 | | | | | | | | |
| 1 | 2.73 | 2.3 | 1.92 | 1.91 | 2.27 | 2.7 | 2.96 | 2.99 | 2.93 |
| 2 | 2.58 | 1.98 | 1.32 | 1.29 | 1.92 | 2.55 | 2.78 | | 2.79 |
| 3 | 2.23 | 1.82 | 1.14 | 1.11 | 1.77 | 2.22 | 2.18 | | 2.17 |
| 4 | 1.9 | 1.92 | 1.5 | 1.48 | 1.9 | 1.94 | 1.5 | | 1.48 |

なお，$k = 1$，$m = 12, 14$ 付近に最大の固有値に対応する固有ベクトルが潜んでいることを察知して，$k = 1$，$m = 13$ を追加で計算し，最大固有値の近似値を 2.99 とした．また，$k = 1$，$m = 13$ を最大の固有値に対応する近似固有ベクトルとした．

この方向に垂直な面内で $\pi/8$ ごとに 7 方向のベクトルを候補にして式 (4-6-3) を計算すると，

$$2.00, 1.87, 1.52, 1.17, 1.01, 1.82, 1.48, 1.87$$

を得る．

これから，2 番目に大きい固有値の近似値 2.00 を得る．これに垂直な方向の固有ベクトルに対応する固有値の近似値は，上の計算にある 1.01 である．行列 (4-6-2) は，実は

$$\begin{pmatrix} 19/10 & 1/2\sqrt{5} & 4/5\sqrt{6} \\ 1/2\sqrt{5} & 3/2 & -4/\sqrt{30} \\ 4/5\sqrt{6} & -4/\sqrt{30} & 13/5 \end{pmatrix}$$
$$= \begin{pmatrix} 1/\sqrt{30} & 5/\sqrt{30} & 2/\sqrt{30} \\ -1/\sqrt{6} & 1/\sqrt{6} & -2/\sqrt{6} \\ 2/\sqrt{5} & 0 & -1/\sqrt{5} \end{pmatrix} \begin{pmatrix} 3 & 0 & 0 \\ 0 & 2 & 0 \\ 0 & 0 & 1 \end{pmatrix} \begin{pmatrix} 1/\sqrt{30} & -1/\sqrt{6} & 2/\sqrt{5} \\ 5/\sqrt{30} & 1/\sqrt{6} & 0 \\ 2/\sqrt{30} & -2/\sqrt{6} & -1/\sqrt{5} \end{pmatrix}$$

であるので，その固有値は大きい順に，3, 2, 1 である．任意の $j$ 次元部分空間 $W^j$ の要素ベクトルのうち，ベクトルの方向の分割が粗い少数の要素を試みたのみにもかかわらず，すべての固有値のきわめてよい近似値を得ていることがわかる．■

## 第 4 章の演習問題

**4-3 節**

**4-1**　例題 4-1 の汎関数

$$I(y(x)) = \int_0^1 (y^2 - y'^2 + xy)\, dx$$

を次の境界条件

$$y(1) = y'(1) = 0$$

で最大にする変分問題の近似解をレイリー‐リッツ法により求めるとき，どのような完備な関数列を採用すべきか．

**4-4 節**

**4-2**　斉次境界条件

$$y'(x_1) = y'(x_2) = 0$$

をもつ，シュトゥルム方程式

$$\frac{d}{dx}\left(R(x)\frac{dy}{dx}\right)+(\lambda U(x)-V(x))y=0 \qquad (x_1 \leq x \leq x_2)$$

に対応する変分問題を作成せよ（式 (3-1-15) 参照）．

## ◆コラム：変分原理を受け入れやすい西洋一神教社会

日本民族は，鉄砲が伝来した戦国時代末期と，黒船が来航した江戸時代末期の二度，大きく先行している西洋科学文明に驚かされた．前者ではキリスト教の危険性を察知した徳川政権の鎖国政策により西洋文明全体の急速な浸透が妨げられたためそのショックは次第に薄められたが，後者では文明開化の名の下に日本社会全体の西欧化が推し進められた結果，日本民族は西洋文明をひたすら学ぶ立場になった．そしていつのまにか，日本に比べ西洋はより先進的な科学的社会である，と考える風潮が醸し出された．鉄砲と黒船に象徴される西洋文明との衝撃的な出会いの後遺症がいまだ癒えず，日本人は，西洋は科学的な文明を有し日本はより非科学的な（文系の）文明に優れる社会であると考えがちである．

ではその日本をリードする西洋の科学文明とはどのように発達したものなのか？歴史的には紀元前 8 世紀から 5 世紀にかけて花開いた古代ギリシャ文明が際立っている．家事や日常業務は奴隷や女性に任せ，平時には成人男子は文化活動・政治談議に専念することのできる社会が成立し，ピタゴラス（B.C.582-496），ユークリッド（B.C.300 前後），アルキメデス（B.C.287-212）などを輩出した数学・物理学の分野，ソクラテス（B.C.469 頃-399 頃），プラトン（B.C.427-347），アリストテレス（B.C.384-322）を出した哲学などがめざましい発展を遂げた．日本民族・ゲルマン民族などが文字を獲得するより 1000 年以上も前にこのような大文明を確立したことは驚くほかない．そして，高校世界史でこの史実を学んだ日本人は，古代ギリシャ文明で大きく水をあけられた科学文明の差が現代にいたるまでずっと引き継がれている，と思い込みがちである．

ところが，実際は大いに異なる．紀元前 2 世紀に古代ギリシャを滅ぼしてその後ヨーロッパの覇権を握ったローマ帝国は土木・建設工事や軍事技術を重視した半面，数学を含む抽象的な思索を軽視した．ローマ帝国時代，16 世紀にいたるまでヨーロッパは数学や物理学がまったく顧みられず，古代ギリシャの数学はアラビアで細々と継承されていただけだった．ヨーロッパの科学文明はこの間 1600 年もの間停滞していたのである．

そしてついに 16 世紀，コロンブス，マゼランなどの現れる大航海時代を迎え，方位を正確に知るために天文学・測地学を，また造船術，航海術，砲術などを極めるために数学・物理学を必要とすることになった．さらに活版印刷術の発明により情報の伝達がめざましく進歩した結果，今日の数学・物理学の基礎となる研究成果が次々と発表されるようになったのである．それは日本への鉄砲伝来のほんの百年前のことでしかなく，我が国でも鎖国下で独自に17世紀に関孝和らによる和算がめざましい成果を挙げていた．

さて，ローマ帝国支配下では，聖書を奉るローマカトリック教会が世俗の権威となった．アリストテレスは優れた哲学者であったが，アリストテレス学派がローマカトリック教会の権威づけに教義を整えるのを協力した結果，調子に乗って口がすべってしまい，専門外の自然科学の分野にまで口出しをした．たとえば，リンゴの実やボールが空中から地面に落ちる現象(重力)について，アリストテレス学派は次のような解釈をした．曰く「物体が空中から地面に落ちるとき次第に速度を増すのは，その物体があるべき場所すなわち地面に近づくからである．疲れて馬小屋にもどってゆく馬が馬小屋が見えると元気づけられて速く走ろうとするのと同じように，落下する物体はその目的地に近づくにつれて速度を増すのである」今日の合理的な常識に照らすと問題にもならない馬鹿馬鹿しいものであるが，これがローマカトリック教会の権威と結びついているので厄介だった．

本来哲学を専門とするアリストテレス学派が自然科学に口出しして馬脚を現したのと同様に，紀元前に書かれた聖書も人間の内面に関する叙述に限っていれば大きな問題を起こさずに済んだのに，これは筆がすべったというべきか，やはり自然科学の分野に口出しをしたために人類に大きな災厄をもたらした．

アメリカ南部の州には，いまだにダーウィンの進化論を教えることを禁じている自治体があるという．進化論が「万物は神が創ったもの」という聖書の記述と矛盾するからである．さらに，聖書によれば，「神がアダム(男性)のアバラ骨を一本とって，それからイヴ(女性)を創ったので，男性の肋骨の数は女性のよりも一本少ない」のであり，それと矛盾する学問の解剖学，医学自体を教えることを禁ずる自治体もあるという．これなどはまだ笑い話の類だが，聖書に書かれている天動説は深刻であった．

天動説の「根拠(？)」は，人間は神が創造した最高の存在でありその人間が住む地球も特別な存在であるからその他のすべての星は地球を中心として回っている，というものである．それに対して，実証的な自然科学の機運が高まった15，6世紀の新進気鋭の天文学者たちが，恒星の単純な円運動とは異なる，観測する人を惑わせるような(？)惑星の軌道を説明するためには，太陽のまわりを地球を含む惑星が回っているとする地動説が合理的である，と主張すると，彼らを聖書の記述に違反するという理由だけで火炙りにした．1543年にコペルニクスが地動説を発表したことは有名だが，これは教会の厳しい弾圧を恐れたコペルニクスが遺言として死と同時に発表したものである．ガリレオも同じ咎で終身刑を宣告された．そして，21 世紀に入ってからローマカトリック教会はガリレオに恩赦を与えたそうである．それが謝罪でなく恩赦であったことが何かを物語っている．

今日合理的精神の粋であると広く認識されている実証科学の精神を西欧世界が勝ち取るまでにはこのような苦難を経なければならなかった．デカルト (Descartes) の「われ思う．ゆえにわれあり」という有名な言葉は，今日の日本人が聴けば単に思索の重要性を語ったものと解釈しかねないが，この時代背景に照らすならば，その意味は「聖書に書かれていることを鵜呑みにするようでは一人前の人間とは言えない．自分自身の頭で考え判断できて初めて人間の尊厳を有する」であることがわかる．パスカルの「人間は考える葦である」も同趣旨である．

さて，本当に日本に比べ西洋はより先進的な科学的社会であるか？　という問題に戻ろう．著者はアメリカで研究生活を送っていたとき，頼まれて翻訳のアルバイトをしたことがある．ある弁護士が持ち込んだ翻訳原稿を仕上げて引き渡す期日を私が打診すると，その弁護士は意外なことを宣言した．「私はその日は仕事をしないんだ．ユダヤ教の祝日だからね」想像をはるかに超える思想信条をぶつけられて，私はむしろ楽しい気分になった．「あしたはクリスマスだから休みます」日本で，クリスティアンのサラリーマンがこんな台詞を吐いたらどうなるだろう？　お寺さんの子の小学校への連絡帳に，「お釈迦様の誕生日だから休ませます」と書いてよこしたら？　アメリカの大学のキャンパスでは毎日同じ時間にメッカのほうを向いて礼拝を捧げるイスラム教徒の一団がある．ラマダンの時期には本気で絶食をするという．いずれも，海外に出て初めて見聞する，真摯な信者たちの姿だった．

顧みて日本社会はなんと「非宗教的」であることか？　なんの躊躇もなく結婚式はキリスト教式で葬式は仏式で行う．キリスト教徒でもないのにクリスマスに贈り物をし，バレンタインデーには(西欧世界にもない習慣だが)その日に女性が男性に愛を告白してよいという．厄年にはみな揃って大師様でお祓いを受ける．本質的に排他的であるはずの宗教の本質から外れた行動のオンパレイドだ．つまり，日本人は宗教つまり神を深刻にとらえていないことがわかる．そして，日本人が非宗教的であることはすなわち，伝統的に科学的合理精神を持ち続けていることを意味するといえよう．一方，西欧社会のキリスト教による呪縛には底深いものがある．もちろんこれは二つの文明の全体像を述べているのであり，それぞれに属する個々人は千差万別である．「宗教の普及度と文明の高さは逆比例(反比例)する」と言い切るアメリカ人を知っているし，別のアメリカ人に「日本の仏教は鎖国時代にキリスト教を取り締まる警察の役割を果たしたときから堕落を始めたという説がある」と紹介すると，間髪をいれずに「それは皆同じだ．カトリックはプロテスタントを取り締まる警察になって堕落し，プロテスタントはユダヤ教を取り締まる警察になって堕落した」という明快な返事がもどってきたことがある．

さて，変分原理は「ある汎関数の第 1 変分を 0 とすることが力学の根本原理である」という非常に明快な指導原理である．唯一正しいもの(公理)がありそれからすべてが導き出せるということは，それが事実であれば理路整然とした美しさをもっている．数学者・物理学者も共感する美意識である．古代ギリシャ以来，西欧の伝統的な自然科学観は「万物はその基礎となる一つまたは少数の物からなる」というものであり，紀元前 7 世紀にタレスは「万物の根源は水である」と言い，エンペドクレスは「水・土・空気・火」の四元素説を立て，紀元前 6 世紀のピタゴラスは「万物の根源は数である」と主張した．しかし，そのような原理があってほしい，というのはそのままでは願望・憶測 (conjectures) にすぎないのであり，それが実際に存在するか否かは実証的に明らかにされるべきものである．モーペルチュイ (1698-1759) のように変分原理を「神の摂理」である，などと言い始めたらそれは科学ではない．

オイラー，ラグランジュらにより変分原理が学問の形を整え発展していったのは，17 世紀の終わり近くにニュートンとライプニッツにより微積分学が発明されてまもないころのことである．それまでの非科学的世界観から脱皮し実証的科学の方法を確立しつつある時期であったが，その過渡期にはまだ前世紀の遺物を体現している「学者」が残っていたのはやむを得なかったというべきだろう．

第 5, 6 章で明らかになるが，「最小作用の原理」の名で知られている原理の正確な意味は「停留作用の原理」である．そして，「ハミルトンの原理」など「原理 (principle)」という名がしきりに用いられているが，これらはいずれもニュートンの力学法則から証明される「定理」であり，いわゆる根本原理ではない．それにもかかわらず，このような呼称が普及したことすなわち変分原理という概念を受け入れやすかったことは，18 世紀西欧の精神的土壌および西欧の宗教性と無関係ではないようだ．

# 第2部
# 変分原理と解析力学

20 世紀に入り，光速に比すべき高速の粒子を記述するために必要な相対論力学と，原子の大きさ程度の微細粒子を記述するために必要な量子力学が現れるまでは，ニュートンの(古典)力学が自然現象の力学を支配していた．今日でもわれわれが日常経験する自然現象はニュートンの力学により精度よく記述することができる．

ニュートンの力学ではニュートンの運動法則すなわち①慣性系を規定する**慣性の法則**，②慣性系における粒子の運動を記述する**ニュートンの運動方程式**，③相互作用する 2 粒子間の力の関係を記述する**作用反作用の法則**を公理とする．これらの 3 法則から演繹により，自然現象ごとの条件に応じて運動量保存則，エネルギー保存則などの定理を導く．さらに，これらの法則を個々の自然現象に適用し，微分方程式であるニュートンの運動方程式を解くことにより粒子の位置(ベクトル)，その導関数である速度(ベクトル)などを時間の関数として決定し，その算出結果と観測結果とを精度よく一致させることに成功した．

これに対して，第 1 部で詳述した変分法において，その積分型汎関数を極小(または極大，停留)にすることを公理とするのが**変分原理**である．変分原理に立脚するとき，変分法の手続きに従いオイラー方程式を解くことにより(間接解法)あるいは直接法(第 4 章)により求める極値関数(停留関数)を得る．

第 5 章で紹介するように，幾何光学の基本法則を変分原理により記述したものが**フェルマーの原理**であり，古典力学を変分原理により記述したものが**最小作用の原理**である．第 2 部直前のコラムにもふれたように，変分原理である最小作用の原理を力学の基本法則とすることは研究者の美的感覚に訴えるものであるが，以下で述べるように，最小作用の原理がニュートンの運動法則にとって代わることのできるものと認めることは難しい．しかし，歴史的に最小作用の「原理」という術語が定着しているので本書でもこれを踏襲する．

第 6 章では最小作用の原理から発展した**解析力学**を紹介する．解析力学は多体系を記述するために必須の手法であり，その後量子力学に発展する素地となった．

第 7 章では，物理学の古典力学以外の分野（弾性体力学，流体力学，電磁気学，量子力学）において通常の定式化により得られている基本方程式を，変分原理により再構成することを試みる．

# 第 5 章

# フェルマーの原理と最小作用の原理

力学を変分法により定式化するという視点が生まれたのは，幾何光学を変分法により定式化することに成功した**フェルマー**(Fermat)**の原理**の影響が大きい．そこで，まずフェルマーの原理の説明から始めることにする．

光線は空気中または水中のように均一な媒質中では直進し，鏡のような反射面に到達するとそこで入射角と反射角が等しくなるように反射する(反射の法則，図 5-1)．また，空気から水に入るときのように異なる媒質の境界面ではスネル(Snell)の法則(後述)に従って屈折する(図 5-2)．

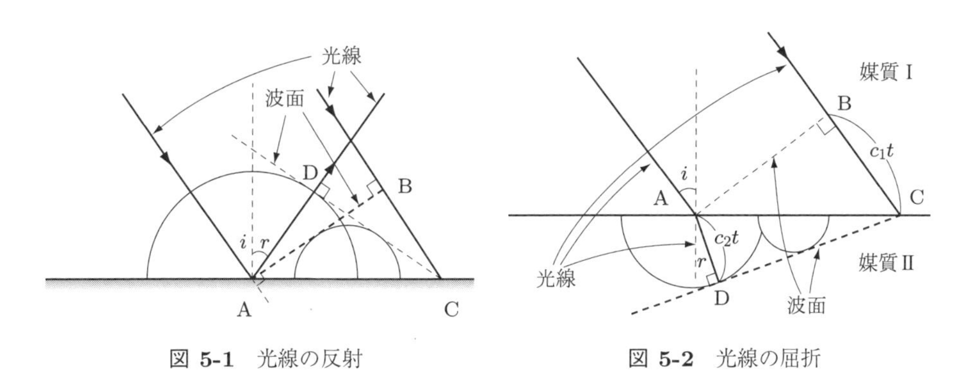


**図 5-1**　光線の反射　　**図 5-2**　光線の屈折

ヤング(Young)の回折実験により光が(電磁)波であることが判明した今日の言葉で表現すると，18 世紀当時にその進み方が問題とされていた「光線」は，波動現象のうち回折・干渉効果を無視する幾何光学近似の産物である．光線が直進・反射・屈折して進む現象を，反射・屈折を個別に記述するのではなく，一つの統一した法則としてまとめたものがフェルマーの原理である．

## 5-1　フェルマーの原理(幾何光学における変分原理)

波動現象のもつ性質のうち回折とそれによる干渉を考慮せずに，均一な媒質における直進，反射面における反射と不均一な媒質における屈折現象のみで説明しうる波動現象を取り扱うのが幾何光学 (geometrical optics) である．幾何光学近似においては等位相面である波面を定義することができ，波面上の各点において波面に立てた垂線を連ねた線が光線(一般に「波向き線」)である．

フェルマーの原理は幾何光学近似における光線の始点と終点を定めたときにその間の径路を導き出す法則である．原理という名がついているが，ホイヘンスの原理により証明される「反射の法則」および「屈折の法則(スネルの法則)」から証明される定理というべきものである．しかし，フェルマーの原理は力学において最小作用の原理を導き出す指導原理の役割を果たすので，本節でやや少し詳しく説明するが，まず波一般の幾何光学近似に関するホイヘンスの原理から説明する．

### 5-1-1　ホイヘンスの原理

池の水面に小石を投げ入れると，まず投入地点の水位が強制的に下がり波源付近に水面の傾きができる．水中の同一水平面内において，上方の水面の高い地点では低い地点に比べて圧力(水圧)が大きくなるので，水中の水粒子に働く水平方向の合力は水面の高い側から低い側に向く(図5-3)．こうして，媒質である周囲の水粒子に水面の凹凸に起因する力が生じ，かつ水粒子の慣性が働くことにより水位の振動が発生し，持続する．その振動が次々と周囲に伝わり，同心円状の波紋が広がっていくのが水面波である．

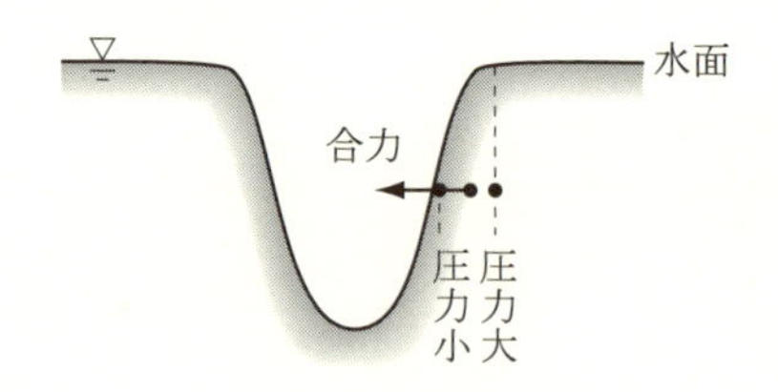


**図 5-3**　投入された小石が沈んだ直後の水面

さて，静かな水面に波紋が広がると，それまで静止していた水面の水位が，そこへ伝わってきた波により強制的に下がる．小石により下げられたのと同様に，とにかく水位が強制的に下がった結果，波源付近とまったく同様にその振動が次々と周囲に伝わる．このように考えると，波により振動している水面のすべての地点から常に新しい波が発生することになるので話はすこぶる複雑になるが，この考え方は波の進行方向を知るための簡潔な方法を与えてくれる．

水面波の峰(山)を連ねた線を**波峰線**と呼ぶ．砂浜海岸に向かって白波を乗せて進んでくる円弧上の曲線のことである．波峰線のように同位相の点(峰同士あるいは谷同士)を連ねた線(面)を**波面**と呼び，波の進行方向は波面に垂直である(図 5-1)．同じ波面上の地点はすべて同位相であるから，すべて同時に同じ形の波紋(これを**素元波**と呼ぶ)を発生させる．したがって，その波面上のすべての地点から発生した素元波を重ね合わせたものが新しい波面を形作るであろう．その波面に垂直な方向が波の進行方向である．以上のように，すべての素元波の波面の**包絡線**(共通接曲線)または 3 次元の波では**包絡面**(共通接曲面)がもとの波の波面である，というのが**ホイヘンス**(Huygens)**の原理**である(図 5-4)．

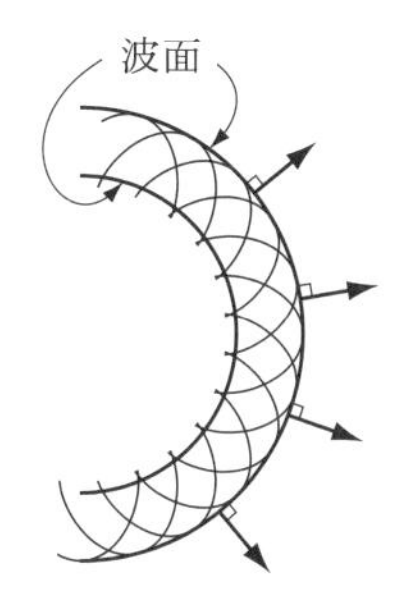


**図 5-4**　素元波の包絡線(面)としての波面

ホイヘンスの原理により，反射の法則とスネルの屈折の法則を統一的な方法で導くことができる．

■ [反射]

図 5-1 で入射波の波面 AB が境界面に達すると，進行方向右端 A に近いほうから順々に反射してゆく．このとき，入射波と反射波は同じ媒質中を進むので波速は等しい．そのため，左端 B が C に達したとき，A から出た素元波は A を中心とし BC の長さに等しい半径の円の周上まで進んでいる．この時点の反射波の波面は，AC 上の各点から少しずつ遅れて出た無数の素元波に共通する面(包絡線(面))，すなわち，C から円 A に引いた接線 CD に相当する．さて，直角三角形 △ABC, △CDA において

$$\mathrm{BC} = \mathrm{DA}, \qquad \mathrm{AC}\ は共通$$

であるから，

$$\triangle\mathrm{ABC} \equiv \triangle\mathrm{CDA}$$

したがって

$$i = \angle \mathrm{BAC} = \angle \mathrm{DCA} = r$$

すなわち，反射角は入射角に等しい，という反射の法則を得る．

一般に，与えられた2点間LNを1回反射することを条件とする道筋のなかで，反射角と入射角が等しい，という反射の法則により得られる光線の道筋LMNが，最短の道筋である(図5-5)ことを示すのは，中学の幾何学のよい例題である．しかし，この折れ線の道筋LMNより線分LNのほうが短いことは明らかであるから，折れ線の道筋LMNは2点間LNを最短の所要時間で結ぶ道筋ではない．単に停留(極小)条件を満たす道筋である．

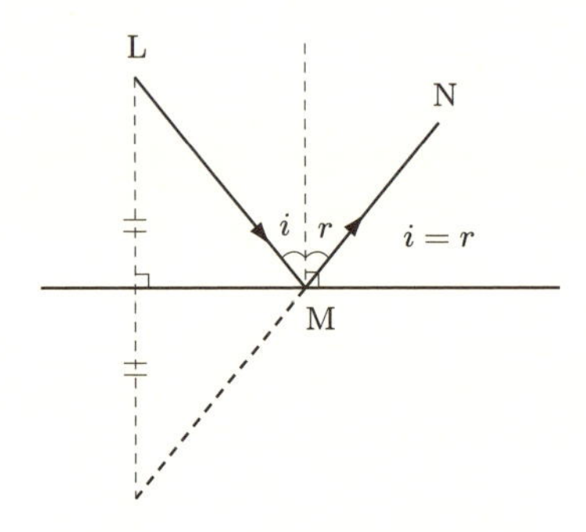


**図 5-5**　入射光線と反射光線

### ■[屈折]

異なる媒質の境界で光が屈折すること自体は古代ギリシャ時代から知られており，たとえば空気中から水中に入る場合の，入射角 $i$ と**屈折角** $r$ (媒質の境界面の法線と屈折光線のなす角．図5-2)の関係は詳しく調べられていた．しかしその法則性が明らかになるには，17世紀に発見された**スネルの法則**

$$\frac{\sin i}{\sin r} = \frac{c_1}{c_2} = n_{21} \tag{5-1-1}$$

まで待たなければならなかった．スネルの法則はすべての波の屈折現象について成立する．$c_1, c_2$ はそれぞれ入射側の媒質 I および屈折側の媒質 II の中での波速であり，その比 $n_{21}$ を媒質 II の媒質 I に対する**相対屈折率**と呼ぶ．光線(光の波)の場合，真空の屈折率を1とし，真空に対する相対屈折率を**絶対屈折率**と呼ぶ．それゆえ，媒質 I，II の絶対屈折率をそれぞれ $n_1, n_2$ とすると，

$$n_{21} = \frac{n_2}{n_1}$$

である．式(5-1-1)における分数の添え字が分母分子で逆になることに注意されたい．これから，逆に媒質Iの媒質IIに対する相対屈折率 $n_{12}$ は媒質IIの媒質Iに対する相対屈折率 $n_{21}$ の逆数であることがわかる．

$$n_{12} = \frac{n_1}{n_2} = \frac{1}{n_{21}}$$

入射波が境界面を通過(屈折)して媒質Iから媒質IIに入るとき一般に波速 $c$ が変化するが，波の振動数(周波数) $f$ (または $\nu$)は線形波であれば波源の振動数に等しく，それが次々と伝わってゆくので境界面を通過しても変化しない．それゆえ，波速の変化は波長 $\lambda$ の変化を伴い，波速は波長に比例する．

$$f\ (\text{または}\ \nu) = \frac{c_1}{\lambda_1} = \frac{c_2}{\lambda_2}$$

$$n_{12} = \frac{c_1}{c_2} = \frac{\lambda_1}{\lambda_2}$$

さて，図5-2で入射波の波面ABが境界面に達すると，進行方向右端Aに近いほうから順々に屈折して媒質IIに侵入する．波面ABの進行方向右端が境界面に達した $t$ 秒後にその波面の左端が境界面上の点Cに達したとする．

$$\mathrm{BC} = c_1 t$$

この時刻(波面が境界面上の点Aに達した $t$ 秒後)に，点Aから出た素元波はAを中心とする半径 $c_2 t$ の円周上まで進んでいる．このとき，屈折波の波面はAC上の各点からAからCに向かうに従い少しずつ遅れて出た素元波に共通する包絡線であり，点Cから円Aに引いた接線CDに相当する．

$$\mathrm{AC}\sin i = \mathrm{BC} = c_1 t$$

$$\mathrm{AC}\sin r = \mathrm{AD} = c_2 t$$

であるから，辺々割り算してスネルの法則

$$\frac{\sin i}{\sin r} = \frac{c_1}{c_2}$$

を得る．

### 5-1-2　フェルマーの原理

以上の事実をふまえて，フェルマーは

「光は2点間をその伝播時間が最小になるような道筋を通る．」

を公理と主張した．これをフェルマーの原理と呼ぶ．

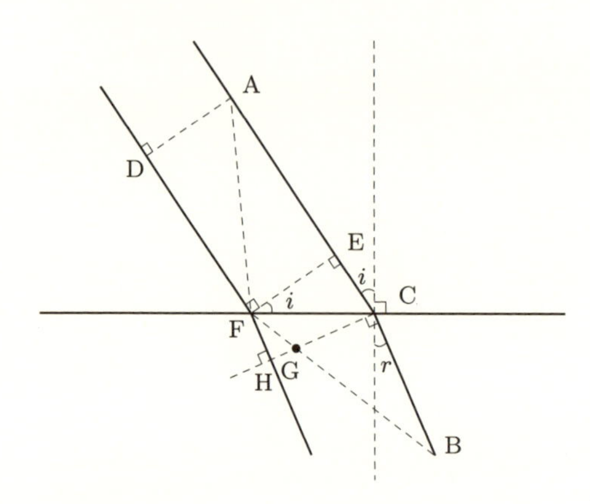


**図 5-6**　異なる媒質の境界面における屈折

**証明）**　I．二つの均一な媒質が境界平面で接している場合（真の最小時間 図 5-6）

FC を境界平面，A を光線の始点，B を終点とする．ACB を実際の光線の道筋，AFB をそれ以外の任意の道筋とする．点 F を通り AC に平行な線分を DF とし，点 D は A から DF に下した垂線の足とする．点 F から AC に下した垂線の足を E とし，また線分 FB 上の点 G を CG⊥BC となる点とする．さらに，CG の延長線上に HG⊥HF なる点 H をとる．このとき

$$\text{所要時間 (AECB)} = \text{所要時間 (AE)} + \text{所要時間 (EC)} + \text{所要時間 (CB)}$$

$$\text{所要時間 (AE)} < \text{所要時間 (AF)}$$

$$\text{所要時間 (EC)} = \text{所要時間}\left(\text{HF} = \frac{\sin r}{\sin i}\text{EC}\right) < \text{所要時間 (FG)}$$

$$\text{所要時間 (CB)} < \text{所要時間 (GB)}$$

であるから

$$\text{所要時間 (AECB)} < \text{所要時間 (AFGB)}$$

となる．すなわち，実際の光線の道筋 ACB を通過するのに要する時間は，点 A, B を結ぶ他のいかなる道筋を通過するのに要する時間よりも短い．F が C の右側にある場合にも同様に証明できる（演習問題 5-1）．

II．不均一（非一様）な媒質の場合

屈折率が一定でない不均一な媒質中を進む光の波の二つの同位相面（波面）を $CC_1$, $DD_1$ とする（図 5-7）．波面に垂直な方向が波の進行方向であり，それを連ねた始点を A，終点を B とする線が光線 (ACDB) である．光線 (ACDB) の近傍の任意の曲線（光線ではない）を (AC′D′B) とする．ある波面 ($CC_1$) から次の波面 ($DD_1$) まで，任意の光線 (CD または $C_1D_1$) に沿って到達する時間は同一である．したがって，波面 ($CC_1$) から次の波面 ($DD_1$) までを光線 (CD) に沿って到達する時間と曲線 (C′D′) に沿って到達する時間の差は，光線 (CD) の近傍の曲線である曲線 (C′D′) の波面となす角 $\theta(\approx \pi/2)$ の $\pi/2$ からのずれ，すなわち入射角

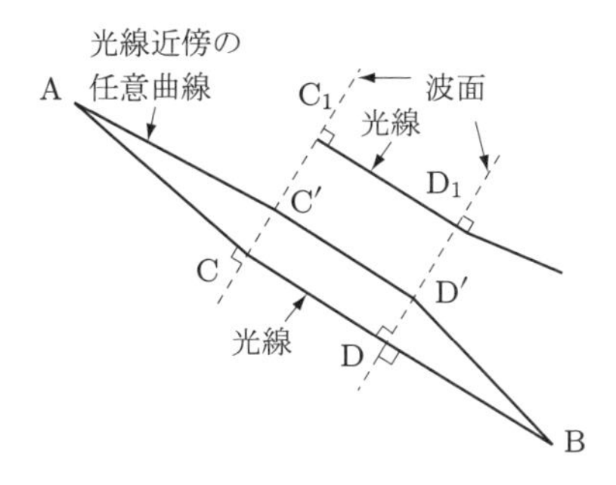


**図 5-7**　不均質な媒質中を進む光線

$$i \equiv \left|\frac{\pi}{2} - \theta\right| \ll 1$$

にのみ依存する．しかも ± どちら側にずれても対称であるから，到達時間の差は $O(i^2)(i \to 0)$ である．すなわち光線 (CD) に沿って到達する時間と曲線 (C′D′) に沿って到達する時間の差は微小量 $i$ の 2 次のオーダー ($O(i^2), i \to 0$) であるから，光線 (CD) に沿って到達する時間は停留(極小)条件を満たしている．　■

波面が単純な曲線であれば，停留条件を満たす道筋は波面に垂直であるから最短(極小)径路となり，最小(極小)時間を与える．しかし，波面が点または線に縮退する場合には事情が異なる．図 5-8 のように，波源である点 A から(放射状に)拡がった光線が凸レンズ後方の点 B で「実像」を結ぶ場合がこれにあたる．「実像」は光線が集中する点であるから，変分法の言葉では「共役点」(2-4-4 項)に相当する．停留曲線は一般に，共役点より後方では極小曲線とは限らない．またとくに，図 5-8 の網がけの領域には波面が存在しない．

実際，図 5-8 の点 C において二つの光線(直線 AC と折れ線 AHBC)が交わるが，A から C に至る所要時間は明らかに直線 AC のほうが短い．つまり，実際の光線である折れ線 AHBC は 2 点 AC 間の所要時間を最短にする径路(道筋)ではない．

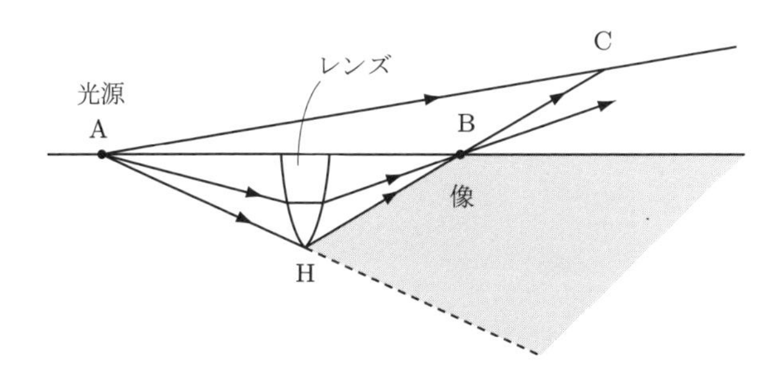


**図 5-8**　共役点後方の影の領域

したがって，厳密に成立するフェルマーの原理は

$$\delta \int_{\mathrm{A}}^{\mathrm{B}} \frac{ds}{c} = 0$$

すなわち「経過時間を停留化する」である．

## 5-2　形而上学的な最小作用の原理(モーペルチュイ)

ここで紹介するモーペルチュイの最小作用の原理は1744年，フランスの数学者モーペルチュイ (Maupertuis) が，幾何光学におけるフェルマーの原理の「最小時間」という簡潔な法則性に惹かれ，ライプニッツ (Leibniz) の観念論に強く影響されつつニュートン力学の形而上学的基礎を追い求める過程で到達した，実証に基づかない観念的な主張「神の意思である単純性が，自然を「作用 (action)」という物理量が最小になるように動かしている．作用という物理量とは質量と速さと距離の積である」である．モーペルチュイの作用の定義はまったくあいまいであり統一的な具体的定義を与えていない．モーペルチュイは取り扱う問題ごとに恣意的に質量と速さと距離を選択し，結果的に作用に異なる意味づけを行うことにより，彼の望む「作用が最小になる」という結論を得ていた．

彼が「証明した」例として二つの球(質量 $m_1, m_2$)の1次元衝突問題を採り上げる．衝突の前後の速度をそれぞれ $v_1, v_1'; v_2, v_2'$ とかく．彼は作用の計算に用いる速さは衝突前後の速度差，また距離は単位時間に進む距離すなわちこれも衝突前後の速度差(！)とした．それぞれの球についてこうして「都合よく」定義した質量と速さと距離の積をつくり，これらの和を最小化するものと定式化した．

$$m_1(v_1 - v_1')^2 + m_2(v_2 - v_2')^2 \ \rightarrow \ \text{最小化する}$$

この式を微分すると，

$$m_1(v_1 - v_1')dv_1' + m_2(v_2 - v_2')\,dv_2' = 0$$

となり，反発係数を $e$ とすると，

$$v_2' - v_1' = e(v_1 - v_2) \ \text{：所与の量}$$

が成立するので，$dv'$ と $dv_2'$ は独立ではなく等しい．

$$dv_1' = dv_2'$$

したがって，運動量保存則

$$m_1 v_1 + m_2 v_2 = m_1 v_1' + m_2 v_2'$$

を得る，というものである．

望む結果を得るために，合理的な説明なしに（この場合は）距離に相当する物理量を選んでいる，と断ぜざるを得ない．したがって，モーペルチュイによる最小作用の原理は，用いられる物理量が厳密に定義され，また多数の有意義な結論を導き出したフェルマーの原理に遠く及ばない．ただ単に，「最小作用の原理」というアイディアを提出し，それが後の数学者・物理学者の正確な定式化により開花する種を蒔いたという点で評価すべきものにすぎない．

## 5-3　科学的な最小作用の原理 I（オイラー）

1744 年，オイラーにより最小作用の原理は初めて厳密な力学の定理として確立された．オイラーが対象としたのは，平面曲線上を移動する単一の粒子の運動である．

**定理 5-1　最小作用の原理**　ある定点 P から別の定点 Q へ，保存力を受けて移動する（したがって全エネルギー $E$ が保存される）質量 $m$，径路に沿う座標 $s$ における速さ $v$ (s) の粒子は，作用 $\int_{\mathrm{P}}^{\mathrm{Q}} mv\,ds$ を停留化するような道筋をとる．

$$\underset{E:\text{一定}}{\delta} \int_{\mathrm{P}}^{\mathrm{Q}} mv\,ds = 0$$

オイラーは，粒子がたどる道筋である曲線の曲率（曲率半径の逆数，補遺 E）を，ニュートンの運動法則と最小作用の原理の双方から導き，両者が一致することを示した．

**証明）**　粒子に働く（2 次元の）力を $\begin{pmatrix} F_x \\ F_y \end{pmatrix}$ とかくと，その道筋を表す曲線に垂直な方向（法線方向）ベクトルは

$$\begin{pmatrix} F_x \\ F_y \end{pmatrix} - \frac{1}{(dx)^2 + (dy)^2} \begin{pmatrix} (dx)^2 & dxdy \\ dxdy & (dy)^2 \end{pmatrix} \begin{pmatrix} F_x \\ F_y \end{pmatrix} = \frac{1}{1 + \left(\dfrac{dy}{dx}\right)^2} \begin{pmatrix} F_x \left(\dfrac{dy}{dx}\right)^2 - F_y \dfrac{dy}{dx} \\ -F_x \dfrac{dy}{dx} + F_y \end{pmatrix}$$

であるから [18]，その大きさは，進行方向に向かって左向きを正とすると

$$\frac{F_y - F_x \dfrac{dy}{dx}}{\sqrt{1 + \left(\dfrac{dy}{dx}\right)^2}} \tag{5-3-1}$$

である．

一方，最小作用の原理から出発すると，

$$0=\delta\int_{\mathrm{P}}^{\mathrm{Q}} mv\,ds=\delta\int_{\mathrm{P}}^{\mathrm{Q}} mv\sqrt{1+\left(\frac{dy}{dx}\right)^2}\,dx$$

のオイラー方程式は

$$\frac{\partial}{\partial y}\left[mv\sqrt{1+\left(\frac{dy}{dx}\right)^2}\right]-\frac{d}{dx}\left[\frac{\partial}{\partial\dfrac{dy}{dx}}mv\sqrt{1+\left(\frac{dy}{dx}\right)^2}\right]=0 \tag{5-3-2}$$

である．また，粒子は保存力(ポテンシャルエネルギー $V(x,y)$)を受けているので，速度 $v$ は座標 $(x,y)$ のみの関数であり

$$\begin{aligned}F_x&=-\frac{\partial V(x,y)}{\partial x}=-\frac{\partial}{\partial x}\left(E-\frac{1}{2}mv^2\right)=mv\frac{\partial v}{\partial x}\\F_y&=-\frac{\partial V(x,y)}{\partial y}=-\frac{\partial}{\partial y}\left(E-\frac{1}{2}mv^2\right)=mv\frac{\partial v}{\partial y}\end{aligned} \tag{5-3-3}$$

である．したがって，式 (5-3-2) は

$$\frac{F_y}{v}\sqrt{1+\left(\frac{dy}{dx}\right)^2}-\frac{\dfrac{dy}{dx}}{v\sqrt{1+\left(\dfrac{dy}{dx}\right)^2}}\left(F_x+F_y\frac{dy}{dx}\right)-mv\frac{\dfrac{d^2y}{dx^2}}{\left[1+\left(\dfrac{dx}{dy}\right)\right]^{3/2}}=0$$

すなわち

$$\frac{F_y-F_x\dfrac{dy}{dx}}{v\sqrt{1+\left(\dfrac{dy}{dx}\right)^2}}-mv\frac{\dfrac{d^2y}{dx^2}}{\left[1+\left(\dfrac{dy}{dx}\right)^2\right]^{3/2}}=0 \tag{5-3-4}$$

となる．なお，この道筋(曲線)の点 $(x,y)$ における曲率半径 $\rho$ は，進行方向に向かって左側に湾曲するときを正とすると

$$\frac{1}{\rho}=\frac{\dfrac{d^2y}{dx^2}}{\left[1+\left(\dfrac{dy}{dx}\right)^2\right]^{3/2}} \tag{5-3-5}$$

であるから(補遺 E)，式 (5-3-4) は

$$\frac{F_y-F_x\dfrac{dy}{dx}}{\sqrt{1+\left(\dfrac{dy}{dx}\right)^2}}=m\frac{v^2}{\rho} \tag{5-3-6}$$

となる．式 (5-3-1) により，式 (5-3-6) の左辺は粒子に作用する力の法線方向成分であるから，式 (5-3-6) はそれがニュートン力学により導かれる局所的向心力に等しいことを示している．■

## 5-4 科学的な最小作用の原理 II（ラグランジュ）

保存力で相互作用する粒子系を対象とする．

**定理 5-2 最小作用の原理** 保存力で相互作用する $N$ 個の粒子系がある配位（configuration，すべての粒子の座標および運動量の $6N$ 次元配列）P から別の配位 Q に移動するものとする．このときこの粒子系は個々の粒子の作用 $\displaystyle\int_{\mathrm{P}}^{\mathrm{Q}} mv\,ds$ の和である全作用（総作用）$\displaystyle\sum_{i=1}^{N}\int_{\mathrm{P}}^{\mathrm{Q}} m_i v_i\,ds_i$ を，実際の道筋（変化する配列の“列 (series)”）と同じ全エネルギーをもつ無限小だけ異なる仮想の道筋 (virtual motions) に対して停留化するような道筋をとる．

$$\underset{E:\text{一定}}{\delta}\sum_{i=1}^{N}\int_{\mathrm{P}}^{\mathrm{Q}} m_i v_i\,ds_i = 0$$

証明）

$$\begin{aligned}
\underset{E:\text{一定}}{\delta}\sum_{i=1}^{N}\int_{\mathrm{P}}^{\mathrm{Q}} m_i v_i\,ds_i &= \underset{E:\text{一定}}{\delta}\sum_{i=1}^{N} m_i\int_{\mathrm{P}}^{\mathrm{Q}}(\dot{x}_i\,dx_i+\dot{y}_i\,dy_i+\dot{z}_i\,dz_i)\\
&=\sum_{i=1}^{N} m_i\int_{\mathrm{P}}^{\mathrm{Q}}\underset{E:\text{一定}}{\delta}(\dot{x}_i\,dx_i+\dot{y}_i\,dy_i+\dot{z}_i\,dz_i)\\
&=\sum_{i=1}^{N} m_i\int_{\mathrm{P}}^{\mathrm{Q}}\Big[\underset{E:\text{一定}}{\delta}\dot{x}_i\,dx_i+\dot{x}_i\underset{E:\text{一定}}{\delta}(dx_i)+\underset{E:\text{一定}}{\delta}\dot{y}_i\,dy_i+\dot{y}_i\underset{E:\text{一定}}{\delta}(dy_i)\\
&\qquad+\underset{E:\text{一定}}{\delta}\dot{z}_i\,dz_i+\dot{z}_i\underset{E:\text{一定}}{\delta}(dz_i)\Big]\\
&=\sum_{i=1}^{N} m_i\int_{\mathrm{P}}^{\mathrm{Q}}\left[\underset{E:\text{一定}}{\delta}\dot{x}_i\,dx_i+\dot{x}_i\,d\left(\underset{E:\text{一定}}{\delta}x_i\right)+\underset{E:\text{一定}}{\delta}\dot{y}_i\,dy_i+\dot{y}_i\,d\left(\underset{E:\text{一定}}{\delta}y_i\right)\right.\\
&\qquad\left.+\underset{E:\text{一定}}{\delta}\dot{z}_i\,dz_i+\dot{z}_i\,d\left(\underset{E:\text{一定}}{\delta}z_i\right)\right]\\
&=\sum_{i=1}^{N} m_i\int_{\mathrm{P}}^{\mathrm{Q}}\left[\underset{E:\text{一定}}{\delta}\dot{x}_i\,dx_i+d\left(\dot{x}_i\underset{E:\text{一定}}{\delta}x_i\right)-d\dot{x}_i\underset{E:\text{一定}}{\delta}x_i+\underset{E:\text{一定}}{\delta}\dot{y}_i\,dy_i\right.\\
&\qquad\left.+d\left(\dot{y}_i\underset{E:\text{一定}}{\delta}y_i\right)-d\dot{y}_i\underset{E:\text{一定}}{\delta}y_i+\underset{E:\text{一定}}{\delta}\dot{z}_i\,dz_i+d\left(\dot{z}_i\underset{E:\text{一定}}{\delta}z_i\right)-d\dot{z}_i\underset{E:\text{一定}}{\delta}z_i\right]\\
&=\sum_{i=1}^{N} m_i\int_{\mathrm{P}}^{\mathrm{Q}}\left[\dot{x}_i\underset{E:\text{一定}}{\delta}\dot{x}_i\,dt+d\left(\dot{x}_i\underset{E:\text{一定}}{\delta}x_i\right)-d\dot{x}_i\underset{E:\text{一定}}{\delta}x_i+\dot{y}_i\underset{E:\text{一定}}{\delta}\dot{y}_i\,dt\right.
\end{aligned}$$

$$+d\left(\dot{y}_i \underset{E:\text{一定}}{\delta} y_i\right) - d\dot{y}_i \underset{E:\text{一定}}{\delta} y_i + \dot{z}_i \underset{E:\text{一定}}{\delta} \dot{z}_i dt + d\left(\dot{z}_i \underset{E:\text{一定}}{\delta} z_i\right) - d\dot{z}_i \underset{E:\text{一定}}{\delta} z_i\Bigg] \tag{5-4-1}$$

ところで，実際の道筋と仮想の道筋は同じ全エネルギーをもつので，$V$ をポテンシァルエネルギーとすると，

$$\underset{E:\text{一定}}{\delta} \sum_{i=1}^{N} \left(\frac{1}{2}m_i(\dot{x}_i^2 + \dot{y}_i^2 + \dot{z}_i^2) + V\right)$$

$$= \sum_{i=1}^{N} \left[m_i\left(\dot{x}_i \underset{E:\text{一定}}{\delta} \dot{x}_i + \dot{y}_i \underset{E:\text{一定}}{\delta} \dot{y}_i + \dot{z}_i \underset{E:\text{一定}}{\delta} \dot{z}_i\right) + \frac{\partial V}{\partial x_i} \underset{E:\text{一定}}{\delta} x_i + \frac{\partial V}{\partial y_i} \underset{E:\text{一定}}{\delta} y_i + \frac{\partial V}{\partial z_i} \underset{E:\text{一定}}{\delta} z_i\right] = 0$$

であるから，式 (5-4-1) は

$$\underset{E:\text{一定}}{\delta} \sum_{i=1}^{N} \int_{\mathrm{P}}^{\mathrm{Q}} m_i v_i \, ds_i$$

$$= \sum_{i=1}^{N} \int_{\mathrm{P}}^{\mathrm{Q}} \Bigg\{-\left(\frac{\partial V}{\partial x_i} \underset{E:\text{一定}}{\delta} x_i + \frac{\partial V}{\partial y_i} \underset{E:\text{一定}}{\delta} y_i + \frac{\partial V}{\partial z_i} \underset{E:\text{一定}}{\delta} z_i\right) dt$$

$$+ m_i \Bigg[d\left(\dot{x}_i \underset{E:\text{一定}}{\delta} x_i\right) - d\dot{x}_i \underset{E:\text{一定}}{\delta} x_i$$

$$+d\left(\dot{y}_i \underset{E:\text{一定}}{\delta} y_i\right) - d\dot{y}_i \underset{E:\text{一定}}{\delta} y_i + d\left(\dot{z}_i \underset{E:\text{一定}}{\delta} z_i\right) - d\dot{z}_i \underset{E:\text{一定}}{\delta} z_i\Bigg]\Bigg\}$$

$$= \sum_{i=1}^{N} m_i \left[\dot{x}_i \underset{E:\text{一定}}{\delta} x_i + \dot{y}_i \underset{E:\text{一定}}{\delta} y_i + \dot{z}_i \underset{E:\text{一定}}{\delta} z_i\right]_{\mathrm{P}}^{\mathrm{Q}}$$

$$+ \int_{\mathrm{P}}^{\mathrm{Q}} \Bigg[-\left(\frac{\partial V}{\partial x_i}dt + m_i d\dot{x}_i\right) \underset{E:\text{一定}}{\delta} x_i - \left(\frac{\partial V}{\partial y_i}dt + m_i d\dot{y}_i\right) \underset{E:\text{一定}}{\delta} y_i$$

$$- \left(\frac{\partial V}{\partial z_i}dt + m_i d\dot{z}_i\right) \underset{E:\text{一定}}{\delta} z_i\Bigg] \tag{5-4-2}$$

となるが，式 (5-4-2) の右辺第 1 項は境界での変分の斉次 1 次式であるから 0 である．そして，被積分関数内の変分 $\underset{E:\text{一定}}{\delta} x_i$, $\underset{E:\text{一定}}{\delta} y_i$, $\underset{E:\text{一定}}{\delta} z_i$ は任意であるから，

$$\underset{E:\text{一定}}{\delta} \sum_{i=1}^{N} \int_{\mathrm{P}}^{\mathrm{Q}} m_i v_i \, ds_i = 0$$

と

$$\frac{\partial V}{\partial x_i} dt + m_i \, d\dot{x}_i = 0, \qquad \frac{\partial V}{\partial y_i} dt + m_i \, d\dot{y}_i = 0, \qquad \frac{\partial V}{\partial z_i} dt + m_i \, d\dot{z}_i = 0$$

すなわち

$$m_i \frac{d\dot{x}_i}{dt} = -\frac{\partial V}{\partial x_i}, \qquad m_i \frac{d\dot{y}_i}{dt} = -\frac{\partial V}{\partial y_i}, \qquad m_i \frac{d\dot{z}_i}{dt} = -\frac{\partial V}{\partial z_i}$$

は等価(必要十分条件)である．つまり，(エネルギー保存則を満たす)保存系のラグランジュの最小作用の原理は，ニュートンの運動法則から導かれる．■

最小作用の原理のオイラーおよびラグランジュによる証明は，モーペルチュイの**形而上学的な仮説(憶測，**posutulates)とは本質的に異なる，実証的な法則から**演繹された定理**であることに注目すべきである．ラグランジュ自身，最小作用の原理を(形而上学的な仮説ではなく)力学の法則から導出された，エネルギー保存則などと同等の簡潔かつ一般的な定理であるとみていた．この見方は今日の自然科学観に通じるものであり，モーペルチュイの前近代的な思考形態とは一線を画するものである．18 世紀最大の数学者(同時に物理学者)であると賞賛されるオイラーも当然ラグランジュと同じ自然科学観をもっていたが，優しい人柄のゆえか，最小作用の原理の発案者の栄誉をモーペルチュイに与える，という姿勢を見せた．

ところで，ラグランジュの後約半世紀の間，最小作用の原理は必ずしも重要な定理であると認識されることがなかった．最小作用の原理が再び脚光を浴びるのにはハミルトンの登場まで待たねばならなかった．

## 第 5 章の演習問題

**5-1 節**

**5-1**　図 5-6 で点 F が境界上で点 C の右側にある場合にも，

$$\text{所要時間 (AECB)} < \text{所要時間 (AGFB)}$$

であることを示せ．

**5-3 節**

**5-2**　5-3 節の定理 5-1 と同じく，保存力の場にある一つの粒子の運動の径路 $y(x)$ を考える．最小作用の原理

$$\underset{E\,:\,\text{一定}}{\delta}\int_{\mathrm{P}}^{\mathrm{Q}} mv\,ds = 0$$

からニュートンの運動方程式が導かれることを，3-4-6 項の方法により示せ．すなわち，代数型拘束条件

$$G = \frac{1}{2}mv^2 + V(x) - E_0 = 0$$

の下で

$$I = \int_{\mathrm{P}}^{\mathrm{Q}} mv\,ds = \int_{x_1}^{x_2} mv^2\sqrt{1+y'^2}\,dx$$

を停留化する変分問題から式 (5-3-1) を導け．

# 第6章

# 解析力学の形成

ニュートンの力学は本質的にデカルト座標を採用する質点の力学である．そこでは基本的に，質点に働く(すべての)力を特定し，それを質点の質量で割ったものに等しい加速度により質点の速度が変化する過程を時間的に追い求めてゆく．しかし，たとえば剛体を解析する場合それは無数の粒子の集まりであり，上記の手法を踏襲するならば個々の粒子に働く力を特定し，それぞれの粒子の運動方程式を立てさらにはそれらの運動方程式を解くことになる．だが，この一連の操作を完遂することは現実的ではない．このような問題を解くためには何か新しい方法を案出する必要がある．

そのために考え出されたのが解析力学である．解析力学では個々の質点に働く力の詳細を明らかにする必要がなく，たとえば「剛体である」という条件をそのまま拘束条件として付与することができる．

## 6-1　ラグランジュ方程式

オイラーより 30 歳若いラグランジュは，流体力学を始め数学・物理学のさまざまな分野でオイラーの仕事を踏襲しさらに発展させた．変分法に基づく解析力学もその一例であり，ラグランジュの運動方程式は解析力学の出発点となった．

### 6-1-1　ラグランジュの一般化座標と一般化力

ラグランジュは系の**配位** (configuration) すなわち系の位置情報をあいまいさを残すことなく定義するために必要かつ十分な数の変数の集合「**一般化座標** (generalized coordinates)」$(q_1, q_2, \ldots, q_n)$ を用いた．しかも一般化座標およびその導関数の関数である運動エネルギーとポテンシャルエネルギーの式により，どの一般化座標を選択した場合にも同一の形で表される運動方程式・**ラグランジュの運動方程式**を作り出すことに成功した．ラグランジュの運動方程式は最小作用の原理の適用範囲を一般化座標にまで拡大したものである．

系の配位を定義するために必要十分な変数・一般化座標が $n$ 個であり，それらを $q_1, q_2, \ldots, q_n$ とする．個々の粒子のデカルト座標あるいは個々の剛体のある要素（部分）のデカルト座標は，これら $n$ 個の一般化座標および時間 $t$ の関数である．もちろん一般化座標は時間 $t$ に依存するが，系はそれ以外にも束縛条件などを介して時間 $t$ に依存することがある（例 6-1 の (5)）．

**例 6-1**　一般化座標（拘束条件のない粒子系）

(1)　（3 次元）デカルト座標（図 6-1）

$$q_1 = x, \qquad q_2 = y, \qquad q_3 = z$$

(2)　（2 次元）極座標（図 6-2）．中心力を扱うとき便利である．

$$q_1 = r, \qquad q_2 = \theta$$

(3)　（3 次元）球座標（図 6-3）．中心力を扱うとき便利である．

$$q_1 = r, \qquad q_2 = \theta, \qquad q_3 = \varphi$$

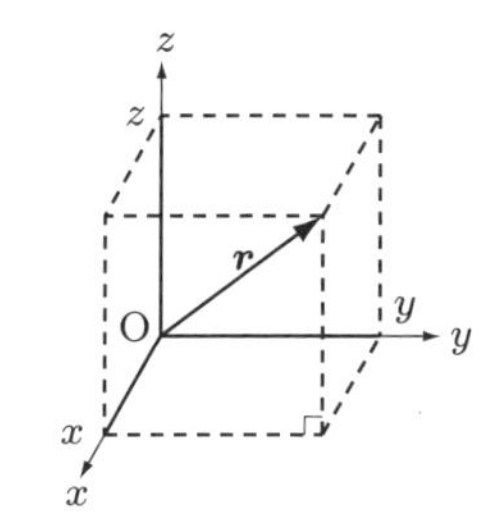


**図 6-1**　3 次元デカルト座標（直角座標）

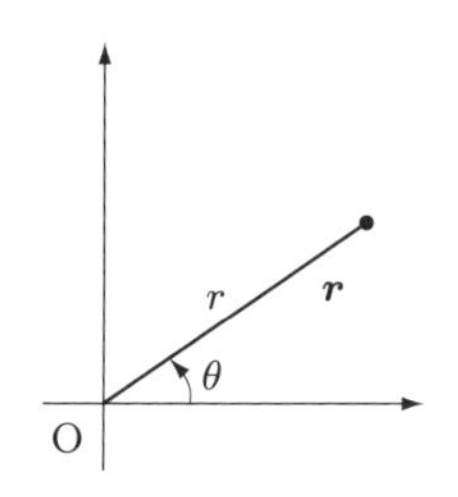


**図 6-2**　2 次元極座標

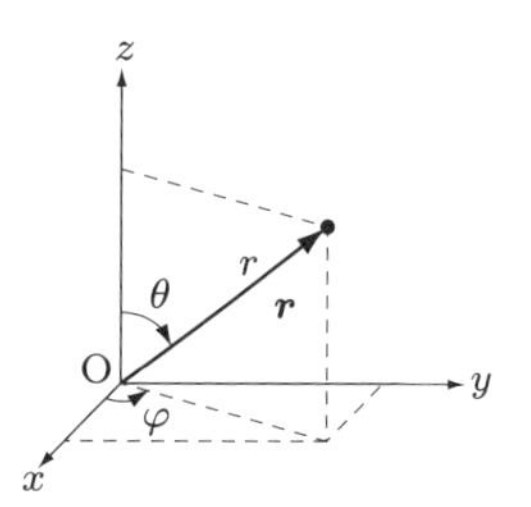


**図 6-3**　3 次元球座標

(4)　（3 次元）円柱座標（図 6-4）．軸対称問題を扱うとき便利である．

$$q_1 = r, \qquad q_2 = \theta, \qquad q_3 = z$$

(5)　（2 次元）回転座標系（図 6-5）．（変換に時間 $t$ が陽に現れる）

$$\begin{pmatrix} q_1 \\ q_2 \end{pmatrix} = \begin{pmatrix} X \\ Y \end{pmatrix} = \begin{pmatrix} \cos\theta(t) & \sin\theta(t) \\ -\sin\theta(t) & \cos\theta(t) \end{pmatrix} \begin{pmatrix} x \\ y \end{pmatrix}, \quad \begin{pmatrix} x \\ y \end{pmatrix} = \begin{pmatrix} \cos\theta(t) & -\sin\theta(t) \\ \sin\theta(t) & \cos\theta(t) \end{pmatrix} \begin{pmatrix} q_1 \\ q_2 \end{pmatrix}$$

■

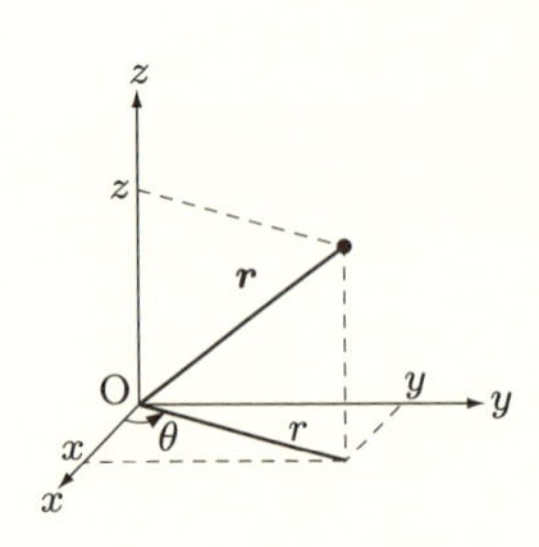


図 6-4 3次元円柱座標

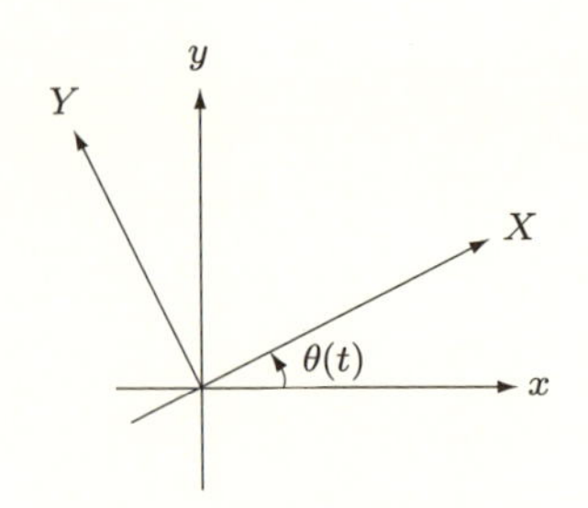


図 6-5 2次元回転座標系

**例 6-2** **拘束条件のある粒子系**

(1) 水平面上の物体(図 6-6)

$$q_1 = x \qquad (q_2 = y = 0)$$

(2) 斜面上の物体(図 6-7)

$$q_1 = u \qquad (q_2 = v = 0)$$

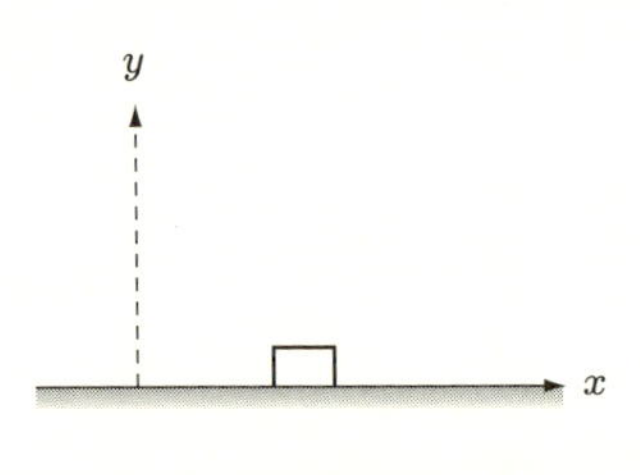


図 6-6 水平面上の物体

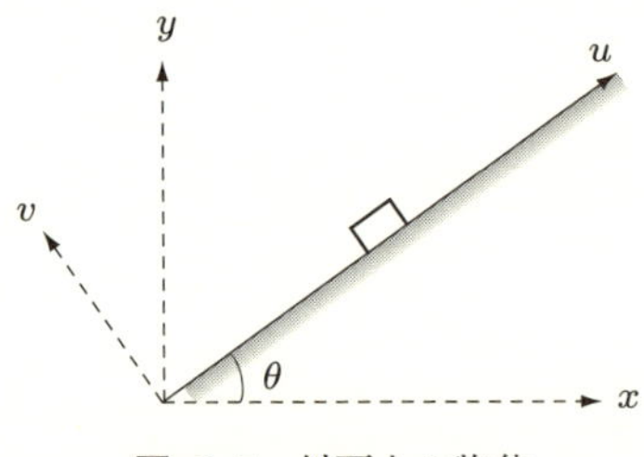


図 6-7 斜面上の物体

(3) 振り子(図 6-8)

$$q_1 = \theta \qquad (q_2 = r = l)$$

(4) 2重振り子(図 6-9)

$$q_1 = \theta_1, \qquad q_2 = \theta_2$$

(5) 剛体(図 6-10):重心のデカルト座標とオイラーの角.

剛体は六つの自由度をもっている.六つの自由度を具体的に表現する一般化座標としてまず剛体の重心のデカルト座標3成分 $(x_{\mathrm{G}}, y_{\mathrm{G}}, z_{\mathrm{G}})$ をとるのが自然である.これに加えて剛体に固定されて運動する座標系の三つの軸 $(X, Y, Z)$ の静止座標系の三つの軸 $(x, y, z)$ に対する方向を指定する必要があるが,そのた

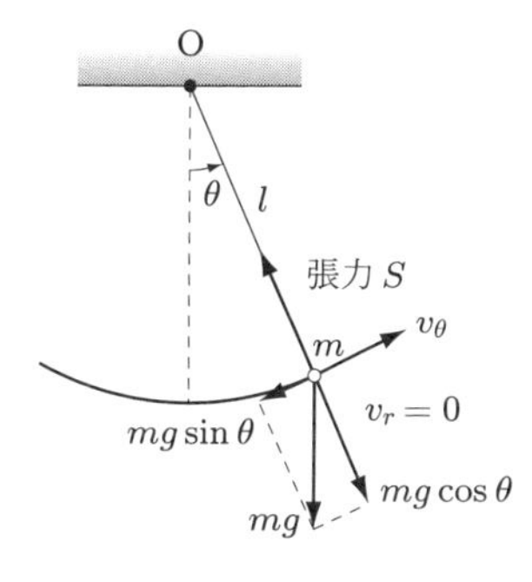


**図 6-8** 振り子

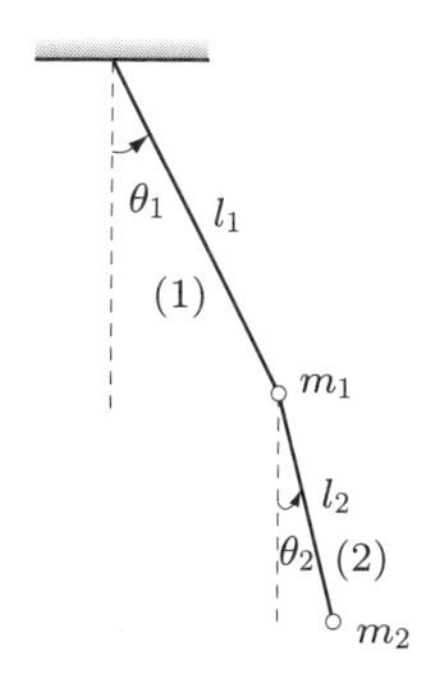


**図 6-9** 2 重振り子

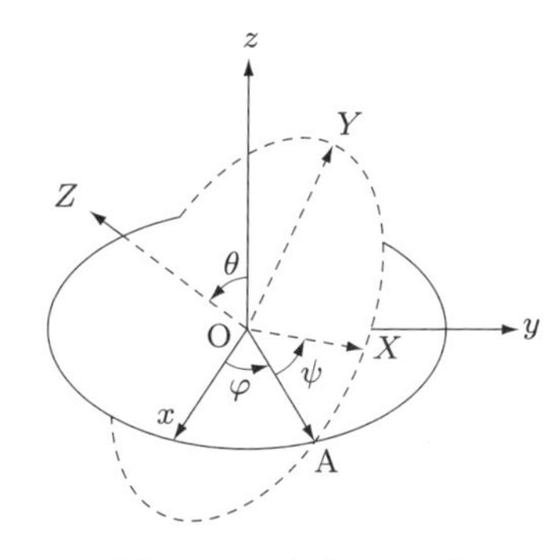


**図 6-10** オイラーの角

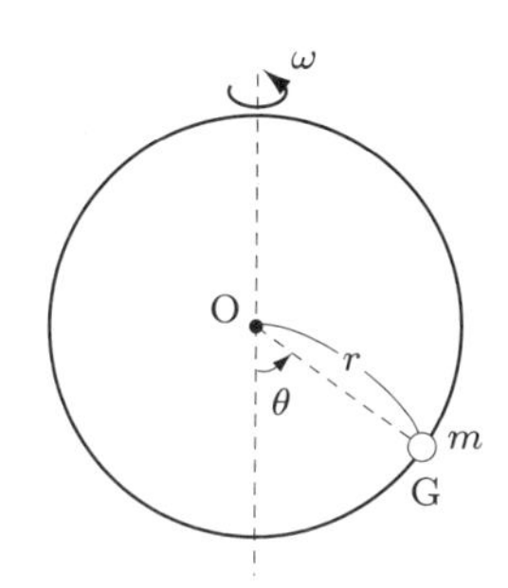


**図 6-11** 回転する輪に沿って動く球

めに便利なのは，オイラーの角 $\theta, \varphi, \psi$ である．

問題になるのは二つの座標系間の角度であるから運動座標系と静止座標系の原点を一致させる（図 6-10）．さて，静止座標系 $x$-$y$ 平面と運動座標系の $X$-$Y$ 平面の交線を OA とかくと，交線 OA は静止座標系の $z$ 軸および運動座標系の $Z$ 軸と直交する．なお，OA の向きを $z$ 軸の正方向から $Z$ 軸の正方向に回したときに右ねじが進む向きとする．そこでオイラーの角 $\theta, \varphi, \psi$ を次のように定義する．まず $z$ 軸と $Z$ 軸のなす角を $\theta$ $(0 \leq \theta \leq \pi)$ と，（$z$ 軸の正方向から見て）$x$ 軸から OA まで反時計回りに測った角度を $\varphi$ $(0 \leq \varphi < 2\pi)$ と，また（$Z$ 軸の正方向から見て）OA から $X$ 軸まで反時計回りに測った角度を $\psi$ $(0 \leq \psi < 2\pi)$ とする．

$$q_1 = x_\mathrm{G}, \qquad q_2 = y_\mathrm{G}, \qquad q_3 = z_\mathrm{G}, \qquad q_4 = \theta, \qquad q_5 = \varphi, \qquad q_6 = \psi$$

(6) 回転する輪に沿って動く球（図 6-11）：拘束条件が $t$ に依存する．

半径 $r$ の円形をした細い輪の一つの直径を鉛直線上に固定し，輪全体がその直径のまわりを角速度 $\omega$ で回転している．断面が輪の太さより少しだけ大きい円形になるように内部をくりぬいた質量 $m$ の球を輪に通しておく．輪と球の摩擦は球に働く他の力に比べて無視できるほど小さい．この球の重心(質点) G の運動を考えるときこの球の自由度は 1 で，便利な一般化座標は点 G を通る輪の半径が鉛直下方となす角 $\theta$ である．

$$q_1 = \theta$$

このとき点 G のデカルト座標は

$$x = x(\theta, t) = r \sin\theta \cos\omega t$$

$$y = y(\theta, t) = r \sin\theta \sin\omega t$$

$$z = z(\theta, t) = -r \cos\theta$$

である．

(7) 倒立直円錐の内側斜面上を動く小球(図 6-12)

球座標の $\theta = \theta_0$（一定）

$$q_1 = r, \qquad q_2 = \varphi$$

(8) 支点を強制的に動かす振り子(図 6-13)

$$q_1 = \theta$$

■

一般化座標の個数すなわち運動の自由度 $n$ は通常，粒子の個数の 3 倍すなわち $x, y, z$ 座標の総数より小さい．なぜならば，系はたとえば「それが剛体である」などという**運動論的拘束条件** (kinematic(al) restrictions) を満たすからである．このような拘束条件は実際には系の内力(粒子間の力 (internal forces))により保たれているのだが，拘

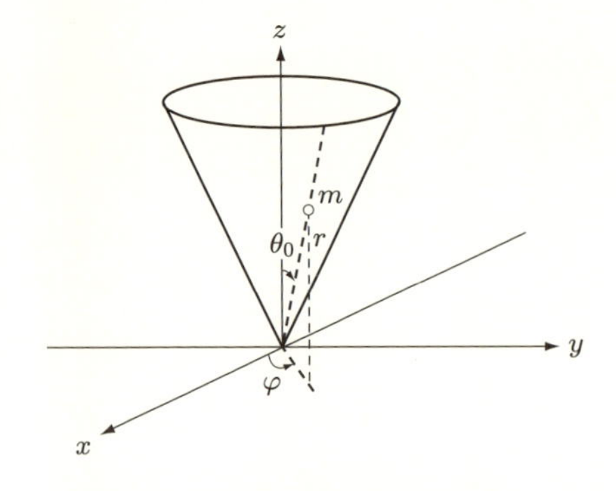


**図 6-12**　倒立直円錐の内側斜面上を動く小球

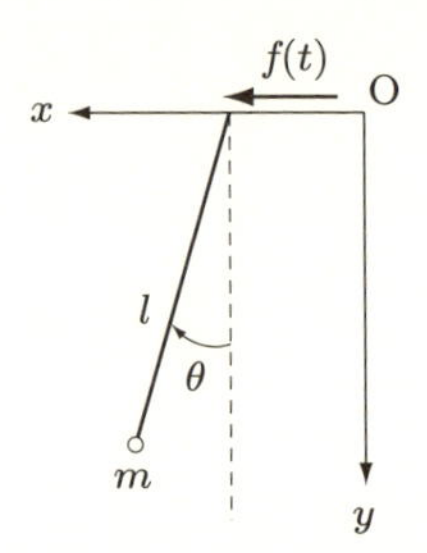


**図 6-13**　支点を強制的に動かす振り子

束条件を導入して運動の自由度を減らすことにより特定することが困難な内力を取り扱う必要をなくすのである．

**例 6-3**　**可消去拘束条件** (holonomic restrictions)（例 6-2 の (2)（図 6-7)）

水平，鉛直方向をそれぞれ $x, y$，斜面の水平面となす角を $\theta$ とすると，拘束条件は

$$x \sin\theta - y \cos\theta = 0$$

である．このとき座標の一つ $y$ を

$$y = x \tan\theta$$

と他の座標 $x$ で表すことができるので，$y$ を消去して変数(座標)の数を一つ減らすことができる．その上で便利な変数として次を選ぶ．

$$q_1 = u \ (= x/\cos\theta), \qquad q_2 = v \ (= y - x\tan\theta = 0)$$

■

運動の拘束条件が，座標の時間微分である速度ないしさらに高階の時間微分を含む場合にはその拘束条件を積分した結果，座標のみの関係式を得られない場合がある(3-4-7 項参照)．このように，いずれの一般化座標を消去することもできず自由度を減少させることのできない種類の拘束条件を**不可消去拘束条件** (non-holonomic restrictions) と呼ぶ．

**例 6-4**　**不可消去拘束条件**：水平面上をすべらずに転がる剛体球(拘束条件は接触点で剛体球の速度 $= 0$)

独立な運動は 3 成分(重心の水平方向 2 成分+接触点まわりの回転)のみであるが，配位を指定するためには依然一般化座標 5 個(剛体の自由度 6† のうち重心の鉛直座標のみ一定)が必要である．■

次に一般化力という概念を導入する．系が無限小の変位 $dq_1, dq_2, \ldots, dq_n$ をしたときに系になされる仕事 $dW$ は $dq_1, dq_2, \ldots, dq_n$ のそれぞれに比例する．

$$dW = Q_1 dq_1 + Q_2 dq_2 + \cdots + Q_n \, dq_n \tag{6-1-1}$$

そこで，その比例係数 $Q_1, Q_2, \ldots, Q_n$ を各一般化座標 $q_1, q_2, \ldots, q_n$ に対応する**一般化力** (generalized forces) と定義する．内力による仕事は作用反作用の法則により相殺されるので，外力のみを考慮すればよい．一般化力は，$i$ 番目の粒子(座標 $x_i, y_i, z_i$)に働く力 $(F_{ix}, F_{iy}, F_{iz})$ $(i = 1, 2, \ldots, m$，拘束条件がなければ $n = 3m)$ の関数である．実際，

† 重心の座標(3 成分)と重心に固定された軸の 3 方向が指定されるとき，剛体の配位，すなわちすべての構成粒子の座標は完全に定まる．

$$dW = \sum_{i=1}^{m}(F_{ix}\,dx_i + F_{iy}\,dy_i + F_{iz}\,dz_i)$$
$$= \sum_{i=1}^{m}\left(F_{ix}\sum_{j=1}^{n}\frac{\partial x_i}{\partial q_j}dq_j + F_{iy}\sum_{j=1}^{n}\frac{\partial y_i}{\partial q_j}dq_j + F_{iz}\sum_{j=1}^{n}\frac{\partial z_i}{\partial q_j}dq_j\right) \qquad (6\text{-}1\text{-}2)$$
$$= \sum_{j=1}^{n}\sum_{i=1}^{m}\left(F_{ix}\frac{\partial x_i}{\partial q_j} + F_{iy}\frac{\partial y_i}{\partial q_j} + F_{iz}\frac{\partial z_i}{\partial q_j}\right)dq_j$$

であり，式 (6-1-1) と式 (6-1-2) を比べると，

$$Q_j = \sum_{i=1}^{m}\left(F_{ix}\frac{\partial x_i}{\partial q_j} + F_{iy}\frac{\partial y_i}{\partial q_j} + F_{iz}\frac{\partial z_i}{\partial q_j}\right) \qquad (6\text{-}1\text{-}3)$$

を得る．

### 6-1-2　ラグランジュ方程式

式 (6-1-3) を用いて，ニュートンの運動方程式

$$m_i\frac{d^2x_i}{dt^2} = F_{ix}, \qquad m_i\frac{d^2y_i}{dt^2} = F_{iy}, \qquad m_i\frac{d^2z_i}{dt^2} = F_{iz}$$

をラグランジュの運動方程式に変換することができることを示そう．一般化力 (6-1-3) の右辺の力 $(F_{ix}, F_{iy}, F_{iz})$ をニュートンの運動方程式を用いて質量と加速度の積で表すと

$$Q_j = \sum_{i=1}^{m}m_i\left(\frac{d^2x_i}{dt^2}\frac{\partial x_i}{\partial q_j} + \frac{d^2y_i}{dt^2}\frac{\partial y_i}{\partial q_j} + \frac{d^2z_i}{dt^2}\frac{\partial z_i}{\partial q_j}\right)$$
$$= \sum_{i=1}^{m}m_i\left[\frac{d}{dt}\left(\frac{dx_i}{dt}\frac{\partial x_i}{\partial q_j}\right) - \frac{dx_i}{dt}\frac{d}{dt}\left(\frac{\partial x_i}{\partial q_j}\right) + \frac{d}{dt}\left(\frac{dy_i}{dt}\frac{\partial y_i}{\partial q_j}\right)\right.$$
$$\left. - \frac{dy_i}{dt}\frac{d}{dt}\left(\frac{\partial y_i}{\partial q_j}\right) + \frac{d}{dt}\left(\frac{dz_i}{dt}\frac{\partial z_i}{\partial q_j}\right) - \frac{dz_i}{dt}\frac{d}{dt}\left(\frac{\partial z_i}{\partial q_j}\right)\right] \qquad (6\text{-}1\text{-}4)$$

を得る．式 (6-1-4) の最終式において

$$\frac{d}{dt}\left(\frac{\partial x_i}{\partial q_j}\right) = \frac{\partial}{\partial t}\left(\frac{\partial x_i}{\partial q_j}\right) + \sum_{k=1}^{n}\frac{\partial}{\partial q_k}\left(\frac{\partial x_i}{\partial q_j}\right)\dot{q}_k$$
$$= \frac{\partial}{\partial q_j}\left(\frac{\partial x_i}{\partial t}\right) + \sum_{k=1}^{n}\frac{\partial}{\partial q_j}\left(\frac{\partial x_i}{\partial q_k}\right)\dot{q}_k \qquad (6\text{-}1\text{-}5)$$

であるが，式 (6-1-5) の右辺で $q_j$ と $\dot{q}_k$ は独立であるから

$$\frac{\partial \dot{q}_k}{\partial q_j} = 0 \qquad (\forall j, k)$$

であることに注意すると，式 (6-1-5) 右辺は

$$\frac{\partial}{\partial q_j}\left(\frac{\partial x_i}{\partial t}\right)+\sum_{k=1}^{n}\frac{\partial}{\partial q_j}\left(\frac{\partial x_i}{\partial q_k}\right)\dot{q}_k=\frac{\partial}{\partial q_j}\left(\frac{\partial x_i}{\partial t}\right)+\frac{\partial}{\partial q_j}\sum_{k=1}^{n}\left(\frac{\partial x_i}{\partial q_k}\dot{q}_k\right)$$
$$=\frac{\partial}{\partial q_j}\left(\frac{dx_i}{dt}\right)$$

となる．

さて，$t; q_1, q_2, \ldots, q_n$ の関数である $\partial x_i/\partial q_k$ は $\dot{q}_k$ $(k=1,2,\ldots,n)$ と独立なので，

$$\frac{\partial \dot{x}_i}{\partial \dot{q}_j}=\frac{\partial}{\partial \dot{q}_j}\left(\frac{\partial x_i}{\partial t}+\sum_{k=1}^{n}\frac{\partial x_i}{\partial q_k}\dot{q}_k\right)=\sum_{k=1}^{n}\frac{\partial x_i}{\partial q_k}\frac{\partial \dot{q}_k}{\partial \dot{q}_j}=\sum_{k=1}^{n}\frac{\partial x_i}{\partial q_k}\delta_{jk}=\frac{\partial x_i}{\partial q_j} \tag{6-1-6}$$

を得る．$y, z$ についても同様の式が成立する．したがって，

$$Q_j=\sum_{i=1}^{m}m_i\left[\frac{d}{dt}\left(\dot{x}_i\frac{\partial \dot{x}_i}{\partial \dot{q}_j}\right)-\dot{x}_i\frac{\partial}{\partial q_j}\dot{x}_i+\frac{d}{dt}\left(\dot{y}_i\frac{\partial \dot{y}_i}{\partial \dot{q}_j}\right)\right.$$
$$\left.-\dot{y}_i\frac{\partial}{\partial q_j}(\dot{y}_i)+\frac{d}{dt}\left(\dot{z}_i\frac{\partial \dot{z}_i}{\partial \dot{q}_j}\right)-\dot{z}_i\frac{\partial}{\partial q_j}\dot{z}_i\right]$$
$$=\frac{d}{dt}\left\{\frac{\partial}{\partial \dot{q}_j}\sum_{i=1}^{m}\frac{1}{2}m_i\left[(\dot{x}_i)^2+(\dot{y}_i)^2+(\dot{z}_i)^2\right]\right\}$$
$$-\frac{\partial}{\partial q_j}\sum_{i=1}^{m}\frac{1}{2}m_i\left[(\dot{x}_i)^2+(\dot{y}_i)^2+(\dot{z}_i)^2\right]$$
$$\left(\dot{x}_i\equiv\frac{dx_i}{dt},\qquad \dot{y}_i\equiv\frac{dy_i}{dt},\qquad \dot{z}_i\equiv\frac{dz_i}{dt}\right)$$

すなわち，

$$Q_j=\frac{d}{dt}\left(\frac{\partial T}{\partial \dot{q}_j}\right)-\frac{\partial T}{\partial q_j},$$
$$T\equiv\sum_{i=1}^{m}\frac{1}{2}m_i\left[(\dot{x}_i)^2+(\dot{y}_i)^2+(\dot{z}_i)^2\right]\qquad\text{（運動エネルギー）} \tag{6-1-7}$$

を得る．一般化座標による微分方程式 (6-1-7) を**ラグランジュ方程式**と呼ぶ．この方程式を活用するためには，運動エネルギー $T$ と一般化力 $Q_j$ $(j=1,2,\ldots,m)$ を一般化座標で表しておかなければならない．

系が保存系である場合，すなわち力学的エネルギーが保存される系であるときには，座標の関数であるその力（たとえば万有引力）のポテンシャル（潜在）エネルギー $V(q_1, q_2, \ldots, q_n)$ が定義され，系が $(q_{11}, q_{21}, \ldots, q_{n1})$ から $(q_{12}, q_{22}, \ldots, q_{n2})$ に変化するとき，その力が系になす仕事は

$$V(q_{11}, q_{21}, \ldots, q_{n1}) - V(q_{12}, q_{22}, \ldots, q_{n2})$$

である．したがって，微分形式では

$$dW = -\sum_{j=1}^{n} \frac{\partial V}{\partial q_j} dq_j \tag{6-1-8}$$

となり，式 (6-1-1) と式 (6-1-8) を比べると，

$$Q_j = -\frac{\partial V}{\partial q_j} \tag{6-1-9}$$

を得る．式 (6-1-9) を式 (6-1-7) に代入すると，

$$-\frac{\partial V}{\partial q_j} = \frac{d}{dt}\left(\frac{\partial T}{\partial \dot{q}_j}\right) - \frac{\partial T}{\partial q_j}$$

となる．ここで**ラグランジアン** (Lagrangian) と呼ぶ関数

$$L\,(t; q_1, q_2, \ldots, q_n; q_1', q_2', \ldots, q_n') \equiv T - V \tag{6-1-10}$$

を定義すると，

$$\frac{\partial V}{\partial \dot{q}_j} = 0$$

であるから，

$$\frac{d}{dt}\left(\frac{\partial L}{\partial \dot{q}_j}\right) - \frac{\partial L}{\partial q_j} = 0 \qquad (j = 1, 2, \ldots, n) \tag{6-1-11}$$

を得る．式 (6-1-11) が**ラグランジュ方程式**のもっとも多く使われる形式である．

**例 6-5**　**極座標**（例 6-1(2) 再訪）

運動エネルギー

$$T = \frac{1}{2}m\left[\left(\frac{dr}{dt}\right)^2 + r^2\left(\frac{d\theta}{dt}\right)^2\right]$$

$$v_r(t) = \frac{dr}{dt}, \qquad v_\theta(t) = r\frac{d\theta}{dt}$$

一般化力

$$Q_r = \frac{d}{dt}\left[\frac{\partial T}{\partial(dr/dt)}\right] - \frac{\partial T}{\partial r} = m\frac{d^2r}{dt^2} - mr\left(\frac{d\theta}{dt}\right)^2 = F_r$$

$$Q_\theta = \frac{d}{dt}\left[\frac{\partial T}{\partial(d\theta/dt)}\right] - \frac{\partial T}{\partial \theta} = \frac{d}{dt}\left(mr^2\frac{d\theta}{dt}\right) = rF_\theta$$

■

**例 6-6**　**球座標**（例 6-1(3) 再訪）

運動エネルギー

$$T = \frac{1}{2}m\left[\left(\frac{dr}{dt}\right)^2 + r^2\left(\frac{d\theta}{dt}\right)^2 + r^2\sin^2\theta\left(\frac{d\varphi}{dt}\right)^2\right]$$

$$v_r(t) = \frac{dr}{dt}, \qquad v_\theta(t) = r\frac{d\theta}{dt}, \qquad v_\varphi(t) = r\sin\theta\frac{d\varphi}{dt}$$

一般化力

$$Q_r = \frac{d}{dt}\left[\frac{\partial T}{\partial(dr/dt)}\right] - \frac{\partial T}{\partial r} = m\frac{d^2r}{dt^2} - mr\left(\frac{d\theta}{dt}\right)^2 - mr\sin^2\theta\left(\frac{d\varphi}{dt}\right)^2 \ (= F_r)$$

$$Q_\theta = \frac{d}{dt}\left[\frac{\partial T}{\partial(d\theta/dt)}\right] - \frac{\partial T}{\partial\theta} = \frac{d}{dt}\left(mr^2\frac{d\theta}{dt}\right) - mr^2\sin\theta\cos\theta\left(\frac{d\varphi}{dt}\right)^2 \ (= rF_\theta)$$

$$Q_\varphi = \frac{d}{dt}\left[\frac{\partial T}{\partial(d\varphi/dt)}\right] - \frac{\partial T}{\partial\varphi} = \frac{d}{dt}\left(mr^2\sin^2\theta\frac{d\varphi}{dt}\right)$$

■

**例 6-7** **円柱座標**(例 6-1(4) 再訪)

運動エネルギー

$$T = \frac{1}{2}m\left[\left(\frac{dz}{dt}\right)^2 + \left(\frac{dr}{dt}\right)^2 + r^2\left(\frac{d\theta}{dt}\right)^2\right]$$

$$v_z(t) = \frac{dz}{dt}, \qquad v_r(t) = \frac{dr}{dt}, \qquad v_\theta(t) = r\frac{d\theta}{dt}$$

一般化力

$$Q_z = \frac{d}{dt}\left[\frac{\partial T}{\partial(dz/dt)}\right] - \frac{\partial T}{\partial z} = m\frac{d^2z}{dt^2} = F_z$$

$$Q_r = \frac{d}{dt}\left[\frac{\partial T}{\partial(dr/dt)}\right] - \frac{\partial T}{\partial r} = m\frac{d^2r}{dt^2} - mr\left(\frac{d\theta}{dt}\right)^2 = F_r$$

$$Q_\theta = \frac{d}{dt}\left[\frac{\partial T}{\partial(d\theta/dt)}\right] - \frac{\partial T}{\partial\theta} = \frac{d}{dt}\left(mr^2\frac{d\theta}{dt}\right) = rF_\theta$$

■

**例 6-8** **回転する輪に沿って動く球**(例 6-2(6) 再訪)

系(質点 G)の運動エネルギーは

$$T = \frac{1}{2}m\left[\left(\frac{dx}{dt}\right)^2 + \left(\frac{dy}{dt}\right)^2 + \left(\frac{dz}{dt}\right)^2\right] = \frac{1}{2}mr^2\left[\left(\frac{d\theta}{dt}\right)^2 + \omega^2\sin^2\theta\right]$$

であり，輪の中心(原点)を基準とするポテンシァルエネルギーは

$$V = -mgr\cos\theta$$

である．

一般化力は式 (6-1-7) によれば

$$Q_1 = \frac{d}{dt}\left[\frac{\partial T}{\partial(d\theta/dt)}\right] - \frac{\partial T}{\partial\theta} = mr^2\left(\frac{d^2\theta}{dt^2} - \omega^2\sin\theta\cos\theta\right)$$

であり，これは，ラグランジュ方程式 (6-1-11)

$$mr^2\frac{d^2\theta}{dt^2} - mr^2\omega^2\sin\theta\cos\theta + mgr\sin\theta = 0$$

を介して，式 (6-1-9) による表式

$$Q_1 = -\frac{\partial V}{\partial\theta} = -mgr\sin\theta$$

に等しいことが確かめられる．■

**例 6-9　倒立直円錐の内側斜面上を動く小球**（例 6-2(7) 再訪）

$$\theta = \theta_0 \text{（一定）}$$

$$q_1 = r, \qquad q_2 = \varphi$$

$$T = \frac{m}{2}\left[\left(\frac{dr}{dt}\right)^2 + \left(r\frac{d\varphi}{dt}\sin\theta_0\right)^2\right]$$

$$V = mgr\cos\theta_0$$

一般化力は式 (6-1-7) によれば

$$Q_1 = Q_r = \frac{d}{dt}\left[\frac{\partial T}{\partial(dr/dt)}\right] - \frac{\partial T}{\partial r} = m\frac{d^2r}{dt^2} - mr\left(\frac{d\varphi}{dt}\right)^2\sin^2\theta_0$$

$$Q_2 = Q_\varphi = \frac{d}{dt}\left[\frac{\partial T}{\partial(d\varphi/dt)}\right] - \frac{\partial T}{\partial\varphi} = \frac{d}{dt}\left(mr^2\frac{d\varphi}{dt}\sin^2\theta_0\right)$$

であり，また式 (6-1-9) によれば

$$Q_1 = Q_r = -\frac{\partial V}{\partial r} = -mg\cos\theta_0$$

$$Q_2 = Q_\varphi = -\frac{\partial V}{\partial\varphi} = 0$$

であるが，両者はラグランジュ方程式 (6-1-11) により等しいことが確かめられる．■

**例 6-10　支点を強制的に動かす振り子**（拘束条件が $t$ に依存．強制振動）（例 6-2(8) 再訪）

$$q_1 = \theta$$

$$x = l\sin\theta + f(t), \qquad y = l\cos\theta$$

$$T = \frac{m}{2}\left(l\frac{d\theta}{dt}\right)^2 + ml\frac{d\theta}{dt}f'(t)\cos\theta + \frac{m}{2}(f'(t))^2$$

$$V = -mgl\cos\theta$$

一般化力は式 (6-1-7) によれば

$$Q_1 = Q_\theta = \frac{d}{dt}\left[\frac{\partial T}{\partial(d\theta/dt)}\right] - \frac{\partial T}{\partial \theta}$$
$$= ml^2\frac{d^2\theta}{dt^2} + ml\frac{d}{dt}(f'(t)\cos\theta) + ml\frac{d\theta}{dt}f'(t)\sin\theta$$
$$= ml^2\frac{d^2\theta}{dt^2} + mlf''(t)\cos\theta$$

であり，また式 (6-1-9) によれば

$$Q_1 = Q_\theta = -\frac{\partial V}{\partial \theta} = mgl\sin\theta$$

であるが，両者はラグランジュ方程式 (6-1-11) により等しいことが確かめられる．■

なお，ラグランジュ方程式 (6-1-11) は汎関数

$$\int_{t_1}^{t_2} L\,(t; q_1, q_2, \ldots, q_n; \dot{q}_1, \dot{q}_2, \ldots, \dot{q}_n)\,dt$$

のオイラー方程式である．そこで，停留条件

$$\delta\int_{t_1}^{t_2} L\,(t; q_1, q_2, \ldots, q_n; \dot{q}_1, \dot{q}_2, \ldots, \dot{q}_n)\,dt = 0 \tag{6-1-12}$$

を**ハミルトンの原理**と呼ぶことがあるが，これは公理や基本法則に相当するものではなく，上述のようにニュートンの運動法則から証明される定理である．また，式 (6-1-12) はラグランジアンの定積分である汎関数が(局所的に)停留条件を満たすことを意味するものであり，極小でもなくましてや最小であることを主張するものでもない．

さて，ラグランジアン $L$ が $t$ に陽に依存しないとき，式 (6-1-11) から

$$\frac{dL}{dt} = \sum_{j=1}^{n}\left(\frac{\partial L}{\partial q_j}\dot{q}_j + \frac{\partial L}{\partial \dot{q}_j}\ddot{q}_j\right)$$
$$= \sum_{j=1}^{n}\left[\frac{d}{dt}\left(\frac{\partial L}{\partial \dot{q}_j}\right)\dot{q}_j + \frac{\partial L}{\partial \dot{q}_j}\ddot{q}_j\right] = \sum_{j=1}^{n}\frac{d}{dt}\left(\frac{\partial L}{\partial \dot{q}_j}\dot{q}_j\right) \tag{6-1-13}$$

を得る．

さて，式 (6-1-7) が示すように，束縛条件が $t$ を含んでいないとき運動エネルギー $T$ は $\dot{x}_i, \dot{y}_i, \dot{z}_i$ の斉次 2 次式である．これらが $\dot{q}_j$ $(j = 1, 2, \ldots, n)$ と斉次 1 次式の関係

$$\dot{x}_i = \sum_{j=1}^{n}\frac{\partial x_i}{\partial q_j}\dot{q}_j \quad \text{など}$$

にあるので，運動エネルギー $T$ は $\dot{q}_j$ $(j = 1, 2, \ldots, n)$ の斉次 2 次式でもある．したがって，

$$T = \frac{1}{2}\sum_{j=1}^{n}\frac{\partial T}{\partial \dot{q}_j}\dot{q}_j \tag{6-1-14}$$

であり，これと

$$\frac{\partial V}{\partial \dot{q}_j} = 0$$

を組み合わせると，

$$2T = \sum_{j=1}^{n} \frac{\partial L}{\partial \dot{q}_j} \dot{q}_j \tag{6-1-15}$$

を得る．式 (6-1-13, 15) から力学的エネルギー保存則

$$\frac{dE}{dt} = \frac{d}{dt}(T+V) = \frac{d}{dt}(2T-L) = 0$$

を得る．

**■ [2 次元回転座標系：ラグランジアン $L$ が $t$ に陽に依存する場合]**

慣性座標系 $(x, y)$ の原点 O を中心として，その座標軸が慣性座標系に対して $\theta(t)$ をなしつつ回転する座標系 $(X, Y)$ を考える（図 6-5）．これら二つの座標系間の変換式は

$$\begin{pmatrix} x \\ y \end{pmatrix} = \begin{pmatrix} \cos\theta(t) & -\sin\theta(t) \\ \sin\theta(t) & \cos\theta(t) \end{pmatrix} \begin{pmatrix} X \\ Y \end{pmatrix} \tag{6-1-16}$$

である．特に，回転座標系 $(X, Y)$ が慣性座標系 $(x, y)$ に対して一定の角速度 $\omega$ で回転している場合

$$\theta = \omega t \tag{6-1-17}$$

には，$\dot{X} \equiv dX/dt$，$\dot{Y} \equiv dY/dt$ などとかくと，

$$\frac{dx}{dt} = \dot{X}\cos\omega t - X\omega\sin\omega t - \dot{Y}\sin\omega t - Y\omega\cos\omega t \tag{6-1-18a}$$

$$\frac{dy}{dt} = \dot{X}\sin\omega t + X\omega\cos\omega t + \dot{Y}\cos\omega t - Y\omega\sin\omega t \tag{6-1-18b}$$

となるので，運動エネルギーは

$$\begin{aligned} T &= \frac{m}{2}\left[(\dot{x})^2 + (\dot{y})^2\right] \\ &= \frac{m}{2}\left[(\dot{X})^2 + (\dot{Y})^2 + \omega^2(X^2+Y^2) + 2\omega(X\dot{Y} - Y\dot{X})\right] \end{aligned} \tag{6-1-19}$$

となり，$\dot{X}, \dot{Y}$ の斉次 2 次式ではない．ポテンシャルは速度成分 $\dot{X}, \dot{Y}$ に依存しないので，このとき

$$\frac{d}{dt}\left(\frac{\partial L}{\partial \dot{X}}\right) = \frac{d}{dt}\left(\frac{\partial T}{\partial \dot{X}}\right) = m\ddot{X} - m\omega\dot{Y}$$

$$\frac{d}{dt}\left(\frac{\partial L}{\partial \dot{Y}}\right) = \frac{d}{dt}\left(\frac{\partial T}{\partial \dot{Y}}\right) = m\ddot{Y} + m\omega\dot{X}$$

$$\frac{\partial L}{\partial X} = \frac{\partial}{\partial X}(T - V) = m\omega^2 X + m\omega\dot{Y} - \frac{\partial V}{\partial X}$$
$$\frac{\partial L}{\partial Y} = \frac{\partial}{\partial Y}(T - V) = m\omega^2 Y - m\omega\dot{X} - \frac{\partial V}{\partial Y}$$

であるから，ラグランジュ方程式(運動方程式)は

$$m\ddot{X} = -\frac{\partial V}{\partial X} + m\omega^2 X + 2m\omega\dot{Y}$$
$$m\ddot{Y} = -\frac{\partial V}{\partial Y} + m\omega^2 Y - 2m\omega\dot{X}$$

となる．左辺は回転座標系(非慣性系)における加速度と質量の積であり，右辺第3項はコリオリ (Coriolis) の力，第2項は遠心力である．右辺第2, 3項は非慣性系への座標変換に伴い現れた慣性力(いわゆる「みかけの力」)である．ラグランジアンが時間に陽に依存するこの場合にも，その時間依存性は座標変換に伴うものであり系が保存系であることに変わりはないので力学的全エネルギーは保存する．

$$\begin{aligned}
\frac{dE}{dt} &= \frac{d(T+V)}{dt} \\
&= m\left[\dot{X}\ddot{X} + \dot{Y}\ddot{Y} + \omega^2(X\dot{X} + Y\dot{Y}) + \omega(X\ddot{Y} - Y\ddot{X})\right] + \frac{dV}{dt} \\
&= m\left[\ddot{X}(\dot{X} - \omega Y) + \ddot{Y}(\dot{Y} + \omega X) + \omega^2(X\dot{X} + Y\dot{Y})\right] + \frac{dV}{dt} \\
&= (\dot{X} - \omega Y)\left(-\frac{\partial V}{\partial X} + m\omega^2 X + 2m\omega\dot{Y}\right) \\
&\quad + (\dot{Y} + \omega X)\left(-\frac{\partial V}{\partial Y} + m\omega^2 Y - 2m\omega\dot{X}\right) + m\omega^2(X\dot{X} + Y\dot{Y}) + \frac{dV}{dt} \\
&= \frac{\partial V}{\partial t} + \omega\left(Y\frac{\partial V}{\partial X} - X\frac{\partial V}{\partial Y}\right) = 0 \quad \text{(演習問題 6-1)}
\end{aligned}$$

■ [散逸関数]

ここまで，系に働く力がポテンシャルの存在する保存力の場合を取り扱ってきたが，ここではエネルギーの散逸を伴う，速度に比例する抵抗(摩擦)力[†]

$$F_j = -k_j\dot{x}_j, \qquad k_j > 0 \qquad (j = 1, 2, \ldots, n)$$

が働く場合を考える．ここで**散逸関数** (dissipation function)

$$D \equiv \frac{1}{2}\sum_{j=1}^{n} k_j(\dot{x}_j)^2$$

を定義すると，

† 抵抗(摩擦)力が速度に比例する，というのはあくまで実験則であり，一般に速度が小さいとき観測によく一致する．速度がより大きくなり物体の後方に渦が生じると，抵抗力は速度の2乗に比例する．

$$F_j = -\frac{\partial D}{\partial \dot{x}_j} \qquad (j = 1, 2, \ldots, n)$$

と表現することができる．この結果を一般化座標と一般化力 (6-1-3) で表すと

$$Q_k = \sum_{j=1}^{n} F_j \frac{\partial x_j}{\partial q_k} = -\sum_{j=1}^{n} \frac{\partial D}{\partial \dot{x}_j} \frac{\partial x_j}{\partial q_k} \qquad (k = 1, 2, \ldots, n)$$

であるが，式 (6-1-6) を用いると，

$$Q_k = -\sum_{j=1}^{n} \frac{\partial D}{\partial \dot{x}_j} \frac{\partial \dot{x}_j}{\partial \dot{q}_k} = -\frac{\partial D}{\partial \dot{q}_k} \qquad (k = 1, 2, \ldots, n) \tag{6-1-20}$$

を得る．このとき散逸関数 $D$ の変数をデカルト座標から一般化座標の時間微分 $\dot{q}_k$ $(k = 1, 2, \ldots, n)$ に変換しておかなければならない．

$$D = \frac{1}{2} \sum_{j=1}^{n} \sum_{k=1}^{n} \gamma_{jk} \dot{q}_j \dot{q}_k$$

なお，オンサガー (Onsager) の相反定理 [8] により，係数 $\gamma_{jk}$ は対称である．

$$\gamma_{jk} = \gamma_{kj} \qquad (j, k = 1, 2, \ldots, n)$$

式 (6-1-7) に戻り，その左辺に式 (6-1-20) を代入すると，

$$-\frac{\partial D}{\partial \dot{q}_j} = \frac{d}{dt}\left(\frac{\partial T}{\partial \dot{q}_j}\right) - \frac{\partial T}{\partial q_j}$$

を得る．その結果，保存力に加えて速度に比例する抵抗がある場合のラグランジュ方程式 (6-1-11) は次式となる．

$$\frac{d}{dt}\left(\frac{\partial L}{\partial \dot{q}_j}\right) - \frac{\partial L}{\partial q_j} + \frac{\partial D}{\partial \dot{q}_j} = 0 \qquad (j = 1, 2, \ldots, n) \tag{6-1-21}$$

ラグランジュ方程式 (6-1-11) のもっとも重要な特徴は，次の定理が示すように一般化座標の（任意の）変換に際してその形が不変に保たれることである．

**定理 6-1**　ラグランジュ方程式系 (6-1-11) がある（一般化）座標系 $\{q_1, q_2, \ldots, q_n\}$ において成立するならば，それらは別の任意の座標系 $\{Q_1, Q_2, \ldots, Q_n\}$ においても成立する．ここに $Q_j$ $(j = 1, 2, \ldots, n)$ は $q_j$ $(j = 1, 2, \ldots, n)$ および時間 $t$ の任意の関数である．なお，ラグランジアン $L$ は $t, q_j, \dot{q}_j$ $(j = 1, 2, \ldots, n)$ の関数である．

$$L(t; q_1, q_2, \ldots, q_n; \dot{q}_1, \dot{q}_2, \ldots, \dot{q}_n)$$

証明)
$$\frac{d}{dt}\left(\frac{\partial L}{\partial \dot{Q}_j}\right)-\frac{\partial L}{\partial Q_j}=\frac{d}{dt}\left(\frac{\partial L}{\partial t}\frac{\partial t}{\partial \dot{Q}_j}\right)-\frac{\partial L}{\partial t}\frac{\partial t}{\partial Q_j}$$
$$+\sum_{k=1}^{n}\left[\frac{d}{dt}\left(\frac{\partial L}{\partial q_k}\frac{\partial q_k}{\partial \dot{Q}_j}+\frac{\partial L}{\partial \dot{q}_k}\frac{\partial \dot{q}_k}{\partial \dot{Q}_j}\right)\right.$$
$$\left.-\left(\frac{\partial L}{\partial q_k}\frac{\partial q_k}{\partial Q_j}+\frac{\partial L}{\partial \dot{q}_k}\frac{\partial \dot{q}_k}{\partial Q_j}\right)\right]$$

上式において

$$\left.\frac{\partial t}{\partial Q_j}\right]_{t,\ldots}=0,\qquad \left.\frac{\partial t}{\partial \dot{Q}_j}\right]_{t,\ldots}=0,\qquad \left.\frac{\partial q_k}{\partial \dot{Q}_j}\right]_{t,\{Q_k\},\ldots}=0$$

であり，また式 (6-1-6) と同様に

$$\frac{\partial \dot{q}_k}{\partial \dot{Q}_j}=\frac{\partial q_k}{\partial Q_j}$$

であることを示すことができるので，次式を得る．

$$\frac{d}{dt}\left(\frac{\partial L}{\partial \dot{Q}_j}\right)-\frac{\partial L}{\partial Q_j}=\sum_{k=1}^{n}\left[\frac{d}{dt}\left(\frac{\partial L}{\partial \dot{q}_k}\frac{\partial q_k}{\partial Q_j}\right)-\frac{\partial L}{\partial q_k}\frac{\partial q_k}{\partial Q_j}-\frac{\partial L}{\partial \dot{q}_k}\frac{\partial \dot{q}_k}{\partial Q_j}\right]$$
$$=\sum_{k=1}^{n}\left[\frac{\partial q_k}{\partial Q_j}\frac{d}{dt}\left(\frac{\partial L}{\partial \dot{q}_k}\right)+\frac{\partial L}{\partial \dot{q}_k}\frac{d}{dt}\left(\frac{\partial q_k}{\partial Q_j}\right)-\frac{\partial L}{\partial q_k}\frac{\partial q_k}{\partial Q_j}-\frac{\partial L}{\partial \dot{q}_k}\frac{\partial \dot{q}_k}{\partial Q_j}\right] \tag{6-1-22}$$

式 (6-1-22) の最終行第 2 項は

$$\frac{\partial L}{\partial \dot{q}_k}\frac{d}{dt}\left(\frac{\partial q_k}{\partial Q_j}\right)=\frac{\partial L}{\partial \dot{q}_k}\left[\frac{\partial}{\partial t}\left(\frac{\partial q_k}{\partial Q_j}\right)+\sum_{l=1}^{n}\frac{\partial}{\partial Q_l}\left(\frac{\partial q_k}{\partial Q_j}\right)\dot{Q}_l\right]$$
$$=\frac{\partial L}{\partial \dot{q}_k}\frac{\partial}{\partial Q_j}\left[\frac{\partial q_k}{\partial t}+\sum_{l=1}^{n}\left(\frac{\partial q_k}{\partial Q_l}\right)\dot{Q}_l\right]=\frac{\partial L}{\partial \dot{q}_k}\frac{\partial}{\partial Q_j}\dot{q}_k$$

となり第 4 項と相殺するので，最終的に次式を得る．

$$\frac{d}{dt}\frac{\partial L}{\partial \dot{Q}_j}-\frac{\partial L}{\partial Q_j}=\sum_{k=1}^{n}\left[\frac{d}{dt}\left(\frac{\partial L}{\partial \dot{q}_k}\right)-\frac{\partial L}{\partial q_k}\right]\frac{\partial q_k}{\partial Q_j}=0$$ ■

なお，ポテンシャル $V$ が $q_j(j=1,2,\ldots,n)$ と $t$ の関数($\dot{q}_j$ $(j=1,2,\ldots,n)$ の関数ではない)の場合にも不変であることを証明できる．

これと同様に，運動エネルギーの 2 倍である $\sum_{j=1}^{n}(\partial L/\partial \dot{q}_j)\dot{q}_j$ (式 (6-1-15))は時間に陽に依存しない座標変換に際して不変である．なぜならば，

$$\sum_{j=1}^{n}\frac{\partial L}{\partial \dot{Q}_j}\dot{Q}_j=\sum_{j=1}^{n}\left(\sum_{k=1}^{n}\frac{\partial L}{\partial \dot{q}_k}\frac{\partial \dot{q}_k}{\partial \dot{Q}_j}\right)\left(\sum_{i=1}^{n}\frac{\partial \dot{Q}_j}{\partial \dot{q}_i}\dot{q}_i\right)$$
$$=\sum_{j=1}^{n}\left(\sum_{k=1}^{n}\frac{\partial L}{\partial \dot{q}_k}\frac{\partial q_k}{\partial Q_j}\right)\left(\sum_{i=1}^{n}\frac{\partial Q_j}{\partial q_i}\dot{q}_i\right)$$

$$= \sum_{k=1}^{n}\sum_{i=1}^{n}\left(\frac{\partial L}{\partial \dot{q}_k}\dot{q}_i\right)\left(\sum_{j=1}^{n}\frac{\partial q_k}{\partial Q_j}\frac{\partial Q_j}{\partial q_i}\right) = \sum_{k=1}^{n}\sum_{i=1}^{n}\left(\frac{\partial L}{\partial \dot{q}_k}\dot{q}_i\right)\delta_{ik}$$

$$= \sum_{k=1}^{n}\frac{\partial L}{\partial \dot{q}_k}\dot{q}_k \tag{6-1-23}$$

となるからである．この結果とデカルト座標の表式を用いると式(6-1-14)の別証となる．

■[特殊相対性理論]

速度が光速 $c$ に近くなったとき古典力学の適用範囲から外れ，特殊相対性理論を採用する必要がある．特殊相対性理論においては，運動量 $\boldsymbol{p}$ の各成分は

$$p_x = m\dot{x}, \qquad p_y = m\dot{y}, \qquad p_z = m\dot{z}, \qquad m = \frac{m_0}{\sqrt{1 - v^2/c^2}},$$

$$v^2 = \dot{x}^2 + \dot{y}^2 + \dot{z}^2$$

である．ここに，$m_0$ は静止質量，$v$ は速度の絶対値(速さ)である．

なお，運動量 $\boldsymbol{p}$ と全エネルギー(質量エネルギーと運動エネルギーの和) $E = mc^2$ の間には

$$E^2 = c^2p^2 + m_0^2c^4 \tag{6-1-24a}$$

の関係がある．

ラグランジュ方程式はこれまで取り扱ってきた古典力学(ニュートン力学)のみならず，特殊相対性理論の問題においても成立する．ただし，対象を保存系における単一粒子の場合に限定する．

関数

$$F \equiv m_0c^2\left(1 - \sqrt{1 - \frac{v^2}{c^2}}\right) \tag{6-1-24b}$$

は

$$\frac{\partial F}{\partial \dot{x}} = p_x, \qquad \frac{\partial F}{\partial \dot{y}} = p_y, \qquad \frac{\partial F}{\partial \dot{z}} = p_z$$

の性質をもつので，運動方程式

$$\frac{d}{dt}\left(\frac{\partial F}{\partial \dot{x}}\right) = -\frac{\partial V}{\partial x}, \qquad \frac{d}{dt}\left(\frac{\partial F}{\partial \dot{y}}\right) = -\frac{\partial V}{\partial y}, \qquad \frac{d}{dt}\left(\frac{\partial F}{\partial \dot{z}}\right) = -\frac{\partial V}{\partial z}$$

を満足する．$F$ が座標には依存しないことに注意すると

$$\frac{d}{dt}\left(\frac{\partial F}{\partial \dot{x}}\right) - \frac{\partial F}{\partial x} = -\frac{\partial V}{\partial x}, \qquad \frac{d}{dt}\left(\frac{\partial F}{\partial \dot{y}}\right) - \frac{\partial F}{\partial y} = -\frac{\partial V}{\partial y},$$

$$\frac{d}{dt}\left(\frac{\partial F}{\partial \dot{z}}\right) - \frac{\partial F}{\partial z} = -\frac{\partial V}{\partial z}$$

が成立するので，相対性理論におけるラグランジアン $L$ を

$$L \equiv F - V \tag{6-1-25}$$

と定義すると，古典力学におけるのと同型のラグランジュ方程式

$$\frac{d}{dt}\left(\frac{\partial L}{\partial \dot{x}}\right) - \frac{\partial L}{\partial x} = 0, \qquad \frac{d}{dt}\left(\frac{\partial L}{\partial \dot{y}}\right) - \frac{\partial L}{\partial y} = 0,$$
$$\frac{d}{dt}\left(\frac{\partial L}{\partial \dot{z}}\right) - \frac{\partial L}{\partial z} = 0 \tag{6-1-26}$$

を得る．さらに，式 (6-1-26) の座標変換に際する不変性により，一般化座標によるラグランジュ方程式

$$\frac{d}{dt}\left(\frac{\partial L}{\partial \dot{q}_j}\right) - \frac{\partial L}{\partial q_j} = 0 \qquad (j = 1, 2, 3) \tag{6-1-11 再掲}$$

が成立する．

また，相対性理論においては式 (6-1-15) の代わりに

$$T + F = \sum_{j=1}^{3} \frac{\partial F}{\partial \dot{q}_j}\dot{q}_j = \sum_{j=1}^{3} \frac{\partial L}{\partial \dot{q}_j}\dot{q}_j \tag{6-1-27}$$

が成立する．ここに $T$ は相対性理論における運動エネルギー

$$T \equiv m_0 c^2 \left(\frac{1}{\sqrt{1 - v^2/c^2}} - 1\right) = (m - m_0)c^2$$

である．さらに

$$\frac{dL}{dt} = \sum_{j=1}^{3} \frac{d}{dt}\left(\frac{\partial L}{\partial \dot{q}_j}\dot{q}_j\right) \tag{6-1-13 再掲}$$

と式 (6-1-27) から相対性理論における力学的エネルギー保存則

$$\frac{dE}{dt} = \frac{d}{dt}(T + V) = \frac{d}{dt}\big[(T + F) + (V - F)\big] = \frac{d}{dt}(T + F - L) = 0$$

を得る．

### 6-1-3 循環座標とネーターの定理

#### [循環座標]

ラグランジュ方程式の中に $\dot{q}_j$ は現れるが $q_j$ 自身は現れないという性質をもつ一般化座標の成分 $q_j$ を**循環座標** (absent coordinates, cyclic variables, ignorable variables) と呼ぶ．このときラグランジュ方程式の第 $j$ 成分は

$$\frac{d}{dt}\left(\frac{\partial L}{\partial \dot{q}_j}\right) = \frac{\partial L}{\partial q_j} = 0$$

となるので，一般化運動量（後出6.2節）

$$p_j \equiv \frac{\partial L}{\partial \dot{q}_j} = p_{j0}$$

は，時間とともに変化しない保存量となる．したがって，ラグランジュ方程式に $\dot{q}_j$ は現れるが $q_j$ は現れないように一般化座標を定義すると，方程式を解くのに便利である．

**例 6-11**　コマ（剛体の例6-16参照）

コマのラグランジアン $L$ はオイラー角 $(\theta, \varphi, \psi)$ を一般化座標とすると（図6-10），

$$L = \frac{1}{2}\left\{I_1\left[\left(\frac{d\theta}{dt}\right)^2 + \left(\frac{d\varphi}{dt}\right)^2 \sin^2\theta\right] + I_3\left(\frac{d\varphi}{dt}\cos\theta + \frac{d\psi}{dt}\right)^2\right\} - mgl\cos\theta$$

であるが，このうち角 $\varphi, \psi$ は循環座標である．ゆえに，角運動量

$$p_\varphi = \frac{\partial L}{\partial(d\varphi/dt)} = I_1\frac{d\varphi}{dt}\sin^2\theta + I_3\left(\frac{d\varphi}{dt}\cos^2\theta + \frac{d\psi}{dt}\cos\theta\right) = p_{\varphi 0}\ （一定）$$

$$p_\psi = \frac{\partial L}{\partial(d\psi/dt)} = I_3\left(\frac{d\varphi}{dt}\cos\theta + \frac{d\psi}{dt}\right) = p_{\psi 0}\ （一定）$$

はそれぞれ保存される．■

**例 6-12**　内力のみを及ぼしあう質点系

質点の数を $n$ とし，系の重心のデカルト座標

$$(q_1, q_2, q_3) \equiv (x_G, y_G, z_G)$$

と，第1の質点を基準とする第 $k$ の質点の相対座標

$$(q_{3k-2}, q_{3k-1}, q_{3k}) \equiv (x_k - x_1, y_k - y_1, z_k - z_1) \qquad (k = 2, 3, \ldots, n)$$

を一般化座標とする．質点系の運動エネルギー $T$ は，重心の運動エネルギー

$$T_G = \frac{1}{2}M\left(\frac{\sum_{k=1}^{n} m_k \boldsymbol{v}_k}{M}\right)^2 = \frac{1}{2}M\left[(\dot{q}_1)^2 + (\dot{q}_2)^2 + (\dot{q}_3)^2\right]$$

$$M \equiv \sum_{k=1}^{n} m_k\ （系の全質量）$$

と相対運動のエネルギー

$$T_{\rm rel} = T_{\rm rel}(\{\dot{q}_j\}) \qquad (j = 4, 5, \ldots, 3n)$$

に分割できる．

$$T = T_{\mathrm{G}} + T_{\mathrm{rel}}$$

外力の作用しない内力のみを及ぼしあう孤立した質点系では，重心の位置は系の力学的挙動に影響を及ぼさないので，ポテンシャルエネルギーひいてはラグランジアン $L$ は一般化座標のうち $(q_1, q_2, q_3)$ を含まない．

$$L = L\left(q_4, q_5, \ldots, q_n; \dot{q}_1, \dot{q}_2, \ldots, \dot{q}_n\right)$$

したがって，対応する一般化運動量（重心の運動量）

$$p_j \equiv \frac{\partial L}{\partial \dot{q}_j} = M\dot{q}_j \qquad (j = 1, 2, 3)$$

ひいては重心の速度

$$\boldsymbol{v}_{\mathrm{G}} = \begin{pmatrix} v_{x_{\mathrm{G}}} \\ v_{y_{\mathrm{G}}} \\ v_{z_{\mathrm{G}}} \end{pmatrix} = \begin{pmatrix} \dot{x}_{\mathrm{G}} \\ \dot{y}_{\mathrm{G}} \\ \dot{z}_{\mathrm{G}} \end{pmatrix}$$

が保存される（運動量保存則）． ■

上述の 2 例のような循環座標の定義である，「ある一般化座標 $q_j$ がラグランジアン内に陽に現れない」ことは，「その一般化座標の変換

$$q_j = Q_j + c \qquad (c：定数) \tag{6-1-28}$$

に対してラグランジアンが変化しない」ことと同値である．なぜならば，一般化座標 $q_j$ はラグランジアン内で $\dot{q}_j$ として現れるのみであり，式 (3-2-10a) によれば

$$\dot{q}_j = \dot{Q}_j$$

となるからである．例 6-11 では変換 (6-1-28) は一定角度の回転を意味するので，回転により系の力学的挙動が変化しないこと [†]，すなわち系が等方的であるとき，角運動量が保存されることを示している．また，例 6-12 では変換 (6-1-28) は一定距離の平行移動を意味するので，平行移動により系の力学的挙動が変化しないこと，すなわち系が空間的に一様であるとき，全運動量が保存されることを示している．

次の例は従属変数である一般化座標ではなく，独立変数 $t$ がラグランジアン内に陽に現れない場合である．循環座標ではないこの場合にも保存量が出現する．

**例 6-13**　**ラグランジアン $L$ が独立変数 $t$ を陽に含まない場合**

このとき，式 (3-2-10) により保存量

$$L(\{q_j\}, \{\dot{q}_j\}) - \sum_{k=1}^{n} \dot{q}_j \frac{\partial L}{\partial \dot{q}_j} = C \ (一定)$$

† 作用積分の変分から系の運動方程式が導かれるので，作用積分が変化しないことを意味する．

を得るが，これは式 (6-1-15) によれば力学的全エネルギー

$$E = 2T - L = -C \quad (一定)$$

が保存されることを示している(エネルギー保存則)．すなわち，系が時間的に一様であるとき力学的全エネルギーは保存される． ■

■ **[ネーターの定理** (Nöther's theorem)**]**

一般化座標(従属変数)がラグランジアン内に陽に現れないとき，それを循環座標と呼び，対応する一般化運動量が保存量になること，および独立変数 $t$ がラグランジアン内に陽に現れないとき力学的全エネルギーが保存量になることを見てきた．これを一般化したのがネーターの定理である．

3-2 節で考察した複数の従属変数をもつ汎関数

$$I = \int_{t_1}^{t_2} L(t; y_1(t), y_2(t), \ldots, y_n(t); y_1'(t), y_2'(t), \ldots, y_n'(t))dt \tag{6-1-29}$$

を対象とし，時間および座標の変換

$$\begin{aligned} T &= T(t; y_1(t), y_2(t), \ldots, y_n(t); y_1'(t), y_2'(t), \ldots, y_n'(t)) \\ Y_j &= Y_j(t; y_1(t), y_2(t), \ldots, y_n(t); y_1'(t), y_2'(t), \ldots, y_n'(t)) \\ &\quad (j = 1, 2, \ldots, n) \end{aligned} \tag{6-1-30}$$

を考える．このとき，$n$ 次元空間の曲線

$$\gamma\colon \boldsymbol{y}(t) = \begin{pmatrix} y_1(t) \\ y_2(t) \\ \vdots \\ y_n(t) \end{pmatrix} \qquad (t_1 \le t \le t_2)$$

は，別の曲線

$$\Gamma\colon \boldsymbol{Y}(T) = \begin{pmatrix} Y_1(T) \\ Y_2(T) \\ \vdots \\ Y_n(T) \end{pmatrix} \qquad (T_1 \le T \le T_2)$$

に変換される．もし

$$\begin{aligned} &\int_{t_1}^{t_2} L\big(t; y_1(t), y_2(t), \ldots, y_n(t); y_1'(t), y_2'(t), \ldots, y_n'(t)\big)\, dt \\ &\quad = \int_{T_1}^{T_2} L\big(T; Y_1(T), Y_2(T), \ldots, Y_n(T); Y_1'(T), Y_2'(T), \ldots, Y_n'(T)\big)\, dT \end{aligned}$$

であるならば，汎関数 (6-1-29) は変換 (6-1-30) の下で**不変**である，という．

**例 6-14**

汎関数

$$I = \int_{t_1}^{t_2} (y^2(t) + y')\, dt$$

は変換

$$T = t + c, \qquad Y(T) = y(t) \ (= y(T - c))$$

の下で不変である．なぜならば，

$$dT = dt, \qquad T_1 = t_1 + c, \qquad T_2 = t_2 + c$$

であるから，

$$\begin{aligned}\int_{t_1}^{t_2} \big(y^2(t) + y'(t)\big)\, dt &= \int_{t_1+c}^{t_2+c} \big(y^2(T-c) + y'(T-c)\big)\, dT \\ &= \int_{T_1}^{T_2} \big(Y^2(T) + Y'(T)\big)\, dT\end{aligned}$$

を満足する．

なお，汎関数が不変とならない変換の例については，演習問題 6-4 参照のこと． ■

さて，変換 (6-1-30) がさらにパラメータ $\sigma$ に依存する場合，すなわち変換 (6-1-30) よりもさらに一般化した変換

$$\begin{aligned}&T = T\big(t; y_1(t), y_2(t), \ldots, y_n(t); y_1'(t), y_2'(t), \ldots, y_n'(t); \sigma\big) \\ &Y_j = Y_j\big(t; y_1(t), y_2(t), \ldots, y_n(t); y_1'(t), y_2'(t), \ldots, y_n'(t); \sigma\big) \\ &\qquad (j = 1, 2, \ldots, n)\end{aligned} \tag{6-1-30a}$$

を考える．なお，関数 $T, Y_j$ は $\sigma$ により微分可能とし，$\sigma = 0$ はもとの変数に一致するものとする．

$$\begin{aligned}&t = T\big(t; y_1(t), y_2(t), \ldots, y_n(t); y_1'(t), y_2'(t), \ldots, y_n'(t); 0\big) \\ &y_j(t) = Y_j\big(t; y_1(t), y_2(t), \ldots, y_n(t); y_1'(t), y_2'(t), \ldots, y_n'(t); 0\big) \\ &\qquad (j = 1, 2, \ldots, n)\end{aligned}$$

このとき，次のネーターの定理が成立する．

**定理 6-2　ネーターの定理**　汎関数

$$I(y_1(t), y_2(t), \ldots, y_n(t))$$

$$\equiv \int_{t_1}^{t_2} L\big(t; y_1(t), y_2(t), \ldots, y_n(t); y_1'(t), y_2'(t), \ldots, y_n'(t)\big)\, dt$$

が，変換 (6-1-30a) の下で任意の $t_1, t_2$ に対して不変であるならば，$I\big(y_1(t), y_2(t), \ldots, y_n(t)\big)$ の各停留曲線に沿い，物理量

$$\sum_{j=1}^{n} \frac{\partial L}{\partial y_j'(t)} \xi_j + \left( L - \sum_{j=1}^{n} \frac{\partial L}{\partial y_j'(t)} y_j'(t) \right) \zeta$$

すなわち

$$\sum_{j=1}^{n} p_j(t)\xi_j - (T+V)\zeta \qquad \left( p_j(t) \equiv \frac{\partial L}{\partial y_j'(t)} : \text{一般化運動量 (6-2-1 項参照)} \right)$$

が保存される（式 (6-1-10, 15) 参照）．ここに

$$\zeta\big(t; y_1(t), y_2(t), \ldots, y_n(t); y_1'(t), y_2'(t), \ldots, y_n'(t)\big)$$

$$\equiv \frac{\partial}{\partial \sigma} T\big(t; y_1(t), y_2(t), \ldots, y_n(t); y_1'(t), y_2'(t), \ldots, y_n'(t); \sigma\big)\Big|_{\sigma=0}$$

$$\xi_j\big(t; y_1(t), y_2(t), \ldots, y_n(t); y_1'(t), y_2'(t), \ldots, y_n'(t)\big)$$

$$\equiv \frac{\partial}{\partial \sigma} Y_j\big(t; y_1(t), y_2(t), \ldots, y_n(t); y_1'(t), y_2'(t), \ldots, y_n'(t); \sigma\big)\Big|_{\sigma=0}$$

$$(j = 1, 2, \ldots, n)$$

である．

**証明）**　関数 $y_j(t)$ $(j = 1, 2, \ldots, n)$ を汎関数 $I\big(y_1(t), y_2(t), \ldots, y_n(t)\big)$ の停留曲線とする．3-2-1 項の取扱いを独立変数の変換を含めて一般化すれば，

$$\delta I\big(y_1(t), y_2(t), \ldots, y_n(t)\big)$$

$$= \int_{t_1}^{t_2} \sum_{j=1}^{n} \left( \frac{\partial L}{\partial y_j(t)} \delta y_j(t) + \frac{\partial L}{\partial y_j'(t)} \delta y_j'(t) \right) dt + \left( L\big|_{t_2} \delta t_2 - L\big|_{t_1} \delta t_1 \right)$$

$$= \int_{t_1}^{t_2} \sum_{j=1}^{n} \left( \frac{\partial L}{\partial y_j(t)} - \frac{d}{dt} \frac{\partial L}{\partial y_j'(t)} \right) \delta y_j(t)\, dt$$

$$+ \left[ \sum_{j=1}^{n} \frac{\partial L}{\partial y_j'(t)} \delta y_j(t) \right]_{t_1}^{t_2} + \left( L\big|_{t_2} \delta t_2 - L\big|_{t_1} \delta t_1 \right)$$

となるが，最終行の右辺第 1 項の積分は端点での変分がない場合にも 0 でなければならない [†]．また，1 次の微小量まで残すと端点において

$$\delta y_j(t_1) = \delta y_j^1 - y_j'(t_1)\delta t_1, \qquad \delta y_j(t_2) = \delta y_j^2 - y_j'(t_2)\delta t_2$$

であるから，

$$\begin{aligned}
&\delta I\bigl(y_1(t), y_2(t), \ldots, y_n(t)\bigr)\\
&= \left[\sum_{j=1}^{n} \frac{\partial L}{\partial y_j'(t_2)}\delta y_j^2 + \left(L - \sum_{j=1}^{n} \frac{\partial L}{\partial y_j'(t_2)} y_j'(t_2)\right)\delta t_2\right]\\
&\quad - \left[\sum_{j=1}^{n} \frac{\partial L}{\partial y_j'(t_1)}\delta y_j^1 + \left(L - \sum_{j=1}^{n} \frac{\partial L}{\partial y_j'(t_1)} y_j'(t_1)\right)\delta t_1\right]
\end{aligned} \tag{6-1-31}$$

を得る．

さて，定理で使用している変数にもどり，関数 $T, Y_j$ を微小量 $\sigma$ について 1 次までテイラー展開すると，

$$\begin{aligned}
T &= T\bigl(t; y_1(t), y_2(t), \ldots, y_n(t); y_1'(t), y_2'(t), \ldots, y_n'(t); \sigma\bigr)\\
&= T\bigl(t; y_1(t), y_2(t), \ldots, y_n(t); y_1'(t), y_2'(t), \ldots, y_n'(t); 0\bigr)\\
&\quad + \sigma\frac{\partial}{\partial\sigma} T\bigl(t; y_1(t), y_2(t), \ldots, y_n(t); y_1'(t), y_2'(t), \ldots, y_n'(t); \sigma\bigr)\Big|_{\sigma=0} + o(\sigma)\\
&= t + \sigma\zeta\bigl(t; y_1(t), y_2(t), \ldots, y_n(t); y_1'(t), y_2'(t), \ldots, y_n'(t)\bigr) + o(\sigma)\\
Y_j &= Y_j\bigl(t; y_1(t), y_2(t), \ldots, y_n(t); y_1'(t), y_2'(t), \ldots, y_n'(t); \sigma\bigr)\\
&= Y_j\bigl(t; y_1(t), y_2(t), \ldots, y_n(t); y_1'(t), y_2'(t), \ldots, y_n'(t); 0\bigr)\\
&\quad + \sigma\frac{\partial}{\partial\sigma} Y_j\bigl(t; y_1(t), y_2(t), \ldots, y_n(t); y_1'(t), y_2'(t), \ldots, y_n'(t); \sigma\bigr)\Big|_{\sigma=0} + o(\sigma)\\
&= y_j(t) + \sigma\xi\bigl(t; y_1(t), y_2(t), \ldots, y_n(t); y_1'(t), y_2'(t), \ldots, y_n'(t)\bigr) + o(\sigma)\\
&\quad (j = 1, 2, \ldots, n)
\end{aligned}$$

を得る．ゆえに

$$\begin{aligned}
&\delta t_1 = \sigma\zeta\Big|_{t_1}, \qquad \delta t_2 = \sigma\zeta\Big|_{t_2}\\
&\delta y_j^1 = \sigma\xi_j\Big|_{t_1}, \qquad \delta y_j^2 = \sigma\xi_j\Big|_{t_2} \qquad (j = 1, 2, \ldots, n)
\end{aligned}$$

と対応づけることができ，式 (6-1-31) は

---

† 実際 3-2-1 項では，この条件からオイラー方程式

$$\frac{\partial L}{\partial y_j(t)} - \frac{d}{dt}\frac{\partial L}{\partial y_j'(t)} = 0 \qquad (j = 1, 2, \ldots, n)$$

を導いた．

$$\delta I(y_1(t), y_2(t), \dots, y_n(t)) = \sigma \left[ \sum_{j=1}^{n} \frac{\partial L}{\partial y_j'(t)} \xi_j + \left( L - \sum_{j=1}^{n} \frac{\partial L}{\partial y_j'(t)} y_j'(t) \right) \zeta \right]_{t_1}^{t_2}$$

とかける．定理の仮定により，$I\bigl(y_1(t), y_2(t), \dots, y_n(t)\bigr)$ は変換 (6-1-30a) の下で（任意の $t_1, t_2$ に対して）不変であるから，変換後も

$$\delta I(y_1(t), y_2(t), \dots, y_n(t)) = \sigma \left[ \sum_{j=1}^{n} \frac{\partial L}{\partial y_j'(t)} \xi_j + \left( L - \sum_{j=1}^{n} \frac{\partial L}{\partial y_j'(t)} y_j'(t) \right) \zeta \right]_{t_1}^{t_2} = 0$$

を満足する．すなわち，

$$\left. \sum_{j=1}^{n} \frac{\partial L}{\partial y_j'(t)} \xi_j + \left( L - \sum_{j=1}^{n} \frac{\partial L}{\partial y_j'(t)} y_j'(t) \right) \zeta \right|_{t_1}$$
$$= \left. \sum_{j=1}^{n} \frac{\partial L}{\partial y_j'(t)} \xi_j + \left( L - \sum_{j=1}^{n} \frac{\partial L}{\partial y_j'(t)} y_j'(t) \right) \zeta \right|_{t_2}$$

であるが，この等式は任意の $t_1, t_2$ に対して成立する．ゆえに定理は証明された． ■

次の 6-1-4 項ではラグランジュ方程式を用いて力学問題を具体的に解いてゆく．

### ■ 6-1-4 剛体

本項では剛体の問題をラグランジュ方程式を用いて解く．その際，重心のデカルト座標 $(R_1, R_2, R_3)$ とオイラー角 $(\theta, \varphi, \psi)$ を一般化座標とする（例 6-2(5) 参照）．まず，剛体運動の一般論をまとめ，二つの例題を解く．

ラグランジアンのうち運動エネルギーは重心（質量 $M$）の並進運動のエネルギーと重心まわりの回転運動のエネルギーの和

$$L = \frac{1}{2} M V_{\mathrm{G}}^2 + \frac{1}{2} \sum_{i=1}^{3} \sum_{j=1}^{3} I_{ij} \omega_i \omega_j - V, \qquad V_{\mathrm{G}} \equiv |\boldsymbol{V}_{\mathrm{G}}|$$

である．ここに，$\boldsymbol{V}_{\mathrm{G}} = (V_{\mathrm{G}1}, V_{\mathrm{G}2}, V_{\mathrm{G}3})$ は重心の速度，$\boldsymbol{\omega} = (\omega_1, \omega_2, \omega_3)$ は角速度，$V$ はポテンシャルエネルギー，$I_{ij}$ は慣性モーメントテンソルである．

ラグラジアンの重心座標による微分は

$$\frac{d}{dt} \frac{\partial L}{\partial V_{\mathrm{G}i}} = M \frac{d}{dt} V_i, \qquad \frac{\partial L}{\partial R_i} = -\frac{\partial V}{\partial R_i}$$

であるからラグランジュ方程式の一方である

$$M \frac{dV_{\mathrm{G}i}}{dt} = -\frac{\partial V}{\partial R_i} = F_i \qquad \text{（重心の運動方程式）} \tag{6-1-32}$$

を得る．他方角速度による微分から

$$\frac{\partial L}{\partial \omega_i} = \sum_{j=1}^{3} I_{ij}\omega_j \qquad (\text{角運動量の } i \text{ 成分})$$

を得る．

剛体が角度 $d\varphi$ だけ変位したときのポテンシャルの変化は

$$dV = -\boldsymbol{F}\cdot d\boldsymbol{r} = -\boldsymbol{F}\cdot(d\boldsymbol{\varphi}\times\boldsymbol{r}) = -(\boldsymbol{r}\times\boldsymbol{F})\cdot d\boldsymbol{\varphi} = -\boldsymbol{N}\cdot d\boldsymbol{\varphi}$$

であるから，

$$\frac{\partial V}{\partial \varphi_i} = N_i \ (\text{モーメントの } i \text{ 成分})$$

となるので，ラグランジュ方程式の $\varphi_i$ 成分は

$$\frac{d}{dt}\sum_{j=1}^{3} I_{ij}\omega_j = N_i \tag{6-1-33}$$

すなわち「角運動量の時間微分はモーメントに等しい」ことを表している．

### 例 6-15 バットが投球をとらえる瞬間(撃力を受ける剛体)

著者の子供時代，男の子の外遊びといえば野球であった．小さいうちはソフトボール，次に軟球を使うようになり，そして最後に出会う硬球はほとんど「石の球」のように硬く重かった．昭和 50 年ごろに始まった日米大学野球の初年にヘルメットを被らずに二塁に走塁した早大一年生がアメリカの遊撃手の一塁送球を頭に受けて死亡するという痛ましい事故のあったことが教えるように，投球を受ける衝撃は想像を絶するものがある．

ところが，その硬く重い速球をうまくすなわち結果的に「いい当たり」を生むように打ち返すと，不思議なことに打者の手にはほとんど衝撃力を感じない．逆に「つまった当たり」を打ったときに手に感ずる衝撃はときに手がしびれるほど大きい．プロ野球の投手が打席に立ったものの気のないスイングを 3 回してスゴスゴもどってくるのは，手がしびれて次回の投球に差し支えるのを懸念するためである．

なぜ，ある場合には「いい当たり」になり，あるいは「つまった当たり」になり，それに対応して手の受ける衝撃がこのように大きく異なるのだろうか？　投球がバットに当たるとき，バットに非常に大きな力を加え，球はバットからの反作用力を受けてその速度を反対方向に大きく変えて飛んでゆく．この間，球とバットの間に働く力は非常に大きく瞬間瞬間でその大きさは急激に変化するが，その全作用時間は短い．このように短時間に働く大きな(かつ通常，急激に変化する)力を**撃力**と呼ぶ．

この撃力が働いている短い時間，握っている点 O を中心として剛体とみなしうるバットが回転運動をするように打者は力 $f$ を加えている．簡単のためにバットは水平

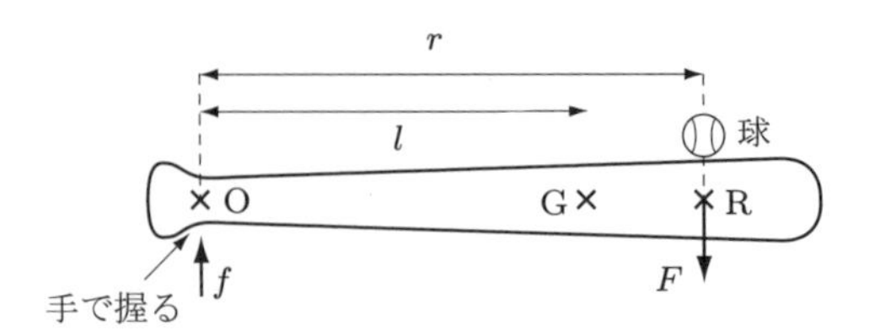


図 6-14　バットに撃力を加えている手と球の作用点

面内で回転するとしよう．このとき，点 O から $r$ 離れた位置にある点 R に球が当たりバットに短時間に撃力 $F$ を加える（図 6-14）．撃力である $F$ および $f$ は急速に変化するのでその全作用時間にわたって積分したもの $\langle f \rangle$ および $\langle F \rangle$ を考えることにする．この場合式 (6-1-32, 33) は

$$M\int_0^{\Delta t}\frac{dV}{dt}\,dt = M\Delta V = \int_0^{\Delta t}(-F+f)\,dt \equiv \langle -F\rangle + \langle f\rangle$$

となる．重心 G のまわりの回転の慣性モーメントを $I$，角速度を $\omega$ とすると，

$$\begin{aligned}\int_0^{\Delta t}\frac{d}{dt}(I\omega)\,dt = I\Delta\omega &= -\int_0^{\Delta t}F(r-l)\,dt + \int_0^{\Delta t} fl\,dt\\ &= -\langle F\rangle(r-l)+\langle f\rangle l\end{aligned}$$

となるが，撃力を受ける間に打者が握っている点 O が獲得する速度は，重心の獲得する速度とそのまわりの角速度を用いて（図 6-15）

$$\Delta V - l\Delta\omega$$

となる．打者はこれが 0 になるように力 $f$ を加えるので，

$$0 = \Delta V - l\Delta\omega = \frac{1}{M}(-\langle F\rangle + \langle f\rangle) - \frac{l}{I}(-\langle F\rangle(r-l)+\langle f\rangle l)$$

すなわち

$$\langle f\rangle = \frac{-1+\bigl[lM(r-l)/I\bigr]}{\bigl(l^2M/I\bigr)-1}\langle F\rangle$$

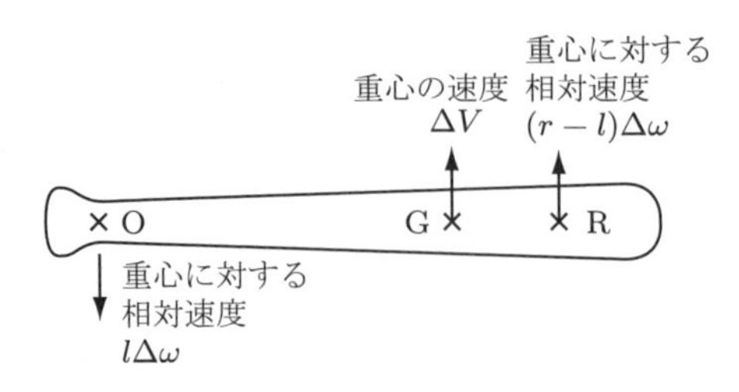


図 6-15　重心の速度と点 O および点 R の重心に対する相対速度

を得る．つまり，撃力 $\langle F \rangle$ がいくら大きくとも，重心と撃力の作用点の距離 $(r-l)$ が

$$r - l = \frac{I}{Ml}$$

に等しければ，手の受ける反作用 $\langle f \rangle$ は 0 になる．バットのこの点で球をとらえたとき，「いい当たり」が生まれる．球の当たる点がここから離れると手の受ける反作用 $\langle f \rangle$ が撃力 $F$ なみに大きくなり，手がその力を発揮できなければ手の位置を中心にバットを回転できなくなり，「つまった当たり」になってしまう． ■

**例 6-16** **コマの歳差運動**(下端を固定点(実際には回転している支点)とする，重力を受けつつ回転するコマ)

コマを静かに床に立てようとしても必ず転倒する．完全に軸対称のコマは直立したときに重力の作用の下で平衡状態にあるが，自然界には必ず存在する微弱な擾乱，たとえば空気の乱れ，床の振動，接地点の凹凸などにより，軸は直立状態から常に微小とはいえずれる機会にさらされている．このずれが生じたときコマに働く重力は，ずれを助長する方向に働く．このように，平衡状態 (equilibrium) であるがそれに生じた微小擾乱に働く力がそれを助長するとき，この状態を**不安定な平衡** (unstable equilibrium) と呼ぶ．一般に不安定な平衡状態は自然界では実現しない．平衡状態に生じた微小擾乱に働く力がそれを打ち消す方向に働く復元力であるような**安定な平衡** (stable equilibrium) のみ自然界で実現している．

不安定な平衡状態にある静止したコマは立ち続けることができないで倒れてしまうが，不思議なことに，高速で回転するコマは回転軸が斜めに傾いても容易に転倒しないで回転し続ける(図 6-16)．

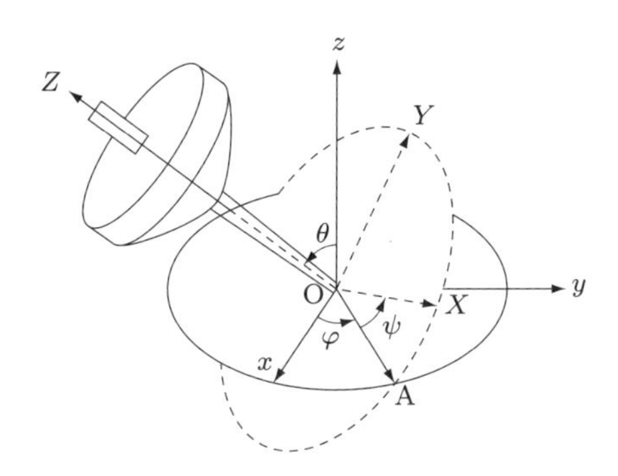


**図 6-16** 回転するコマのオイラー角

本例では一般論のように重心運動を分離せず，固定点であるコマの軸($Z$ 軸)の下の端を原点とし，コマに固定した座標系のオイラー角 $(\theta, \varphi, \psi)$ を一般化座標とする(図 6-16)．このとき運動エネルギーとポテンシャルエネルギーはそれぞれ

$$T = \frac{1}{2}\left[(I_1\dot{\theta}^2 + \dot{\varphi}^2\sin^2\theta) + I_3(\dot{\varphi}\cos\theta + \dot{\psi})^2\right]$$
$$V = mgl\cos\theta$$

である．ここに $m$ はコマの質量，$l$ は重心とコマの下端との距離，$I_1\ (= I_2)$ は $X$ 軸($Y$ 軸)まわりの，$I_3$ は $Z$ 軸まわりの慣性モーメントである(図 6-16)．一般化座標のうち $\varphi, \psi$ は($L = T - V$ に含まれない)循環座標である．ゆえに，次式を得る．

$$p_\varphi = \frac{\partial L}{\partial \dot{\varphi}} = I_1\dot{\varphi}\sin^2\theta + I_3(\dot{\varphi}\cos^2\theta + \dot{\psi}\cos\theta) = p_{\varphi 0}\ \text{(一定)} \qquad (6\text{-}1\text{-}34)$$

$$p_\psi = \frac{\partial L}{\partial \dot{\psi}} = I_3(\dot{\varphi}\cos\theta + \dot{\psi}) = p_{\psi 0}\ \text{(一定)} \qquad (6\text{-}1\text{-}35)$$

式 (6-1-35) を式 (6-1-34) に代入すると，

$$I_1\dot{\varphi}\sin^2\theta + p_{\psi 0}\cos\theta = p_{\varphi 0} \qquad (6\text{-}1\text{-}34\text{a})$$

を得る．

式 (6-1-34) は剛体の角速度(角運動量)の $z$ 成分が時間とともに変化しないことを示しており，式 (6-1-35) は剛体の角速度(角運動量)の $Z$ 成分(軸方向)が時間とともに変化しないことを示している．これは重力のモーメントの $z$ および $Z$ 成分と支点に働く抗力のモーメントが 0 だからである．

なお $\theta$ 方向成分は

$$p_\theta = \frac{\partial L}{\partial \dot{\theta}} = I_1\dot{\theta}$$

である．未知関数を決定するもう一つの式は，ラグランジュ方程式($\theta$ 方向)

$$I_1(\ddot{\theta} - \dot{\varphi}^2\sin\theta\cos\theta) + I_3(\dot{\varphi}\cos\theta + \dot{\psi})\dot{\varphi}\sin\theta - mgl\sin\theta = 0 \qquad (6\text{-}1\text{-}36)$$

であるが，保存系なのでエネルギー保存則

$$T + V = \frac{1}{2}\left[I_1(\dot{\theta}^2 + \dot{\varphi}^2\sin^2\theta) + I_3(\dot{\varphi}\cos\theta + \dot{\psi})^2\right] + mgl\cos\theta$$
$$= E_0\ \text{(一定)} \qquad (6\text{-}1\text{-}37)$$

が成立するので，式 (6-1-36) の代わりに式 (6-1-29) を用いることもできる．一般に，式 (6-1-34, 35) から $\dot{\psi}$ を消去し

$$\dot{\varphi} = \frac{p_{\varphi 0} - p_{\psi 0}\cos\theta}{I_1\sin^2\theta}$$

を得，これを式 (6-1-35) を用いて式 (6-1-37) の $\dot{\psi}$ を消去したものに代入すると，関数

$\theta(t)$ のみの微分方程式

$$\frac{1}{2}\left\{I_1\left[\dot{\theta}^2+\left(\frac{p_{\varphi 0}-p_{\psi 0}\cos\theta}{I_1\sin^2\theta}\right)^2\sin^2\theta\right]+\frac{(p_{\psi 0})^2}{I_2}\right\}+mgl\cos\theta=E_0 \tag{6-1-38}$$

を得るので，この方程式の解として $\theta(t)$ を得ることができる．

さて，式 (6-1-34a) を時間で微分し，$\sin\theta$ で割ると

$$I_1\frac{d}{dt}(\dot{\varphi}\sin\theta)+I_1\dot{\varphi}\dot{\theta}\cos\theta-p_{\psi 0}\dot{\theta}=0 \tag{6-1-39}$$

を得るが，オイラーの角のうちで軸のまわりの回転角速度 $\dot{\psi}$ がその他に比べて圧倒的に大きいので，式 (6-1-39) の各項のうちで第 3 項の係数 $p_{\psi 0}=I_2(\dot{\varphi}\cos\theta+\dot{\psi})$ が圧倒的に大きい．これは $\dot{\theta}=O(1/p_{\psi 0})$ が非常に小さいことを意味する．そこで第 0 近似として

$$\dot{\theta}=0, \qquad \theta=\theta_0$$

とおくと，式 (6-1-36) より

$$-I_1\dot{\varphi}^2\cos\theta_0+p_{\psi 0}\dot{\varphi}-mgl=0$$

を得る．この解として軸の先端がその高さを変えずに $z$ 軸のまわりを回転する運動（歳差運動）の角速度

$$\dot{\varphi}=\frac{p_{\psi 0}\pm\sqrt{(p_{\psi 0})^2-4mglI_1\cos\theta_0}}{2I_1\cos\theta_0}$$

を得る．根号の中で第 1 項が第 2 項に比べてずっと大きいことを考慮すると，

$$\dot{\varphi}\cong\frac{mgl}{p_{\psi 0}},\ \frac{p_{\psi 0}}{I_1\cos\theta_0}$$

となる．このうち左の値は，よく観察するところの，コマが軸のまわりを高速で回転しながら軸の先端が $z$ 軸のまわりをゆっくり回転する運動を表し，右の値は，先端が $z$ 軸のまわりを速く回転し軸受との摩擦のために速やかにエネルギー散逸が起こりコマが床に転げる直前の運動を表す． ■

以上でコマの歳差（首振り）運動を定式化し，軸の先端が $z$ 軸のまわりを回転する角速度を得ることができたが，ここで最初に問題提起した疑問「静止したコマは立ち続けることができないで倒れてしまうが，なぜ高速で回転するコマは回転軸が斜めに傾いても容易に転倒しないで回転を続けるのか？」に定性的な解答を与えておこう．

コマの回転軸に着目すると，コマが倒れることは「その回転軸がほぼ水平方向を向く」ことであり，コマが回転し続けることは「その回転軸がほぼ鉛直方向を向く」こ

とである．この回転軸方向を向くベクトルが角運動量であり，その向きはコマの回転方向に右ネジを回したときネジの進む方向である．角運動量はコマに働く力のモーメントを受けて次式に従い，時間とともに変化してゆく．

$$\frac{d}{dt}\sum_{j=1}^{3} I_{ij}\omega_j = N_i \qquad \text{(6-1-33 再掲)}$$

さて，静止しているコマを静かに立てようとしても，コマの回転軸が正確に鉛直方向を向き続けることは不可能であり，何らかの(不可避的な)原因で鉛直方向から傾く．そのために長い時間待つ必要がないことは常に観察されるところである．いったんコマの回転軸が傾くと，コマの重心に働く重力とコマの接地点に働く抗力により，傾いたコマの回転軸を含む鉛直面内での回転を引き起こすモーメントが生じ，その面に垂直方向(水平方向)の角速度ベクトルを生む(図6-16)．もともと回転していない「静止コマ」はこの角運動量により回転(横転)して倒れてしまう．

いよいよ，回転しているコマが倒れない理由に移ろう．回転しているコマの場合にもその回転軸は何らかの原因で鉛直方向から傾く．そして，コマの回転軸が傾くとコマの重心に働く重力とコマの接地点に働く抗力により，傾いたコマの回転軸を含む鉛直面内での回転を引き起こすモーメントが生じ，その面に垂直方向(水平方向)の角速度ベクトルを生むところまでは静止しているコマとまったく同じである．

高速で回転しているコマが静止しているコマと異なるのは，もともとコマの回転軸方向に大きな角速度ベクトルをもっていることである．コマの回転軸が少し傾くとこの大きな角速度ベクトルの方向も同じく傾く．それに重力と抗力からなるモーメントが作り出した水平方向の(比較的小さな)角速度ベクトルが加わると，大きな角速度ベクトルの先端が水平面内で少し動くことになる．その結果，コマは横転することなく，回転方向を少しずつ変化させながら回り続けるのである．静止している自転車はすぐ倒れるが，車輪が回転している自転車は容易に転ばないのもこれと同様の理由によることが理解できるだろう．

### ■ 6-1-5　複合振動系・固有振動

力学の狭い分野にとどまることなく一般に平衡状態を見極め，その平衡状態が安定な平衡状態である場合に平衡状態からの微小変位が生じたときの時間変化(微小振動)を解析することは重要である．

以下の条件を満たす，自由度 $n$ の力学系を考える．一般化座標 $q_j (j = 1, 2, \ldots, n)$ は平衡状態において0となるように定義し，平衡状態からの変位を表すものとし，ポテンシャル $V$ は一般化座標のみの関数であるとする．このとき，平衡状態において

$$q_j = 0, \qquad \left.\frac{\partial V(q_1, q_2, \ldots, q_n)}{\partial q_j}\right|_{q_1=q_2=\cdots=q_n=0} = 0 \qquad (j = 1, 2, \ldots, n)$$

となるので，ポテンシャル $V$ は微小変位の 2 次形式

$$V(q_1, q_2, \ldots, q_n) = \frac{1}{2}\sum_{i,j=1}^{n} K_{ij} q_i q_j + O(q_j^3), \qquad K_{ij} = K_{ji}$$

と表すことができるが，安定な平衡状態で極小となるので正定値 2 次形式である．

また，運動エネルギー $T$ は $\dot{q}_j = 0\ (j = 1, 2, \ldots, n)$ のとき 0（極小）になる，すなわち座標系自体は動いていないとする．さらにラグランジアン $L = T - V$ は時間 $t$ を陽に含まないものとする．このとき，運動エネルギーは次のような $\dot{q}_j\ (j = 1, 2, \ldots, n)$ の正定値 2 次形式となる [18]．

$$T = \frac{1}{2}\sum_{i,j=1}^{n} M_{ij}\dot{q}_i\dot{q}_j, \qquad M_{ij} = M_{ji}$$

その結果，ラグランジアンは

$$L = T - V = \frac{1}{2}\sum_{i,j=1}^{n} (M_{ij}\dot{q}_i\dot{q}_j - K_{ij}q_i q_j)$$

であるから，ラグランジュ方程式 (6-1-11) は

$$\sum_{j=1}^{n} M_{ij}\ddot{q}_j = -\sum_{j=1}^{n} K_{ij} q_j \qquad (i = 1, 2, \ldots, n)$$

すなわち

$$M\frac{d^2}{dt^2}\begin{pmatrix} q_1 \\ q_2 \\ \vdots \\ q_n \end{pmatrix} = -K\begin{pmatrix} q_1 \\ q_2 \\ \vdots \\ q_n \end{pmatrix} \qquad (M \equiv (M_{ij}), K \equiv (K_{ij}):\ n\text{ 次対称行列}) \tag{6-1-40}$$

となる．線形斉次のベクトル 1 次方程式 (6-1-40) を解くために

$$q_j = A_j e^{i\omega t} \quad (A_j \text{ は } t \text{ に依存しない}) \quad (j = 1, 2, \ldots, n)$$

とおいて式 (6-1-40) に代入すると

$$(-M\omega^2 + K)\begin{pmatrix} A_1 \\ A_2 \\ \vdots \\ A_n \end{pmatrix} = \begin{pmatrix} 0 \\ 0 \\ \vdots \\ 0 \end{pmatrix}, \quad \text{すなわち} \quad M^{-1}K\begin{pmatrix} A_1 \\ A_2 \\ \vdots \\ A_n \end{pmatrix} = \omega^2\begin{pmatrix} A_1 \\ A_2 \\ \vdots \\ A_n \end{pmatrix} \tag{6-1-41}$$

を得るが，式 (6-1-41) が有意の解

$$\begin{pmatrix} A_1 \\ A_2 \\ \vdots \\ A_n \end{pmatrix} \neq \begin{pmatrix} 0 \\ 0 \\ \vdots \\ 0 \end{pmatrix}$$

をもつためには，連立方程式 (6-1-41) の固有値方程式

$$\left| M^{-1}K - \omega^2 I \right| = 0 \tag{6-1-42}$$

を満たさなければならない．すなわち，微小振動系の固有角振動数 $\omega_j$ $(j = 1, 2, \ldots, n)$ は固有値方程式 (6-1-42) の解として決定される [18].

なお固有値 $\omega_j^2$ $(j = 1, 2, \ldots, n)$ が正の実数であることは物理的には明らかであるが，解析的には次のように示すことができる．式 (6-1-41) 左側の式の $j$ 行目の成分

$$\sum_{k=1}^{n} \left( -M_{jk}\omega^2 + K_{jk} \right) A_k = 0$$

に，一般に複素数である

$$A_j = c_j + id_j \qquad (j = 1, 2, \ldots, n)$$

の複素共役 $A_j^*$ をかけて $j$ について和をとると，$K$ と $M$ がともに対称行列であるから

$$\begin{aligned} \omega^2 &= \frac{\sum_{k,j=1}^{n} K_{jk} A_j^* A_k}{\sum_{k,j=1}^{n} M_{jk} A_j^* A_k} = \frac{\sum_{k,j=1}^{n} K_{jk}(c_j - id_j)(c_k + id_k)}{\sum_{k,j=1}^{n} M_{jk}(c_j - id_j)(c_k + id_k)} \\ &= \frac{\sum_{k,j=1}^{n} K_{jk} c_j c_k + \sum_{k,j=1}^{n} K_{jk} d_j d_k}{\sum_{k,j=1}^{n} M_{jk} c_j c_k + \sum_{k,j=1}^{n} M_{jk} d_j d_k} \end{aligned} \tag{6-1-43}$$

となるが，式 (6-1-43) の分子分母の四つの和はいずれも正定値の 2 次形式である．

こうして正の固有値 $\omega_j^2$ $(j = 1, 2, \ldots, n)$ が求められると，その中に重根がある場合も含めて

$$\left( -M\omega_j^2 + K \right) \boldsymbol{\Theta}_j = \begin{pmatrix} 0 \\ 0 \\ \vdots \\ 0 \end{pmatrix}, \quad \text{すなわち} \quad M^{-1}K\boldsymbol{\Theta}_j = \omega_j^2 \boldsymbol{\Theta}_j$$

を満たす，$\omega_j$ に対応する固有ベクトル

$$\boldsymbol{\Theta}_j = \begin{pmatrix} A_{1j} \\ A_{2j} \\ \vdots \\ A_{nj} \end{pmatrix} \qquad (j = 1, 2, \ldots, n) \tag{6-1-44}$$

を $n$ 個求めることができる†．しかも，それらを正規直交系

$$\boldsymbol{\Theta}_j^{t*}\boldsymbol{\Theta}_k = \delta_{jk}$$

とすることができる．

そこで**固有座標** $\boldsymbol{\Theta}_j$ $(j = 1, 2, \ldots, n)$ を新たに一般化座標に選ぶと，その運動方程式は

$$\frac{d^2}{dt^2}\boldsymbol{\Theta}_j = M^{-1}K\boldsymbol{\Theta}_j = -\omega_j^2\boldsymbol{\Theta}_j \tag{6-1-45}$$

と対角化される．すなわち，**各固有座標の振動**は独立である．また，運動方程式 (6-1-45) をラグランジュ方程式とするラグランジアンは次式である．

$$L = \frac{1}{2}\sum_{i,j=1}^{n}\left[\left(\frac{d}{dt}\boldsymbol{\Theta}_j\right)^2 - \omega_j^2(\boldsymbol{\Theta}_j)^2\right]$$

なお，もとの一般化座標 $q_j$ $(j = 1, 2, \ldots, n)$ は固有座標 $\boldsymbol{\Theta}_k$ $(k = 1, 2, \ldots, n)$ の 1 次結合で表される．

$$q_j = \mathrm{Re}\left[\sum_{k=1}^{n} B_{jk}\boldsymbol{\Theta}_k\right]$$

**例 6-17　2 重振り子**

質量 $m_1$ 長さ $l_1$ の振り子 (1) と質量 $m_2$ 長さ $l_2$ の振り子 (2) 2 個を直列につないだ系（2 重振り子，図 6-9）を考える．系の運動エネルギーおよびポテンシャルエネルギー（支点を基準とする）はそれぞれ振り子 (1) と (2) の運動エネルギーおよびポテンシャルエネルギーの和である．それらは

$$T_1 = \frac{1}{2}m_1(l_1\dot{\theta}_1)^2, \qquad V_1 = -m_1 g l_1 \cos\theta_1$$

$$T_2 = \frac{1}{2}m_2\left[\left(l_1\frac{d\sin\theta_1}{dt} + l_2\frac{d\sin\theta_2}{dt}\right)^2 + \left(l_1\frac{d\cos\theta_1}{dt} + l_2\frac{d\cos\theta_2}{dt}\right)^2\right]$$

$$= \frac{1}{2}m_2\left[(l_1\dot{\theta}_1)^2 + (l_2\dot{\theta}_2)^2 + 2l_1l_2\dot{\theta}_1\dot{\theta}_2\cos(\theta_1 - \theta_2)\right]$$

$$V_2 = -m_2 g(l_1\cos\theta_1 + l_2\cos\theta_2)$$

† 独立な固有ベクトルの数が $n$ より少ないと，行列 $M^{-1}K$ は対角化できずジョルダンの標準形と相似になる [18]．このとき，解には永年項が現れ [17] エネルギー保存則が破られてしまう．

である．また，ラグランジアンは

$$L=\frac{1}{2}(m_1+m_2)(l_1\dot{\theta}_1)^2+\frac{1}{2}m_2(l_2\dot{\theta}_2)^2+m_2l_1l_2\dot{\theta}_1\dot{\theta}_2\cos(\theta_1-\theta_2)$$
$$+(m_1+m_2)gl_1\cos\theta_1+m_2gl_2\cos\theta_2$$

である．ここに角度 $\theta_1,\theta_2$ は鉛直下向きを 0 とし，反時計回りに測る．微小振動近似

$$\cos\theta_1=1-\frac{1}{2}\theta_1^2+O(\theta_1^3),\qquad \cos\theta_2=1-\frac{1}{2}\theta_2^2+O(\theta_2^3)$$

により $O(\theta_1^2),O(\theta_2^2)$ まで残すと，系のラグランジアンは

$$L=\frac{1}{2}(m_1+m_2)(l_1\dot{\theta}_1)^2+\frac{1}{2}m_2(l_2\dot{\theta}_2)^2+m_2l_1l_2\dot{\theta}_1\dot{\theta}_2$$
$$+(m_1+m_2)gl_1\left(1-\frac{1}{2}\theta_1^2\right)+m_2gl_2\left(1-\frac{1}{2}\theta_2^2\right)$$

となるので，ラグランジュ方程式系 (6-1-11)

$$(m_1+m_2)l_1\ddot{\theta}_1+m_2l_2\ddot{\theta}_2+(m_1+m_2)g\theta_1=0$$

$$l_2\ddot{\theta}_2+l_1\ddot{\theta}_1+g\theta_2=0$$

を得る．2 式を行列形式で

$$\sum_{i=1}^{2}M_{ij}\ddot{\theta}_j=-\sum_{i=1}^{2}K_{ij}\theta_j\qquad (j=1,2)\tag{6-1-40a}$$

$$M=\begin{pmatrix}(m_1+m_2)l_1 & m_2l_2\\ l_1 & l_2\end{pmatrix},\qquad K=\begin{pmatrix}(m_1+m_2)g & 0\\ 0 & g\end{pmatrix}$$

と表すことができる．ここで

$$\theta_j=A_je^{i\omega t}\qquad (j=1,2)$$

とおいて式 (6-1-40a) に代入すると [18]

$$\left(-M\omega^2+K\right)\begin{pmatrix}A_1\\A_2\end{pmatrix}=\begin{pmatrix}0\\0\end{pmatrix},\ \text{すなわち}\ M^{-1}K\begin{pmatrix}A_1\\A_2\end{pmatrix}=\omega^2\begin{pmatrix}A_1\\A_2\end{pmatrix}\tag{6-1-41a}$$

$$M^{-1}=\frac{1}{m_1l_1l_2}\begin{pmatrix}l_2 & -m_2l_2\\ -l_1 & (m_1+m_2)l_1\end{pmatrix},$$

$$M^{-1}K=\frac{g}{m_1l_1l_2}\begin{pmatrix}(m_1+m_2)l_2 & -m_2l_2\\ -(m_1+m_2)l_1 & (m_1+m_2)l_1\end{pmatrix}$$

を得るが[†]，式 (6-1-41a) が有意の解

$$\begin{pmatrix} A_1 \\ A_2 \end{pmatrix} \neq \begin{pmatrix} 0 \\ 0 \end{pmatrix}$$

をもつためには，連立方程式 (6-1-41a) の固有値方程式

$$\begin{aligned} \left| M^{-1}K - \omega^2 I \right| &= \omega^4 - \frac{g}{m_1 l_1 l_2}(m_1+m_2)(l_1+l_2)\omega^2 + \frac{g^2}{m_1 l_1 l_2}(m_1+m_2) \\ &= 0 \end{aligned} \tag{6-1-42a}$$

を満たさなければならない．

この固有値方程式の解は

$$\omega^2 = \frac{g}{2m_1 l_1 l_2}\Big\{(m_1+m_2)(l_1+l_2) \pm \sqrt{(m_1+m_2)\big[(m_1+m_2)(l_1+l_2)^2 - 4m_1 l_1 l_2\big]}\Big\}$$

である．ここで二つの球の質量比 $c_m \equiv m_2/m_1$ および二つ棒の長さの比 $c_l \equiv l_2/l_1$ を導入すると，

$$\omega_1^2, \omega_2^2 = \frac{g}{2l_2}\Big\{(1+c_m)(1+c_l) \pm \sqrt{(1+c_m)\big[(1+c_m)(1+c_l)^2 - 4c_l\big]}\Big\}$$

および

$$M^{-1}K = \frac{g}{l_2}\begin{pmatrix} (1+c_m)c_l & -c_m c_l \\ -(1+c_m) & 1+c_m \end{pmatrix}$$

となる．

$$M^{-1}K \begin{pmatrix} A_1 \\ A_2 \end{pmatrix} = \omega^2 \begin{pmatrix} A_1 \\ A_2 \end{pmatrix}$$

を解いて固有ベクトルを求め，互いに独立な固有振動

$$\boldsymbol{\Theta}_j = \begin{pmatrix} A_{1j} \\ A_{2j} \end{pmatrix} = \frac{1}{\sqrt{c_m^2 c_l^2 + \big[(1+c_m)c_l - l_2\omega_j^2/g\big]^2}}\begin{pmatrix} c_m c_l \\ (1+c_m)c_l - l_2\omega_j^2/g \end{pmatrix}$$

$$\left( = \frac{1}{\sqrt{\big[(1+c_m) - l_2\omega_j^2/g\big]^2 + (1+c_m)^2}}\begin{pmatrix} 1 + c_m - l_2\omega_j^2/g \\ 1+c_m \end{pmatrix} \right)$$

$$(j = 1, 2) \tag{6-1-44a}$$

を得る．

---

† 本項の本文のように式 (6-1-41a) の左式のままで議論を進めることができるが，読者の多くは式 (6-1-41a) の右式の形の標準的な固有値問題に習熟していると推察し，この例の中ではその形を用いることにした．

以下，パラメータのいくつかの特殊例を調べてみる．

① $c_m \to 0$：(1)の球に比べ，(2)の球がずっと軽い場合

$\omega_1^2 \to \dfrac{g}{l_1},\ \omega_2^2 \to \dfrac{g}{l_2}$　　それぞれの振り子の固有振動数に近づく．

$$\boldsymbol{\Theta}_1 \to \frac{1}{\sqrt{(1-c_l)^2+1}}\begin{pmatrix}1-c_l\\1\end{pmatrix}, \qquad \boldsymbol{\Theta}_2 \to \begin{pmatrix}0\\1\end{pmatrix}$$

② $c_m \to \infty$：(1)の球に比べ，(2)の球がずっと重い場合

$$\omega_1^2 \to \infty,\ \omega_2^2 \to \frac{1}{1+c_l}\frac{g}{l_1}$$

$$\boldsymbol{\Theta}_1 \to \frac{1}{\sqrt{c_l^2+1}}\begin{pmatrix}-c_l\\1\end{pmatrix}, \qquad \boldsymbol{\Theta}_2 \to \frac{1}{\sqrt{2}}\begin{pmatrix}1\\1\end{pmatrix}$$

③ $c_l \to 0$：(1)の糸に比べ，(2)の糸がずっと短い場合

$$\omega_1^2 \to \infty,\ \omega_2^2 \to \frac{g}{l_1}$$

$$\boldsymbol{\Theta}_1 \to \frac{1}{\sqrt{c_l^2+1}}\begin{pmatrix}-c_l\\1\end{pmatrix}, \qquad \boldsymbol{\Theta}_2 \to \frac{1}{\sqrt{2}}\begin{pmatrix}1\\1\end{pmatrix}$$

④ $c_l \to \infty$：(1)の糸に比べ，(2)の糸がずっと長い場合

$$\omega_1^2 \to \frac{g}{l_1}(1+c_m),\ \omega_2^2 \to 0$$

$$\boldsymbol{\Theta}_1 \to \frac{1}{\sqrt{(c_m+1)^2+(c_m+2)^2}}\begin{pmatrix}c_m+2\\c_m+1\end{pmatrix}, \qquad \boldsymbol{\Theta}_2 \to \begin{pmatrix}1\\0\end{pmatrix}$$

⑤ $c_m = c_l = 1$：まったく同じ振り子2個を直列につないだ場合

$$\omega_1^2,\ \omega_2^2 = (2\pm\sqrt{2})\frac{g}{l_2}$$

$$\boldsymbol{\Theta}_j = \frac{1}{\sqrt{5}}\begin{pmatrix}1\\ \mp\sqrt{2}\end{pmatrix}$$

■

**例 6-18**　**複合バネ** [18]

図6-17のように二つの質点（質量 $m_1, m_2$）とバネ（バネ定数 $k_1, k_2$）を直列に接続した系の運動（つりあいの位置からの変位 $x_1(t), x_2(t)$）を考える．系の運動エネルギーおよびポテンシャルエネルギーはそれぞれの質点(1)と(2)の運動エネルギーおよびポテンシャルエネルギー

$$T_1 = \frac{1}{2}m_1\left(\frac{dx_1}{dt}\right)^2, \qquad V_1 = \frac{1}{2}k_1 x_1^2$$

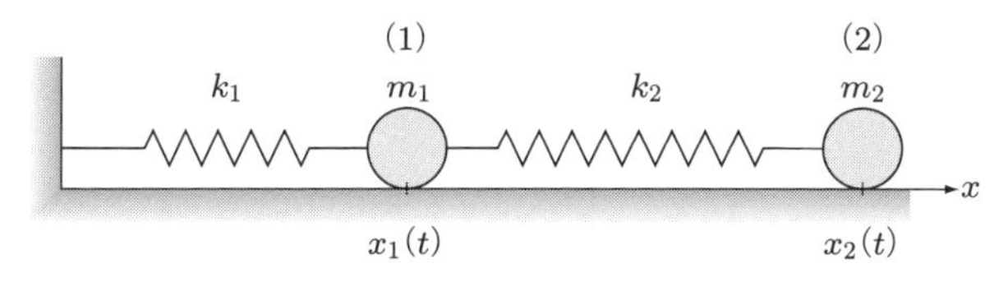


**図 6-17**　複合バネ

$$T_2 = \frac{1}{2}m_2\left(\frac{dx_2}{dt}\right)^2, \qquad V_2 = \frac{1}{2}k_2(x_1 - x_2)^2$$

の和であるから，系のラグランジアンは

$$L = \frac{1}{2}m_1\left(\frac{dx_1}{dt}\right)^2 + \frac{1}{2}m_2\left(\frac{dx_2}{dt}\right)^2 - \frac{1}{2}k_1x_1^2 - \frac{1}{2}k_2(x_1 - x_2)^2$$

となる．これから，ラグランジュ方程式系 (6-1-11)，すなわち二つの質点の運動方程式

$$\begin{aligned} m_1\frac{d^2x_1(t)}{dt^2} &= -k_1x_1(t) + k_2(x_2(t) - x_1(t)) \\ m_2\frac{d^2x_2(t)}{dt^2} &= -k_2(x_2(t) - x_1(t)) \end{aligned} \tag{6-1-46}$$

を得る．連立微分方程式 (6-1-46) を行列形式

$$\frac{d^2}{dt^2}X = AX \tag{6-1-47}$$

$$X \equiv \begin{pmatrix} x_1(t) \\ x_2(t) \end{pmatrix}, \qquad A \equiv \begin{pmatrix} -(k_1 + k_2)/m_1 & k_2/m_1 \\ k_2/m_2 & -k_2/m_2 \end{pmatrix} \tag{6-1-48}$$

に表現することができる．そこで，

$$X = \begin{pmatrix} x_1(t) \\ x_2(t) \end{pmatrix} = \begin{pmatrix} x_{10} \\ x_{20} \end{pmatrix} \exp(i\omega t)$$

とおくと，微分方程式 (6-1-47) は

$$A\begin{pmatrix} x_{10} \\ x_{20} \end{pmatrix} = -\omega^2\begin{pmatrix} x_{10} \\ x_{20} \end{pmatrix} \tag{6-1-49}$$

すなわち，固有値 $\lambda = -\omega^2$ とその固有ベクトル $\begin{pmatrix} x_{10} \\ x_{20} \end{pmatrix}$ を求める固有値問題となる．

式 (6-1-49) の固有値方程式

$$\left|A + \omega^2 I\right| = \omega^4 - \left(\frac{k_1 + k_2}{m_1} + \frac{k_2}{m_2}\right)\omega^2 + \frac{k_1k_2}{m_1m_2} = 0$$

の解は

$$\omega^2 = \frac{1}{2}\left[\left(\frac{k_1+k_2}{m_1}+\frac{k_2}{m_2}\right) \pm \sqrt{\left(\frac{k_1+k_2}{m_1}+\frac{k_2}{m_2}\right)^2 - \frac{4k_1k_2}{m_1m_2}}\right]$$

である．ここで二つの球の質量比 $c_m \equiv m_2/m_1$ およびバネ定数の比 $c_k \equiv k_2/k_1$ と第2のバネの固有振動数 $\Omega_0 \equiv \sqrt{k_2/m_2}$ を導入すると，

$$\omega_1^2,\ \omega_2^2 = \frac{\Omega_0^2}{2}\left\{1 + c_m\left(1+\frac{1}{c_k}\right) \pm \sqrt{\left[1 + c_m\left(1+\frac{1}{c_k}\right)\right]^2 - 4\frac{c_m}{c_k}}\right\}$$

および，

$$A \equiv \Omega_0^2 \begin{pmatrix} -c_m\left(1+\dfrac{1}{c_k}\right) & c_m \\ 1 & -1 \end{pmatrix}$$

となり，規格化された固有ベクトルは

$$\boldsymbol{X}_j \equiv \begin{pmatrix} x_{10j} \\ x_{20j} \end{pmatrix} = \frac{1}{\sqrt{1+\left(1+\dfrac{1}{c_k}-\dfrac{\omega_j^2}{c_m\Omega_0^2}\right)^2}} \begin{pmatrix} 1 \\ 1+\dfrac{1}{c_k}-\dfrac{\omega_j^2}{c_m\Omega_0^2} \end{pmatrix} \quad (j=1,2)$$

$$\left( = \frac{1}{\sqrt{1+\left(1-\dfrac{\omega_j^2}{\Omega_0^2}\right)^2}} \begin{pmatrix} 1-\dfrac{\omega_j^2}{\Omega_0^2} \\ 1 \end{pmatrix} \right)$$

である．

以下，パラメータのいくつかの特殊例を調べてみる．

① $c_m \to 0$：質点 (1) に比べ，質点 (2) がずっと軽い場合

$$\omega_1^2 \to \frac{k_1}{m_1},\ \omega_2^2 \to \Omega_0^2 = \frac{k_2}{m_2}$$　それぞれの固有振動数に近づく．

$$\boldsymbol{X}_1 \to \begin{pmatrix} 1 \\ 0 \end{pmatrix}, \qquad \boldsymbol{X}_2 \to \begin{pmatrix} 0 \\ 1 \end{pmatrix}$$

② $c_m \to \infty$：質点 (1) に比べ，質点 (2) がずっと重い場合

$$\omega_1^2 \to \frac{k_2}{m_1}\left(1+\frac{1}{c_k}\right),\ \omega_2^2 \to \frac{k_2}{m_2}\cdot\frac{1}{1+c_k}$$

$$\boldsymbol{X}_1 \to \begin{pmatrix} 1 \\ 0 \end{pmatrix}, \qquad \boldsymbol{X}_2 \to \begin{pmatrix} c_k \\ 1+c_k \end{pmatrix}$$

③ $c_k \to 0$：(1) のバネのバネ定数に比べ，(2) のバネのバネ定数がずっと小さい場合

$$\omega_1^2 \to \frac{k_1}{m_1},\ \omega_2^2 \to 0$$

$$\boldsymbol{X}_1 \to \begin{pmatrix} 1 \\ 0 \end{pmatrix}, \qquad \boldsymbol{X}_2 \to \begin{pmatrix} 1 \\ 1 \end{pmatrix}$$

④ $c_k \to \infty$：(1) のバネのバネ定数に比べ，(2) のバネのバネ定数がずっと大きい場合

$$\omega_1^2 \to (1 + c_m)\Omega_0^2\ (\to \infty),\ \omega_2^2 \to \frac{k_1}{m_1}\frac{1}{1+c_m}$$

$$\boldsymbol{X}_1 \to \frac{1}{\sqrt{c_m^2+1}}\begin{pmatrix} -c_m \\ 1 \end{pmatrix}, \qquad \boldsymbol{X}_2 \to \begin{pmatrix} 1 \\ 1 \end{pmatrix}$$

⑤ $c_k = c_m = 1$：まったく同じバネ 2 個を直列につないだ場合

$$\omega_j^2 = \frac{\Omega_0^2}{2}(3 \pm \sqrt{5})$$

$$\boldsymbol{X}_j = \frac{1}{\sqrt{10 \pm 2\sqrt{5}}}\begin{pmatrix} -1 \mp \sqrt{5} \\ 2 \end{pmatrix} \qquad (j = 1, 2)$$

■

## 6-2 ハミルトンの正準方程式 (Hamilton(1805-1865))

一般化座標 $q_j$ $(j = 1, 2, \ldots, n)$ によるラグランジュ方程式は，$n$ 個の未知関数をもつ $n$ 個の 2 階微分方程式系である．これに対して，力学の問題を解析する新たな方法である**ハミルトン方程式** (Hamilton's equations) は $2n$ 個の未知関数をもつ $2n$ 個の 1 階微分方程式系である．1 階の微分方程式は位相空間の各点で方向場が一意的に定まるので解曲線が交差することがない [16]．ハミルトン方程式は**正準方程式** (canonical equations) と呼ばれることがあり，その長所は定式化が非常に単純で簡潔なことである．

### 6-2-1 一般化運動量

これまでにもしばしば出現した物理量である $\partial L/\partial \dot{q}_j$ を，ハミルトンは**一般化運動量** (generalized momentum) $p_j$ と命名した．

$$p_j \equiv \frac{\partial L}{\partial \dot{q}_j} \qquad (j = 1, 2, \ldots, n) \tag{6-2-1}$$

$q_j$ がデカルト座標であれば $p_j$ は通常の運動量そのものである．一般化座標 $q_j$ と一般化運動量 $p_j$ $(j = 1, 2, \ldots, n)$ を総称して**正準変数**と呼ぶ．

**例 6-19** **極座標**（例 6-1(2) 再々訪）

$$T = \frac{1}{2}m\left(\dot{r}^2 + r^2\dot{\theta}^2\right)$$

一般化運動量

$$p_r = \frac{\partial L}{\partial \dot{r}} = \frac{\partial T}{\partial \dot{r}} = m\frac{dr}{dt} = mv_r(t)$$

$$p_\theta = \frac{\partial L}{\partial \dot{\theta}} = \frac{\partial T}{\partial \dot{\theta}} = mr^2\frac{d\theta}{dt} = mrv_\theta(t)$$

■

**例 6-20**　**球座標**（例 6-1(3) 再々訪）

$$T = \frac{1}{2}m\left(\dot{r}^2 + r^2\dot{\theta}^2 + r^2\dot{\varphi}^2\sin^2\theta\right)$$

一般化運動量

$$p_r = \frac{\partial L}{\partial \dot{r}} = \frac{\partial T}{\partial \dot{r}} = m\dot{r} = mv_r(t)$$

$$p_\theta = \frac{\partial L}{\partial \dot{\theta}} = \frac{\partial T}{\partial \dot{\theta}} = mr^2\dot{\theta} = mrv_\theta(t)$$

$$p_\varphi = \frac{\partial L}{\partial \dot{\varphi}} = mr^2\dot{\varphi}\sin^2\theta = mrv_\varphi(t)\sin\theta$$

■

**例 6-21**　**円柱座標**（例 6-1(4) 再々訪）

$$T = \frac{1}{2}m\left(\dot{z}^2 + \dot{r}^2 + r^2\dot{\theta}^2\right)$$

一般化運動量

$$p_z = \frac{\partial L}{\partial \dot{z}} = \frac{\partial T}{\partial \dot{z}} = m\dot{z} = mv_z(t)$$

$$p_r = \frac{\partial L}{\partial \dot{r}} = \frac{\partial T}{\partial \dot{r}} = m\dot{r} = mv_r(t)$$

$$p_\theta = \frac{\partial L}{\partial \dot{\theta}} = \frac{\partial T}{\partial \dot{\theta}} = mr^2\dot{\theta} = mrv_\theta(t)$$

■

速度 $\dot{q}_j$ $(j = 1, 2, \ldots, n)$ が与えられたとき一般化運動量 $p_j$ $(j = 1, 2, \ldots, n)$ は式 (6-2-1) により一意的に決定されることはもちろんであるが，一般化運動量 $p_j$ $(j = 1, 2, \ldots, n)$ が与えられたときにも速度 $\dot{q}_j$ $(j = 1, 2, \ldots, n)$ が一意的に決定される．運動エネルギー $T$ が速度 $\dot{q}_j$ $(j = 1, 2, \ldots, n)$ の斉次 2 次式すなわち

$$T = \begin{pmatrix} \dot{q}_1 & \dot{q}_2 & \ldots & \dot{q}_n \end{pmatrix} A \begin{pmatrix} \dot{q}_1 \\ \dot{q}_2 \\ \vdots \\ \dot{q}_n \end{pmatrix}$$

であるとき，その証明は容易である．なぜならば，運動エネルギー $T$ は正定値であるから $n$ 次(正方)対称行列である $A=(a_{ij})$ の固有値はすべて正であり，その行列式は 0 にならない [18]．

$$|A| \neq 0 \tag{6-2-2}$$

そして，

$$p_j = \frac{\partial L}{\partial \dot{q}_j} = \frac{\partial T}{\partial \dot{q}_j} = \sum_{k=1}^{n} (a_{jk} + a_{kj}) \dot{q}_k = 2 \sum_{k=1}^{n} a_{jk} \dot{q}_k$$

であるから，与えられた運動量 $p_j$ $(j=1,2,\ldots,n)$ から速度 $\dot{q}_j$ $(j=1,2,\ldots,n)$ を決定する連立 1 次方程式は

$$\begin{pmatrix} p_1 \\ p_2 \\ \vdots \\ p_n \end{pmatrix} = 2A \begin{pmatrix} \dot{q}_1 \\ \dot{q}_2 \\ \vdots \\ \dot{q}_n \end{pmatrix}$$

であり，式 (6-2-2) により $\dot{q}_j$ $(j=1,2,\ldots,n)$ は一意的な解をもつからである．

### 6-2-2　ハミルトニアン

次に，一般化座標と一般化運動量の関数として表現された系のエネルギーとして，ハミルトニアン $H(t;q_1,q_2,\ldots,q_n;p_1,p_2,\ldots,p_n)$ を定義する．ハミルトニアンは以下の理論展開の基礎となる重要な概念である．

ハミルトニアンは，古典力学においては式 (6-1-10, 15, 6-2-1) より

$$\begin{aligned} H(t;q_1,q_2,\ldots,q_n;p_1,p_2,\ldots,p_n) &= T(p_1,p_2,\ldots,p_n) + V(t;q_1,q_2,\ldots,q_n) \\ &= 2T(p_1,p_2,\ldots,p_n) - \bigl(T(p_1,p_2,\ldots,p_n) - V(t;q_1,q_2,\ldots,q_n)\bigr) \\ &= \sum_{j=1}^{n} p_j \dot{q}_j - L\bigl(t;q_1,q_2,\ldots,q_n;\dot{q}_1,\dot{q}_2,\ldots,\dot{q}_n\bigr) \end{aligned} \tag{6-2-3a}$$

であるが，相対性理論においても式 (6-1-25, 27) により同じ表式

$$\begin{aligned} H(t;q_1,q_2,\ldots,q_n;p_1,p_2,\ldots,p_n) &= T(p_1,p_2,\ldots,p_n) + V(t;q_1,q_2,\ldots,q_n) \\ &= \bigl(T(p_1,p_2,\ldots,p_n) + F(p_1,p_2,\ldots,p_n)\bigr) \\ &\quad - \bigl(F(p_1,p_2,\ldots,p_n) - V(t;q_1,q_2,\ldots,q_n)\bigr) \\ &= \sum_{j=1}^{n} p_j \dot{q}_j - L\bigl(t;q_1,q_2,\ldots,q_n;\dot{q}_1,\dot{q}_2,\ldots,\dot{q}_n\bigr) \end{aligned} \tag{6-2-3b}$$

となる．

## 6-2-3　正準方程式

前項までの準備を踏まえ，いよいよハミルトンの正準方程式を導く．ハミルトニアン (6-2-3a, b) の，その独立変数である正準変数すなわち一般化座標 $q_j$ と一般化運動量 $p_j$ による偏微分をとると，それぞれ

$$\frac{\partial}{\partial q_j}H(t; q_1, q_2, \ldots, q_n; p_1, p_2, \ldots, p_n)$$
$$= \sum_{k=1}^{n} p_k \left.\frac{\partial \dot{q}_k}{\partial q_j}\right|_p - \sum_{k=1}^{n} \frac{\partial L}{\partial \dot{q}_k}\left.\frac{\partial \dot{q}_k}{\partial q_j}\right|_p - \frac{\partial}{\partial q_j}L\big(t; q_1, q_2, \ldots, q_n; \dot{q}_1, \dot{q}_2, \ldots, \dot{q}_n\big)$$
$$= \sum_{k=1}^{n} p_k \left.\frac{\partial \dot{q}_k}{\partial q_j}\right|_p - \sum_{j=1}^{n} p_k \left.\frac{\partial \dot{q}_k}{\partial q_j}\right|_p - \frac{d}{dt}\frac{\partial L}{\partial \dot{q}_j} = -\dot{p}_j$$

(2行目第3項はラグランジュ方程式により3行目の第3項となる)

$$\frac{\partial}{\partial p_j}H(t; q_1, q_2, \ldots, q_n; p_1, p_2, \ldots, p_n)$$
$$= \dot{q}_j + \sum_{k=1}^{n} p_k \left.\frac{\partial \dot{q}_k}{\partial p_j}\right|_q - \left.\frac{\partial L}{\partial p_j}\right|_q$$
$$= \dot{q}_j + \sum_{k=1}^{n} \left.\frac{\partial L}{\partial \dot{q}_k}\right|_q \left.\frac{\partial \dot{q}_k}{\partial p_j}\right|_q - \sum_{k=1}^{n} \left.\frac{\partial L}{\partial \dot{q}_k}\right|_q \left.\frac{\partial \dot{q}_k}{\partial p_j}\right|_q = \dot{q}_j$$

を得る．改めて書き直すと，$2n$ 個の1階偏微分方程式

$$\begin{aligned} &\frac{\partial}{\partial q_j}H(t; q_1, q_2, \ldots, q_n; p_1, p_2, \ldots, p_n) = -\dot{p}_j \qquad (j = 1, 2, \ldots, n) \\ &\frac{\partial}{\partial p_j}H(t; q_1, q_2, \ldots, q_n; p_1, p_2, \ldots, p_n) = \dot{q}_j \qquad (j = 1, 2, \ldots, n) \end{aligned} \tag{6-2-4}$$

が**ハミルトンの正準方程式**である．

力学の具体的な問題を解く際には，$2n$ 個の正準方程式の変数(および方程式)の数を半分に減らす必要があり，それは実質的にラグランジュ方程式に戻ることになる．しかし純粋に理論的取り扱いを進める際には，正準方程式のほうが役に立つ場合がしばしばある．

## 6-2-4　最小作用の原理の一般化

5-3, 4節で(科学的に)証明された変分原理，すなわち最小(停留)作用の原理のラグランジュによる最終的な形は次の通りであった．

**「最小作用の原理」**

保存力で相互作用する $N$ 個の粒子系はある配位(configuration，すべての粒子の座標および運動量の $6N$ 次元配列) P から別の配位 Q に移動するとき，個々の粒子の作

用 $\int_{\mathrm{P}}^{\mathrm{Q}} mv\,ds$ の和である全作用（総作用）$\sum_{i=1}^{N}\int_{\mathrm{P}}^{\mathrm{Q}} m_i v_i\,ds_i$ を，実際の道筋（変化する配位の “列 (series)”）と同じ全エネルギーをもつ無限小だけ異なる仮想の道筋 (virtual motions) と比較して，**停留化**するような道筋をとる（「最小」作用という名前とは異なり「停留」であることに注意する）．

$$\delta_{E:\text{一定}} \sum_{i=1}^{N}\int_{\mathrm{P}}^{\mathrm{Q}} m_i v_i\,ds_i = 0 \tag{6-2-5}$$

ここまで本章で展開してきたラグランジュとハミルトンの理論を用いて，この変分原理，すなわち最小作用の原理を一般化する．まず，一般化座標・一般化運動量を用いると，式 (6-2-5) は

$$\delta_{E:\text{一定}} \sum_{j=1}^{N}\int_{\mathrm{P}}^{\mathrm{Q}} p_j\,dq_j = 0 \tag{6-2-6}$$

となる．これは式 (6-1-23) と同様に証明できる（演習問題 6-5）が，以下のようにラグランジュ方程式から直接導くこともできる．

$$\begin{aligned}
\delta\sum_{j=1}^{N}\int_{\mathrm{P}}^{\mathrm{Q}} p_j\,dq_j &= \sum_{j=1}^{N}\int_{\mathrm{P}}^{\mathrm{Q}} \delta\left(\frac{\partial L}{\partial \dot{q}_j}dq_j\right)\\
&= \sum_{j=1}^{N}\int_{\mathrm{P}}^{\mathrm{Q}}\left[\delta\left(\frac{\partial L}{\partial \dot{q}_j}\right)dq_j + \frac{\partial L}{\partial \dot{q}_j}\delta(dq_j)\right]\\
&= \sum_{j=1}^{N}\int_{\mathrm{P}}^{\mathrm{Q}}\left[\delta\left(\frac{\partial L}{\partial \dot{q}_j}\right)\frac{dq_j}{dt}\,dt + d\left(\frac{\partial L}{\partial \dot{q}_j}\delta q_j\right) - d\left(\frac{\partial L}{\partial \dot{q}_j}\right)\delta q_j\right]\\
&= \sum_{j=1}^{N}\int_{\mathrm{P}}^{\mathrm{Q}}\left[\delta\left(\frac{\partial L}{\partial \dot{q}_j}\right)\dot{q}_j\,dt + d\left(\frac{\partial L}{\partial \dot{q}_j}\delta q_j\right) - \frac{\partial L}{\partial q_j}\delta q_j\,dt\right]
\end{aligned} \tag{6-2-7}$$

ここで，3 行目の第 3 項から 4 行目の第 3 項への変換はラグランジュ方程式による．

一方，式 (6-2-3a, b) より

$$\begin{aligned}
\delta H &= \sum_{j=1}^{n}\delta(p_j\dot{q}_j) - \delta L\\
&= \sum_{j=1}^{n}\left[\delta\left(\frac{\partial L}{\partial \dot{q}_j}\right)\dot{q}_j + \frac{\partial L}{\partial \dot{q}_j}\delta\dot{q}_j\right] - \sum_{k=1}^{n}\left(\frac{\partial L}{\partial q_k}\delta q_k + \frac{\partial L}{\partial \dot{q}_k}\delta\dot{q}_k\right)\\
&= \sum_{j=1}^{n}\left[\delta\left(\frac{\partial L}{\partial \dot{q}_j}\right)\dot{q}_j - \frac{\partial L}{\partial q_j}\delta q_j\right]
\end{aligned} \tag{6-2-8}$$

となる．式 (6-2-8) を式 (6-2-7) に代入すると，

$$\delta \sum_{j=1}^{N} \int_{\mathrm{P}}^{\mathrm{Q}} p_j dq_j = \sum_{j=1}^{N} \int_{\mathrm{P}}^{\mathrm{Q}} d\left(\frac{\partial L}{\partial \dot{q}_j}\delta q_j\right) + \int_{t_{\mathrm{P}}}^{t_{\mathrm{Q}}} \delta H\, dt$$
$$= \left[\sum_{j=1}^{N} p_j \delta q_j\right]_{\mathrm{P}}^{\mathrm{Q}} + \int_{t_{\mathrm{P}}}^{t_{\mathrm{Q}}} \delta H\, dt \qquad \text{(6-2-9)}$$

となるので，この変分が端点固定でありエネルギー保存系であれば，式 (6-2-6) が成立する．

式 (6-2-9) 左辺中の $\sum_{j=1}^{N} p_j\, dq_j$ は，式 (6-1-15, 27, 6-2-1) により

$$\sum_{j=1}^{N} p_j\, dq_j = \sum_{j=1}^{N} p_j \dot{q}_j\, dt = \begin{cases} 2T\, dt & \text{（古典力学）} \\ (T+F)\, dt & \text{（相対性理論）} \end{cases}$$

と書き換えることができるので，そのとき式 (6-2-9) は

$$\delta \int_{t_{\mathrm{P}}}^{t_{\mathrm{Q}}} 2T\, dt = \left[\sum_{j=1}^{N} p_j \delta q_j\right]_{\mathrm{P}}^{\mathrm{Q}} + \int_{t_{\mathrm{P}}}^{t_{\mathrm{Q}}} \delta H\, dt \qquad \text{（古典力学）} \qquad \text{(6-2-10a)}$$

$$\delta \int_{t_{\mathrm{P}}}^{t_{\mathrm{Q}}} (T+F)\, dt = \left[\sum_{j=1}^{N} p_j \delta q_j\right]_{\mathrm{P}}^{\mathrm{Q}} + \int_{t_{\mathrm{P}}}^{t_{\mathrm{Q}}} \delta H\, dt \qquad \text{（相対性理論）} \qquad \text{(6-2-10b)}$$

となる．この変分が端点固定で，径路がエネルギーを保存するものに限定するならば，式 (6-2-6) に対応する式は

$$\underset{E:\text{一定}}{\delta} \int_{t_{\mathrm{P}}}^{t_{\mathrm{Q}}} 2T\, dt = 0 \qquad \text{（古典力学）}$$

$$\underset{E:\text{一定}}{\delta} \int_{t_{\mathrm{P}}}^{t_{\mathrm{Q}}} (T+F)\, dt = 0 \qquad \text{（相対性理論）}$$

となる．

ここまで見てきたように，最小作用の原理の適用条件の一つに「(エネルギー)保存系」がある．すなわち，ニュートン力学において(数学の公理に対応する)ニュートンの運動法則から導かれる定理である「エネルギー保存則」が最小作用の原理の前提になっている．つまり，最小作用の原理を公理であるかのようにみなすことには無理がある．

### ■ 6-2-5　ハミルトンの原理

6-1 節で導出したラグランジュ方程式

$$\frac{d}{dt}\left(\frac{\partial L}{\partial \dot{q}_j}\right) - \frac{\partial L}{\partial q_j} = 0 \qquad (j = 1, 2, \ldots, n) \qquad \text{(6-1-11 再掲)}$$

は，複数の従属変数を含む汎関数の変分問題(3-2 節)

$$\int_{t_1}^{t_2} L\big(t; q_1, q_2, \ldots, q_n; \dot{q}_1, \dot{q}_2, \ldots, \dot{q}_n\big)dt$$

の端点固定の場合(3-2-1 項)のオイラー方程式である．

ここで，端点固定の場合にあたる数学の変分問題という観点から力学の変分原理

$$\delta \int_{t_1}^{t_2} L\big(t; q_1, q_2, \ldots, q_n; \dot{q}_1, \dot{q}_2, \ldots, \dot{q}_n\big)dt = 0 \qquad \text{(6-1-12 再掲)}$$

の力学的適用条件について検討してみよう．

$$L = T - V = 2T - H \qquad \text{(古典力学)}$$

$$L = F - V = T + F - H \qquad \text{(相対性理論)(式 (6-1-25) より)}$$

であるが，次の形では両者共通の式になった．

$$L = \sum_{j=1}^{n} p_j \dot{q}_j - H \qquad \text{(6-2-3a,b 再掲)}$$

これと式 (6-2-9) を用いると，

$$\begin{aligned}
\delta \int_{t_1}^{t_2} L\,dt &= \delta \int_{\mathrm{P}}^{\mathrm{Q}} \sum_{j=1}^{n} p_j dq_j - \delta \int_{t_1}^{t_2} H\,dt \\
&= \left( \left[ \sum_{j=1}^{N} p_j \delta q_j \right]_{\mathrm{P}}^{\mathrm{Q}} + \int_{t_{\mathrm{P}}}^{t_{\mathrm{Q}}} \delta H\,dt \right) - \left( \int_{t_{\mathrm{P}}}^{t_{\mathrm{Q}}} \delta H\,dt + \big[H\delta t\big]_{t_{\mathrm{P}}}^{t_{\mathrm{Q}}} \right) \\
&= \left[ \sum_{j=1}^{N} p_j \delta q_j \right]_{\mathrm{P}}^{\mathrm{Q}} - \big[H\delta t\big]_{t_{\mathrm{P}}}^{t_{\mathrm{Q}}} \qquad \text{(6-2-11)}
\end{aligned}$$

となる．すなわち，独立変数 $t$ と従属変数 $q_j$ $(j = 1, 2, \ldots, n)$ が端点で固定される，という条件のみの変分で

$$\delta \int_{t_1}^{t_2} L\,dt = 0 \qquad \text{(6-1-12 再掲)}$$

が成立するということは，**エネルギーが保存するか否かにかかわらず成立する**ことを意味している．この性質は最小作用の原理より一般的な原理が得られたことを意味する．式 (6-1-12) を**ハミルトンの原理** (Hamilton's principle) と呼ぶ．繰り返しになるが，ハミルトンの原理は公理や基本法則に相当するものではなく，ニュートンの運動法則から証明される定理である．また，式 (6-1-12) はラグランジアンの定積分である

汎関数が(局所的に)停留条件を満たすことを意味するものであり，必ずしも極小ではなくましてや最小であることを主張するものでもない.

ハミルトンの原理という変分問題として表現された力学の問題を解くとき，第 1 の方法は変分問題と等価である(複数の従属変数をもつ場合の)オイラー方程式(3-2 節)すなわちラグランジュの方程式(系) (6-1-11) を解くことであり，第 2 の方法は変分問題を直接解く方法(第 4 章)である. 改めて注目すべきことは，ラグランジュの方程式 (6-1-11) およびハミルトンの原理が座標系の選択に依存せず，常に同じ表式に保たれることである(多くの場合にもっとも簡明であるデカルト座標系で記述されたラグランジュの方程式系が確立されたならば，他の任意の座標系で記述されたラグランジュの方程式を得ることができる).

### 6-2-6　ポアッソン括弧

正準変数 $(q_1(t), q_2(t), \ldots, q_n(t); p_1(t), p_2(t), \ldots, p_n(t))$ と時間 $t$ を独立変数とする二つの関数(力学変数)を $u(t; q_1, q_2, \ldots, q_n; p_1, p_2, \ldots, p_n), v(t; q_1, q_2, \ldots, q_n; p_1, p_2, \ldots, p_n)$ とするとき,

$$[u, v] \equiv \sum_{j=1}^{n} \left( \frac{\partial u}{\partial q_j} \frac{\partial v}{\partial p_j} - \frac{\partial u}{\partial p_j} \frac{\partial v}{\partial q_j} \right)$$

を**ポアッソン括弧** (Poisson's bracket) と呼ぶ. ポアッソン括弧には次の性質がある.

$$[u, u] = 0, \qquad [v, u] = -[u, v]$$

$$[u, q_j] = -\frac{\partial u}{\partial p_j}, \qquad [u, p_j] = \frac{\partial u}{\partial q_j}$$

$$[q_j, q_k] = [p_j, p_k] = 0, \qquad [q_j, p_k] = \delta_{jk}$$

$$[u + s, v + w] = [u, v] + [u, w] + [s, v] + [s, w]$$

$$[u, vw] = v[u, w] + w[u, v]$$

$$[u, v, w] \equiv [u, [v, w]] + [v, [w, u]] + [w, [u, v]] = 0$$

なお，最後の式をポアッソンの恒等式と呼ぶ.

力学変数 $u(t; q_1, q_2, \ldots, q_n; p_1, p_2, \ldots, p_n)$ の時間 $t$ による導関数は

$$\frac{du}{dt} = \frac{\partial u}{\partial t} + \sum_{j=1}^{n} \left( \frac{\partial u}{\partial q_j} \frac{dq_j}{dt} + \frac{\partial u}{\partial p_j} \frac{dq_j}{dt} \right)$$

であるが，その右辺に正準方程式 (6-2-4) を用いると,

$$\frac{du}{dt} = \frac{\partial u}{\partial t} + \sum_{j=1}^{n} \left( \frac{\partial u}{\partial q_j} \frac{\partial H}{\partial p_j} - \frac{\partial u}{\partial p_j} \frac{\partial H}{\partial q_j} \right) = \frac{\partial u}{\partial t} + [u, H]$$

とかける．力学変数 $u(q_1, q_2, \ldots, q_n; p_1, p_2, \ldots, p_n)$ が時間 $t$ に陽に依存しなければ，

$$\frac{du}{dt} = [u, H]$$

すなわち，$u$ の導関数は $u$ と $H$ によるポアッソン括弧そのものとなる．もし，ポアッソン括弧の値が 0 ならば，$u$ は時間とともに変化しない保存量である．

## 6-2-7 リゥヴィルの定理

$n$ 個の一般化座標と $n$ 個の一般化運動量からなる系の配位は，$2n$ 次元の位相空間内の点 $(q_1, q_2, \ldots, q_n; p_1, p_2, \ldots, p_n)$ で指定される．$2n$ 次元の位相空間内の点は 3 次元の流体の微小な塊(たとえば水塊)と同様に，位相空間内を時間とともに動いてゆく．そのとき，$2n$ 次元の発散 (divergence) は正準方程式を用いると

$$\mathrm{div}\,\boldsymbol{v} \equiv \sum_{j=1}^{n}\left(\frac{\partial \dot{q}_j}{\partial q_j} + \frac{\partial \dot{p}_j}{\partial p_j}\right) = \sum_{j=1}^{n}\left[\frac{\partial\,(\partial H/\partial p_j)}{\partial q_j} + \frac{\partial\,(-\partial H/\partial q_j)}{\partial p_j}\right] = 0$$

となる．これは，$2n$ 次元の位相空間内の点の集合(これを「流体」に比すことができる)は密度を変えずに動いてゆくことを意味する[†]．すなわち，$2n$ 次元の位相空間内の点の集合である領域は，時間とともにその「形」を変化させるもののその体積

$$\iiint \cdots \iiint dq_1 dq_2 \cdots dq_n dp_1 dp_2 \cdots dp_n$$

は変化しない．これを**リゥヴィル (Liouville) の定理**と呼ぶ．

## 6-2-8 作用積分

ここまで扱ってきた変分の中には式 (6-2-5〜7) などのように端点移動の可能性を残すものがあったが，その可能性を生かすことなく，結局端点固定の場合を用いただけ

---

† 流体力学の質量保存則である連続の式は

$$\frac{\partial \rho}{\partial t} + \mathrm{div}(\rho \boldsymbol{v}) = \frac{\partial \rho}{\partial t} + \boldsymbol{v}\cdot\nabla\rho + \rho\,\mathrm{div}\,\boldsymbol{v} = \frac{D\rho}{Dt} + \rho\,\mathrm{div}\,\boldsymbol{v} = 0$$

である(7-2-1 項参照)．ここに

$$\frac{D\rho}{Dt} \equiv \frac{\partial \rho}{\partial t} + \boldsymbol{v}\cdot\nabla\rho \tag{6-2-12}$$

$$\mathrm{div}\,\boldsymbol{v} \equiv \frac{\partial v_x}{\partial x} + \frac{\partial v_y}{\partial y} + \frac{\partial v_z}{\partial z}$$

であるが，その流体が時間とともに密度 $\rho$ を変化させない「非圧縮性流体」

$$\frac{D\rho}{Dt} = 0$$

であれば連続の式 (6-2-12) は

$$\mathrm{div}\,\boldsymbol{v} = 0$$

と簡単化される．

であった．

そこで，ハミルトンは積分

$$\int_{t_1}^{t_2} L\,dt$$

を，その従属変数 $q_j$ $(j=1,2,\ldots,n)$ の両端点での値 $q_j(t_1), q_j(t_2)$ および全エネルギー $E$ の $2n+1$ 個の独立変数をもつ関数

$$S\bigl(q_1(t_1), q_2(t_1), \ldots, q_n(t_1); q_1(t_2), q_2(t_2), \ldots, q_n(t_2); E\bigr)$$
$$\equiv \int_{t_1}^{t_2} L\bigl(t; q_1, q_2, \ldots, q_n; \dot{q}_1, \dot{q}_2, \ldots, \dot{q}_n\bigr)dt = \int_{\mathrm{P}}^{\mathrm{Q}} \sum_{j=1}^{n} p_j dq_j - \int_{t_1}^{t_2} H\,dt \tag{6-2-13}$$

と見なした．$S$ を**作用積分** (action integral) または**ハミルトンの特性関数** (Hamilton's characteristic function) と呼ぶ．

式 (6-2-13) からただちに

$$\frac{\partial S}{\partial q_j(t_1)} = -p_j(t_1), \qquad \frac{\partial S}{\partial q_j(t_2)} = p_j(t_2) \qquad (j=1,2,\ldots,n) \tag{6-2-14a}$$

を得る．また系のエネルギーを予め指定しなければならないので

$$H(q_1(t), q_2(t), \ldots, q_n(t); p_1(t), p_2(t), \ldots, p_n(t)) = E \tag{6-2-14b}$$

であり式 (6-2-14a) を式 (6-2-14b) に代入すると，それぞれ

$$H\left(q_1(t_1), q_2(t_1), \ldots, q_n(t_1); -\frac{\partial S}{\partial q_1(t_1)}, -\frac{\partial S}{\partial q_2(t_1)}, \ldots, -\frac{\partial S}{\partial q_n(t_1)}\right)$$
$$= E \tag{6-2-15}$$
$$H\left(q_1(t_2), q_2(t_2), \ldots, q_n(t_2); \frac{\partial S}{\partial q_1(t_2)}, \frac{\partial S}{\partial q_2(t_2)}, \ldots, \frac{\partial S}{\partial q_n(t_2)}\right) = E$$

となる†．式 (6-2-14a, 15) は合計 $2n+2$ 個の連立微分方程式系である．

式 (6-2-15) は，式 (6-2-13) の（指定された）座標の初期値 $q_1(t_1), q_2(t_1), \ldots, q_n(t_1)$ と（変数としての）終端での座標の値 $q_1(t_2), q_2(t_2), \ldots, q_n(t_2)$ およびエネルギー $E$ の関数としての $S$ を決定する偏微分方程式である．いったん $S$ が求められれば，それを任意の $n-1$ 個の座標の初期値 $q_1(t_1), q_2(t_1), \ldots, q_n(t_1)$（このうちから任意の $q_s(t_1)$ を一つ除く）で偏微分したものを

---

† 式 (6-2-15) は作用積分 $S$ を決定する偏微分方程式である．なお，ハミルトニアン $H$ は $p_j(t) = \partial S/\partial q_j(t)$ の2次式なので，式 (6-2-15) の上の式で $-\partial S/\partial q_j(t_1)$ の負号を省略することができるが，読者の理解のリズムに無用の停滞をもたらさないように残した．次項の式 (6-2-18) についても同様である．

$$-\frac{\partial S}{\partial q_j(t_1)} = p_j(t_1) \quad \text{（指定された運動量の初期値）}(j = s\text{ を除く})$$

とおくことにより，終端での座標の値 $q_1(t_2), q_2(t_2), \ldots, q_n(t_2)$ （$j = s$ を除く）に関する $n-1$ 個の代数方程式を得る．これらの方程式は，$n-1$ 個の座標および運動量の初期値 $(q_j(t_1), p_j(t_1), j = 1, 2, \ldots, n, \neq s)$ とエネルギー $E$ の，合計 $2n-1$ 個の定数を含む．式 (6-2-14a) のうち残る式

$$-\frac{\partial S}{\partial q_s(t_1)} = p_s(t_1)$$

は式 (6-2-15) の上の $t_1$ に関する式により自動的に満足される．その結果，式 (6-2-14a) の第 2 式

$$\frac{\partial S}{\partial q_j(t_2)} = p_j(t_2) \qquad (j = 1, 2, \ldots, n)$$

により任意時刻 $t_2$ における運動量を得る．

ハミルトンの特性関数 $S$ を用いる場合には系の全エネルギー $E$ を予め指定しなければならない．しかし，ハミルトンの原理 (6-1-12) は非保存系にまで適用範囲を広げているのであるから，$E$ を指定せず非保存系まで取り扱うことのできる定式化がより望ましい．そこで $E$ の代わりに時間 $t$ が変数として登場する．

### 6-2-9 ハミルトンの主要関数

以上の理由により，作用積分 $S$ の代わりに，**ハミルトンの主要関数** (Hamilton's principal function) $W$ を定義する．$W$ は $S$ と同じ式で定義されるが，その独立変数を始点の一般化座標 $q_1(t_1), q_2(t_1), \ldots, q_n(t_1)$ と（可動の）終点の一般化座標 $q_1(t_2), q_2(t_2), \ldots, q_n(t_2)$ に加えて，（$S$ ではエネルギー $E$ であったものを）$W$ では時間積分の長さ $t$ とする（式 (6-2-13) 参照）．

$$\begin{aligned}
&W(t; q_1(t_1), q_2(t_1), \ldots, q_n(t_1); q_1(t_2), q_2(t_2), \ldots, q_n(t_2)) \\
&\quad \equiv \int_{t_1}^{t_1+t} L\big(t; q_1, q_2, \ldots, q_n; \dot{q}_1, \dot{q}_2, \ldots, \dot{q}_n\big) dt \\
&\quad = \int_{\mathrm{P}}^{\mathrm{Q}} \sum_{j=1}^{n} p_j dq_j - \int_{t_1}^{t_1+t} H\, dt
\end{aligned} \tag{6-2-16}$$

$S$ に関する式 (6-2-14) に対応する式は

$$\begin{aligned}
&\frac{\partial W}{\partial q_j(t_1)} = -p_j(t_1), \qquad \frac{\partial W}{\partial q_j(t_2)} = p_j(t_2) \qquad (j = 1, 2, \ldots, n), \\
&\frac{\partial W}{\partial t} = -E
\end{aligned} \tag{6-2-17}$$

である．したがって，式 (6-2-15) に対応するのは

$$
\begin{aligned}
&H\left(t; q_1(t_1), q_2(t_1), \ldots, q_n(t_1); -\frac{\partial W}{\partial q_1(t_1)}, -\frac{\partial W}{\partial q_2(t_1)}, \ldots, -\frac{\partial W}{\partial q_n(t_1)}\right) \\
&\quad + \frac{\partial W}{\partial t} = 0 \\
&H\left(t; q_1(t_2), q_2(t_2), \ldots, q_n(t_2); \frac{\partial W}{\partial q_1(t_2)}, \frac{\partial W}{\partial q_2(t_2)}, \ldots, \frac{\partial W}{\partial q_n(t_2)}\right) \\
&\quad + \frac{\partial W}{\partial t} = 0
\end{aligned}
\tag{6-2-18}
$$

である．

$W$ を決定する偏微分方程式 (6-2-18) は，力学系の運動を決定するのに必要十分な方程式系であるという意味で，$S$ を決定する偏微分方程式である式 (6-2-15) と等価なものである．いったん $W$ が求まれば，それを任意の $n$ 個の座標の初期値 $q_1(t_1), q_2(t_1), \ldots, q_n(t_1)$ で偏微分したものを式 (6-2-17) の第 1 式により

$$
-\frac{\partial W}{\partial q_j(t_1)} = p_j(t_1) \ \text{（指定された運動量の初期値）} \quad (j = 1, 2, \ldots, n)
$$

とおくことにより，終端での座標の値 $q_1(t_2), q_2(t_2), \ldots, q_n(t_2)$ に関する $n$ 個の代数方程式を得る．これらの方程式は，座標および運動量の初期値 $2n$ 個の定数を含む，任意の時刻での座標の値 $q_1(t_2), q_2(t_2), \ldots, q_n(t_2)$ と時刻 $t_2$ を関係づけるものである．式 (6-2-17) の第 3 式は式 (6-2-18) により自動的に満足される．その結果，式 (6-2-17) の第 2 式

$$
\frac{\partial W}{\partial q_j(t_2)} = p_j(t_2) \qquad (j = 1, 2, \ldots, n)
$$

により任意時刻 $t_2$ における運動量を得る．

### ■ 6-2-10　ハミルトン－ヤコビ方程式

こうして，ハミルトンは力学の問題を唯一の関数 $S$ または $W$ を求めることに帰着させた．これらの関数のいずれかを求めることに成功すると，これから（微分方程式でない）代数方程式の運動方程式を得ることができるのである．この方法を完成するのにはヤコビ (Jacobi，1804-1851) の登場を待たねばならなかった．

関数 $S$ または $W$ を求める際，ハミルトンは $n$ 個の座標を初期値 $q_1(t_1), q_2(t_1), \ldots,$ $q_n(t_1)$ ($S$ の場合は $E$ が加わる) として与えたが，ヤコビは 1 階の微分方程式系の個数 $n+1$ に等しい任意の積分定数を使用することが可能であり，さらに式 (6-2-15) および式 (6-2-18) のそれぞれ 2 式のうち，一方のみで十分であることを示した．すなわち，式 (6-2-15) の 2 式の代わりに，

$$H\left(q_1(t), q_2(t), \ldots, q_n(t); \frac{\partial S}{\partial q_1(t)}, \frac{\partial S}{\partial q_2(t)}, \ldots, \frac{\partial S}{\partial q_n(t)}\right) = E$$
$$S = S(q_1(t), q_2(t), \ldots, q_n(t); E) \qquad (6\text{-}2\text{-}19)$$

のみ，また式 (6-2-18) の 2 式の代わりに，

$$H\left(t; q_1(t), q_2(t), \ldots, q_n(t); \frac{\partial W}{\partial q_1(t)}, \frac{\partial W}{\partial q_2(t)}, \ldots, \frac{\partial W}{\partial q_n(t)}\right) + \frac{\partial W}{\partial t}$$
$$= 0 \qquad (6\text{-}2\text{-}20)$$
$$W = W(t; q_1(t), q_2(t), \ldots, q_n(t))$$

のみで十分であることを示した．式 (6-2-19) または式 (6-2-20) を**ハミルトン－ヤコビ(偏微分)方程式**と呼ぶ．

ヤコビは式 (6-2-20) を詳しく調べ，式 (6-2-20) の独立変数の数 $(n+1)$ と同数の積分定数をもつ任意の解(これを**完全積分** (complete integral) または完全解と呼ぶ)を使用可能であることを示した．$W$ は式 (6-2-20) の中に 1 階導関数として存在するのであるから，積分定数のうち一つは $W$ の定数項であるので，その他の $n$ 個の積分定数を $\alpha_k$ $(k = 1, 2, \ldots, n)$ とかく．そして，問題の力学系は積分定数 $\alpha_k$ による($t, \{q_j\}$ を一定に保つ) $W$ の偏微分係数が時刻 $t$ にかかわらず一定に保たれるように変動することが以下で証明される．その結果，系の運動方程式(代数方程式)は

$$\frac{\partial W}{\partial \alpha_k} = \beta_k \qquad (\beta_k：任意定数,\ k = 1, 2, \ldots, n) \qquad (6\text{-}2\text{-}21)$$

となる．$2n$ 個の任意定数 $\alpha_k, \beta_k$ をもつ式 (6-2-21) は**ヤコビの定理** (Jacobi's theorem) と呼ばれる．これから，積分路の任意の(配位空間の)点における運動量は

$$\frac{\partial W}{\partial q_j(t)} = p_j(t) \qquad (j = 1, 2, \ldots, n) \qquad (6\text{-}2\text{-}22)$$

により算出される．

まったく同様に，$W$ の微分方程式 (6-2-20) の代わりに $S$ の微分方程式 (6-2-19) を用いることもできる．この場合，完全積分はエネルギー $E$ に加えて $n$ 個の任意定数を必要とする．$n$ 個の任意定数のうちの一つは定数項であるから，その他の $n-1$ 個の積分定数を $\alpha_k$ $(k = 1, 2, \ldots, n-1)$ とかく．その結果，式 (6-2-21) の代わりに

$$\frac{\partial S}{\partial \alpha_k} = \beta_k \qquad (\beta_k：任意定数,\ k = 1, 2, \ldots, n-1) \qquad (6\text{-}2\text{-}23)$$

を得る．これらは時間 $t$ を含まない $n-1$ 個の軌道の方程式であり，$2n-1$ 個の任意定数 $\alpha_k, \beta_k (k = 1, 2, \ldots, n-1), E$ をもつ．これから，積分路の任意の(配位空間の)点における運動量は

$$\frac{\partial S}{\partial q_j(t)} = p_j(t) \qquad (j = 1, 2, \ldots, n,\ j = s \text{ を除く}) \tag{6-2-24}$$

により算出される．

ある時刻 $t$ における $n$ 個の（一般化された）座標と運動量を初期条件とする，力学系の運動方程式を積分する（解を得る）ためには，式 (6-2-22) の $n$ 個の方程式を $n$ 個の積分定数 $\alpha_k$ $(k = 1, 2, \ldots, n)$ について解けばよい．その後，$\alpha_k$ で偏微分することにより $\beta_k$ $(k = 1, 2, \ldots, n)$ を得る．こうして力学系の運動は完全に決定される．$W$ が定数項以外に $n$ 個の積分定数を含むので，式 (6-2-22) は $n$ 個の積分定数 $\alpha_k$ を一意的に決定する．

$W$ の微分方程式 (6-2-20) の代わりに $S$ の微分方程式 (6-2-19) を用いた場合にも，式 (6-2-24) の $n-1$ 個の方程式を $n-1$ 個の積分定数 $\alpha_k$ $(k = 1, 2, \ldots, n-1)$ について解けばよい．式 (6-2-24) の $n$ 番目の方程式は式 (6-2-19) により自動的に満足される．こうして，$S$ から $n-1$ 個の積分定数 $\alpha_k$ $(k = 1, 2, \ldots, n-1)$ が一意的に決定される．

■［ヤコビの定理の証明］

力学系が式 (6-2-21) に従って運動していると仮定し，その運動がハミルトンの正準方程式を満足することを示す．式 (6-2-21) は

$$\frac{d}{dt}\left(\frac{\partial W}{\partial \alpha_k}\right) = \frac{\partial}{\partial t}\left(\frac{\partial W}{\partial \alpha_k}\right) + \sum_{j=1}^{n} \frac{\partial^2 W}{\partial q_j \partial \alpha_k}\dot{q}_j = 0 \qquad (k = 1, 2, \ldots, n) \tag{6-2-25}$$

を意味する．また，式 (6-2-20) を $\alpha_k$ $(k = 1, 2, \ldots, n)$ で偏微分すると，式 (6-2-22) を用いて

$$\sum_{j=1}^{n} \frac{\partial H}{\partial(\partial W/\partial q_j)} \frac{\partial^2 W}{\partial \alpha_k \partial q_j} + \frac{\partial}{\partial \alpha_k}\left(\frac{\partial W}{\partial t}\right)$$

$$\left(\frac{\partial H}{\partial t}\frac{\partial t}{\partial \alpha_k} = 0,\ \frac{\partial H}{\partial q_j}\frac{\partial q_j}{\partial \alpha_k} = 0 \text{ より}\right)$$

$$= \sum_{j=1}^{n} \frac{\partial H}{\partial p_j} \frac{\partial^2 W}{\partial \alpha_k \partial q_j} + \frac{\partial}{\partial \alpha_k}\left(\frac{\partial W}{\partial t}\right) = 0 \qquad (k = 1, 2, \ldots, n) \tag{6-2-26}$$

となる．式 (6-2-25) は $\dot{q}_j$ $(j = 1, 2, \ldots, n)$ に関する連立1次方程式であるが，その係数行列の行列式は0ではないこと

$$\left|\frac{\partial^2 W}{\partial q_j \partial \alpha_k}\right| \neq 0 \tag{6-2-27}$$

を示すことができる．なぜならば，もし式 (6-2-27) を否定すると，式 (6-2-22) によりそれは関数行列式（ヤコビアン）が0になること

$$\left|\frac{\partial^2 W}{\partial q_j \partial \alpha_k}\right| = \left|\frac{\partial p_j}{\partial \alpha_k}\right| = \frac{\partial(p_1, p_2, \ldots, p_n)}{\partial(\alpha_1, \alpha_2, \ldots, \alpha_n)} = 0$$

すなわち，$p_1, p_2, \ldots, p_n$ が独立でないことを意味してしまうという矛盾を生じるからである．それゆえ，式 (6-2-25) は $\dot{q}_k$ $(k = 1, 2, \ldots, n)$ を一意的に決定することがわかり，式 (6-2-25, 26) を比較するとその解は

$$\dot{q}_k = \frac{\partial H}{\partial p_k} \qquad (k = 1, 2, \ldots, n) \tag{6-2-28}$$

である．

次に式 (6-2-20) を $q_k$ $(k = 1, 2, \ldots, n)$ で偏微分すると，

$$\begin{aligned}
&\frac{\partial H}{\partial q_k} + \sum_{j=1}^{n} \frac{\partial H}{\partial\left(\partial W / \partial q_j\right)} \frac{\partial^2 W}{\partial q_k \partial q_j} + \frac{\partial}{\partial q_k}\left(\frac{\partial W}{\partial t}\right) \\
&\quad = \frac{\partial H}{\partial q_k} + \sum_{j=1}^{n} \frac{\partial H}{\partial p_j} \frac{\partial^2 W}{\partial q_k \partial q_j} + \frac{\partial^2 W}{\partial q_k \partial t} = \frac{\partial H}{\partial q_k} + \sum_{j=1}^{n} \dot{q}_j \frac{\partial^2 W}{\partial q_k \partial q_j} + \frac{\partial^2 W}{\partial q_k \partial t} \\
&\quad = \frac{\partial H}{\partial q_k} + \frac{d}{dt} \frac{\partial W}{\partial q_k} = \frac{\partial H}{\partial q_k} + \dot{p}_k = 0 \qquad (k = 1, 2, \ldots, n)
\end{aligned}$$

すなわち，

$$\dot{p}_k = -\frac{\partial H}{\partial q_k} \qquad (k = 1, 2, \ldots, n) \tag{6-2-29}$$

を得る．つまり，ハミルトンの正準方程式 (6-2-28, 29) を満足するので，式 (6-2-21) は系を支配する運動方程式である．逆に，すでに指摘した通り，ある時刻 $t$ における $n$ 個の(一般化された)座標と運動量を初期条件とすると，それに対応する $\alpha_k, \beta_k$ $(k = 1, 2, \ldots, n)$ を決定することができるので，ニュートンの運動法則に従うすべての配位は式 (6-2-21) を満足する．

### ■[もう一方の型のヤコビの定理の証明]

式 (6-2-20) の代わりに式 (6-2-19) を用いる．このとき，式 (6-2-25) の代わりに

$$\frac{d}{dt}\left(\frac{\partial S}{\partial \alpha_k}\right) = \sum_{j=1}^{n} \frac{\partial^2 S}{\partial q_j \partial \alpha_k} \dot{q}_j = 0 \qquad (k = 1, 2, \ldots, n-1) \tag{6-2-30}$$

が成立し，また式 (6-2-26) の代わりに

$$\sum_{j=1}^{n} \frac{\partial H}{\partial\left(\partial S / \partial q_j\right)} \frac{\partial^2 S}{\partial \alpha_k \partial q_j} = \sum_{j=1}^{n} \frac{\partial H}{\partial p_j} \frac{\partial^2 S}{\partial \alpha_k \partial q_j} = 0 \qquad (k = 1, 2, \ldots, n-1) \tag{6-2-31}$$

が成立する．

式 (6-2-30) は $n$ 個の変数 $\dot{q}_j$ $(j = 1, 2, \ldots, n)$ に関する $n-1$ 元斉次連立 1 次方程式であるが，その係数行列のうち $(n-1) \times (n-1)$ 部分の行列式は 0 ではない．

$$\left| \frac{\partial^2 S}{\partial q_j \partial \alpha_k} \right| \neq 0 \qquad (1 \leq j, k \leq n-1)$$

それゆえ, 式 (6-2-30) は $\dot{q}_j$ $(j = 1, 2, \ldots, n)$ の比を一意的に決定し, それは $\partial H / \partial p_j$ $(j = 1, 2, \ldots, n)$ の比に等しい．式 (6-2-19) の下で式 (6-2-30, 31) を比較すると，

$$\frac{dq_j}{dt} = \frac{\partial H}{\partial p_j} \qquad (j = 1, 2, \ldots, n)$$

である．

次に式 (6-2-19) を $q_k$ $(k = 1, 2, \ldots, n)$ で偏微分すると，

$$\begin{aligned} &\frac{\partial H}{\partial q_k} + \sum_{j=1}^{n} \frac{\partial H}{\partial (\partial S / \partial q_j)} \frac{\partial^2 S}{\partial q_k \partial q_j} \\ &\quad = \frac{\partial H}{\partial q_k} + \sum_{j=1}^{n} \frac{\partial H}{\partial p_j} \frac{\partial^2 S}{\partial q_k \partial q_j} = \frac{\partial H}{\partial q_k} + \sum_{j=1}^{n} \dot{q}_j \frac{\partial^2 S}{\partial q_k \partial q_j} \\ &\quad = \frac{\partial H}{\partial q_k} + \frac{d}{dt} \frac{\partial S}{\partial q_k} = \frac{\partial H}{\partial q_k} + \dot{p}_k = 0 \qquad (k = 1, 2, \ldots, n) \end{aligned}$$

すなわち，

$$\dot{p}_k = -\frac{\partial H}{\partial q_k} \qquad (k = 1, 2, \ldots, n)$$

を得る．

軌道上の粒子の位置と時刻の関係を求めるためには，まず式 (6-2-19) を $E$ で偏微分すると

$$\sum_{j=1}^{n} \frac{\partial H}{\partial (\partial S / \partial q_j)} \frac{\partial^2 S}{\partial E \partial q_j} = \sum_{j=1}^{n} \frac{\partial H}{\partial p_j} \frac{\partial}{\partial q_j} \frac{\partial S}{\partial E} = \sum_{j=1}^{n} \frac{\partial}{\partial q_j} \frac{\partial S}{\partial E} \frac{dq_j}{dt} = \frac{d}{dt} \frac{\partial S}{\partial E} = 1$$

となるので，これから

$$\frac{\partial S}{\partial E} = t + \beta_0 \tag{6-2-32}$$

を得る．この式が式 (6-2-23) を補完する $n$ 番目の式となる．この方程式系を解けばよい．

ヤコビの定理の二つの定式化のうち，作用積分 $S$ を使用する方法（式 (6-2-19)）は，その $\int p_j \, dq_j$ との緊密な関係から量子力学に応用するとき便利である（7-4-2 項）が，ハミルトンの主要関数 $W$ を使用する方法（式 (6-2-20)）は，ハミルトニアン $H$ が時間 $t$ を含むより広範な問題に適用可能なので応用性が高い．

■ [変数分離法によるハミルトン-ヤコビ方程式の完全積分(解)の導出]

以下の例にもみられるように，広汎な例題において変数分離法を用いてハミルトン-ヤコビ方程式の完全積分を得ることができる．それは，ハミルトン-ヤコビ方程式中のハミルトニアン $H$ において，ある一般化座標 $q_j$ と対応する導関数 $\partial S/\partial q_j$ ないし $\partial W/\partial q_j$ が，時間 $t$ と他の座標およびそれらに対応する導関数から

$$H = H\left(f\left(q_j, \frac{\partial S}{\partial q_j}\right); t, q_1, \ldots, q_{j-1}, q_{j+1}, \ldots, q_n; \right.$$
$$\left. \frac{\partial S}{\partial t}; \frac{\partial S}{\partial q_1}, \ldots, \frac{\partial S}{\partial q_{j-1}}, \frac{\partial S}{\partial q_{j+1}}, \ldots, \frac{\partial S}{\partial q_n}\right)$$

ないし

$$H = H\left(f\left(q_j, \frac{\partial W}{\partial q_j}\right); t, q_1, \ldots, q_{j-1}, q_{j+1}, \ldots, q_n; \right.$$
$$\left. \frac{\partial W}{\partial t}; \frac{\partial W}{\partial q_1}, \ldots, \frac{\partial W}{\partial q_{j-1}}, \frac{\partial W}{\partial q_{j+1}}, \ldots, \frac{\partial W}{\partial q_n}\right)$$

の形に分離されている場合である(以下，ハミルトンの主要関数 $W$ で代表させる)．このとき，解を

$$W = W_j(q_j) + \widetilde{W}(t, q_1, \ldots, q_{j-1}, q_{j+1}, \ldots, q_n) \qquad (6\text{-}2\text{-}33)$$

の形に $q_j$ に依存する部分を分離すると，ハミルトン-ヤコビ方程式 (6-2-20) は

$$H\left(f\left(q_j, \frac{\partial W_j}{\partial q_j}\right); q_1(t), \ldots, q_{j-1}(t), q_{j+1}(t), \ldots, q_n(t); \right.$$
$$\left. \frac{\partial \widetilde{W}}{\partial q_1(t)}, \ldots, \frac{\partial \widetilde{W}}{\partial q_{j-1}(t)}, \frac{\partial \widetilde{W}}{\partial q_{j+1}(t)}, \ldots, \frac{\partial \widetilde{W}}{\partial q_n(t)}\right) + \frac{\partial \widetilde{W}}{\partial t} = 0 \qquad (6\text{-}2\text{-}34)$$

となる．式 (6-2-33) がハミルトン-ヤコビ方程式の解であることは，式 (6-2-34) が恒等式であることを意味するので，$q_j$ と $\partial W_j/\partial q_j$ のみに依存する部分 $f(q_j, \partial W_j/\partial q_j)$ は定数でなければならない．

$$f\left(q_j, \frac{\partial W_j}{\partial q_j}\right) = \alpha_j \ (\text{定数})$$

これは常微分方程式であるから，$W_j$ は 1 変数の積分を行うことにより得られる．残りの部分 $\widetilde{W}(t, q_1, \ldots, q_{j-1}, q_{j+1}, \ldots, q_n)$ も時間およびすべての座標について分離可能であれば，$n$ 個の積分定数をもつ完全積分(解)を得ることができる．

**例 6-22** **太陽からの万有引力 $F = GmM/r^2$ を受けて運動する惑星**

一般化座標を，太陽を原点とする球座標とする(図 6-18)．

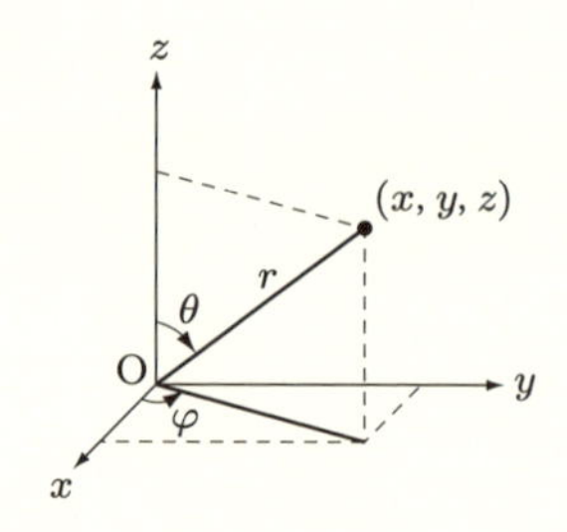


**図 6-18**　太陽を原点とする球座標

$$q_1(t) = r(t), \qquad q_2(t) = \theta(t), \qquad q_3(t) = \varphi(t)$$

このとき，運動エネルギー $T$ とポテンシャルエネルギー $V$ は

$$T = \frac{m}{2}\left[\dot{r}^2 + (r\dot{\theta})^2 + (r\dot{\varphi}\sin\theta)^2\right] = \frac{m}{2}\left[(\dot{q}_1)^2 + (q_1\dot{q}_2)^2 + (q_1\dot{q}_3\sin q_2)^2\right]$$

$$V = -\frac{GmM}{r} = -\frac{GmM}{q_1}$$

となるので，ラグランジアン

$$L\bigl(t; q_1, q_2, q_3; \dot{q}_1, \dot{q}_2, \dot{q}_3\bigr) = T - V$$

$$= \frac{m}{2}\left[(\dot{q}_1)^2 + (q_1\dot{q}_2)^2 + (q_1\dot{q}_3\sin q_2)^2\right] + \frac{GmM}{q_1}$$

を用いて一般化運動量は

$$p_r = p_1 = \frac{\partial L}{\partial \dot{q}_1} = m\dot{q}_1$$

$$p_\theta = p_2 = \frac{\partial L}{\partial \dot{q}_2} = m(q_1)^2\dot{q}_2$$

$$p_\varphi = p_3 = \frac{\partial L}{\partial \dot{q}_3} = m(q_1\sin q_2)^2\dot{q}_3 = p_{30} \equiv \alpha_1 \qquad \text{（循環座標：定数）}$$

となる．作用積分は，

$$S(q_1(t), q_2(t), q_3(t); E)$$

$$\equiv \int^t L\bigl(t; q_1, q_2, q_3; \dot{q}_1, \dot{q}_2, \dot{q}_3\bigr)\,dt$$

$$= \int^t \left\{\frac{m}{2}\left[\dot{q}_1^2 + (q_1\dot{q}_2)^2 + (q_1\dot{q}_3\sin q_2)^2\right] + \frac{GmM}{q_1}\right\}dt$$

$$= \int^t \left\{\frac{1}{2m}\left[(p_1)^2 + \frac{(p_2)^2}{(q_1)^2} + \frac{(p_3)^2}{(q_1\sin q_2)^2}\right] + \frac{GmM}{q_1}\right\}dt$$

$$= \int^Q \sum_{j=1}^{3} p_j\,dq_j - \int^t H\,dt$$

であり，ハミルトニアンは

$$
\begin{aligned}
H = T + V &= \frac{1}{2}\sum_{j=1}^{3} p_j \dot{q}_j + V \\
&= \frac{1}{2m}\left[(p_1)^2 + \frac{(p_2)^2}{(q_1)^2} + \frac{(p_3)^2}{(q_1 \sin q_2)^2}\right] - \frac{GmM}{q_1} \\
&= \frac{1}{2m}\left[\left(\frac{\partial S}{\partial q_1}\right)^2 + \frac{1}{(q_1)^2}\left(\frac{\partial S}{\partial q_2}\right)^2 + \frac{1}{(q_1 \sin q_2)^2}\left(\frac{\partial S}{\partial q_3}\right)^2\right] - \frac{GmM}{q_1}
\end{aligned}
\tag{6-2-35}
$$

である．まず，

$$
\frac{\partial S}{\partial q_3} = p_3 = \alpha_1 \ (\text{定数})
$$

であるから，

$$
S(q_1, q_2, q_3) = \alpha_1 q_3 + \widetilde{S}(q_1, q_2)
$$

と表すことができ，2 変数の関数 $\widetilde{S}(q_1, q_2)$ を求めればよい．その満たすべき微分方程式は式 (6-2-35) より

$$
\frac{1}{2m}\left[\left(\frac{\partial \widetilde{S}}{\partial q_1}\right)^2 + \frac{1}{(q_1)^2}\left(\frac{\partial \widetilde{S}}{\partial q_2}\right)^2 + \frac{(\alpha_1)^2}{(q_1 \sin q_2)^2}\right] - \frac{GmM}{q_1} = E \tag{6-2-36}
$$

である．その解を求めるために

$$
\widetilde{S}(q_1, q_2) = S_1(q_1) + S_2(q_2)
$$

とおき，式 (6-2-36) に代入すると，

$$
\frac{1}{2m}\left[\left(\frac{dS_1}{dq_1}\right)^2 + \frac{1}{(q_1)^2}\left(\frac{dS_2}{dq_2}\right)^2 + \frac{(\alpha_1)^2}{(q_1 \sin q_2)^2}\right] - \frac{GmM}{q_1} = E
$$

となるが，その両辺に $(q_1)^2$ をかけて移項すると，

$$
\begin{aligned}
\frac{(q_1)^2}{2m}\left(\frac{dS_1}{dq_1}\right)^2 - (q_1)^2\left(\frac{GmM}{q_1} + E\right) &= -\frac{1}{2m}\left[\left(\frac{dS_2}{dq_2}\right)^2 + \frac{(\alpha_1)^2}{\sin^2 q_2}\right] \\
&= -\frac{(\alpha_2)^2}{2m} \qquad (\alpha_2 > 0：\text{定数})
\end{aligned}
$$

となる．第 1 行の左辺は $q_1$，右辺は $q_2$ のみの関数であるから，この式が恒等式であるためには両辺は第 2 行のように定数でなければならない．こうして形式解

$$
S_1 = \pm \int \sqrt{2m\left(\frac{GmM}{q_1} + E\right) - \frac{(\alpha_2)^2}{(q_1)^2}}\, dq_1
$$

$$S_2 = \pm \int \sqrt{(\alpha_2)^2 - \frac{(\alpha_1)^2}{\sin^2 q_2}}\, dq_2$$

$$S = \pm \int \sqrt{2m\left(\frac{GmM}{q_1} + E\right) - \frac{(\alpha_2)^2}{(q_1)^2}}\, dq_1 \pm \int \sqrt{(\alpha_2)^2 - \frac{(\alpha_1)^2}{\sin^2 q_2}}\, dq_2 + \alpha_1 q_3$$

を得る．こうして得られた作用積分 $S$ により，式 (6-2-23, 32) は

$$\frac{\partial S}{\partial \alpha_1} = \mp \int \frac{1}{\sqrt{(\alpha_2)^2 - \frac{(\alpha_1)^2}{\sin^2 q_2}}} \frac{\alpha_1}{\sin^2 q_2} dq_2 + q_3 = \beta_1 \tag{6-2-37}$$

$$\begin{aligned}\frac{\partial S}{\partial \alpha_2} = &\mp \int \frac{1}{\sqrt{2m\left(\frac{GmM}{q_1} + E\right) - \frac{(\alpha_2)^2}{(q_1)^2}}} \frac{\alpha_2}{(q_1)^2}\, dq_1 \\ &\pm \int \frac{\alpha_2 dq_2}{\sqrt{(\alpha_2)^2 - \frac{(\alpha_1)^2}{\sin^2 q_2}}} = \beta_2\end{aligned} \tag{6-2-38}$$

$$\frac{\partial S}{\partial E} = \pm \int \frac{m}{\sqrt{2m\left(\frac{GmM}{q_1} + E\right) - \frac{(\alpha_2)^2}{(q_1)^2}}}\, dq_1 = t + \beta_0 \tag{6-2-39}$$

となる．

ここから球座標

$$q_1(t) = r(t), \qquad q_2(t) = \theta(t), \qquad q_3(t) = \varphi(t)$$

にもどり式 (6-2-37, 38) を詳しく調べる．まず，式 (6-2-37) は

$$\begin{aligned}\varphi(t) - \beta_1 &= \pm \int \frac{1}{\sqrt{(\alpha_2)^2 - \frac{(\alpha_1)^2}{\sin^2 \theta(t)}}} \frac{\alpha_1}{\sin^2 \theta(t)}\, d\theta(t) \\ &= \pm \int \frac{1}{\sqrt{1 - \frac{(\alpha_1)^2}{(\alpha_2)^2 - (\alpha_1)^2} \cot^2 \theta(t)}} \frac{\alpha_1}{\sqrt{(\alpha_2)^2 - (\alpha_1)^2} \sin^2 \theta(t)} d\theta(t) \\ &= \mp \sin^{-1}\left(\frac{\alpha_1}{\sqrt{(\alpha_2)^2 - (\alpha_1)^2}} \cot \theta(t)\right)\end{aligned}$$

と積分できるので，

$$\sin(\varphi(t) - \beta_1) = \sin \varphi(t) \cos \beta_1 - \cos \varphi(t) \sin \beta_1 = \mp \frac{\alpha_1}{\sqrt{(\alpha_2)^2 - (\alpha_1)^2}} \cot \theta(t)$$

を得る．その両辺に $-r \sin \theta(t)$ をかけるとデカルト座標にもどすことができ，平面を

表す式

$$y\cos\beta_1 - x\sin\beta_1 \mp \frac{\alpha_1}{\sqrt{(\alpha_2)^2-(\alpha_1)^2}}z = 0 \tag{6-2-40}$$

を得る．すなわち，太陽から中心力[†] を受ける惑星は，一般に式 (6-2-40) で表される，法線方向が

$$\left(-\sin\beta_1, \cos\beta_1, \frac{\alpha_1}{\sqrt{(\alpha_2)^2-(\alpha_1)^2}}\right)$$

である原点を含む平面上を運動する．なお，この法線と $z$ 軸のなす角 $\gamma$ の方向余弦は

$$\cos\gamma = \frac{\dfrac{\alpha_1}{\sqrt{(\alpha_2)^2-(\alpha_1)^2}}}{\sqrt{(-\sin\beta_1)^2+(\cos\beta_1)^2+\left(\dfrac{\alpha_1}{\sqrt{(\alpha_2)^2-(\alpha_1)^2}}\right)^2}} = \frac{\alpha_1}{\alpha_2} \tag{6-2-41}$$

である．

次に式 (6-2-38) に移る．その第 1 の積分は変数変換

$$s = \frac{1}{r(t)}$$

により不定積分を求めることができる．

$$\begin{aligned}
&\int \frac{1}{\sqrt{2m\left(\dfrac{GmM}{r(t)}+E\right)-\dfrac{(\alpha_2)^2}{r(t)^2}}}\frac{\alpha_2}{r(t)^2}dr(t) \\
&= -\int \frac{ds}{\sqrt{\dfrac{2m}{(\alpha_2)^2}(GmMs+E)-s^2}} \\
&= -\int \frac{ds}{\sqrt{\dfrac{2mE}{(\alpha_2)^2}+\dfrac{(GMm^2)^2}{(\alpha_2)^4}-\left(s-\dfrac{GMm^2}{(\alpha_2)^2}\right)^2}} \\
&= \cos^{-1}\frac{\dfrac{1}{r(t)}-\dfrac{GMm^2}{(\alpha_2)^2}}{\sqrt{\dfrac{2mE}{(\alpha_2)^2}+\dfrac{(GMm^2)^2}{(\alpha_2)^4}}}
\end{aligned}$$

一方，第 2 の積分は，最後に式 (6-2-41) を用いると

---

† 式 (6-2-40) を導くにあたり万有引力の具体的な式，すなわち距離の 2 乗に逆比例することは未使用である．

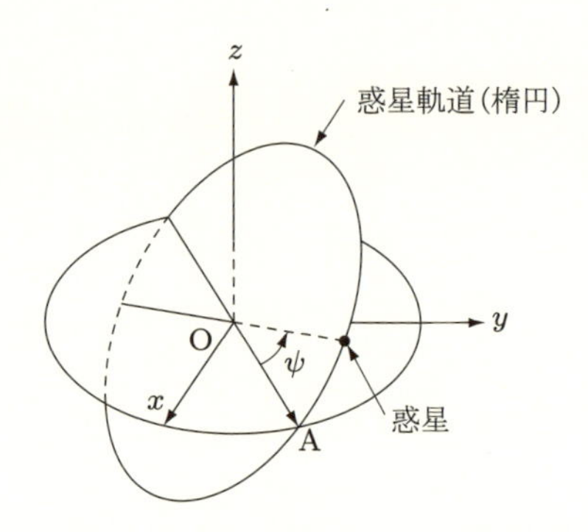


**図 6-19**　惑星軌道面と静止座標系 ($x$-$y$-$z$) の $x$-$y$ 平面との交線 OA から測った惑星の偏角 $\psi$

$$\int \frac{\alpha_2\, d\theta(t)}{\sqrt{(\alpha_2)^2 - \dfrac{(\alpha_1)^2}{\sin^2\theta(t)}}} = -\sin^{-1}\left[\frac{\alpha_2 \cos\theta(t)}{\sqrt{(\alpha_2)^2 - (\alpha_1)^2}}\right] = -\sin^{-1}\left(\frac{\cos\theta(t)}{\sin\gamma}\right)$$

となるが，図 6-19 を参照して，惑星の軌道を含む平面(式 (6-2-40))と $x$-$y$ 平面との交線(原点を通る)を OA とし，惑星の動径が平面(式 (6-2-40))内で OA から測った偏角を $\psi$ とすると，

$$\sin\psi = \frac{\cos\theta(t)}{\sin\gamma}$$

であることがわかる．したがって，式 (6-2-38) は

$$\cos^{-1}\frac{\dfrac{1}{r(t)} - \dfrac{GMm^2}{(\alpha_2)^2}}{\sqrt{\dfrac{2mE}{(\alpha_2)^2} + \dfrac{(GMm^2)^2}{(\alpha_2)^4}}} + \psi = \mp\beta_2$$

すなわち，

$$\frac{\dfrac{1}{r(t)} - \dfrac{GMm^2}{(\alpha_2)^2}}{\sqrt{\dfrac{2mE}{(\alpha_2)^2} + \dfrac{(GMm^2)^2}{(\alpha_2)^4}}} = \cos(-\psi \mp \beta_2)$$

となるので，最終的に 2 次曲線の極形式

$$r(t) = \frac{\dfrac{(\alpha_2)^2}{GMm^2}}{1 + \sqrt{1 + \dfrac{2E(\alpha_2)^2}{G^2M^2m^3}}\cos(\psi \pm \beta_2)}$$

を得る．

力学的全エネルギー $E>0,=0,<0$ のとき，2 次曲線の離心率

$$e=\sqrt{1+\frac{2E(\alpha_2)^2}{G^2M^2m^3}}$$

がそれぞれ $e>1,=1,<1$ となるので，この軌道はそれぞれ双曲線，放物線，楕円となる．　■

# 6-3　正準変換

## 6-3-1　正準変数の変換

ラグランジュ方程式を用いて力学問題を解く際には，もっとも相応しい一般化座標を選択することにより解析を単純化し解を求めやすくすることができた．この一般化座標の選択という作業は，数学的にはデカルト座標からその一般化座標への独立変数の変換を意味する．ラグランジアンの独立変数は座標とその 1 階導関数(と時間) $(t;q_j;\dot{q}_j)$ $(j=1,2,\ldots,n)$ であるため，独立変数の変換は座標同士の変換すなわち**点変換** (point transformation)

$$Q_j=Q_j(t;q_1,q_2,\ldots,q_n)\qquad(j=1,2,\ldots,n)\tag{6-3-1}$$

に限られた．そして，いかなる一般化座標を選択した場合にもラグランジュ方程式は同一のものに保たれた(定理 6-1)．言い換えれば，任意の点変換に対してラグランジュ方程式は不変であった．

なお，点変換においては，次の諸式が成立する．まず

$$P_j=\frac{\partial L}{\partial\dot{Q}_j}=\sum_{k=1}^{n}\frac{\partial L}{\partial\dot{q}_k}\frac{\partial\dot{q}_k}{\partial\dot{Q}_j}=\sum_{k=1}^{n}p_k\frac{\partial\dot{q}_k}{\partial\dot{Q}_j}$$

であり，式 (6-1-6) を用いると

$$\frac{\partial P_j}{\partial p_k}=\frac{\partial\dot{q}_k}{\partial\dot{Q}_j}=\frac{\partial q_k}{\partial Q_j}$$

を，さらに，まったく同様に

$$\frac{\partial p_j}{\partial P_k}=\frac{\partial Q_k}{\partial q_j}$$

を得る．

ハミルトンの正準方程式を用いて力学問題を解く際にも，最適な独立変数を選択することにより解析を単純化し解を求めやすくすることが期待される．そして，独立変数の変換を点変換(式 (6-3-1))に限るならば，運動エネルギー $T$ の式も点変換に際して不変であるので，ハミルトンの正準方程式も不変である．しかし，ハミルトン

の正準方程式ではそこに現れるハミルトニアンの独立変数は座標と運動量（と時間）$(t; q_j; p_j)$ $(j = 1, 2, \ldots, n)$ であるため，点変換よりもさらに幅広い独立変数の変換

$$
\begin{aligned}
Q_j &= Q_j(t; q_1, q_2, \ldots, q_n; p_1, p_2, \ldots, p_n) \qquad (j = 1, 2, \ldots, n) \\
P_j &= P_j(t; q_1, q_2, \ldots, q_n; p_1, p_2, \ldots, p_n) \qquad (j = 1, 2, \ldots, n)
\end{aligned}
\tag{6-3-2}
$$

が可能である．ただし，任意の変換（式 (6-3-2)）は必ずしもハミルトンの正準方程式を不変に保つことができない．そこで以下ではハミルトンの正準方程式が不変に保たれる独立変数の変換の条件を明らかにする．

ラグランジュ方程式の場合のように座標とその導関数 $(t; q_j; \dot{q}_j)$ $(j = 1, 2, \ldots, n)$ ではなく，ハミルトンの正準方程式の定式化に従い座標と運動量 $(t; q_j; p_j)$ $(j = 1, 2, \ldots, n)$ を互いに独立な変数とみなした関数

$$
\widetilde{L} \equiv \sum_{j=1}^{n} p_j \dot{q}_j - H(t; q_1, q_2, \ldots, q_n; p_1, p_2, \ldots, p_n) \tag{6-3-3}
$$

を定義すると，この関数の時間積分のオイラー方程式は

$$
\begin{aligned}
\frac{\partial \widetilde{L}}{\partial q_j} - \frac{d}{dt}\frac{\partial \widetilde{L}}{\partial \dot{q}_j} = 0 \ : \ \dot{p}_j + \frac{\partial H}{\partial q_j} = 0 \qquad (j = 1, 2, \ldots, n) \\
\frac{\partial \widetilde{L}}{\partial p_j} - \frac{d}{dt}\frac{\partial \widetilde{L}}{\partial \dot{p}_j} = 0 \ : \ \dot{q}_j - \frac{\partial H}{\partial p_j} = 0 \qquad (j = 1, 2, \ldots, n)
\end{aligned}
\tag{6-2-4 再掲}
$$

であるが，これらはハミルトンの正準方程式そのものである．なお，$\widetilde{L}$（式 (6-3-3)）はラグランジアン $L$ と同じ物理量を表しているが，その変分は座標と運動量が独立に変動することを許容するという意味でハミルトンの原理

$$
\delta \int_{t_1}^{t_2} L\bigl(t; q_1, q_2, \ldots, q_n; \dot{q}_1, \dot{q}_2, \ldots, \dot{q}_n\bigr) dt = 0 \tag{6-1-12 再掲}
$$

よりも一般的なものである．

さて，

$$
\begin{aligned}
\widetilde{L} &= \sum_{j=1}^{n} p_j \dot{q}_j - H(t; q_1, q_2, \ldots, q_n; p_1, p_2, \ldots, p_n) \\
&= \sum_{j=1}^{n} P_j \dot{Q}_j - \widetilde{H}(t; Q_1, Q_2, \ldots, Q_n; P_1, P_2, \ldots, P_n) + \frac{dF}{dt}
\end{aligned}
\tag{6-3-4}
$$

$$
\frac{dF}{dt} = \frac{\partial F}{\partial t} + \sum_{j=1}^{n} \left( \frac{\partial F}{\partial q_j}\dot{q}_j + \frac{\partial F}{\partial Q_j}\dot{Q}_j \right) \tag{6-3-4a}
$$

を満たすような関数 $\widetilde{H}(t; Q_1, Q_2, \ldots, Q_n; P_1, P_2, \ldots, P_n)$ が存在すると仮定しよう．ただし，$F$ は時間と新旧の座標の任意関数 $F(t; q_1, q_2, \ldots, q_n; Q_1, Q_2, \ldots, Q_n)$ である

(それゆえこれは $t; q_1, q_2, \ldots, q_n; p_1, p_2, \ldots, p_n$ の任意関数であることも意味する).

さて,式 (6-3-4) の右辺最終項の積分

$$\int_{t_1}^{t_2} \frac{dF}{dt}\,dt = F(t_2; q_1(t_2), q_2(t_2), \ldots, q_n(t_2); Q_1(t_2), Q_2(t_2), \ldots, Q_n(t_2)) \\ - F(t_1; q_1(t_1), q_2(t_1), \ldots, q_n(t_1); Q_1(t_1), Q_2(t_1), \ldots, Q_n(t_1))$$

は積分路の端点固定の変分には影響を及ぼさないので,式 (6-3-4) の右辺(したがって左辺)の時間積分のオイラー方程式は,

$$\begin{aligned} \dot{P}_j + \frac{\partial \widetilde{H}}{\partial Q_j} &= 0 \qquad (j = 1, 2, \ldots, n) \\ \dot{Q}_j - \frac{\partial \widetilde{H}}{\partial P_j} &= 0 \qquad (j = 1, 2, \ldots, n) \end{aligned} \tag{6-3-5}$$

となる.すなわち,式 (6-2-4) と同型の正準方程式を得る.

なお式 (6-3-4) の両辺に $dt$ を乗じ微分式にすると

$$\begin{aligned} &dF(t; q_1, q_2, \ldots, q_n; Q_1, Q_2, \ldots, Q_n) \\ &\quad = \sum_{j=1}^{n} p_j dq_j - \sum_{j=1}^{n} P_j\, dQ_j \\ &\qquad + \big(\widetilde{H}(t; Q_1, Q_2, \ldots, Q_n; P_1, P_2, \ldots, P_n) \\ &\qquad\quad - H(t; q_1, q_2, \ldots, q_n; p_1, p_2, \ldots, p_n)\big)\, dt \end{aligned} \tag{6-3-6}$$

となる.式 (6-3-4) ないし式 (6-3-6) が独立変数の変換後の新しい座標系において正準方程式 (6-2-4, 6-3-5) が保存されるための十分条件であり,**正準変換** (canonical/contact transformation) とよばれる.

式 (6-3-6) から

$$p_j = \frac{\partial F}{\partial q_j}, \qquad P_j = -\frac{\partial F}{\partial Q_j} \tag{6-3-7a}$$

を,また式 (6-3-4a,b) からハミルトニアンの変換

$$\begin{aligned} &\widetilde{H}(t; Q_1, Q_2, \ldots, Q_n; P_1, P_2, \ldots, P_n) \\ &\quad = H(t; q_1, q_2, \ldots, q_n; p_1, p_2, \ldots, p_n) + \frac{\partial F}{\partial t} \end{aligned} \tag{6-3-7b}$$

を得る.

さて,正準変換を関数 $F$ が時間と新旧の座標の関数ではなくそれ以外の変数の関数,とくに旧座標と新運動量 $(t; q_j; P_j)$ $(j = 1, 2, \ldots, n)$ の関数であるように選択することも可能である.なぜならば,

$$\widehat{F}(t;q_1,q_2,\ldots,q_n;P_1,P_2,\ldots,P_n)\equiv F+\sum_{j=1}^{n}P_jQ_j$$

と定義すると，式 (6-3-4) は

$$\begin{aligned}&\sum_{j=1}^{n}p_j\dot{q}_j-H(t;q_1,q_2,\ldots,q_n;p_1,p_2,\ldots,p_n)\\&\quad=\sum_{j=1}^{n}Q_j\dot{P}_j-\widetilde{H}(t;Q_1,Q_2,\ldots,Q_n;P_1,P_2,\ldots,P_n)\\&\qquad+\frac{d}{dt}\widehat{F}(t;q_1,q_2,\ldots,q_n;P_1,P_2,\ldots,P_n)\end{aligned}\tag{6-3-8}$$

ないし

$$\begin{aligned}d\widehat{F}=\sum_{j=1}^{n}p_jdq_j-\sum_{j=1}^{n}Q_jdP_j+\big(&\widetilde{H}(t;Q_1,Q_2,\ldots,Q_n;P_1,P_2,\ldots,P_n)\\&-H(t;q_1,q_2,\ldots,q_n;p_1,p_2,\ldots,p_n)\big)\,dt\end{aligned}\tag{6-3-9}$$

となる．第2の正準変換 (6-3-9) により

$$p_j=\frac{\partial\widehat{F}}{\partial q_j},\qquad Q_j=-\frac{\partial\widehat{F}}{\partial P_j}\tag{6-3-10a}$$

$$\begin{aligned}&\widetilde{H}(t;q_1,q_2,\ldots,q_n;P_1,P_2,\ldots,P_n)\\&\quad=H(t;q_1,q_2,\ldots,q_n;p_1,p_2,\ldots,p_n)+\frac{\partial}{\partial t}\widehat{F}(t;q_1,q_2,\ldots,q_n;P_1,P_2,\ldots,P_n)\end{aligned}\tag{6-3-10b}$$

を得る．

### 6-3-2　ハミルトン-ヤコビの方程式への帰着

正準変換の一つとして，一般化座標 $Q_j$ と運動量 $P_j$ $(j=1,2,\ldots,n)$ の正準方程式が，もっとも簡単な形

$$\dot{P}_j=0,\qquad\dot{Q}_j=0\qquad(j=1,2,\ldots,n)\tag{6-3-11}$$

となるような変換を探してみる．そのためには正準方程式 (6-2-4) より

$$\widetilde{H}(t;q_1,q_2,\ldots,q_n;P_1,P_2,\ldots,P_n)=0$$

であればよい．このとき式 (6-3-10b) より

$$\begin{aligned}&H(t;q_1,q_2,\ldots,q_n;p_1,p_2,\ldots,p_n)+\frac{\partial}{\partial t}\widehat{F}(t;q_1,q_2,\ldots,q_n;P_1,P_2,\ldots,P_n)\\&\quad=0\end{aligned}\tag{6-3-12}$$

となる．ここで式 (6-3-10a) より

$$p_j = \frac{\partial \widehat{F}}{\partial q_j}$$

また式 (6-3-11) より

$$P_j = \alpha_j = \text{定数} \qquad (j = 1, 2, \ldots, n)$$

であることに注意すると，式 (6-3-12) は $\widehat{F}$ を未知関数とする 1 階偏微分方程式

$$H\left(t; q_1, q_2, \ldots, q_n; \frac{\partial \widehat{F}}{\partial q_1}, \frac{\partial \widehat{F}}{\partial q_2}, \ldots, \frac{\partial \widehat{F}}{\partial q_n}\right) + \frac{\partial}{\partial t}\widehat{F}(t; q_1, q_2, \ldots, q_n; \alpha_1, \alpha_2, \ldots, \alpha_n) = 0 \qquad (6\text{-}3\text{-}13)$$

となる．式 (6-3-13) において関数 $\widehat{F}$ を $W$ と書き直すと，ハミルトン-ヤコビの方程式 (6-2-20) に一致する．

## 第 6 章の演習問題

**6-1 節**

**6-1**　2 次元回転座標系について，$V(x, y) = V(X\cos\omega t - Y\sin\omega t, X\sin\omega t + Y\cos\omega t)$ が

$$\frac{\partial V}{\partial t} + \omega\left(Y\frac{\partial V}{\partial X} - X\frac{\partial V}{\partial Y}\right) = 0$$

を満たすことを示せ．

**6-2**　相対性理論による運動エネルギー $T = (m - m_0)c^2$ が $v/c \ll 1$ の極限で古典力学による運動エネルギー $T = (1/2)m_0 v^2$ に一致することを示せ．

**6-3**　式 (6-1-27) を証明せよ．

**6-4**　汎関数

$$I = \int_{t_1}^{t_2} (y^2(t) + y' f(t))\, dt$$

は変換

$$T = t + c, \qquad Y(T) = y(t)$$

の下で不変ではないことを確認せよ．

**6-2 節**

**6-5**　一般化座標・一般化運動量を用いると，

$$\underset{E\,:\,\text{一定}}{\delta} \sum_{i=1}^{N} \int_{\mathrm{P}}^{\mathrm{Q}} m_i v_i\, ds_i = 0 \qquad (6\text{-}2\text{-}5\ \text{再掲})$$

は

$$\underset{E:\text{一定}}{\delta} \sum_{j=1}^{N} \int_{\mathrm{P}}^{\mathrm{Q}} p_j \, dq_j = 0 \qquad \text{(6-2-6 再掲)}$$

となることを，式 (6-1-23) と同様の方法で示せ.

**6-6** 太陽からの万有引力 $F = GmM/r^2$ を受けて運動する惑星の運動をハミルトンの主要関数 $W$ により定式化せよ.

**6-7** ポアッソン括弧は点変換に際して不変であることを示せ.

# 第 7 章

# 変分原理による物理学諸分野の定式化

第 6 章で確立した解析力学の方法，とくにラグランジュ方程式（およびハミルトンの正準方程式）の適用範囲を弾性体力学・流体力学・電磁気学・量子力学の分野に拡張する．

## 7-1　弾性体力学

固体および流体[†1]に関して，その分子レベルの構造を問題にせず，巨視的な（熱）力学的現象を取り扱うとき，それらの温度，圧力，密度などの物理量を，時間および連続的な空間座標に依存する関数とみなすことができる．このとき固体および流体を総称して**連続体**と呼ぶ．

連続体力学のうち，固体の弾性変形を取り扱う分野が**弾性体力学**であり，流体を取り扱う分野が**流体力学**である．弾性体においては変位の**歪み**により，また流体においては速度の歪みにより，流体内部の各部分同士の相互作用，すなわち**応力・歪みエネルギー**が発生する．

本節では，等方的な素材からなる固体の弾性（線形）変形を取り扱う弾性体力学のうち，運動を伴わないつりあい状態を考える．

### 7-1-1　歪みテンソル

固体（弾性体）に外力が加わりあるいは（かつ）熱の出入りがあると，固体内部の各部分はもとの位置から微小ではあるが移動する．一般にその変位は一様でないので，固体内部に変形すなわち歪みが生じる[†2]．

†1　気体と液体の総称．電磁流体であるプラズマを含める場合もある．
†2　一様であれば，それは変形ではなく，物体全体の平行移動ないし回転である．

弾性体内の任意の，しかしごく近接した2点P,Qの位置ベクトルを，それぞれ

$$\boldsymbol{r} = \begin{pmatrix} x_1 \\ x_2 \\ x_3 \end{pmatrix}, \qquad \boldsymbol{r} + \Delta\boldsymbol{r} = \begin{pmatrix} x_1 + \Delta x_1 \\ x_2 + \Delta x_2 \\ x_3 + \Delta x_3 \end{pmatrix}$$

とする．その2点P($\boldsymbol{r}$)，Q($\boldsymbol{r}+\Delta\boldsymbol{r}$)が外力などによりP′,Q′まで変位するとき，その変位は位置の関数と表すことができる．すなわち，2点P, Qの変位ベクトルは，それぞれ$\boldsymbol{u}(\boldsymbol{r})$，$\boldsymbol{u}(\boldsymbol{r}+\Delta\boldsymbol{r})$とかける．その結果，2点P′, Q′の位置ベクトルはそれぞれ$\mathrm{P}'(\boldsymbol{r}+\boldsymbol{u}(\boldsymbol{r}))$，$\mathrm{Q}'(\boldsymbol{r}+\Delta\boldsymbol{r}+\boldsymbol{u}(\boldsymbol{r}+\Delta\boldsymbol{r}))$となる．したがって，点Qの点Pに対する相対的位置ベクトルは当初$\overrightarrow{\mathrm{PQ}} = \Delta\boldsymbol{r}$であったが，変位した後の点Q′の点P′に対する相対的位置ベクトルは，

$$\overrightarrow{\mathrm{P'Q'}} = \Delta\boldsymbol{r} + \boldsymbol{u}(\boldsymbol{r}+\Delta\boldsymbol{r}) - \boldsymbol{u}(\boldsymbol{r})$$

となる（図7-1）．

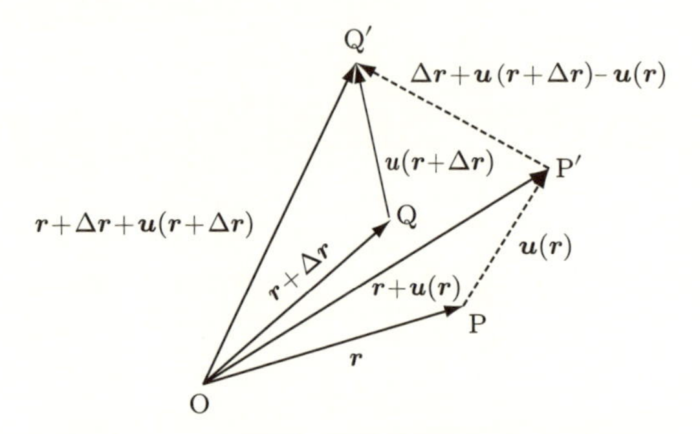


図 **7-1**　2点の変位と相対的位置ベクトルの変化

変位前後での2点P, Q間の距離の2乗を比較すると，

$$\mathrm{P'Q'}^2 - \mathrm{PQ}^2 = |\Delta\boldsymbol{r} + \boldsymbol{u}(\boldsymbol{r}+\Delta\boldsymbol{r}) - \boldsymbol{u}(\boldsymbol{r})|^2 - |\Delta\boldsymbol{r}|^2$$

である．ここで，$\Delta\boldsymbol{r}$が微小量であることを用いて点Qの変位ベクトル$\boldsymbol{u}(\boldsymbol{r}+\Delta\boldsymbol{r})$を，$\Delta\boldsymbol{r}$の成分についてテイラー展開し1次の項のみ残すと，

$$\boldsymbol{u}(\boldsymbol{r}+\Delta\boldsymbol{r}) = \begin{pmatrix} u_1(\boldsymbol{r}+\Delta\boldsymbol{r}) \\ u_2(\boldsymbol{r}+\Delta\boldsymbol{r}) \\ u_3(\boldsymbol{r}+\Delta\boldsymbol{r}) \end{pmatrix} \cong \begin{pmatrix} u_1(\boldsymbol{r}) + \sum_{i=1}^{3} \dfrac{\partial u_1}{\partial x_i}\Delta x_i \\ u_2(\boldsymbol{r}) + \sum_{i=1}^{3} \dfrac{\partial u_2}{\partial x_i}\Delta x_i \\ u_3(\boldsymbol{r}) + \sum_{i=1}^{3} \dfrac{\partial u_3}{\partial x_i}\Delta x_i \end{pmatrix}$$

となるので，

$$
\begin{aligned}
\mathrm{P'Q'^2} - \mathrm{PQ^2} &= \left|\Delta\boldsymbol{r} + \boldsymbol{u}(\boldsymbol{r}+\Delta\boldsymbol{r}) - \boldsymbol{u}(\boldsymbol{r})\right|^2 - \left|\Delta\boldsymbol{r}\right|^2 \\
&\cong 2\sum_{i,j=1}^{3}\left(\frac{\partial u_j}{\partial x_j}\Delta x_i \Delta x_j\right) + \sum_{i,j,k=1}^{3}\left(\frac{\partial u_k}{\partial x_i}\frac{\partial u_k}{\partial x_j}\Delta x_i \Delta x_j\right) \\
&= \sum_{i,j=1}^{3}\left(\frac{\partial u_i}{\partial x_j} + \frac{\partial u_j}{\partial x_i} + \sum_{k=1}^{3}\frac{\partial u_k}{\partial x_i}\frac{\partial u_k}{\partial x_j}\right)\Delta x_i \Delta x_j
\end{aligned}
$$

を得る．右辺カッコ内の物理量

$$
u_{ij} = \frac{\partial u_i}{\partial x_j} + \frac{\partial u_j}{\partial x_i} + \sum_{k=1}^{3}\frac{\partial u_k}{\partial x_i}\frac{\partial u_k}{\partial x_j} \tag{7-1-1}
$$

をその $ij$ 成分とする 2 階テンソル(3 次正方行列)を弾性体力学において**歪みテンソル** (strain tensor) $U$ と呼ぶ．

$$
U = \begin{pmatrix} u_{11} & u_{12} & u_{13} \\ u_{21} & u_{22} & u_{23} \\ u_{31} & u_{32} & u_{33} \end{pmatrix}
$$

式 (7-1-1) から明らかに歪みテンソル $U$ は対称行列である．微小歪みの場合には式 (7-1-1) を

$$
u_{ij} = \frac{\partial u_i}{\partial x_j} + \frac{\partial u_j}{\partial x_i}
$$

と線形化することが可能である．対角項 $u_{ii} = 2(\partial u_i/\partial x_i)$ は $i$ 方向の**伸びまたは縮み**を表し，非対角項 $u_{ij} = \partial u_i/\partial x_j + \partial u_j/\partial x_i \ (i \neq j)$ はずれ(**剪断**(せん))**変形**を表す．

## 7-1-2　応力テンソル

固体(弾性体)内部に歪みが生じているとき，固体内部の隣り合う各部分間は互いに力を及ぼしあっている．ここでは分子レベルの構造を問題にせず，連続体としての巨視的な力学的現象を取り扱うので，各部分間相互に働く力は境界面を介して働く接触力である†．この連続体内部で，境界面を通して隣り合う部分間に単位面積あたりに働く力を**応力** (stress) と呼ぶ．

ある点を含む一つの断面を通して働く応力 $\boldsymbol{\sigma}$ は，それが働く点の位置 $\boldsymbol{r}$ だけでなく，その点を通る断面に依存する．それゆえ，断面を指定するためにその法線ベクトル $\boldsymbol{n}$ を用いると，応力 $\boldsymbol{\sigma}$ は $\boldsymbol{\sigma} = \boldsymbol{\sigma}(\boldsymbol{r}, \boldsymbol{n})$ とかける．このとき，境界面の微小面積 $\Delta S$ を通して働く力は $\boldsymbol{\sigma}\Delta S$ である(図 7-2)．

---

† 接触力でない力を遠隔力といい，万有引力，クーロン力，分子間力などがこれに属する．

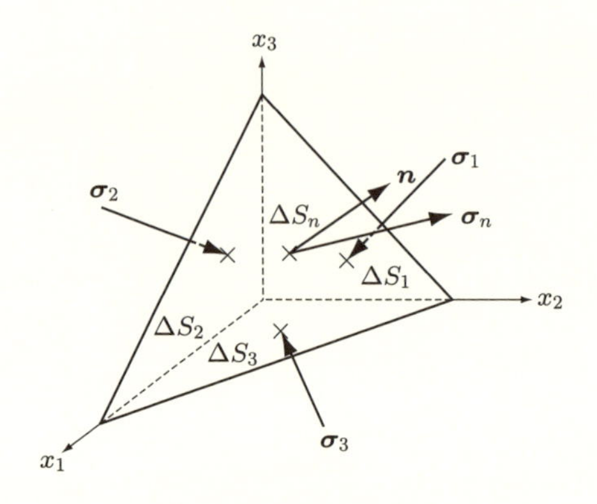


**図 7-2**　$x_1, x_2, x_3$ 軸および $\boldsymbol{n}$ に垂直な側面を有する4面体に働く力と側面積

ここで図7-2のような，面積がそれぞれ $\Delta S_1, \Delta S_2, \Delta S_3, \Delta S_n$ である，$x_1, x_2, x_3$ 軸および $\boldsymbol{n}$ に垂直な側面を有する4面体に働く力を考える．$\boldsymbol{\sigma}_1, \boldsymbol{\sigma}_2, \boldsymbol{\sigma}_3$ を，それぞれ $\Delta S_1, \Delta S_2, \Delta S_3$ を通して4面体内側(座標軸の正方向)に向かって働く応力，$\boldsymbol{n}$ を4面体から外を向く法線ベクトル，$\boldsymbol{\sigma}_n$ を $\Delta S_n$ を通して4面体外側($\boldsymbol{n}$ の方向)に向かって働く応力と定義すれば，弾性体の4面体に隣接する「外部」が4面体に及ぼす力は，$x_1, x_2, x_3$ 軸および $\boldsymbol{n}$ に垂直な側面を通して，それぞれ $\boldsymbol{\sigma}_1\Delta S_1, \boldsymbol{\sigma}_2\Delta S_2, \boldsymbol{\sigma}_3\Delta S_3, -\boldsymbol{\sigma}_n\Delta S_n$ である．それゆえ，4面体の運動方程式は

$$\Delta m \frac{d^2\boldsymbol{r}}{dt^2} = \boldsymbol{\sigma}_1\Delta S_1 + \boldsymbol{\sigma}_2\Delta S_2 + \boldsymbol{\sigma}_3\Delta S_3 - \boldsymbol{\sigma}_n\Delta S_n + \Delta m\boldsymbol{g}$$

となる．ここに，$\Delta m$ は4面体の(微小な)質量，$\boldsymbol{g}$ は重力加速度である．ここで，4面体を1点 $\boldsymbol{r}$ に収束させると，$\Delta S_1, \Delta S_2, \Delta S_3, \Delta S_n, \Delta m$ はいずれも0に近づくが，長さの2乗の次元をもつ $\Delta S_1, \Delta S_2, \Delta S_3, \Delta S_n$ に対して，長さの3乗の次元をもつ $\Delta m$ は高次の微小量である [15,17]．

$$\Delta m = o(\Delta S_i), \qquad \Delta S_i \to 0+ \quad (i = 1, 2, 3)$$

したがって，その極限において，

$$\boldsymbol{\sigma}_n\Delta S_n = \boldsymbol{\sigma}_1\Delta S_1 + \boldsymbol{\sigma}_2\Delta S_2 + \boldsymbol{\sigma}_3\Delta S_3$$

となり，さらに，

$$\Delta S_i = \Delta S_n \cos(\boldsymbol{e}_i, \boldsymbol{n}) = n_i\Delta S_n$$

($\boldsymbol{e}_i$ は $x_i$ 軸正方向単位ベクトル，$i = 1, 2, 3$)

であるから，

$$\boldsymbol{\sigma}_n = n_1\boldsymbol{\sigma}_1 + n_2\boldsymbol{\sigma}_2 + n_3\boldsymbol{\sigma}_3 = (\boldsymbol{\sigma}_1, \boldsymbol{\sigma}_2, \boldsymbol{\sigma}_3)\boldsymbol{n}$$

すなわち，

$$\boldsymbol{\sigma}_n = (\boldsymbol{\sigma}_1,\ \boldsymbol{\sigma}_2,\ \boldsymbol{\sigma}_3)\boldsymbol{n} = \begin{pmatrix}\sigma_{n1}\\ \sigma_{n2}\\ \sigma_{n3}\end{pmatrix} = \begin{pmatrix}\sigma_{11} & \sigma_{21} & \sigma_{31}\\ \sigma_{12} & \sigma_{22} & \sigma_{32}\\ \sigma_{13} & \sigma_{23} & \sigma_{33}\end{pmatrix}\begin{pmatrix}n_1\\ n_2\\ n_3\end{pmatrix}$$

($\sigma_{n1}, \sigma_{n2}, \sigma_{n3}$ は $\boldsymbol{\sigma}_n$ の 1,2,3 成分),

($\sigma_{i1}, \sigma_{i2}, \sigma_{i3}$ は $\boldsymbol{\sigma}_i$ の 1,2,3 成分，$i = 1, 2, 3$)

を得る．面の法線ベクトルを，その面を通して働く応力ベクトルに変換する 2 階テンソル(3 次正方行列)

$$\Sigma = \begin{pmatrix}\sigma_{11} & \sigma_{21} & \sigma_{31}\\ \sigma_{12} & \sigma_{22} & \sigma_{32}\\ \sigma_{13} & \sigma_{23} & \sigma_{33}\end{pmatrix}$$

を応力テンソルと呼ぶ．$i$ 軸に垂直な境界面をはさんで弾性体の両側の部分は，単位面積あたり $i$ 軸方向に $\sigma_{ii}$，$j$ 軸方向に $\sigma_{ij}$，$k$ 軸方向に $\sigma_{ik}$ の力を及ぼしあう．応力テンソル $\Sigma$ の対角項 $\sigma_{ii}$ は境界面に垂直な力，たとえば圧力であり，非対角項 $\sigma_{ij}$ は境界面に平行な力・せん断力である．

応力テンソル $\Sigma$ は対称テンソルである．

$$\sigma_{ij} = \sigma_{ji}$$

これを証明するためには，弾性体の微小体積に働く応力によるモーメントを考察し，ガウスの発散定理などベクトル解析の知見を援用する必要があるが，本書では紙面の都合上ベクトル解析に立ち入らない．

### 7-1-3 歪み(ポテンシャル)エネルギー

固体(弾性体)内部に微小(線形)歪みが生じているとき，固体内部に応力が生じるのと同時に，ポテンシャルエネルギーが発生している．すなわち，その弾性体が歪みをもつ状態から歪みがまったくない状態に戻るとき，応力が弾性体にポテンシャルエネルギーに等しい仕事をする．以下では単位体積あたりのポテンシャルエネルギーであるポテンシャルエネルギー密度 $V$ を導入する†．

歪みがまったくない状態をポテンシャルエネルギー密度の基準状態とする．すなわちそのとき $V = 0$ であるとし，ポテンシャルエネルギー密度 $V$ を微小歪みによりテイラー展開すると，

---

† これまで $V$ はポテンシャルエネルギーを表してきたが，本節では単位体積あたりの，次節では単位質量あたりのポテンシャルエネルギーを表す．

$$V = 0 + \sum_{i=1}^{3}\sum_{j=1}^{3} \left.\frac{\partial V}{\partial u_{ij}}\right|_0 u_{ij} + \frac{1}{2}\sum_{i=1}^{3}\sum_{j=1}^{3}\sum_{k=1}^{3}\sum_{l=1}^{3} \left.\frac{\partial^2 V}{\partial u_{ij}\partial u_{kl}}\right|_0 u_{ij}u_{kl} + \cdots \quad (7\text{-}1\text{-}2)$$

となる．なお，ここにたとえば $\partial V/\partial u_{ij}\big|_0$ は，$\partial V/\partial u_{ij}$ の $u_{ij}=0$ における値を意味する．

外力のないときには，歪みがまったくない状態がポテンシャルエネルギー密度 $V$ の極小となるので，テイラー展開式 (7-1-2) の $u_{ij}$ について1次の項の係数はすべて0である．

$$\left.\frac{\partial V}{\partial u_{ij}}\right|_0 = 0$$

よって，ポテンシャルエネルギー密度 $V$ は微小歪み $u_{ij}$ の2次形式

$$V = \frac{1}{2}\sum_{i=1}^{3}\sum_{j=1}^{3}\sum_{k=1}^{3}\sum_{l=1}^{3} \left.\frac{\partial^2 V}{\partial u_{ij}\partial u_{kl}}\right|_0 u_{ij}u_{kl}$$

と表現できる．展開係数 $\partial^2 V/\partial u_{ij}\partial u_{kl}\big|_0$ は4次元テンソルであるが，ポテンシャルエネルギー密度 $V$ がスカラーであることと弾性体が等方的であることを用いると†，ポテンシャルエネルギー密度 $V$ の独立な成分は次式のように二つのみとなることを示すことができる．

$$\begin{aligned} V &= \frac{1}{8}\left[\lambda\left(\sum_{i=1}^{3} u_{ii}\right)^2 + 2\mu\sum_{i=1}^{3}\sum_{j=1}^{3} u_{ij}^2\right] \\ &= \frac{1}{8}\left[\lambda\left(2\sum_{i=1}^{3}\frac{\partial u_i}{\partial x_i}\right)^2 + 2\mu\sum_{i=1}^{3}\sum_{j=1}^{3}\left(\frac{\partial u_i}{\partial x_j}+\frac{\partial u_j}{\partial x_i}\right)^2\right] \end{aligned}$$

ここに，$\lambda, \mu$ をラメ (Lame) 係数と呼ぶ．

### ■ 7-1-4　変分原理による定式化

ここまでの結果を用いると弾性体全体のラグランジアンは

$$\begin{aligned} L &= \iiint_V d\boldsymbol{r}\tilde{L} = \iiint_V d\boldsymbol{r}\left(\frac{1}{2}\rho\boldsymbol{v}^2 - V\right) \\ &= \iiint_V d\boldsymbol{r}\left[\frac{\rho}{2}\sum_{i=1}^{3}\left(\frac{\partial u_i}{\partial t}\right)^2 - \frac{\lambda}{8}\left(2\sum_{i=1}^{3}\frac{\partial u_i}{\partial x_i}\right)^2 \right. \\ &\qquad \left. -\frac{\mu}{4}\sum_{i=1}^{3}\sum_{j=1}^{3}\left(\frac{\partial u_i}{\partial x_j}+\frac{\partial u_j}{\partial x_i}\right)^2\right] \end{aligned}$$

† 大多数の弾性体が等方的である．

$$= \iiint_V d\boldsymbol{r} \left[ \frac{\rho}{2} \sum_{i=1}^{3} \left( \frac{\partial u_i}{\partial t} \right)^2 - \frac{\lambda}{2} (\mathrm{div}\, \boldsymbol{u})^2 - \frac{\mu}{4} \sum_{i=1}^{3} \sum_{j=1}^{3} \left( \frac{\partial u_i}{\partial x_j} + \frac{\partial u_j}{\partial x_i} \right)^2 \right] \tag{7-1-3}$$

とかける．そのオイラー方程式 (3-6-24) すなわち弾性体の微小振動現象等を支配する運動方程式は

$$\begin{aligned} 0 &= \frac{\partial \widetilde{L}}{\partial u_i} - \frac{\partial}{\partial t} \left[ \frac{\partial \widetilde{L}}{\partial (\partial u_i / \partial t)} \right] - \sum_{j=1}^{3} \frac{\partial}{\partial x_j} \left[ \frac{\partial \widetilde{L}}{\partial (\partial u_i / \partial x_j)} \right] \\ &= -\rho \frac{\partial^2 u_i}{\partial t^2} + \lambda \frac{\partial}{\partial x_i} \mathrm{div}\, \boldsymbol{u} + \mu \left( \frac{\partial}{\partial x_i} \mathrm{div}\, \boldsymbol{u} + \sum_{j=1}^{3} \frac{\partial^2 u_i}{\partial x_j^2} \right) \qquad (i = 1, 2, 3) \end{aligned}$$

すなわち

$$\rho \frac{\partial^2 \boldsymbol{u}}{\partial t^2} = (\lambda + \mu) \nabla \mathrm{div}\, \boldsymbol{u} + \mu \nabla^2 \boldsymbol{u} \tag{7-1-4}$$

となる．

こうして，弾性体の運動方程式 (7-1-4) は汎関数 $L$ (式 (7-1-3)) を停留化するという変分原理から導かれる．なお，右辺の $i$ 成分は $\sum_{j=1}^{3} \frac{\partial \sigma_{ij}}{\partial x_j}$ に等しいので

$$\begin{aligned} &\lambda \frac{\partial}{\partial x_i} \mathrm{div}\, \boldsymbol{u} + \mu \left( \frac{\partial}{\partial x_i} \mathrm{div}\, \boldsymbol{u} + \sum_{j=1}^{3} \frac{\partial^2 u_i}{\partial x_j^2} \right) \\ &\quad = \sum_{j=1}^{3} \frac{\partial}{\partial x_j} \left[ \lambda \delta_{ij} \mathrm{div}\, \boldsymbol{u} + \mu \left( \frac{\partial u_i}{\partial x_j} + \frac{\partial u_j}{\partial x_i} \right) \right] \end{aligned}$$

と比較すると，応力テンソルと歪みテンソルの関係は

$$\sigma_{ij} = \lambda \delta_{ij} \mathrm{div}\, \boldsymbol{u} + \mu u_{ij}$$

である．

## 7-2 流体力学

オイラーの方法に従い時刻 $t$ と空間座標 $\boldsymbol{r} = (x, y, z)$ を独立変数とし，流速ベクトル $\boldsymbol{v}(t; x, y, z)$ および二つの独立な熱力学的物理量—通常，圧力 $p(t; x, y, z)$ と密度 $\rho(t; x, y, z)$ を用いる—をそれらの従属変数とする．まず 7-2-1, 2 項で流体力学の基礎方程式を導く．

## 7-2-1　質量保存則（連続の式）

（時刻 $t$ に）空間座標 $\boldsymbol{r} = (x, y, z)$ の点を含む位置に固定された微小体積[†] $\Delta V$ の水塊（流体塊）に着目する（図 7-3）．この微小体積 $\Delta V$ の水塊の質量 $\Delta m$ の時間変化は，水塊の境界 $\Delta S$ を通して出入りする水の質量の差に等しい．すなわち，

$$\frac{d}{dt}\Delta m = \iiint_{\Delta V} \frac{\partial \rho}{\partial t} d\boldsymbol{r} = -\iint_{\Delta S} \rho \boldsymbol{v} \cdot \boldsymbol{n}\, dS = -\iiint_{\Delta V} \nabla \cdot (\rho \boldsymbol{v})\, d\boldsymbol{r} \tag{7-2-1}$$

が成立する．ここに，$\boldsymbol{n}$ は $\Delta S$ の外向き単位法線ベクトルであり最後の等号はガウスの発散定理による．式 (7-2-1) において微小体積 $\Delta V$ の水塊の位置は任意であるから，その第 2, 4 式を比較して連続の式

$$\frac{\partial \rho}{\partial t} + \nabla \cdot (\rho \boldsymbol{v}) = 0 \tag{7-2-2}$$

を得る．

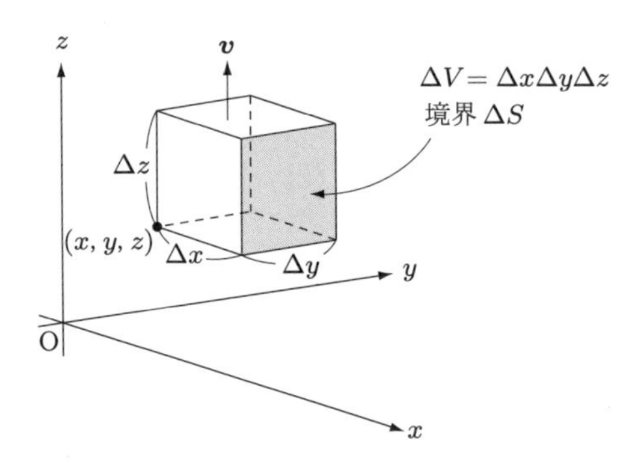


図 7-3　流体中の微小水塊

## 7-2-2　完全流体の運動方程式

粘性・熱伝導などによるエネルギーの散逸を無視できる，すなわちエントロピーが変化しない流体を完全流体（理想流体）と呼ぶ．ここでは完全流体の運動方程式を導く．

7-2-1 項で連続の式を導いたときと異なり，ある時刻に空間座標 $\boldsymbol{r} = (x, y, z)$ の点を含む位置にあり，流体とともに移動する微小体積 $\Delta V$ の水塊に着目する．この微小体積 $\Delta V$ の水塊に働く力は水塊に働く体積力（単位質量あたり $\boldsymbol{F}$，代表的なものは重力）および境界 $\Delta S$ を通して働く力（法線応力である圧力と剪(せん)断応力）の合力に等しい．したがってその水塊の運動方程式は

† ただし流体を連続体とみなしうる程度に，莫大な数の分子を含んでいる．

$$\iiint_{\Delta V} \rho \frac{D\boldsymbol{v}}{Dt}\, d\boldsymbol{r} = \iiint_{\Delta V} \rho \boldsymbol{F} d\boldsymbol{r} - \iint_{\Delta S} \boldsymbol{\Sigma}\boldsymbol{n}\, dS \tag{7-2-3}$$

となる．ここに $\boldsymbol{\Sigma}$ は流体の応力テンソルであり，ここでは理想流体を対象とするので

$$\boldsymbol{\Sigma} = \begin{pmatrix} p & 0 & 0 \\ 0 & p & 0 \\ 0 & 0 & p \end{pmatrix}$$

のように圧力 $p$ のみであり，

$$\iint_{\Delta S} \boldsymbol{\Sigma}\boldsymbol{n} dS = \iiint_{\Delta V} \nabla p\, d\boldsymbol{r}$$

となる．また実質微分 (material derivative)

$$\frac{D}{Dt} \equiv \frac{\partial}{\partial t} + \boldsymbol{v} \cdot \nabla$$

は流れに乗って移動する水塊の時間変化を表す．その結果，式 (7-2-3) は

$$\iiint_{\Delta V} \rho \left( \frac{\partial}{\partial t} + \boldsymbol{v} \cdot \nabla \right) \boldsymbol{v}\, d\boldsymbol{r} = \iiint_{\Delta V} \rho \boldsymbol{F}\, d\boldsymbol{r} - \iiint_{\Delta V} \nabla p\, d\boldsymbol{r} \tag{7-2-4}$$

となる．式 (7-2-4) において微小体積 $\Delta V$ の水塊の位置は任意であるから，完全流体の運動方程式であるオイラーの式

$$\frac{\partial \boldsymbol{v}}{\partial t} + (\boldsymbol{v} \cdot \nabla)\boldsymbol{v} = -\frac{1}{\rho} \nabla p + \boldsymbol{F} \tag{7-2-5}$$

を得る．

### 7-2-3　変分原理による定式化

解析力学の変分法による定式化

$$\delta \int_{t_1}^{t_2} L\big(t; q_1, q_2, \ldots, q_n; \dot{q}_1, \dot{q}_2, \ldots, \dot{q}_n\big)\, dt = 0 \tag{6-1-12 再掲}$$

$$L = T - V \tag{7-2-6}$$

にならい，連続体の力学の一つである流体力学の基礎方程式・オイラーの式 (7-2-5) を変分問題の「オイラー方程式」として導くことを考える．

式 (7-2-6) の右辺第 2 項は質点の場合はポテンシャルエネルギーであったが，流体の場合にはこれに内部エネルギー $U$ を加えなければならない．

$$L = T - (U + V)$$

すなわち，単位質量の流体を対象とすると，

$$L = \iiint_V d\boldsymbol{r} \left[ \frac{1}{2} \rho \boldsymbol{v}^2 - \rho(U + V) \right]$$

としなければならない．ここに$U, V$はそれぞれ(単位質量あたりの)内部エネルギーとポテンシャルエネルギーである．このラグランジアンに拘束条件として連続の式を付け加えた

$$L = \iiint_V d\boldsymbol{r} \left\{ \frac{1}{2}\rho \boldsymbol{v}^2 - \rho(U+V) - \lambda \left[ \frac{\partial \rho}{\partial t} + \nabla \cdot (\rho \boldsymbol{v}) \right] \right\} \tag{7-2-7}$$

を被積分関数とする汎関数の(端点(境界面)固定の)変分をとる．ここに$\lambda$はラグランジュの未定乗数($t, \boldsymbol{r}$の関数)である．

$$\delta \int_{t_1}^{t_2} dt \iiint_V d\boldsymbol{r} \left[ \frac{1}{2}\rho \boldsymbol{v}^2 - \rho(U+V) - \lambda \left( \frac{\partial \rho}{\partial t} + \nabla \cdot (\rho \boldsymbol{v}) \right) \right] = 0 \tag{7-2-8}$$

この変分問題(式(7-2-8))では独立変数$(t, \boldsymbol{r} = (x, y, z))$，従属変数$(\rho, \boldsymbol{v})$ともに複数あるので，そのオイラー方程式は式(3-6-24)である．なおポテンシャルエネルギー$V$は$t, \boldsymbol{r} = (x, y, z)$の既知関数であり，(単位質量あたりの)内部エネルギー$U$の自然な独立変数は(単位質量あたりの)エントロピー$S$と体積$V$ ($T$は絶対温度，密度$\rho = M/V = 1/V$：単位質量)である†．熱力学第一法則

$$dU = T\,dS - p\,dV = T\,dS + \frac{p}{\rho^2}\,d\rho$$

において，完全流体ではエントロピー一定であるゆえ，内部エネルギー$U$は密度$\rho$のみの関数であり

$$\frac{dU}{d\rho} = \frac{p}{\rho^2} \tag{7-2-9}$$

である．

$$\nabla \cdot (\rho \boldsymbol{v}) = \frac{\partial}{\partial x}(\rho v_x) + \frac{\partial}{\partial y}(\rho v_y) + \frac{\partial}{\partial z}(\rho v_z) = \boldsymbol{v} \cdot \nabla \rho + \rho \nabla \cdot \boldsymbol{v}$$

に注意しつつ，変分をとる．ここで，式(7-2-7)の右辺被積分関数を

$$\mathcal{L} = \frac{1}{2}\rho \boldsymbol{v}^2 - \rho(U+V) - \lambda \left[ \frac{\partial \rho}{\partial t} + \nabla \cdot (\rho \boldsymbol{v}) \right]$$

とおけば，式(3-6-24)により，

① 従属変数$\rho$については，

$$0 = \frac{\partial \mathcal{L}}{\partial \rho} - \left\{ \frac{\partial}{\partial t}\left[ \frac{\partial \mathcal{L}}{\partial(\partial \rho/\partial t)} \right] + \frac{\partial}{\partial x}\left[ \frac{\partial \mathcal{L}}{\partial(\partial \rho/\partial x)} \right] + \frac{\partial}{\partial y}\left[ \frac{\partial \mathcal{L}}{\partial(\partial \rho/\partial y)} \right] + \frac{\partial}{\partial z}\left[ \frac{\partial \mathcal{L}}{\partial(\partial \rho/\partial z)} \right] \right\}$$

† 熱力学の入門書参照．本書ではこれまで$S$は作用積分，$T$は運動エネルギーを表したが，本節では熱力学の慣例に従い，$S$はエントロピー，$T$は絶対温度を表す．なお，本節では$V$がポテンシャルエネルギー(密度)とともに体積を表すが混乱は生じないと信じる．

$$= \frac{1}{2}\boldsymbol{v}^2 - \frac{\partial(\rho U)}{\partial\rho} - V - \lambda\nabla\cdot\boldsymbol{v} + \frac{\partial\lambda}{\partial t} + \nabla\cdot(\lambda\boldsymbol{v})$$

$$= \frac{1}{2}\boldsymbol{v}^2 - \frac{\partial(\rho U)}{\partial\rho} - V + \boldsymbol{v}\cdot\nabla\lambda + \frac{\partial\lambda}{\partial t} \tag{7-2-10}$$

② 従属変数 $v_i$ $(i = 1, 2, 3)$ については，

$$0 = \frac{\partial\mathcal{L}}{\partial v_i} - \left\{\frac{\partial}{\partial t}\left[\frac{\partial\mathcal{L}}{\partial(\partial v_i/\partial t)}\right] + \frac{\partial}{\partial x}\left[\frac{\partial\mathcal{L}}{\partial(\partial v_i/\partial x)}\right] + \frac{\partial}{\partial y}\left[\frac{\partial\mathcal{L}}{\partial(\partial v_i/\partial y)}\right] + \frac{\partial}{\partial z}\left[\frac{\partial\mathcal{L}}{\partial(\partial v_i/\partial z)}\right]\right\}$$

$$= \rho v_i - \lambda\frac{\partial\rho}{\partial x_i} - \frac{\partial(-\lambda\rho)}{\partial x_i} = \rho\left(v_i + \frac{\partial\lambda}{\partial x_i}\right)$$

すなわち

$$\boldsymbol{v} + \nabla\lambda = 0 \tag{7-2-11}$$

を得る．未定乗数 $\lambda$ を消去するために，式 (7-2-11) の時間微分から式 (7-2-10) の勾配 (gradient) をひくと

$$0 = \frac{\partial}{\partial t}(\boldsymbol{v} + \nabla\lambda) - \nabla\left[\frac{1}{2}\boldsymbol{v}^2 - \frac{\partial(\rho U)}{\partial\rho} - V + \boldsymbol{v}\cdot\nabla\lambda + \frac{\partial\lambda}{\partial t}\right]$$

$$= \frac{\partial}{\partial t}\boldsymbol{v} - \frac{1}{2}\nabla\boldsymbol{v}^2 + \nabla\frac{\partial(\rho U)}{\partial\rho} + \nabla V - \nabla(\boldsymbol{v}\cdot\nabla\lambda) \tag{7-2-12}$$

となり，最後に式 (7-2-12) の最終行最終項の $\nabla\lambda$ を式 (7-2-11) により消去すると，

$$0 = \frac{\partial}{\partial t}\boldsymbol{v} - \frac{1}{2}\nabla\boldsymbol{v}^2 + \nabla\frac{\partial(\rho U)}{\partial\rho} + \nabla V + \nabla\boldsymbol{v}^2$$

$$= \frac{\partial}{\partial t}\boldsymbol{v} + \frac{1}{2}\nabla\boldsymbol{v}^2 + \nabla\frac{\partial(\rho U)}{\partial\rho} + \nabla V \tag{7-2-13}$$

を得る．最終行第 3 項は，内部エネルギー $U$ が密度 $\rho$ を通してのみ座標に依存することと式 (7-2-9) を用いて

$$\nabla\frac{d(\rho U)}{d\rho} = \nabla\left(U + \frac{p}{\rho}\right) = \frac{dU}{d\rho}\nabla\rho + \left(-\frac{p}{\rho^2}\nabla\rho + \frac{1}{\rho}\nabla p\right) = \frac{1}{\rho}\nabla p$$

となり，また最終行第 2 項は，渦なし流体 $(\nabla\times\boldsymbol{v} = \boldsymbol{0})$ では

$$\frac{1}{2}\nabla\boldsymbol{v}^2 = (\boldsymbol{v}\cdot\nabla)\boldsymbol{v} + \boldsymbol{v}\times(\nabla\times\boldsymbol{v}) = (\boldsymbol{v}\cdot\nabla)\boldsymbol{v}$$

であるから，式 (7-2-13) は，完全流体の運動方程式

$$\frac{\partial\boldsymbol{v}}{\partial t} + (\boldsymbol{v}\cdot\nabla)\boldsymbol{v} = -\frac{1}{\rho}\nabla p + \boldsymbol{F}, \qquad \boldsymbol{F} = -\nabla V \tag{7-2-5 再掲}$$

となる．

こうして，流体力学の基本方程式の一つであるオイラーの式 (7-2-5) は，ラグランジアン(式 (7-2-7))を用いた汎関数を停留化するという変分原理(式 (6-1-12))から導かれる.

# 7-3　電磁気学(電気力学)

電気力学に現れる新しい特徴は，(保存)力を座標系の関数としてスカラーポテンシャル(電磁気学では「静電ポテンシャル」)だけで表現することができないこと，すなわち荷電粒子に働く力が速度に依存するためにベクトルポテンシャルを導入する必要があることである.

## 7-3-1　点電荷の運動の変分原理による定式化

まず電磁場内にある点電荷の運動を考える．本項では簡単のためにデカルト座標を用いるが，その結果は，座標変換に関する不変性により，一般化座標を用いた場合にも成立する.

速度 $\boldsymbol{v} = d\boldsymbol{x}/dt$ [m/s] で運動している電荷 $q$ [C] の荷電粒子が磁束密度 $\boldsymbol{B}$ [T] の磁場から受けるローレンツ力(速度ベクトルに垂直方向の力)

$$\boldsymbol{F} = q\boldsymbol{v} \times \boldsymbol{B}$$

を考えるのであるが，同時に電場 $\boldsymbol{E}$ [N/C] も加えて，電磁力

$$\boldsymbol{F} = q(\boldsymbol{E} + \boldsymbol{v} \times \boldsymbol{B}) \quad \text{[N]}$$

を生み出すラグランジアンを考える.

まず，電場 $\boldsymbol{E}$ のスカラーポテンシャル[†] $V$ [J/C] と磁束密度 $\boldsymbol{B}$ [T] のベクトルポテンシャル $\boldsymbol{A}$ [Tm] を導入する．電場 $\boldsymbol{E}$ にはクーロン力(静電気力)によるものとファラディの電磁誘導によるもの

$$\nabla \times \boldsymbol{E} = -\frac{\partial}{\partial t}\boldsymbol{B}$$

があるので，電場と磁束密度はスカラーポテンシャルとベクトルポテンシャルによりそれぞれ

$$\boldsymbol{E} = -\nabla V - \frac{\partial}{\partial t}\boldsymbol{A}$$

$$\boldsymbol{B} = \nabla \times \boldsymbol{A}$$

† 本節では $V$ はスカラーポテンシャルを表すので，ポテンシャルエネルギーは $qV$ となる.

と表現できる（式 (7-3-3a, 4b) 参照）．ゆえに，（電）磁場を算入していない運動量を $\tilde{\boldsymbol{p}} = m_0\boldsymbol{v}/\sqrt{1-v^2/c^2}$ とかくと，

$$\begin{aligned}\frac{d\tilde{\boldsymbol{p}}}{dt} &= q\left[-\nabla V - \frac{\partial}{\partial t}\boldsymbol{A} + \frac{d\boldsymbol{x}}{dt}\times(\nabla\times\boldsymbol{A})\right] \\ &= q\left[-\nabla V - \frac{\partial}{\partial t}\boldsymbol{A} + \nabla\left(\frac{d\boldsymbol{x}}{dt}\cdot\boldsymbol{A}\right) - \left(\frac{d\boldsymbol{x}}{dt}\cdot\nabla\right)\boldsymbol{A}\right]\end{aligned}$$

となるので，これを成分で表すと，

$$\begin{aligned}\frac{d\tilde{p}_j}{dt} &= q\left[-\frac{\partial V}{\partial x_j} - \frac{\partial A_j}{\partial t} + \sum_{k=1}^{3}\left(\frac{dx_k}{dt}\frac{\partial A_k}{\partial x_j} - \frac{dx_k}{dt}\frac{\partial A_j}{\partial x_k}\right)\right] \\ &= q\left[-\frac{\partial V}{\partial x_j} - \frac{dA_j}{dt} + \sum_{k=1}^{3}\left(\frac{dx_k}{dt}\frac{\partial A_k}{\partial x_j}\right)\right] \qquad (7\text{-}3\text{-}1)\end{aligned}$$

となる．なお，第 1 行目と第 2 行目で $A_j$ の時間微分が偏微分から全微分に変化していることに注意する．この運動方程式をラグランジュ方程式

$$\frac{\partial L}{\partial x_j} - \frac{d}{dt}\left[\frac{\partial L}{\partial(dx_j/dt)}\right] = 0$$

の形で表現するためには，ラグランジアンとして，

$$L = F + q(\boldsymbol{A}\cdot\boldsymbol{v} - V) \qquad (7\text{-}3\text{-}1\text{a})$$

とおけばよい．ここに

$$F = m_0c^2\left(1 - \sqrt{1-\frac{v^2}{c^2}}\right) \qquad (6\text{-}1\text{-}24\text{b 再掲})$$

である．

なぜならば，

$$\begin{aligned}\frac{d}{dt}\left[\frac{\partial L}{\partial(dx_j/dt)}\right] &= \frac{d}{dt}\left[\frac{\partial F}{\partial(dx_j/dt)} + qA_j\right] = \frac{d}{dt}\left[\frac{m_0(dx_j/dt)}{\sqrt{1-v^2/c^2}} + qA_j\right] \\ &= \frac{d\tilde{p}_j}{dt} + q\frac{dA_j}{dt}\end{aligned}$$

$$\frac{\partial L}{\partial x_j} = q\left(\sum_{k=1}^{3}\frac{\partial A_k}{\partial x_j}\frac{dx_k}{dt} - \frac{\partial V}{\partial x_j}\right)$$

であるから，座標 $x_j$ についてのラグランジュ方程式は

$$\begin{aligned}&\frac{\partial L}{\partial x_j} - \frac{d}{dt}\left[\frac{\partial L}{\partial(dx_j/dt)}\right] \\ &\quad = q\left(\sum_{k=1}^{3}\frac{\partial A_k}{\partial x_j}\frac{dx_k}{dt} - \frac{\partial V}{\partial x_j}\right) - \frac{d\tilde{p}_j}{dt} - q\frac{dA_j}{dt} = 0\end{aligned}$$

となり，式 (7-3-1) と一致するからである．式 (7-3-1) を $j=1$ について書き下すと，

$$\begin{aligned}\frac{d\widetilde{p}_1}{dt} &= q\left(-\frac{\partial V}{\partial x_1}-\frac{\partial A_1}{\partial t}\right)+q\left(\frac{\partial A_2}{\partial x_1}-\frac{\partial A_1}{\partial x_2}\right)\frac{dx_2}{dt}+q\left(\frac{\partial A_3}{\partial x_1}-\frac{\partial A_1}{\partial x_3}\right)\frac{dx_3}{dt}\\ &= q\left(-\frac{\partial V}{\partial x}-\frac{\partial A_1}{\partial t}\right)+q(\nabla\times\boldsymbol{A})_3\frac{dx_2}{dt}-q(\nabla\times\boldsymbol{A})_2\frac{dx_3}{dt}\\ &= qE_1+q\left(\frac{dx_2}{dt}B_3-\frac{dx_3}{dt}B_2\right)=q\big(E_1+(\boldsymbol{v}\times\boldsymbol{B})_1\big)\end{aligned}$$

となり，$j=2,3$ 成分も同様の式を導くことができるので，

$$\frac{d\widetilde{\boldsymbol{p}}}{dt}=q(\boldsymbol{E}+\boldsymbol{v}\times\boldsymbol{B})$$

を再現する．

一般化運動量は

$$p_j=\frac{\partial L}{\partial(dx_j/dt)}=\widetilde{p}_j+qA_j$$

である．ハミルトニアン（式 (6-2-3)）は

$$\begin{aligned}H &= \sum_{j=1}^{3}p_j\frac{dq_j}{dt}-L=\sum_{j=1}^{3}p_j\frac{dq_j}{dt}-F-q(\boldsymbol{A}\cdot\boldsymbol{v}-V)=\sum_{j=1}^{3}\widetilde{p}_j\frac{dq_j}{dt}-F+qV\\ &= T+qV\end{aligned}$$

であり，この場合も（電気力学的）全エネルギーを表す．なお，最後の変形は次式による．

$$T+F=\sum_{j=1}^{3}\widetilde{p}_j\frac{dq_j}{dt} \qquad \text{(6-1-27 再掲)}$$

ハミルトニアンを座標と運動量の関数の形に表すと，式 (6-1-24a) を用いて

$$\begin{aligned}H &= \frac{m_0v^2}{\sqrt{1-v^2/c^2}}-m_0c^2\left(1-\sqrt{1-\frac{v^2}{c^2}}\right)+qV\\ &= \frac{m_0c^2}{\sqrt{1-v^2/c^2}}-m_0c^2+qV=c\sqrt{\sum_{j=1}^{3}(p_j-qA_j)^2+m_0^2c^2}-m_0c^2+qV\end{aligned}$$

となる．

以上のようにして，ローレンツ力を受けつつ運動する荷電粒子の問題に適用できるようにラグランジアン・一般化運動量・ハミルトニアンを拡張した結果，ラグランジュ方程式およびハミルトンの正準方程式は，第6章の一般論の帰結により，純粋に力学的な問題と同様に成立する．

### ■ 7-3-2　電磁場の理論の定式化 (1) 基礎論

まず，電磁気学の基本法則であるマクスウェルの方程式について整理しておく．

**■［マクスウェルの方程式と電磁ポテンシャル］**

マクスウェルの方程式は次の四つの偏微分方程式である．

$$\nabla \cdot \boldsymbol{E} = \frac{\rho}{\varepsilon} \quad (\rho：電荷密度，\varepsilon：誘電率) \tag{7-3-2}$$

$$\nabla \cdot \boldsymbol{B} = 0 \tag{7-3-3}$$

$$\nabla \times \boldsymbol{E} + \frac{\partial \boldsymbol{B}}{\partial t} = 0 \tag{7-3-4}$$

$$\nabla \times \boldsymbol{B} = \mu \boldsymbol{J} + \varepsilon\mu \frac{\partial \boldsymbol{E}}{\partial t}, \qquad \boldsymbol{J} = \rho \boldsymbol{v} \qquad (\mu：透磁率，\boldsymbol{J}：電流密度) \tag{7-3-5}$$

式 (7-3-3) は，磁束密度 $\boldsymbol{B}$ はベクトルポテンシャル $\boldsymbol{A}$ の回転（渦，rotation，または curl）

$$\boldsymbol{B} = \nabla \times \boldsymbol{A} \tag{7-3-3a}$$

と表現できることを意味する．しかも $\boldsymbol{A}$ に任意のスカラー関数の勾配

$$\nabla s(x, y, z, t)$$

を加えたものも式 (7-3-3a) を満足するので，その任意性を限定するために $\boldsymbol{A}$ に条件（後述，式 (7-3-7)）を付加することができる．式 (7-3-3a) を式 (7-3-4) に代入すると

$$\nabla \times \left( \boldsymbol{E} + \frac{\partial \boldsymbol{A}}{\partial t} \right) = 0 \tag{7-3-4a}$$

を得る．式 (7-3-4a) は $\boldsymbol{E} + \partial \boldsymbol{A}/\partial t$ がスカラーポテンシャル $V$ の勾配である

$$\boldsymbol{E} + \frac{\partial \boldsymbol{A}}{\partial t} = -\nabla V$$

ことを意味する．すなわち，電場は

$$\boldsymbol{E} = -\nabla V - \frac{\partial \boldsymbol{A}}{\partial t} \tag{7-3-4b}$$

と二つの電磁ポテンシャル $V$，$\boldsymbol{A}$ で表される．式 (7-3-3a) と式 (7-3-4b) を式 (7-3-5) に代入すると，

$$\nabla \times (\nabla \times \boldsymbol{A}) = \mu \boldsymbol{J} + \varepsilon\mu \frac{\partial}{\partial t} \left( -\nabla V - \frac{\partial \boldsymbol{A}}{\partial t} \right) \tag{7-3-6}$$

を得る．ここで恒等式

$$\nabla \times (\nabla \times \boldsymbol{A}) = -\nabla^2 \boldsymbol{A} + \nabla(\nabla \cdot \boldsymbol{A})$$

を用いると，式 (7-3-6) は

$$\nabla^2 \boldsymbol{A} - \varepsilon\mu \frac{\partial^2 \boldsymbol{A}}{\partial t^2} = -\mu \boldsymbol{J} + \nabla \left( \varepsilon\mu \frac{\partial}{\partial t} V + \nabla \cdot \boldsymbol{A} \right) \tag{7-3-6a}$$

となる．ここで式 (7-3-6a) の右辺第2項のカッコ内の物理量が0になること

$$\varepsilon\mu \frac{\partial}{\partial t} V + \nabla \cdot \boldsymbol{A} = 0 \tag{7-3-7}$$

を，前述した $\boldsymbol{A}$ の任意性を限定するために付加すると，式 (7-3-6a) は

$$\nabla^2 \boldsymbol{A} - \frac{1}{c^2} \frac{\partial^2 \boldsymbol{A}}{\partial t^2} = -\mu \boldsymbol{J} \qquad \left( c^2 = \frac{1}{\varepsilon\mu} \right) \tag{7-3-8}$$

となる．たとえば真空中のように電流密度 $\boldsymbol{J} = \boldsymbol{0}$ であれば式 (7-3-8) はベクトルポテンシャル $\boldsymbol{A}$ の波動方程式である．

スカラーポテンシャル $V$ の支配方程式を得るために，まず式 (7-3-2, 4b) より

$$\nabla \cdot \boldsymbol{E} = -\nabla^2 V - \frac{\partial}{\partial t} \nabla \cdot \boldsymbol{A} = \frac{\rho}{\varepsilon} \tag{7-3-9}$$

を得る．式 (7-3-9) に式 (7-3-7) を代入すると，

$$\nabla^2 V - \frac{1}{c^2} \frac{\partial^2}{\partial t^2} V = -\frac{\rho}{\varepsilon} \qquad \left( c^2 = \frac{1}{\varepsilon\mu} \right) \tag{7-3-10}$$

となる．電荷密度 $\rho = 0$ であれば式 (7-3-10) はスカラーポテンシャル $V$ の波動方程式である．

なお，条件式 (7-3-7) の時間微分は式 (7-3-9, 10) により

$$\frac{\partial}{\partial t} \left( \varepsilon\mu \frac{\partial}{\partial t} V + \nabla \cdot \boldsymbol{A} \right) = \varepsilon\mu \frac{\partial^2 V}{\partial t^2} - \nabla^2 V - \frac{\rho}{\varepsilon} = 0$$

となる．つまり，条件式 (7-3-7) は初期条件として成立すれば，その後つねに満足される．

■ [荷電媒質]

点電荷ではなく，大きさをもつ荷電媒質を取り扱うときには，ラグランジアンは式 (7-3-10) より積分

$$L = F + \iiint_{V_0} \rho \left( \sum_{j=1}^{3} A_j v_j - V \right) d\boldsymbol{r}$$

となる．ここに，

$$F \equiv m_0 c^2 \left( 1 - \sqrt{1 - \frac{v^2}{c^2}} \right) \qquad (m_0：荷電媒質の静止質量) \qquad (6\text{-}1\text{-}24b 再掲)$$

また，$v_j$ は各点における電荷の速度の $j$ 成分であり，これらは一般化座標の関数である．すなわち，ここから時間 $t$ と(一般化)座標 $\{q_j\}$ を独立変数とする関数である電磁

場の理論に入る．これは，前章の時間 $t$ のみを独立変数とする関数 $\{q_j(t)\}$ を対象とする理論と区別する必要がある(3-6-5 項)．

なお，一般化運動量は式 (6-2-1, 7-3-1a) より

$$p_k = \widetilde{p}_k + \iiint_{V_0} \rho \sum_{j=1}^{3} A_j \frac{\partial v_j}{\partial \dot{q}_k}\, d\boldsymbol{r} \qquad (k = 1, 2, \ldots, n)$$

であり，ハミルトニアンは

$$H = H\left[\{q_k\}, \left(\widetilde{p}_k + \iiint_{V_0} \rho \sum_{j=1}^{3} A_j \frac{\partial v_j}{\partial \dot{q}_k} d\boldsymbol{r}\right)\right] + \iiint_{V_0} \rho V\, d\boldsymbol{r}$$

である．

さて，$G_j(x_1, x_2.x_3; t)$ $(j = 1, 2, \ldots, n)$ が(電磁場を含む)一般に**場** (field) であるとき，汎関数

$$I = \iiint \widehat{L}\, dx_1 dx_2 dx_3\, dt \tag{7-3-11}$$

を停留化するオイラー方程式が「場の方程式」となるように $G_j(x_1, x_2, x_3; t)$ および，$\partial G_j(x_1, x_2, x_3; t)/\partial x_k, \partial G_j(x_1, x_2, x_3; t)/\partial t$ の関数である新しい型の**ラグランジアン密度** $\widehat{L}$ を決定することを考える．

まず，対象である 3 次元 $(x_1, x_2, x_3)$ 空間を微小な**小領域** (cell) $\delta u_m$ $(m = 1, 2, \ldots, n)$ の集合に分割する．そして，それぞれの小領域内の任意の一点 $\boldsymbol{r}_m$ における $G_j(t; x_1, x_2, x_3)$ の値 $G_j(t; \boldsymbol{r}_j)$ により場を指定する．この手続きを踏むことにより，力学におけるハミルトンの原理に対応する，場の理論における変分原理を確立することができる．つまり，ハミルトンの原理と同様に時間 $t$ のみを独立変数とすることができる．

そこで，

$$L = \sum_m \widehat{L}\left(G_j(t; \boldsymbol{r}_m), \frac{\partial G_j(t; \boldsymbol{r}_m)}{\partial x_k}, \frac{\partial G_j(t; \boldsymbol{r}_m)}{\partial t}\right) \delta u_m \tag{7-3-12}$$

により新しい型のラグランジアンを定義する．ラグランジアンの座標による微分は有限の差分に置き換えられ，このラグランジアンを用いるハミルトンの原理

$$\delta \int_{t_1}^{t_2} L\, dt = 0 \tag{6-1-12 再掲}$$

は，微小な小領域 $\delta u_m$ の体積を 0 に近づける極限で

$$\delta I = \delta \iiint \widehat{L} dx_1 dx_2 dx_3\, dt = 0$$

に収束する．

式 (7-3-11) のオイラー方程式は式 (3-6-13a) により

$$\frac{\partial}{\partial t}\left[\frac{\partial \widehat{L}}{\partial(\partial G_j(t;x_1,x_2,x_3)/\partial t)}\right]+\sum_{k=1}^{3}\frac{\partial}{\partial x_k}\left[\frac{\partial \widehat{L}}{\partial(\partial G_j(t;x_1,x_2,x_3)/\partial x_k)}\right]$$

$$-\frac{\partial \widehat{L}}{\partial G_j(t;x_1,x_2,x_3)}=0 \tag{7-3-13}$$

である．

■[式 (7-3-13) の別証]

$$L=\sum_m \widehat{L}\left(G_j(t;\boldsymbol{r}_m),\frac{\partial G_j(t;\boldsymbol{r}_m)}{\partial x_k},\frac{\partial G_j(t;\boldsymbol{r}_m)}{\partial t}\right)\delta u_m \qquad \text{(7-3-12 再掲)}$$

において，位置ベクトル $\boldsymbol{r}_m$ の小領域の，$x_k$ 座標のみが $\delta x_k$ だけ大きい隣の小領域を $\boldsymbol{r}_n$ とすると $\partial G_j(t;\boldsymbol{r}_m)/\partial x_k$ は

$$\frac{\delta G_j(t;\boldsymbol{r}_m)}{\delta x_k}=\frac{G_j(t;\boldsymbol{r}_n)-G_j(t;\boldsymbol{r}_m)}{\delta x_k}$$

で置き換えられる．したがって，$\partial\widehat{L}(t;\boldsymbol{r}_n)/\partial G_j(t;\boldsymbol{r}_m)$ のうち $\partial G_j(t;\boldsymbol{r}_n)/\partial x_k$ を介する項は，

$$-\frac{\dfrac{\partial \widehat{L}(t;\boldsymbol{r}_n)}{\partial(\delta G_j(t;\boldsymbol{r}_m)/\delta x_k)}}{\delta x_k}$$

であり，同様に $\partial\widehat{L}(t;\boldsymbol{r}_m))/\partial G_j(t;\boldsymbol{r}_m)$ のうち $\partial G_j(t;\boldsymbol{r}_m)/\partial x_k$ を介する項は，

$$\frac{\dfrac{\partial \widehat{L}(t;\boldsymbol{r}_m)}{\partial(\delta G_j(t;\boldsymbol{r}_m)/\delta x_k)}}{\delta x_k}$$

であり，これら 2 項の和は，

$$-\frac{\delta\left[\dfrac{\partial \widehat{L}(t;\boldsymbol{r}_m)}{\partial(\delta G_j(t;\boldsymbol{r}_m)/\delta x_k)}\right]}{\delta x_k}$$

となる．ここに分子の $\delta(*)$ は物理量 $*$ の座標の変化 $\delta x_k$ に伴う変化量を意味する．小領域の体積を 0 に近づける極限で $\partial\widehat{L}(t;\boldsymbol{r}_m)/\partial G_j(t;\boldsymbol{r}_m)$ のうち $\partial G_j(t;\boldsymbol{r}_m)/\partial x_k$, $\partial G_j(t;\boldsymbol{r}_n)/\partial x_k$ を介する項の和は

$$-\frac{\partial}{\partial x_k}\left[\frac{\partial \widehat{L}(t;\boldsymbol{r}_m)}{\partial(\partial G_j(t;\boldsymbol{r}_m)/\partial x_k)}\right]$$

に近づく．ゆえに，

$$\frac{\partial L}{\partial G_j(t;\boldsymbol{r}_m)}=\left[\frac{\partial \widehat{L}}{\partial G_j(t;\boldsymbol{r}_m)}-\sum_{k=1}^{3}\frac{\partial}{\partial x_k}\left(\frac{\partial \widehat{L}(t;\boldsymbol{r}_m)}{\partial(\partial G_j(t;\boldsymbol{r}_m)/\partial x_k)}\right)\right]du_m \tag{7-3-14}$$

となり，これからただちに，独立変数が $t$ 一つのみのオイラー方程式である，式 (7-3-13) を得る． ■

続いて，場の「座標」である $G_j(t;\boldsymbol{r}_m)$ に対応する一般化運動量を

$$p_j(t;\boldsymbol{r}_m) = \frac{\partial L}{\partial(\partial G_j(t;\boldsymbol{r}_m)/\partial t)} = \frac{\partial \widehat{L}}{\partial(\partial G_j(t;\boldsymbol{r}_m)/\partial t)}\delta u_m \tag{7-3-15a}$$

と，また，$G_j(t;\boldsymbol{r}_m)$ に対応する一般化運動量密度を

$$\widehat{p}_j(t;\boldsymbol{r}_m) = \frac{\partial \widehat{L}}{\partial(\partial G_j(t;\boldsymbol{r}_m)/\partial t)} \tag{7-3-15b}$$

と定義する．そしてハミルトニアンをこれまでと同様に

$$\begin{aligned} H &= \sum_{j,m} p_j(t;\boldsymbol{r}_m)\frac{\partial G_j(t;\boldsymbol{r}_m)}{\partial t} - L \\ &= \sum_m \left(\sum_j \widehat{p}_j(t;\boldsymbol{r}_m)\frac{\partial G_j(t;\boldsymbol{r}_m)}{\partial t} - \widehat{L}\right)\delta u_m = \sum_m \widehat{H}\delta u_m \end{aligned} \tag{7-3-15c}$$

と定義する．ここに $\widehat{H}$ はハミルトニアン密度

$$\widehat{H} = \sum_j \widehat{p}_j(t;\boldsymbol{r}_m)\frac{\partial G_j(t;\boldsymbol{r}_m)}{\partial t} - \widehat{L}$$

である．小領域の体積を 0 に近づける極限で式 (7-3-15c) は

$$H = \iiint \widehat{H}\,du$$

に収束する．

### ■ 7-3-3 電磁場の理論の定式化 (2) 真空中の電磁場の変分原理による定式化

いよいよ電磁場の正準方程式を求める．力学の正準方程式 (6-2-4) における $q_j, p_j$ の代わりにそれぞれ $G_j(t;\boldsymbol{r}_m), p_j(t;\boldsymbol{r}_m)$ を代入したもの

$$\begin{aligned} \frac{\partial}{\partial t}G_j(t;\boldsymbol{r}_m) &= \frac{\partial H}{\partial p_j(t;\boldsymbol{r}_m)} \\ \frac{\partial}{\partial t}p_j(t;\boldsymbol{r}_m) &= -\frac{\partial H}{\partial G_j(t;\boldsymbol{r}_m)} \end{aligned} \tag{7-3-16}$$

が電磁場の時間変化を記述する正準方程式である．これを $G_j(t;\boldsymbol{r}_m)$，$\widehat{H}, \widehat{p}_j(t;\boldsymbol{r}_m)$ で表現すると，式 (7-3-14) を用いて

$$\frac{\partial}{\partial t}G_j(t;\boldsymbol{r}_m)=\frac{\partial \widehat{H}}{\partial \widehat{p}_j(t;\boldsymbol{r}_m)}$$
$$\frac{\partial}{\partial t}\widehat{p}_j(t;\boldsymbol{r}_m)=-\frac{\partial \widehat{H}}{\partial G_j(t;\boldsymbol{r}_m)}+\sum_{k=1}^{3}\frac{\partial}{\partial x_k}\left[\frac{\partial \widehat{H}}{\partial(\partial G_j(t;\boldsymbol{r}_m)/\partial x_k)}\right] \tag{7-3-17}$$

となる.

こうして確立した場の一般論が具体的な問題に適用可能であることを確認するために，まず，式 (7-3-13) が真空中の電磁場の波動方程式（マクスウェルの方程式のうちの二つからベクトルポテンシャル $\boldsymbol{A}$ またはスカラーポテンシャル（静電ポテンシャル）$V$ を消去したもの）

$$\nabla^2\boldsymbol{A}-\frac{1}{c^2}\frac{\partial^2\boldsymbol{A}}{\partial^2 t}=\boldsymbol{0} \tag{7-3-18a}$$

$$\nabla^2 V-\frac{1}{c^2}\frac{\partial^2 V}{\partial^2 t}=0 \tag{7-3-18b}$$

の役割を果たすラグランジアン密度 $\widehat{L}$ を用意できることを示そう．この場合，$G_j(t;\boldsymbol{r}_m)$ $(j=1,2,3,4)$ はベクトルポテンシャル $\boldsymbol{A}$ の 3 成分とスカラーポテンシャル $V$ である．

$$G_j(t;\boldsymbol{r}_m)=A_j(t;\boldsymbol{r}_m)\quad(j=1,2,3),\qquad G_4(t;\boldsymbol{r}_m)=V(t;\boldsymbol{r}_m)$$

さらに，ベクトルポテンシャル $\boldsymbol{A}$ に条件

$$\frac{1}{c^2}\frac{\partial V}{\partial t}+\nabla\cdot\boldsymbol{A}=0\qquad\left(c^2=\frac{1}{\varepsilon\mu}\right) \tag{7-3-7 再掲}$$

を付加することができる（7-3-2 項参照）．

次に，式 (7-3-18) がオイラー方程式となるラグランジアン密度 $\widehat{L}$ は

$$\widehat{L}=\frac{1}{2}\left(\frac{1}{c^2}\boldsymbol{E}^2-\boldsymbol{B}^2\right) \tag{7-3-19}$$

であることを示す．まず式 (7-3-19) を式 (7-3-3a, 4b) を用いて

$$2\widehat{L}=\frac{1}{c^2}\boldsymbol{E}^2-\boldsymbol{B}^2=\frac{1}{c^2}\left(\nabla V+\frac{\partial}{\partial t}\boldsymbol{A}\right)^2-(\nabla\times\boldsymbol{A})^2$$
$$=\frac{1}{c^2}\sum_{j=1}^{3}\left(\frac{\partial V}{\partial x_j}+\frac{\partial}{\partial t}\boldsymbol{A}_j\right)^2$$
$$-\left(\frac{\partial\boldsymbol{A}_3}{\partial x_2}-\frac{\partial\boldsymbol{A}_2}{\partial x_3}\right)^2-\left(\frac{\partial\boldsymbol{A}_1}{\partial x_3}-\frac{\partial\boldsymbol{A}_3}{\partial x_1}\right)^2-\left(\frac{\partial\boldsymbol{A}_2}{\partial x_1}-\frac{\partial\boldsymbol{A}_1}{\partial x_2}\right)^2$$

と変形し，その結果を式 (7-3-13) に代入すると，$j=1$ の場合には

$$0=\frac{\partial}{\partial t}\left[\frac{\partial\widehat{L}}{\partial(\partial\boldsymbol{A}_1/\partial t)}\right]+\sum_{k=1}^{3}\frac{\partial}{\partial x_k}\left[\frac{\partial\widehat{L}}{\partial(\partial\boldsymbol{A}_1/\partial x_k)}\right]-\frac{\partial\widehat{L}}{\partial\boldsymbol{A}_1}$$

$$= \frac{1}{c^2}\frac{\partial}{\partial t}\left(\frac{\partial V}{\partial x_1} + \frac{\partial}{\partial t}\boldsymbol{A}_1\right) - \frac{\partial}{\partial x_3}\left(\frac{\partial \boldsymbol{A}_1}{\partial x_3} - \frac{\partial \boldsymbol{A}_3}{\partial x_1}\right) + \frac{\partial}{\partial x_2}\left(\frac{\partial \boldsymbol{A}_2}{\partial x_1} - \frac{\partial \boldsymbol{A}_1}{\partial x_2}\right)$$

$$= -\left(\nabla^2 \boldsymbol{A}_1 - \frac{1}{c^2}\frac{\partial^2}{\partial t^2}\boldsymbol{A}_1\right) + \frac{\partial}{\partial x_1}\left(\frac{1}{c^2}\frac{\partial V}{\partial t} + \nabla\cdot\boldsymbol{A}\right)$$

$$= -\left(\nabla^2 \boldsymbol{A}_1 - \frac{1}{c^2}\frac{\partial^2}{\partial t^2}\boldsymbol{A}_1\right)$$

を得る．最終行で式 (7-3-7) を用いた．$j = 2, 3$ の場合も同様なので，式 (7-3-8) で電流密度 $\boldsymbol{J} = 0$ とおいたもの，すなわちベクトルポテンシャル $\boldsymbol{A}$ の波動方程式を得ている．

一方，$j = 4$ に対応するスカラーポテンシャルの場合には

$$0 = \frac{\partial}{\partial t}\left[\frac{\partial \widehat{L}}{\partial(\partial V/\partial t)}\right] + \sum_{k=1}^{3}\frac{\partial}{\partial x_k}\left[\frac{\partial \widehat{L}}{\partial(\partial V/\partial x_k)}\right] - \frac{\partial \widehat{L}}{\partial V}$$

$$= \frac{1}{c^2}\sum_{k=1}^{3}\frac{\partial}{\partial x_k}\left(\frac{\partial V}{\partial x_k} + \frac{\partial \boldsymbol{A}_k}{\partial t}\right)$$

$$= \frac{1}{c^2}\left(\nabla^2 V - \frac{1}{c^2}\frac{\partial^2 V}{\partial t^2}\right) + \frac{1}{c^2}\frac{\partial}{\partial t}\left(\frac{1}{c^2}\frac{\partial V}{\partial t} + \nabla\cdot\boldsymbol{A}\right) = \frac{1}{c^2}\left(\nabla^2 V - \frac{1}{c^2}\frac{\partial^2 V}{\partial t^2}\right)$$

を得る．これは式 (7-3-10) で電荷密度 $\rho = 0$ とおいたもの，すなわちスカラーポテンシャル $V$ の波動方程式である．

こうしてラグランジアン密度 $\widehat{L}$（式 (7-3-19)）の汎関数 (7-3-11) のオイラー方程式が電磁場の基礎方程式に対応することが確かめられたので，真空中の電磁気学においても解析力学の方法と同じ定式化が成立することが明らかになった．

■[黒体輻射(放射)]

導体壁で囲まれた一辺の長さ $l$ の立方体の空洞内の(スカラーポテンシャルが存在しない)電磁場

$$\boldsymbol{B} = \nabla \times \boldsymbol{A} \qquad \text{(7-3-3a 再掲)}$$

$$\boldsymbol{E} = -\frac{\partial \boldsymbol{A}}{\partial t}$$

を考える．ベクトルポテンシャル $\boldsymbol{A}$ は波動方程式

$$\nabla^2 \boldsymbol{A} - \frac{1}{c^2}\frac{\partial^2 \boldsymbol{A}}{\partial t^2} = \boldsymbol{0} \qquad \left(c^2 = \frac{1}{\varepsilon\mu}\right) \qquad \text{(7-3-8 再掲)}$$

を満たす．導体壁において電場の接線成分および磁束密度の法線成分が0になるので，ベクトルポテンシャル $\boldsymbol{A}$ の接線成分は0である．変数分離法により導体壁の境界条件を満たす波動方程式 (7-3-8) の解を求めると

$$A_x(x,y,z,t) = \sum_{n_x=1}^{\infty}\sum_{n_y=1}^{\infty}\sum_{n_z=1}^{\infty} Qx_{n_x,n_y,n_z} \cos\frac{n_x\pi x}{l}\sin\frac{n_y\pi y}{l}\sin\frac{n_z\pi z}{l}$$
$$\times\exp\left(-i\frac{\pi c}{l}t\sqrt{n_x^2+n_y^2+n_z^2}\right)$$
$$A_y(x,y,z,t) = \sum_{n_x=1}^{\infty}\sum_{n_y=1}^{\infty}\sum_{n_z=1}^{\infty} Qy_{n_x,n_y,n_z} \sin\frac{n_x\pi x}{l}\cos\frac{n_y\pi y}{l}\sin\frac{n_z\pi z}{l}$$
$$\times\exp\left(-i\frac{\pi c}{l}t\sqrt{n_x^2+n_y^2+n_z^2}\right)$$
$$A_z(x,y,z,t) = \sum_{n_x=1}^{\infty}\sum_{n_y=1}^{\infty}\sum_{n_z=1}^{\infty} Qz_{n_x,n_y,n_z} \sin\frac{n_x\pi x}{l}\sin\frac{n_y\pi y}{l}\cos\frac{n_z\pi z}{l}$$
$$\times\exp\left(-i\frac{\pi c}{l}t\sqrt{n_x^2+n_y^2+n_z^2}\right) \qquad (7\text{-}3\text{-}20)$$

を得る．さて，付加条件式 (7-3-7) において $V=0$ であるから，$\nabla\cdot\boldsymbol{A}=0$ を得る．式 (7-3-20) を代入すると，

$$\nabla\cdot\boldsymbol{A}(x,y,z,t)$$
$$= -\frac{\pi}{l}\sum_{n_x=1}^{\infty}\sum_{n_y=1}^{\infty}\sum_{n_z=1}^{\infty}\left(n_x Qx_{n_x,n_y,n_z} + n_y Qy_{n_x,n_y,n_z} + n_z Qz_{n_x,n_y,n_z}\right)$$
$$\times\sin\frac{n_x\pi x}{l}\sin\frac{n_y\pi y}{l}\sin\frac{n_z\pi z}{l}\exp\left(-i\frac{\pi c}{l}t\sqrt{n_x^2+n_y^2+n_z^2}\right) = 0$$

を得る．これは波の進行方向を表すベクトル（波数ベクトル）

$$\frac{\pi}{l}(n_x,n_y,n_z)^t$$

とベクトル

$$\boldsymbol{Q}_{n_x,n_y,n_z} \equiv (Qx_{n_x,n_y,n_z}, Qy_{n_x,n_y,n_z}, Qz_{n_x,n_y,n_z})^t$$

が直交すること，すなわち横波であることを意味する．そこで波の進行方向に垂直な面内に互いに直交する単位ベクトル

$$\boldsymbol{e}^1_{n_x,n_y,n_z},\ \boldsymbol{e}^2_{n_x,n_y,n_z}$$

をとると，

$$\boldsymbol{Q}_{n_x,n_y,n_z} = a^1_{n_x,n_y,n_z}\boldsymbol{e}^1_{n_x,n_y,n_z} + a^2_{n_x,n_y,n_z}\boldsymbol{e}^2_{n_x,n_y,n_z}$$

と二つの直交する偏光方向を表すベクトルの1次結合と表すことができる．これを式 (7-3-20) に代入すると，

$$A_x(x,y,z,t) = \sum_{n_x=1}^{\infty}\sum_{n_y=1}^{\infty}\sum_{n_z=1}^{\infty}[a^1_{n_x,n_y,n_z}\boldsymbol{e}^1_{n_x,n_y,n_z} + a^2_{n_x,n_y,n_z}\boldsymbol{e}^2_{n_x,n_y,n_z}]_x$$

$$\times \cos\frac{n_x\pi x}{l}\sin\frac{n_y\pi y}{l}\sin\frac{n_z\pi z}{l}\exp\left(-i\frac{\pi c}{l}t\sqrt{n_x^2+n_y^2+n_z^2}\right)$$

$$A_y(x,y,z,t)=\sum_{n_x=1}^{\infty}\sum_{n_y=1}^{\infty}\sum_{n_z=1}^{\infty}[a^1_{n_x,n_y,n_z}\boldsymbol{e}^1_{n_x,n_y,n_z}+a^2_{n_x,n_y,n_z}\boldsymbol{e}^2_{n_x,n_y,n_z}]_y$$

$$\times \sin\frac{n_x\pi x}{l}\cos\frac{n_y\pi y}{l}\sin\frac{n_z\pi z}{l}\exp\left(-i\frac{\pi c}{l}t\sqrt{n_x^2+n_y^2+n_z^2}\right)$$

$$A_z(x,y,z,t)=\sum_{n_x=1}^{\infty}\sum_{n_y=1}^{\infty}\sum_{n_z=1}^{\infty}[a^1_{n_x,n_y,n_z}\boldsymbol{e}^1_{n_x,n_y,n_z}+a^2_{n_x,n_y,n_z}\boldsymbol{e}^2_{n_x,n_y,n_z}]_z$$

$$\times \sin\frac{n_x\pi x}{l}\sin\frac{n_y\pi y}{l}\cos\frac{n_z\pi z}{l}\exp\left(-i\frac{\pi c}{l}t\sqrt{n_x^2+n_y^2+n_z^2}\right) \tag{7-3-21a}$$

を得る．ここに，$]_x$, $]_y$, $]_z$ はおのおの各ベクトルの $x, y, z$ 成分を表す．

こうして，$\boldsymbol{A}\equiv(A_x, A_y, A_z)^t$ のフーリエ級数表示

$$\boldsymbol{Q}_{n_x,n_y,n_z}=a^1_{n_x,n_y,n_z}\boldsymbol{e}^1_{n_x,n_y,n_z}+a^2_{n_x,n_y,n_z}\boldsymbol{e}^2_{n_x,n_y,n_z}$$

を得た．ここで，基準振動

$$\begin{aligned}q^1_{n_x,n_y,n_z}(t)&\equiv a^1_{n_x,n_y,n_z}\exp\left(-i\frac{\pi c}{l}t\sqrt{n_x^2+n_y^2+n_z^2}\right)\\ q^2_{n_x,n_y,n_z}(t)&\equiv a^2_{n_x,n_y,n_z}\exp\left(-i\frac{\pi c}{l}t\sqrt{n_x^2+n_y^2+n_z^2}\right)\end{aligned} \tag{7-3-21b}$$

を定義し，式 (7-3-21a) 中で

$$\boldsymbol{Q}_{n_x,n_y,n_z}\exp\left(-i\frac{\pi c}{l}t\sqrt{n_x^2+n_y^2+n_z^2}\right)$$
$$=q^1_{n_x,n_y,n_z}\boldsymbol{e}^1_{n_x,n_y,n_z}+q^2_{n_x,n_y,n_z}\boldsymbol{e}^2_{n_x,n_y,n_z}$$

と表したものを電磁場のエネルギー $H$

$$H=\frac{1}{2}\iiint_V\left(\varepsilon_0\boldsymbol{E}^2+\frac{1}{\mu_0}\boldsymbol{B}^2\right)$$

に代入すると，式 (7-3-3a, 4b) とフーリエ級数の直交性，および $\boldsymbol{n}$ と

$$\boldsymbol{Q}_{n_x,n_y,n_z}\exp\left(-i\frac{\pi c}{l}t\sqrt{n_x^2+n_y^2+n_z^2}\right)$$
$$=q^1_{n_x,n_y,n_z}\boldsymbol{e}^1_{n_x,n_y,n_z}+q^2_{n_x,n_y,n_z}\boldsymbol{e}^2_{n_x,n_y,n_z}$$

の直交性により

$$H=\frac{1}{2}\iiint_V\left(\varepsilon_0\boldsymbol{E}^2+\frac{1}{\mu_0}\boldsymbol{B}^2\right)$$
$$=\frac{\varepsilon_0 l^3}{16}\sum_{n_x=1}^{\infty}\sum_{n_y=1}^{\infty}\sum_{n_z=1}^{\infty}\left\{\left(\frac{dq^1_{n_x,n_y,n_z}(t)}{dt}\right)^2+\left(\frac{dq^2_{n_x,n_y,n_z}(t)}{dt}\right)^2\right.$$

$$+\frac{n^2\pi^2c^2}{l^2}\left[(q^1_{n_x,n_y,n_z}(t))^2+(q^2_{n_x,n_y,n_z}(t))\right]^2\biggr\}$$

を得る．そこで $q^1_{n_x,n_y,n_z}(t), q^2_{n_x,n_y,n_z}(t)$ を一般化座標，また

$$T=\frac{\varepsilon_0 l^3}{16}\sum_{n_x=1}^{\infty}\sum_{n_y=1}^{\infty}\sum_{n_z=1}^{\infty}\left[\left(\frac{dq^1_{n_x,n_y,n_z}(t)}{dt}\right)^2+\left(\frac{dq^2_{n_x,n_y,n_z}(t)}{dt}\right)^2\right]$$

$$V=-\frac{\varepsilon_0 l^3}{16}\frac{n^2\pi^2c^2}{l^2}\sum_{n_x=1}^{\infty}\sum_{n_y=1}^{\infty}\sum_{n_z=1}^{\infty}\left[(q^1_{n_x,n_y,n_z}(t))^2+(q^2_{n_x,n_y,n_z}(t))^2\right]$$

とみなすと，一般化運動量は

$$p^1_{n_x,n_y,n_z}(t)\equiv\frac{\partial T}{\partial(dq^1_{n_x,n_y,n_z}(t)/dt)}=\frac{\varepsilon_0 l^3}{8}\frac{dq^1_{n_x,n_y,n_z}(t)}{dt} \tag{7-3-22a}$$

$$p^2_{n_x,n_y,n_z}(t)\equiv\frac{\partial T}{\partial(dq^2_{n_x,n_y,n_z}(t)/dt)}=\frac{\varepsilon_0 l^3}{8}\frac{dq^2_{n_x,n_y,n_z}(t)}{dt} \tag{7-3-22b}$$

となるので，ハミルトニアンは

$$H=\frac{1}{2}\sum_{n_x=1}^{\infty}\sum_{n_y=1}^{\infty}\sum_{n_z=1}^{\infty}\biggl\{\frac{8}{\varepsilon_0 l^3}\left[(p^1_{n_x,n_y,n_z}(t))^2+(p^2_{n_x,n_y,n_z}(t))\right]^2 +\frac{n^2\pi^2 l}{8\mu_0}\left[(q^1_{n_x,n_y,n_z}(t))^2+(q^2_{n_x,n_y,n_z}(t))\right]^2\biggr\} \tag{7-3-23}$$

とかくことができ，さらに

$$\begin{aligned}\frac{d}{dt}p^1_{n_x,n_y,n_z}(t)&=-\frac{\partial H}{\partial q^1_{n_x,n_y,n_z}(t)}\\ \frac{d}{dt}q^1_{n_x,n_y,n_z}(t)&=\frac{\partial H}{\partial p^1_{n_x,n_y,n_z}(t)}\end{aligned} \tag{7-3-24}$$

が成立する（演習問題 7-4）．

こうして，空洞内の電磁放射も力学系と同じハミルトン方程式系に従うことが明らかになった．

## 7-4　量子力学

変分法との関連に着目して 1 粒子問題の定常シュレディンガー方程式の成立までを記述する．まず，古典論と量子力学の橋渡しの役割を担った概念の一つである断熱不変量にふれる．

### 7-4-1 断熱不変量

1 次元周期運動をする系の断熱変化を考える．系を指定するパラメータたとえば水平振り子のバネ定数 $k$ を限りなくゆるやかに変化させる（時間微分が 0 の極限）過程を断熱過程（adiabatic process，断熱変化する過程）とよぶ．

1 次元周期運動をする系のハミルトニアンは質量を $m$，座標を $q$，運動量を $p$，ポテンシァルエネルギーを $V$，パラメータを $k$ とすると

$$H(p, q; k) = \frac{1}{2m}p^2 + V(q, k) \tag{7-4-1}$$

とかけるが，断熱過程であることを明示するために，

$$H(p(t, t_1), q(t, t_1); k(t_1)) = \frac{1}{2m}p^2(t, t_1) + V(q(t, t_1), k(t_1))$$

$$(t_1 = \varepsilon t, \qquad \varepsilon \to 0)$$

とかくのが便利である．ここに $t_1 = \varepsilon t$ $(\varepsilon \to 0)$ は通常の時間スケール $t$ より長い時間スケール，すなわちゆっくりとした時間変化を表す [15]．周期運動の周期を $T$，パラメータ $k$ の変化する時間スケールを $\tau$ とすれば，微小係数 $\varepsilon$ は

$$\varepsilon = \frac{T}{\tau}$$

である．

正準変数 $p(t, t_1), q(t, t_1)$ の運動方程式は

$$\frac{dq}{dt} = \frac{\partial q}{\partial t} + \varepsilon\frac{\partial q}{\partial t_1} = \frac{\partial}{\partial p}H(p, q; k), \qquad \frac{dp}{dt} = \frac{\partial p}{\partial t} + \varepsilon\frac{\partial p}{\partial t_1} = -\frac{\partial}{\partial q}H(p, q; k) \tag{7-4-2a}$$

である．この解 $p(t, t_1), q(t, t_1)$ を式 (7-4-1) の右辺に代入した $H(p, q; k)$ がその時刻の系のエネルギー $E(t_1)$ を与える．

さて，断熱変化している系はゆっくりではあるものの時々刻々エネルギーをはじめ，軌道など諸量が変化しているが，パラメータ $k(t_1)$ を（その結果エネルギーも）一定

$$H(p(t), q(t); k(t_1)) = E(t_1) \qquad (t_1：一定) \tag{7-4-2b}$$

に保った場合の周回軌道を考えることにより，ある時刻における（仮想的な）位相平面（$q$-$p$ 平面）内の周回軌道を定義することができる．式 (7-4-2b) を $p(t)$ について解くと

$$p_{t_1}(t) = p(q_{t_1}(t), E(t_1); k(t_1)) \qquad (t_1：一定)$$

となるので，この周回軌道内側の面積は，条件 $p_{t_1}(t) = 0$ で定まる座標 $q$ の最大値，最小値 $q_{\max}(t_1), q_{\min}(t_1)$ を用いて

$$J(t_1) = 2\int_{q_{\min}(t_1)}^{q_{\max}(t_1)} p_{t_1}(q_{t_1}(t), E(t_1); k(t_1))\, dq$$

と表すことができる．なお，周回軌道は $q$ 軸対称である．$J(t_1)$ の時間微分は

$$\frac{d}{dt}J(t_1)\left(=\varepsilon\frac{d}{dt_1}J(t_1)\right)=2\left[p_{t_1}\big(q_{t_1}(t,t_1),E(t_1);k(t_1)\big)\frac{dq_{t_1}(t,t_1)}{dt}\right]_{q_{\min}(t_1)}^{q_{\max}(t_1)}$$
$$+2\int_{q_{\min}(t_1)}^{q_{\max}(t_1)}\left(\frac{\partial p_{t_1}}{\partial E}\varepsilon\frac{dE(t_1)}{dt_1}+\frac{\partial p_{t_1}}{\partial k}\varepsilon\frac{dk(t_1)}{dt_1}\right)dq_{t_1}$$

となる．ここに，積分中で $t_1$：一定であり，また

$$p_{t_1}\big(q_{\max}(t,t_1),E(t_1);k(t_1)\big)=p_{t_1}\big(q_{\min}(t,t_1),E(t_1);k(t_1)\big)=0$$

であるから右辺第1項の境界項は0である．また，$p_{t_1}=p_{t_1}(q_{t_1}(t),E(t_1);k(t_1))$ は式 (7-4-2b) を $p$ について解いたものであるから，

$$\frac{\partial H}{\partial p_{t_1}}=\frac{\partial E}{\partial p_{t_1}}=\frac{1}{\partial p_{t_1}/\partial E}$$

であり，式 (7-4-2b) をパラメータ $k(t_1)$ で微分すると

$$\frac{\partial H}{\partial p_{t_1}}\frac{\partial p_{t_1}}{\partial k}+\frac{\partial H}{\partial k}=0$$

を得る．これと正準方程式

$$\frac{\partial H}{\partial p_{t_1}}=\frac{dq_{t_1}}{dt}\qquad（いずれも\ t_1：一定）$$

を用いて

$$\frac{d}{dt}J(t_1)=2\varepsilon\int_{q_{\min}(t_1)}^{q_{\max}(t_1)}\left(\frac{dE(t_1)}{dt_1}-\left(\frac{\partial H}{\partial k}\right)_{t_1}\frac{dk(t_1)}{dt_1}\right)\frac{1}{dq_{t_1}/dt}dq_{t_1}$$
$$=\varepsilon\oint_T\left(\frac{dE(t_1)}{dt_1}-\left(\frac{\partial H}{\partial k}\right)_{t_1}\frac{dk(t_1)}{dt_1}\right)dt$$

を得る．式 (7-4-2b) を時間微分すると

$$\frac{\partial H}{\partial p}\left(\frac{\partial p}{\partial t}+\varepsilon\frac{\partial p}{\partial t_1}\right)+\frac{\partial H}{\partial q}\left(\frac{\partial q}{\partial t}+\varepsilon\frac{\partial q}{\partial t_1}\right)+\frac{\partial H}{\partial k}\varepsilon\frac{dk(t_1)}{dt_1}=\varepsilon\frac{dE(t_1)}{dt_1}\tag{7-4-3}$$

となるが，

$$\frac{\partial q}{\partial t}+\varepsilon\frac{\partial q}{\partial t_1}=\frac{\partial H}{\partial p},\qquad\frac{\partial p}{\partial t}+\varepsilon\frac{\partial p}{\partial t_1}=-\frac{\partial H}{\partial q}\tag{7-4-2a 再掲}$$

であるから，式 (7-4-3) の左辺第1, 2項は相殺し，

$$\frac{\partial H}{\partial k}\frac{dk(t_1)}{dt_1}=\frac{dE(t_1)}{dt_1}$$

を得る．ここに

$$\frac{\partial H}{\partial k}=\frac{\partial H(p(t,t_1),q(t,t_1);k(t_1))}{\partial k}$$

であるから，

$$\frac{d}{dt}J(t_1) = \varepsilon \oint \left( \frac{\partial H(p(t,t_1), q(t,t_1); k(t_1))}{\partial k} - \left.\frac{\partial H}{\partial k}\right|_{t=t_1} \right) \frac{dk(t_1)}{dt_1}\, dt$$

を得る．パラメータ $k$ の変化する時間スケール $\tau$ にわたる $J(t_1)$ の変化量は

$$\Delta J(t_1) \approx \tau \frac{d}{dt}J(t_1) = T \oint_T \left( \frac{\partial H(p(t,t_1), q(t,t_1); k(t_1))}{\partial k} - \left.\frac{\partial H}{\partial k}\right|_{t=t_1} \right) \frac{dk(t_1)}{dt_1} dt$$

であるが，右辺被積分関数内の

$$\frac{\partial H(p(t,t_1), q(t,t_1); k(t_1))}{\partial k} - \left.\frac{\partial H}{\partial k}\right|_{t=t_1}$$

は 1 周期内 $(t_1, t_1+T)$ において $k$ が変化する場合の $\partial H/\partial k$ と，$k$ を一定に保った場合の $\partial H/\partial k|_{t=t_1}$ との差であるから，$\varepsilon = T/\tau = o(1)$ のとき

$$\frac{\partial H(p(t,t_1), q(t,t_1); k(t_1))}{\partial k} - \left.\frac{\partial H}{\partial k}\right|_{t=t_1} = O(\varepsilon), \qquad \varepsilon \to 0$$

である．また，

$$\oint_T \frac{dk(t_1)}{dt_1} dt = O(\varepsilon)$$

であるから

$$\Delta J(t_1) = O(\varepsilon^2), \qquad \varepsilon \to 0$$

すなわち，$J$ は断熱不変量である．

### 7-4-2　前期量子論

プランクは振動数 $\nu$ の 1 次元単純調和振動子においてその系が個々の量子状態にある確率を求めようとした．古典力学においてはリゥヴィルの定理(6-2-7 項)により位相空間すなわち 2 次元の $p$-$q$ 空間の等しい体積(2 次元では面積)の要素に存在する確率は等しい．1 次元単純調和振動子の $p$-$q$ 平面における軌道(曲線)は楕円

$$\frac{p^2}{2m} + 2\pi^2 m\nu^2 q^2 = E$$

であり，その面積は $E/\nu$ である．調和振動子の許容される状態のエネルギーは

$$E = nh\nu$$

であるから[†]，内側から数えて $n$ 番目の楕円の面積は $nh$ である．つまり，隣り合う楕円の間の面積はすべて $h$ である．したがって，リゥヴィルの定理より「すべての状

† 黒体輻射の(古典的電磁気学からは導出できない)スペクトル分布を説明するために，1900 年プランクが「電磁波は連続的に放射されることはできず，$h\nu$ の整数倍のエネルギ－に限られる」という新理論「量子仮説」を提起した．ここに $h = 6.626 \times 10^{-34}$ はプランク定数である．

態は同様に確からしい(存在確率が等しい)」という結論を得る．こうしてプランクは，「$p$-$q$ 平面におけるすべての隣り合う可能な状態を表す曲線の間の面積はすべて $h$ である」というすべての1次元系に成立する一般的な結論を得た．これは位相空間が無限小にまで分割することができず，面積 $h$ の基本要素から構成されていることを意味する．この基本要素は $pq$（作用）の次元をもつので，プランクは $h$ を作用量子 (elementary quantum of action) と名づけた．

19世紀末にヘルツにより明らかにされた光電効果(陰極に電磁波(紫外線)を照射すると陰極を構成する金属から電子が放出される現象)の中で発見された，古典的な力学・電磁気学からは説明できない現象が，電磁波はエネルギー $h\nu$ の「粒子」の集まりとして伝播すると仮定すると簡明に解釈できることをアインシュタインが指摘した (1905).

次に現れたのは，ボーア (Bohr) の理論(原子模型)である．ラザフォード (Rutherford) が散乱実験により，原子はその中央に局在する原子核(全体の10万分の1程度の半径)とそのまわりを周回する電子群からなる，という原子のラザフォード模型を提案していた．ところがこの模型には欠陥があった．それは，古典電磁気学によれば，周回する(加速度をもつ)電子は電磁波を放射し続け，次第にエネルギーを失いやがて原子核に落ち込んでしまう，すなわち安定な原子は存在しえないというものである．この欠陥を解決しようとするのがボーアの理論である．

ボーアの理論の第1の仮説は，原子核を周回する電子にはある離散的な軌道群があり，その軌道上を電子が周回するとき電磁波(エネルギー)を放出せず，それらの軌道のあるもの ($E_{\mathrm{init}}$) から他 ($E_{\mathrm{fin}}$) に跳び移るとき

$$h\nu = E_{\mathrm{init}} - E_{\mathrm{fin}} \qquad (E_{\mathrm{init}} > E_{\mathrm{fin}})$$

で定まる周波数をもつ光の量子を放出する，というものである．その離散的な軌道群およびそのエネルギーを具体的に決定するための第2の仮説は「原子核を周回(円運動)する電子の角運動量 $l$ が $h/2\pi$ の整数倍でなければならない」

$$l \equiv mrv = n\frac{h}{2\pi}$$

というものである．この式と円運動の運動方程式

$$m\frac{v^2}{r} = \frac{Ze^2}{r^2} \qquad (Z：原子番号)$$

を用いると，全エネルギーの式

$$E_n = \frac{1}{2}mv^2 - \frac{Ze^2}{r} = -\frac{1}{2}\frac{Ze^2}{r} = -\frac{2\pi^2 mZ^2e^4}{n^2h^2}$$

を得る．これから得られる，量子状態 $n$ から2への遷移に伴い放出される光量子の振

動数 $\nu_{n\to 2}$ の式

$$h\nu_{n\to 2} = E_n - E_2 \qquad (n = 3, 4, \ldots)$$

がすでに 1885 年に発見されていた水素原子から放出される電磁波のスペクトルの一つ(当時は唯一の)，バルマー (Balmer) 系列をきわめてよく再現した．

ボーアの電子の円運動に関する量子仮説を，ゾンマーフェルト (Sommerfeld) はより一般的な運動に拡張した．その際ゾンマーフェルトはプランクの理論を出発点にすえた．ボーアの円運動の場合には角運動量 $l$ (一般化運動量 $p_\theta$) が $h/2\pi$ の整数倍でなければならず，

$$p_\theta = n\frac{h}{2\pi}$$

一般化座標である角度 $\theta$ の変域が $0\sim 2\pi$ であることを考慮すると，隣り合う二つの状態を表す曲線が位相空間 $\theta$-$p_\theta$ 内で囲む面積も $h$ である．そこでゾンマーフェルトはプランクの理論を，**位相積分** (phase integral) と呼ぶ循環積分

$$\left(\oint pdq\right)_n - \left(\oint pdq\right)_{n-1} = h$$

で表現した．さらに，基底状態を

$$\left(\oint pdq\right)_0 = 0$$

と仮定して，

$$\left(\oint pdq\right)_n = nh$$

を得た．こうして，第 6 章 解析力学の主役の一つであった作用積分が量子論に導入された．

第 6 章の古典力学の多体問題では作用積分が

$$\int \sum_k p_k dq_k$$

の形で現れたのであるが，前期量子論において量子化を行うためには

$$\int pdq$$

の形に帰着させる，すなわち作用積分 $S$ が個々の座標の作用積分の和

$$S = \sum_k S_k(q_k)$$

と表されなければならないという短所がある．実際 3 体問題ではこの分割は不可能である．こうして，ボーア・ゾンマーフェルトの前期量子論は水素原子型 $(\mathrm{H}, \mathrm{He}^+, \mathrm{Li}^{2+}, \ldots)$

の電子の軌道/エネルギー準位を決定するのにめざましい成功を収めたものの，複数の電子が関与するその他のほとんどの問題に対しては無力であった．

### ■ 7-4-3 ド・ブロイの理論

ド・ブロイ (de Broglie) はプランク (Planck) の式

$$E = h\nu \tag{7-4-4}$$

が普遍的に成立すると仮定し，その結果と相対論を基礎に「すべての素粒子には振動数 $\nu_0 = m_0 c^2/h$ の『内部振動(内部周期現象)』が存在し，かつ

$$\nu = \frac{E}{h} = \frac{m_0 c^2}{h\sqrt{1 - v^2/c^2}}$$

をもつ波動・物質波が付随しており，その位相速度は $c_p = c^2/v$ である」とした．そして，内部振動と物質波の二つの振動現象は，物質波の波動の位相速度を $c_p = c^2/v$ とすれば，つねに位相が一致することを示した．位相速度が $c_p = c^2/v$ であるとき，物質波の波長は

$$\lambda = \frac{c_p}{\nu} = \frac{c^2}{v}\frac{h\sqrt{1 - v^2/c^2}}{m_0 c^2} = \frac{h}{\dfrac{m_0 v}{\sqrt{1 - v^2/c^2}}} = \frac{h}{p} \tag{7-4-5}$$

である．式 (7-4-5) で定まる波長を**ド・ブロイ波長**と呼ぶ．そして，物質波の群速度が物質(素粒子)の速度に等しい．

$$c_g = \frac{d\nu}{d(1/\lambda)} = \frac{d\left((1/\lambda)(c^2/v)\right)}{d(1/\lambda)} = \frac{c^2}{v} + \frac{1}{\lambda}\frac{h}{m_0}\left(\sqrt{1 - \frac{v^2}{c^2}}\right)^3 \frac{-c^2}{v^2} = v$$

さて，プランクの式 (7-4-4) を満たしド・ブロイ波長(式 (7-4-5))をもつ物質波は，保存力の場の中においても，光線と同じくフェルマーの原理に基づく径路をたどることがわかる．

**証明)** 物質波に関するフェルマーの原理は，エネルギーが保存されるとき振動数 $\nu$ は一定であるから

$$\delta\int \frac{1}{c_p}\,ds = \frac{1}{\nu}\delta\int\frac{1}{\lambda}\,ds = \frac{1}{\nu h}\delta\int \frac{m_0 v}{\sqrt{1 - v^2/c^2}}\,ds = 0$$

すなわち

$$\delta\int \frac{m_0 v}{\sqrt{1 - v^2/c^2}}\,ds = 0 \tag{7-4-6}$$

とかける．一方，最小作用の原理は

$$\delta\int p\,ds = \delta\int \frac{m_0 v}{\sqrt{1 - v^2/c^2}}\,ds = 0$$

となり，式 (7-4-6) に一致する. ■

この結果と，前期量子力学における革新的な仮定である量子条件

$$\oint p\,dq = nh$$

に，ド・ブロイは

$$\oint \frac{h}{\lambda}\,dq = nh$$

すなわち，径路はちょうど整数個の波からなる†

$$\oint \frac{1}{\lambda}\,dq = n$$

という新しい解釈を施した.

このド・ブロイの理論は正確には推論 (postulates) の域を出ないものであったが，それを体系的かつ厳密な形に発展させたのがシュレディンガー (Schrödinger) である. シュレディンガーは以下のようにして(非相対論的な)水素原子の挙動を記述する偏微分方程式を導いた.

### ■ 7-4-4 シュレディンガーの理論

シュレディンガーは，まず前期量子力学における諸条件を基礎としてハミルトン-ヤコビ方程式

$$H\left(x(t), y(t), z(t); \frac{\partial S}{\partial x(t)}, \frac{\partial S}{\partial y(t)}, \frac{\partial S}{\partial z(t)}\right)$$
$$= \frac{1}{2m}\left[\left(\frac{\partial S}{\partial x}\right)^2 + \left(\frac{\partial S}{\partial y}\right)^2 + \left(\frac{\partial S}{\partial z}\right)^2\right] - \frac{e^2}{r} = E \qquad \text{(6-2-19 再掲)}$$
$$S = S\bigl(x(t), y(t), z(t); E\bigr)$$

から出発し，作用関数 $S$ を定数 $K$ と $x, y, z$ の関数 $\Psi(x(t), y(t), z(t))$ を用いて

$$S = K \log \Psi$$

と表し，

$$\left(\frac{\partial \Psi}{\partial x}\right)^2 + \left(\frac{\partial \Psi}{\partial y}\right)^2 + \left(\frac{\partial \Psi}{\partial z}\right)^2 - \frac{2m}{K^2}\left(E + \frac{e^2}{r}\right)\Psi^2 = 0 \qquad \text{(7-4-7)}$$

を得た．式 (7-4-7) の左辺を全空間で積分する汎関数を停留化するオイラー方程式が

---

† 英語で波 (wave) という言葉は位相が 0 から $2\pi$ までの 1 波長に対応する部分を表す．日本語ではこの「波」がいくつも連なった全体を波と呼ぶニュアンスがあり，これを英語では waves と複数形でかく．したがって，ここで「径路はちょうど整数個の波からなる」というのは径路の始点と終点で位相が $2\pi$ のちょうど整数倍だけ異なることを意味する.

$$\nabla^2\Psi + \frac{2m}{K^2}\left(E + \frac{e^2}{r}\right)\Psi = 0 \tag{7-4-8}$$

である．微分方程式 (7-4-8) の固有値を

$$K = \frac{h}{2\pi}$$

とおくと，実験および前期量子力学により得られていた水素原子のエネルギーレベル (バルマー系列) を再現する．

ただし，式 (7-4-7) の左辺を全空間で積分する汎関数を停留化することを正当化する議論が欠けていたので，シュレディンガーは力学と光学の類似性 (analogy) に着目した．幾何光学 (geometrical optics) は光の直進性，反射，屈折の性質，すなわち光が光線として進む現象を説明することに成功したが，その後発見された波動としての光の性質，すなわち干渉や回折現象を説明することはできず，物理光学 (physical optics[15]) の成立を待たなければならなかった．シュレディンガーは，これと同様の事態が力学，すなわち $3n$ 次元の位相空間を伝播する物質波にも惹起されていると考えた．つまり，(素) 粒子が点として位相空間を伝播するという従前の見方は，局在する波すなわち波束 (wave packet) を近似するものでしかない，と見抜いたのである．物質波の理論はその古典的極限において古典力学に一致しなければならない．つまり波束は素粒子を表現する位相空間内の点に収束しなければならないし，波束の伝播速度すなわち群速度が素粒子の速度に一致しなければならない．

そこで次に，力学と光学の類似性に着目したハミルトンの理論の概略を述べる．

### ■ [ハミルトンの理論]

フェルマーの原理によれば，光線が反射および屈折する (幾何光学近似) とき，変分の停留条件

$$\delta \int \frac{1}{c_p}\,ds = \delta \int \frac{n}{c_0}\,ds = 0$$

($c_p$：位相速度，$c_0$：真空中の位相速度，$n$：屈折率)　(7-4-9)

を満足する．この時点で存在した「光が波であるか，あるいは粒子であるか」という議論の結果には無関係に，ハミルトンは

$$S = \int n\,ds$$

を**作用 (関数)** (action (function)) と定義した†．式 (7-4-9) の停留条件を満たす径路すなわち光線は，作用関数 $S$ の値が等しい面 (等位相面) に垂直である．

† 光を波動とみるとき，作用 $S(x, y, z)/c_0$ は光源から点 $(x, y, z)$ へ到達するのに要する時間である．

$$dS = n(\cos\alpha \cdot dx + \cos\beta \cdot dy + \cos\gamma \cdot dz)$$

ここに，$\alpha, \beta, \gamma$ は光線がそれぞれ $x, y, z$ 軸の正方向となす角であり，次式が成り立つ．

$$\cos^2\alpha + \cos^2\beta + \cos^2\gamma = 1 \tag{7-4-10}$$

したがって

$$\frac{\partial S}{\partial x} = n\cos\alpha, \qquad \frac{\partial S}{\partial y} = n\cos\beta, \qquad \frac{\partial S}{\partial z} = n\cos\gamma \tag{7-4-11}$$

であり，作用関数 $S$ は光源の座標 $(x_0, y_0, z_0)$ と射出する方向の関数である．

$$\frac{\partial S}{\partial x_0} = n_0\cos\alpha_0, \qquad \frac{\partial S}{\partial y_0} = n_0\cos\beta_0, \qquad \frac{\partial S}{\partial z_0} = n_0\cos\gamma_0,$$
$$n_0 \equiv n(x_0, y_0, z_0) \tag{7-4-12}$$

このとき最小作用の原理は

$$\delta S = \delta\int n\,ds = 0$$

とかける．

さて，式 (7-4-10, 11) より作用関数 $S$ は偏微分方程式

$$\left(\frac{\partial S}{\partial x}\right)^2 + \left(\frac{\partial S}{\partial y}\right)^2 + \left(\frac{\partial S}{\partial z}\right)^2 = n^2 \tag{7-4-13}$$

$$\left(\frac{\partial S}{\partial x_0}\right)^2 + \left(\frac{\partial S}{\partial y_0}\right)^2 + \left(\frac{\partial S}{\partial z_0}\right)^2 = n_0^2 \tag{7-4-14}$$

と初期条件(式 (7-4-12) のうちの任意の 2 個)を満たさなければならない．その解 $S$ は光源の座標 $(x_0, y_0, z_0)$ と射出する方向 $\alpha, \beta, \gamma$ のうち独立なもの二つの合計 5 個の任意定数を含む．なお，式 (7-4-11) により初期条件 (7-4-12) のうちの残りの 1 個は満足される．いったん解 $S$ が得られれば，式 (7-4-11) により光線上の各点における光線の方向が決定される．

以上の光学におけるフェルマーの原理を，ハミルトンは力学に適用した．保存場を運動するエネルギー $E$ の 1 粒子の運動に対しては最小作用の原理が，光学における屈折率 $n$ に力学における運動量 $p$ を対応づけるならば，非一様媒質中を伝播する光に対してフェルマーの原理が決定するのと同じ径路を与える．

$$n \leftarrow p = \sqrt{2m(E-V)} \qquad \text{(古典論(非相対論))}$$
$$= \sqrt{\frac{1}{c^2}(E - V + m_0c^2)^2 - m_0^2c^2} \qquad \text{(相対論)}$$

2 段目の式は式 (6-1-24a) による．

以上を念頭にシュレディンガーは光学における式 (7-4-13) を(古典論)力学に採用す

る際

$$(\nabla S)^2 = 2m(E-V) \qquad \text{(古典論(非相対論))}$$
$$= \frac{1}{c^2}(E-V+m_0c^2)^2 - m_0^2c^2 \qquad \text{(相対論)}$$

とした．

ハミルトン-ヤコビ方程式 (6-2-19) のある解を $S$ とかくと，

$$W = S - Et$$

が式 (6-2-20) の一つの解となる．したがって，$W$ の時間変化は(位相空間内の)作用 $S$ が一定である面 $S_0$ が，時間 $t$ の後当初 $(t=0)$ 面 $S_0+Et$ が占有していた位置に移動するような運動ととらえることができる．作用 $S$ が $S_0$：一定の面と $S_0+dS$：一定の面との垂直距離は

$$\frac{dS}{\sqrt{2m(E-V)}}$$

であり，$W$ 波の伝播速度は

$$\frac{E}{\sqrt{2m(E-V)}}$$

である．

シュレディンガーはさらに「$W$ 波とともに $\Psi$ 波が伝播する」と考えた．そして，振動数がプランクの式 (7-4-4) を満たすためには

$$\Psi = \sin\left(\frac{2\pi W}{h} + \theta_0\right) = \sin\left(-\frac{2\pi E}{h}t + \frac{2\pi S}{h} + \theta_0\right) \qquad (\theta_0\text{：任意定数})$$

とかけなければならない．

さて，基本的波動方程式

$$\nabla^2\Psi - \frac{1}{c_p^2}\frac{\partial^2\Psi}{\partial t^2} = 0 \qquad (c_p\text{：位相速度})$$

に

$$\frac{\partial^2\Psi}{\partial t^2} = -(2\pi\nu)^2\Psi = -4\pi^2\frac{E^2}{h^2}\Psi, \qquad c_p = \frac{E}{\sqrt{2m(E-V)}}$$

を代入すると，

$$\nabla^2\Psi + 8\pi^2\frac{m(E-V)}{h^2}\Psi = 0$$

を得る．これをシュレディンガーは

$$\left[\frac{1}{2m}\left(\frac{h}{2\pi i}\nabla\right)^2 + V\right]\Psi - E\Psi = 0 \tag{7-4-15}$$

と変形した．式 (7-4-15) は 1 粒子問題の定常シュレディンガー方程式である．

## 第 7 章の演習問題

**7-3 節**

**7-1**　ラグランジアン密度 $\widehat{L}$

$$\widehat{L} = \frac{1}{2}\left[\frac{1}{c^2}\boldsymbol{E}^2 - \boldsymbol{B}^2 - \left(\frac{1}{c^2}\frac{\partial V}{\partial t} + \nabla \cdot \boldsymbol{A}\right)^2\right] \tag{e7-1}$$

を用いると，ベクトルポテンシャル $\boldsymbol{A}$ への付加条件 (7-3-7) を用いずに電磁場の波動方程式(式 (7-3-8) で $\boldsymbol{J} = \boldsymbol{0}$，式 (7-3-10) で $\rho = 0$ とおいたもの)が得られることを示せ．

**7-2**　[媒質中の電磁場の時間変化]

媒質中においてベクトルポテンシャル $\boldsymbol{A}$ の満たす方程式は

$$\nabla^2 \boldsymbol{A} - \frac{1}{c^2}\frac{\partial^2 \boldsymbol{A}}{\partial t^2} = -\mu \boldsymbol{J}, \qquad c^2 = \frac{1}{\varepsilon\mu} \tag{7-3-8 再掲}$$

であり，スカラーポテンシャル $V$ の満たす方程式は

$$\nabla^2 V - \frac{1}{c^2}\frac{\partial^2}{\partial t^2}V = -\frac{\rho}{\varepsilon} \tag{7-3-10 再掲}$$

である．

式 (7-3-8, 10) を再現するラグランジアン密度 $\widehat{L}$ は式 (e7-1) に

$$\mu(\boldsymbol{A} \cdot \boldsymbol{J} - \rho V) = \rho\mu(\boldsymbol{A} \cdot \boldsymbol{v} - V)$$

を加えた

$$\begin{aligned}\widehat{L} &= \frac{1}{2}\left[\frac{1}{c^2}\boldsymbol{E}^2 - \boldsymbol{B}^2 - \left(\frac{1}{c^2}\frac{\partial V}{\partial t} + \nabla \cdot \boldsymbol{A}\right)^2\right] + \mu(\boldsymbol{A} \cdot \boldsymbol{J} - \rho V) \\ &= \frac{1}{2}\left[\frac{1}{c^2}\left(\nabla V + \frac{\partial}{\partial t}\boldsymbol{A}\right)^2 - (\nabla \times \boldsymbol{A})^2 - \left(\frac{1}{c^2}\frac{\partial V}{\partial t} + \nabla \cdot \boldsymbol{A}\right)^2\right] + \mu(\boldsymbol{A} \cdot \boldsymbol{J} - \rho V)\end{aligned}$$

であることを示せ．

**7-3**　[電磁場中の点電荷と回転座標系の質点]

電磁場中の点電荷のラグランジアンは

$$\begin{aligned}L &= m_0 c^2\left(1 - \sqrt{1 - \frac{v^2}{c^2}}\right) + q(\boldsymbol{A} \cdot \boldsymbol{v} - V) \\ &= \frac{1}{2}mv^2 + o\left(\frac{v^2}{c^2}\right) + q\big(A_x v_x + A_y v_y + A_z v_z - V(x, y)\big)\end{aligned} \tag{7-3-1a 再掲}$$

である．一方，回転座標系の質点(点電荷)のラグランジアンは式 (6-1-19) より

$$\begin{aligned}L &= \frac{m}{2}\left[(\dot{X})^2 + (\dot{Y})^2 + \omega^2(X^2 + Y^2) + 2\omega(X\dot{Y} - Y\dot{X})\right] - qV(X, Y) \\ &= \frac{m}{2}\left[(\dot{X})^2 + (\dot{Y})^2 + o\big((\omega\boldsymbol{r} \times \boldsymbol{v})_z\big) + 2\omega(X\dot{Y} - Y\dot{X})\right] - qV(X, Y)\end{aligned}$$

である．電磁場と回転角速度の間にある関係があるとき，両者の点電荷の運動は同一になる．それは電磁場がどのようなときか．

**7-4** 式 (7-3-24) を示せ．

# 補遺 A．関数の極値問題

##  A-1　関数の有界性

$f(x)$ を $x$ のある集合上で定義された関数とする．その集合(定義域)は，実数関数の場合には実数全体またはその部分集合(本書では例外を除いて触れないが，複素関数の場合には複素数全体またはその部分集合)，また数列の場合には，自然数(ときに 0 および負の整数を含む)全体またはその部分集合である．

実数 $x$ に依存しない定数 $M_1$ が存在し，定義域内の任意の $x$ と実関数 $f(x)$ に対して，

$$f(x) \leq M_1$$

が成立するとき，関数 $f(x)$ は**上に有界** (to be bounded above) であるという．このとき，定数 $M_1$ を関数 $f(x)$ の**上界** (upper bound) という．$M_1$ が関数 $f(x)$ の上界ならば，$M_1$ より大きい任意の数も関数 $f(x)$ の上界である．

同様に，$x$ に依存しない定数 $M_2$ が存在し，定義域内の任意の $x$ と関数 $f(x)$ に対して，

$$M_2 \leq f(x)$$

が成立するとき，関数 $f(x)$ は**下に有界** (to be bounded below) であるという．このとき，定数 $M_2$ を関数 $f(x)$ の**下界** (lower bound) という．$M_2$ が関数 $f(x)$ の下界ならば，$M_2$ より小さい任意の数も関数 $f(x)$ の下界である．なお，上および下に有界であるとき，単に，**有界** (to be bounded) であるという．

関数 $f(x)$ が上に有界であるとき，任意の $x$ に対して

$$f(x) \leq K_1$$

である(すなわち，$K_1$ が関数 $f(x)$ の上界である)と同時に，任意の(任意に小さい)正の定数 $\varepsilon$ に対して

$$K_1 - \varepsilon < f(x)$$

を満たす $x$ が少なくとも一つ存在するとき，定数 $K_1$ を関数 $f(x)$ の**上限**(least upper bound，または supremum)という．したがって，上限は上界のうち最小のものである．もし，関数 $f(x)$ に最大値が存在すればそれが上限でもある．

また，関数 $f(x)$ が下に有界であるとき，任意の $x$ に対して

$$K_2 \leq f(x)$$

であると同時に，任意の正の定数 $\varepsilon$ に対して

$$f(x) < K_2 + \varepsilon$$

を満たす $x$ が少なくとも一つ存在するとき，定数 $K_2$ を関数 $f(x)$ の**下限**(greatest lower bound，または infimum)という．したがって，下限は下界のうち最大のものである．もし，関数 $f(x)$ に最小値が存在すればそれが下限でもある．

## A-2　関数の上極限と下極限

$x \geq x_0$ において関数 $f(x)$ が有界であるとする．$x \geq x_1 (\geq x_0)$ の範囲における関数 $f(x)$ の上限・下限をそれぞれ，$K_1(x_1)$，$K_2(x_1)$ とする．このとき，$K_1(x_1)$，$K_2(x_1)$ は $x_1$ のそれぞれ単調減少・単調増加する有界関数である．したがって，それらの極限が存在し，それぞれ**上極限** (upper limit)・**下極限** (lower limit) と呼び，次のように表す．

$$\overline{\lim} f(x) \equiv \varlimsup_{x \to \infty} f(x) = \lim_{x_1 \to \infty} K_1(x_1)$$

$$\underline{\lim} f(x) \equiv \varliminf_{x \to \infty} f(x) = \lim_{x_1 \to \infty} K_2(x_1)$$

上極限は下極限以上である．また，上極限と下極限が一致するとき，それが極限である．同様に，区間 $a \leq x \leq b$ において関数 $f(x)$ が有界であるとする．$(a \leq) c - \varepsilon < x < c + \varepsilon (\leq b)$ の範囲における関数 $f(x)$ の上限・下限をそれぞれ，$K_1(\varepsilon)$，$K_2(\varepsilon)$ とする．このとき，$K_1(\varepsilon)$，$K_2(\varepsilon)$ は $\varepsilon \to 0+$ のときそれぞれ単調減少・単調増加する有界関数である．したがって，それらの極限が存在し，それぞれ $x \to c$ の**上極限** (upper limit)・**下極限** (lower limit) と呼び，次のように表す．

$$\varlimsup_{x \to c} f(x) = \lim_{\varepsilon \to 0+} K_1(\varepsilon)$$

$$\varliminf_{x \to c} f(x) = \lim_{\varepsilon \to 0+} K_2(\varepsilon)$$

## A-3　1 変数の極値問題　極値と停留値

### A-3-1　全体的(絶対的)最小と局所的最小

#### [全体的最小]

ある関数の定義域 $[x_1, x_2]$ 内のある値 $x_0$ と定義域内の任意の値 $x$ について

$$f(x_0) \leq f(x)$$

が成立するとき，$f(x_0)$ を全体的 (global)（絶対的 (absolute)）最小値という．$x_0$ は複数個存在しうる．

■ [局所的最小]

ある正の定数 $\delta$ があり，ある関数の定義域内のある値 $x_0$ と，$x_0$ の $\delta$-近傍にある任意の値 $x$ について

$$f(x_0) \leq f(x)$$

が成立するとき，$f(x_0)$ を局所的 (local) 最小値（極小値）という．

## ■ A-3-2　閉区間における（全体的）最大値および最小値の存在

まず集積点の存在について次の定理を示しておく．一般に集合 $A$ に属する点 $x$ の任意の近傍（任意の正数 $\varepsilon$ に対する開区間 $(x-\varepsilon, x+\varepsilon)$）が集合 $A$ に属する点を無数に含むとき，点 $x$ を**集積点**と呼ぶ．

**定理 A-1**　有界な無限個の点集合は集積点をもつ．

**証明）**　有界な点集合をふくむ閉区間を $[x_1, x_2]$ とする．区間 $[x_1, x_2]$ を

$$\left[x_1, \frac{x_1+x_2}{2}\right), \qquad \left[\frac{x_1+x_2}{2}, x_2\right]$$

と 2 等分する．このとき二つの小区間の少なくともいずれかは集合 $A$ の無限個の点を含む．こうして無限個の点を含むほうの区間 $[y_{n1}, y_{n2}]$ を次々に 2 等分してゆくと，小区間 $[y_{n1}, y_{n2}]$ の左端の座標 $\{y_{n1}\}$ は単調増加数列であり，かつ $y_{n1} \leq x_2$ であるから有界である．有界な単調増加数列は区間 $[x_1, x_2]$ 内の点 P に収束する．しかも区間幅 $|y_{n2} - y_{n1}|$ は 0 に収束するので点 P は集積点である．■

**定理 A-2**　有界な閉区間 $[x_1, x_2]$ で定義された連続関数 $f(x)$ は有界であり，かつ（全体的）最大値および最小値をとる．

**証明）**　まず，関数 $f(x)$ が上に有界であることを背理法により示す．関数 $f(x)$ が上に有界でないと仮定すると，

$$f(c_1) > 0$$

である点 $c_1$ が区間 $[x_1, x_2]$ 内に存在する．続いて，

$$f(c_2) > 2f(c_1)$$

である点 $c_1, c_2, \ldots, c_n$ と一般に

$$f(c_n) > 2f(c_{n-1}) > 2^{n-1}f(c_1)$$

である点 $c_n$ が区間 $[x_1, x_2]$ 内に存在する．点列 $\{c_1, c_2, \ldots, c_n, \ldots\}$ は有界な閉区間 $[x_1, x_2]$ 内の可付番無限個の異なる点の集合であるから「定理 A-1」によりその区間内に集積点をもつ．その集積点の一つを $d$ とし，$d$ に収束する $\{c_1, c_2, \ldots, c_n, \ldots\}$ の部分点列を $\{c_{m_1}, c_{m_2}, \ldots, c_{m_n}, \ldots\}$ とすると（集積点が一つならば $\{c_1, c_2, \ldots, c_n, \ldots\}$ そのものでよい），$\lim_{n\to\infty} f(c_{m_n}) = f(d)$ である一方，$f(c_{m_n}) > 2^{m_n-1}f(c_1)$ であり，数列 $\{f(c_{m_n})\}$ は単純発散するので，矛盾を生じる．したがって関数 $f(x)$ は上に有界である．つまり関数 $f(x)$ には上界が存在するので，最小の上界すなわち上限を $K_1$ とする [17]．

最後に区間 $[x_1, x_2]$ 内のある点 $h$ において実際に

$$f(h) = K_1$$

が実現することを再び背理法により証明する．もし区間 $[x_1, x_2]$ 内のいかなる点 $x$ においても

$$f(x) \neq K_1$$

であると仮定すると，関数

$$g(x) \equiv \frac{1}{f(x) - K_1}$$

は区間 $[x_1, x_2]$ において連続であり，したがって上で示した通り有界である．一方，$K_1$ は $f(x)$ の上限であるから $f(x) - K_1$ の絶対値はいくらでも小さくなりうる．これは矛盾である．したがって $f(h) = K_1$ となる点 $h$ が存在し，上限 $K_1$ がすなわち最大値である．

関数 $f(x)$ が下に有界であり下限 $K_2$ が最小値であることは，上の証明中で不等号の向きを変えることによりまったく同様に示すことができる．■

点集合の集積点は必ずしもその点集合の要素とは限らない．しかし，有界な無限個の点集合が閉区間 $[x_1, x_2]$ であるとき，自分自身を上の証明で用いた閉区間に選ぶことができるので，閉区間 $[x_1, x_2]$ という集合の集積点はすべて閉区間 $[x_1, x_2]$ に含まれる．一般にすべての集積点が自分自身に含まれるとき，その集合を閉集合と呼ぶ．

### ■ A-3-3　微分可能な関数の最小値（最大値）

関数が微分可能でないと極値をとる条件を記述することは困難であるが，微分可能であれば以下の必要/十分条件を得る．

**定理 A-3**　閉区間 $[x_1, x_2]$ で定義された関数 $f(x)$ が開区間 $(x_1, x_2)$ において 1 階および 2 階の連続な導関数をもち（$C^2$ 級に属する），開区間 $(x_1, x_2)$ 内の点 $x_0$ において全体的ないし局所的最小値をとるとき，

$$f'(x_0) = 0 \quad \text{かつ} \quad f''(x_0) \geq 0$$

でなければならない(極小の必要条件).

**証明)** 関数 $f(x)$ が開区間 $(x_1, x_2)$ において 1 階および 2 階の導関数をもつのでテイラーの定理により

$$f(x) - f(x_0) = f'(x_0)(x - x_0) + \frac{f''(x_0 + \theta(x - x_0))}{2}(x - x_0)^2 \qquad (0 < \theta < 1)$$

を満たす $\theta$ が存在する.

もし, $f'(x_0) \neq 0$ であれば,

$$|f'(x_0)| > \left| \frac{f''(x_0 + \theta(x - x_0))}{2}(x - x_0) \right|$$

を満足する $x_0$ の近傍

$$x_0 - \varepsilon < x < x_0 + \varepsilon, \qquad \varepsilon = |f'(x_0)| \Big/ \left| \frac{f''(x_0 + \theta(x - x_0))}{2} \right|$$

が存在し, その内部区間においては $f(x) - f(x_0)$ の符号は $f'(x_0)(x - x_0)$ の符号と一致する(とくに分母が 0 のときは $\varepsilon = \infty$). すなわち, $f(x)$ は $x_0$ において $f'(x_0) > 0$ のとき増加し, $f'(x_0) < 0$ のとき減少する. ゆえに $x_0$ において最小値をとるとき $f'(x_0) = 0$ でなければならない.

このとき,

$$f(x) - f(x_0) = \frac{f''(x_0 + \theta(x - x_0))}{2}(x - x_0)^2 \qquad (0 < \theta < 1)$$

である. $x_0$ において全体的ないし局所的最小値をとるのであるから, $x_0$ の十分小さな近傍において

$$f(x) - f(x_0) = \frac{f''(x_0 + \theta(x - x_0))}{2}(x - x_0)^2 \geq 0 \qquad (0 < \theta < 1)$$

でなければならない(等号は全体的最小値の特殊な場合, たとえば $f(x) = c$ (定数)).

したがって $x - x_0 \to 0$ の極限をとると, $f''(x_0) \geq 0$ を得る. ■

**例 A-1** **$f'(x_0) = 0$ かつ $f''(x_0) \geq 0$ が極小の十分条件ではない場合**

$$f(x) = (x - x_0)^3$$

■

一方, 極小(大)の十分条件は次の通りである.

**定理 A-4** 開区間 $(x_1, x_2)$ 内の点 $x_0$ において

$$f'(x_0) = 0 \quad \text{かつ} \quad f''(x_0) > 0$$

であるならば, $f(x_0)$ は局所的最小値である(極小の十分条件).

**証明)** $f''(x_0) > 0$ であり，2 階導関数は連続であるから，$x_0$ の十分小さな近傍内に $x$ をとれば，$x_0 - \varepsilon < x < x_0 + \varepsilon$ において

$$f''(x_0 + \theta(x - x_0)) > 0 \qquad (0 < \theta < 1)$$

とすることができる．このとき $x \neq x_0$ において次式を得る．

$$f(x) - f(x_0) = \frac{f''(x_0 + \theta(x - x_0))}{2}(x - x_0)^2 > 0 \qquad (0 < \theta < 1)$$

■

---

**定理 A-5**　開区間 $(x_1, x_2)$ 内のある点 $x_0$ と任意の点 $x$ において

$$f'(x_0) = 0 \quad かつ \quad f''(x) \geq 0$$

であるならば，$f(x_0)$ は全体的最小値である（最小の十分条件）．

---

**証明)** このとき，任意の点 $x$ において次式が成り立つ．

$$f(x) - f(x_0) = \frac{f''(x_0 + \theta(x - x_0))}{2}(x - x_0)^2 \geq 0 \qquad (0 < \theta < 1)$$

■

## ■ A-3-4　端点における最小値（最大値）

---

**定理 A-6**　閉区間 $[x_1, x_2]$ において定義された関数 $f(x)$ が端点 $x_1$ において局所的最小値をとるならば，

$$f'(x_1) \geq 0$$

であり，端点 $x_2$ において局所的最小値をとるならば，

$$f'(x_2) \leq 0$$

である．この場合，$f''(x_1)$ および $f''(x_2)$ には条件がつかない．

---

**証明)** 平均値の定理により

$$f(x) - f(x_1) = f'(x_1 + \theta(x - x_1))(x - x_1) \qquad (0 < \theta < 1)$$

であるから，端点 $x_1$ において局所的最小値をとるとき $x_1$ の十分小さな近傍

$$x_1 < x < x_1 + \varepsilon$$

において

$$f'(x_1 + \theta(x - x_1))(x - x_1) > 0 \qquad (0 < \theta < 1)$$

でなければならない．ゆえに $x - x_1 \to 0+$ の極限をとると，$f'(x_1) \geq 0$ を得る．

端点 $x_2$ において局所的最小値をとる場合も同様．

■

### ■ A-3-5　高階導関数

関数 $f(x)$ がある区間においてテイラー展開できるとき，その区間内の点 $x_0$ のまわりで $f(x)$ を

$$f(x) = f(x_0) + f'(x_0)(x-x_0) + \frac{f''(x_0)}{2}(x-x_0)^2 + \frac{f'''(x_0)}{3!}(x-x_0)^3 + \frac{f^{(4)}(x_0)}{4!}(x-x_0)^4 + \cdots$$

と表すことができる．このとき，$f'(x_0) = 0$ であることを，点 $x_0$ において**停留値** $f(x_0)$ をとるという．この停留値が極値であるための十分条件は $f''(x_0) \neq 0$（正ならば極小値，負ならば極大値）である．

もし $f''(x_0) = 0$ であるならば，$f'''(x_0) \neq 0$ のときは極値ではなく，単なる停留値である．一方 $f'''(x_0) = 0$ のときはこの停留値が極値であるための十分条件は $f^{(4)}(x_0) \neq 0$ (正ならば極小値，負ならば極大値) である．すなわち，$f(x_0)$ が停留値すなわち $f'(x_0) = 0$ であるときそれが極値であるか否かを決定するのは，非零であるもっとも小さい階の微係数の階数が偶数であるか奇数であるかに依存する．偶数であれば極値であり，奇数であれば単なる停留値である．

このうち，$f'(x_0)$ が第 1 変分に対応し，$f''(x_0)$ が第 2 変分に対応する．また，数値 $x_0$ が「極値関数，または停留関数 $y(x)$」に対応する．一方，

極小値であるための必要条件は $f'(x_0) = 0$ かつ $f''(x_0) \geq 0$ であること，
極大値であるための必要条件は $f'(x_0) = 0$ かつ $f''(x_0) \leq 0$ であること

である．

# 補遺 B. ラグランジュの未定乗数法 (条件付き極値問題) [18]

条件付き極値問題は高校数学以来の大きなテーマの一つである(例：$x^2+y^2=1$ の下で $x+y$ の最大値・最小値を求める). 多くの場合，グラフを活用し，さまざまな技巧を用いたが，多変数の微積分・偏微分の知識を得た後には，これに**ラグランジュ (Lagrange) の未定乗数法**という，純粋に代数的な解法を適用することができる．さらにその典型的問題が固有値問題となる.

$n$ 変数 $x_1, x_2, \ldots, x_n$ の関数

$$f(\boldsymbol{x}) = f(x_1, x_2, \ldots, x_n)$$

が，$p$ 個の拘束条件

$$g_i(\boldsymbol{x}) = g_i(x_1, x_2, \ldots, x_n) = 0 \qquad (i = 1, 2, \ldots, p, p < n) \tag{B-1}$$

の下で極値をもつための必要条件を定式化する.

微積分解析学の入門書に証明されているように, ある $n$ 次元空間の点 $\boldsymbol{x} = (x_1, x_2, \ldots, x_n)$ の近傍で，$g_i(\boldsymbol{x})$ $(i = 1, 2, \ldots, p)$ の $p$ 個の変数 $x_{n-p+1}, x_{n-p+2}, \ldots, x_n$ による関数行列式(ヤコビ行列式，またはヤコビアン)が 0 でない，すなわち

$$J = \frac{\partial(g_1, g_2, \ldots, g_p)}{\partial(x_{n-p+1}, x_{n-p+2}, \ldots, x_n)} \neq 0$$

のとき，$p$ 個の変数 $x_{n-p+1}, x_{n-p+2}, \ldots, x_n$ はそれぞれ，残りの $n-p$ 個の変数 $(x_1, x_2, \ldots, x_{n-p})$ の関数の連続微分可能な 1 価関数となる(陰関数の定理).

$$x_i = h_i(x_1, x_2, \ldots, x_{n-p}) \qquad (i = n-p+1, n-p+2, \ldots, n) \tag{B-2}$$

それゆえ，$p$ 個の変数 $x_{n-p+1}, x_{n-p+2}, \ldots, x_n$ に式 (B-2) を代入した

$$\begin{aligned}g_i(\boldsymbol{x}) = g_i(&x_1, x_2, \ldots, x_{n-p}, h_{n-p+1}(x_1, x_2, \ldots, x_{n-p}), h_{n-p+2}(x_1, x_2, \ldots, x_{n-p}),\\ &\ldots, h_n(x_1, x_2, \ldots, x_{n-p})) = 0 \qquad (i = 1, 2, \ldots, p)\end{aligned}$$

は，$n-p$ 個の変数 $(x_1, x_2, \ldots, x_{n-p})$ の恒等式である.

さて，恒等式の両辺を偏微分したものも恒等式であるから合成関数の微分法により

$$\begin{aligned}&\frac{\partial}{\partial x_k} g_i(x_1, x_2, \ldots, x_{n-p}, h_{n-p+1}(x_1, x_2, \ldots, x_{n-p}), h_{n-p+2}(x_1, x_2, \ldots, x_{n-p}),\\ &\qquad \ldots, h_n(x_1, x_2, \ldots, x_{n-p}))\\ &= \frac{\partial}{\partial x_k} g_i(x_1, x_2, \ldots, x_n) + \sum_{j=n-p+1}^{n} \frac{\partial}{\partial x_j} g_i(x_1, x_2, \ldots, x_n) \frac{\partial h_j}{\partial x_k} = 0\end{aligned}$$

$$(i = 1, 2, \ldots, p; k = 1, 2, \ldots, n-p) \tag{B-3}$$

を得る．

また，関数 $f(x_1, x_2, \ldots, x_n)$ が極値(停留値)をもつとき，関数 $f(x_1, x_2, \ldots, x_n)$ の $p$ 個の変数 $x_{n-p+1}, x_{n-p+2}, \ldots, x_n$ に式 (B-2) を代入した

$$f(x_1, x_2, \ldots, x_{n-p}, h_{n-p+1}(x_1, x_2, \ldots, x_{n-p}), h_{n-p+2}(x_1, x_2, \ldots, x_{n-p}), \ldots,$$
$$h_n(x_1, x_2, \ldots, x_{n-p}))$$

を，独立変数 $(x_1, x_2, \ldots, x_{n-p})$ のそれぞれで偏微分した式は 0 となる．

$$\frac{\partial}{\partial x_k} f(x_1, x_2, \ldots, x_{n-p}, h_{n-p+1}(x_1, x_2, \ldots, x_{n-p}), h_{n-p+2}(x_1, x_2, \ldots, x_{n-p}),$$
$$\ldots, h_n(x_1, x_2, \ldots, x_{n-p}))$$
$$= \frac{\partial}{\partial x_k} f(x_1, x_2, \ldots, x_n) + \sum_{j=n-p+1}^{n} \frac{\partial}{\partial x_j} f(x_1, x_2, \ldots, x_n) \frac{\partial h_j}{\partial x_k} = 0$$
$$(k = 1, 2, \ldots, n-p) \tag{B-4}$$

さて，式 (B-3, 4) は，それぞれの $k$ ごとに，$p$ 個の元 $\partial h_j / \partial x_k$ $(j = n-p+1, n-p+2, \ldots, n)$ に対する $p+1$ 個の連立方程式を構成する．$p+1$ 個の連立方程式において，$p$ 個の元が有意の解をもつためには，$f$ の条件式 (B-4) は $g$ の $p$ 個の条件式 (B-3) の 1 次結合でなければならない．すなわち，連立方程式の係数が定数 $\lambda_i$ $(i = 1, 2, \ldots, p)$ を介して

$$\frac{\partial}{\partial x_k} f(x_1, x_2, \ldots, x_n) = -\sum_{i=1}^{p} \lambda_i \frac{\partial}{\partial x_k} g_i(x_1, x_2, \ldots, x_n) \qquad (k = 1, 2, \ldots, n)$$

の関係を有する必要がある．

これは言い換えると，ラグランジュ関数

$$F(x_1, x_2, \ldots, x_n; \lambda_1, \lambda_2, \ldots, \lambda_p) \equiv f(x_1, x_2, \ldots, x_n) + \sum_{i=1}^{p} \lambda_i g_i(x_1, x_2, \ldots, x_n)$$

のすべての変数 $(x_1, x_2, \ldots, x_n)$ による偏微分が 0 でなければならないことを意味する．

$$\frac{\partial}{\partial x_k} F(x_1, x_2, \ldots, x_n; \lambda_1, \lambda_2, \ldots, \lambda_p) = 0 \qquad (k = 1, 2, \ldots, n) \tag{B-5}$$

さらに，$p$ 個の条件式 (B-1) は

$$\frac{\partial}{\partial \lambda_i} F(x_1, x_2, \ldots, x_n; \lambda_1, \lambda_2, \ldots, \lambda_p) = 0 \qquad (i = 1, 2, \ldots, p) \tag{B-6}$$

と表現できる．

以上，$p$ 個の未定乗数 $\lambda_i$ $(i = 1, 2, \ldots, p)$ を導入し，式 (B-1) の条件下における

$f\ (x_1, x_2, \ldots, x_n)$ の極値問題を，連立偏微分方程式 (B-5, 6) と定式化したのが**ラグランジュの未定乗数法** (Lagrange multiplier) である．なお，連立偏微分方程式 (B-5, 6) を満たすことは，条件 (B-1) の下で関数 $f\ (x_1, x_2, \ldots, x_n)$ が極値をもつための必要十分条件ではなく，単に**必要条件**であることに注意する．

# 補遺 C. 漸近関係と関数の相対的大きさに関する記号

独立変数 $x$ がある値 $x_0$ に近づく極限における二つの関数 $f(x)$ と $g(x)$ の相対的大きさに関する記号を定義し，その性質をまとめる．まず，$f(x)$ と $g(x)$ が

$$\lim_{x\to x_0}\frac{f(x)}{g(x)}=0$$

という関係にあるとき，「$x\to x_0$ の極限において（あるいは単に「$x\to x_0$ のとき」），$f(x)$ は $g(x)$ より（はるかに）小さい（$g(x)$ は $f(x)$ より（はるかに）大きい）」といい，これを

$$f(x)\ll g(x),\qquad x\to x_0$$

または

$$g(x)\gg f(x),\qquad x\to x_0$$

と表記する．さらに，これらの不等式と同じ命題を**オーダー記号**（または**ランダウ** (Landau) **記号**）$o$ を用いて

$$f(x)=o(g(x)),\qquad x\to x_0$$

と表記することもあり，「$f(x)$ は $g(x)$ より小さなオーダーである」と読む．

次に，$f(x)$ と $g(x)$ が

$$\lim_{x\to x_0}\frac{f(x)}{g(x)}=1$$

すなわち，

$$f(x)-g(x)\ll f(x),\qquad x\to x_0$$

という関係にあるとき，「$x\to x_0$ のとき（の極限において），$f(x)$ は $g(x)$ に**漸近する**」といい，これを

$$f(x)\sim g(x),\qquad x\to x_0$$

または

$$g(x)\sim f(x),\qquad x\to x_0$$

と表記する．このように漸近関係記号 $\sim$ で結ばれた関係式を**漸近関係式**と呼ぶ．

さらに，$f(x)$ と $g(x)$ が $x=x_0$ の近傍で，$x$ によらないある正の定数 $K$ について，

$$\left|\frac{f(x)}{g(x)}\right|\le K$$

という関係を満たすとき，すなわち，その比が有界であるとき，「$x \to x_0$ のとき，$f(x)$ は $g(x)$ の**オーダーである**」といい，これを大文字のオーダー記号 $O$ を用いて

$$f(x) = O(g(x)), \qquad x \to x_0$$

と表記する．

# 補遺 D.　ライプニッツの規則 (Leibniz's rule)

$$I = \int_{x_1(\varepsilon)}^{x_2(\varepsilon)} F(x,\varepsilon)\,dx \text{ のとき}$$

$$\frac{dI}{d\varepsilon} = F(x_2(\varepsilon),\varepsilon)\frac{dx_2(\varepsilon)}{d\varepsilon} - F(x_1(\varepsilon),\varepsilon)\frac{dx_1(\varepsilon)}{d\varepsilon} + \int_{x_1(\varepsilon)}^{x_2(\varepsilon)} \frac{\partial}{\partial\varepsilon}F(x,\varepsilon)\,dx$$

である.

証明)

$$\frac{dI}{d\varepsilon} = \lim_{\delta\to 0}\frac{1}{\delta}\left(\int_{x_1(\varepsilon+\delta)}^{x_2(\varepsilon+\delta)} F(x,\varepsilon+\delta)\,dx - \int_{x_1(\varepsilon)}^{x_2(\varepsilon)} F(x,\varepsilon)\,dx\right)$$

$$= \lim_{\delta\to 0}\frac{1}{\delta}\left[\left(\int_{x_1(\varepsilon+\delta)}^{x_2(\varepsilon+\delta)} F(x,\varepsilon+\delta)\,dx - \int_{x_1(\varepsilon+\delta)}^{x_2(\varepsilon)} F(x,\varepsilon+\delta)\,dx\right)\right.$$

$$+\frac{1}{\delta}\left(\int_{x_1(\varepsilon+\delta)}^{x_2(\varepsilon)} F(x,\varepsilon+\delta)\,dx - \int_{x_1(\varepsilon)}^{x_2(\varepsilon)} F(x,\varepsilon+\delta)\,dx\right)$$

$$\left.+\frac{1}{\delta}\left(\int_{x_1(\varepsilon)}^{x_2(\varepsilon)} F(x,\varepsilon+\delta)\,dx - \int_{x_1(\varepsilon)}^{x_2(\varepsilon)} F(x,\varepsilon)\,dx\right)\right]$$

$$= \lim_{\delta\to 0}\left(\int_{x_2(\varepsilon)}^{x_2(\varepsilon+\delta)} \frac{F(x,\varepsilon+\delta)}{\delta}\,dx - \int_{x_1(\varepsilon)}^{x_1(\varepsilon+\delta)} \frac{F(x,\varepsilon+\delta)}{\delta}\,dx\right.$$

$$\left.+\int_{x_1(\varepsilon)}^{x_2(\varepsilon)} \frac{F(x,\varepsilon+\delta)-F(x,\varepsilon)}{\delta}\,dx\right)$$

$$= \lim_{\delta\to 0}\left(F(x_2(\varepsilon)+\theta_2(x_2(\varepsilon+\delta)-x_2(\varepsilon)),\varepsilon+\delta)\frac{x_2(\varepsilon+\delta)-x_2(\varepsilon)}{\delta}\right.$$

$$-F(x_1(\varepsilon)+\theta_1(x_1(\varepsilon+\delta)-x_1(\varepsilon)),\varepsilon+\delta)\frac{x_1(\varepsilon+\delta)-x_1(\varepsilon)}{\delta}$$

$$\left.+\int_{x_1(\varepsilon)}^{x_2(\varepsilon)} \frac{F(x,\varepsilon+\delta)-F(x,\varepsilon)}{\delta}\,dx\right)$$

$$= F(x_2(\varepsilon),\varepsilon)\frac{dx_2(\varepsilon)}{d\varepsilon} - F(x_1(\varepsilon),\varepsilon)\frac{dx_1(\varepsilon)}{d\varepsilon} + \int_{x_1(\varepsilon)}^{x_2(\varepsilon)} \frac{\partial}{\partial\varepsilon}F(x,\varepsilon)\,dx$$

■

# 補遺 E.　曲線 $y = y(x)$ の曲率

図 E-1 のように，ある定直線たとえば $x$ 軸正方向と，曲線 $y = y(x)$ 上の点 $(x, y)$ における接線とのなす角を $\theta$，曲線に沿う長さを $s$ とすると，

$$\tan\theta = \frac{dy}{dx}$$

であるから，両辺を $s$ で微分すると

$$\frac{1}{\cos^2\theta}\frac{d\theta}{ds} = \frac{dx}{ds}\frac{d}{dx}\frac{dy}{dx} \quad \text{すなわち} \quad \left[1 + \left(\frac{dy}{dx}\right)^2\right]\frac{d\theta}{ds} = \frac{1}{\sqrt{1 + (dy/dx)^2}}\frac{d^2y}{dx^2}$$

となる．これから曲率（$\rho$：曲率半径）

$$\frac{1}{\rho} \equiv \frac{d\theta}{ds} = \frac{d^2y/dx^2}{\left[1 + (dy/dx)^2\right]^{3/2}}$$

（$s$ 方向に向かって左に湾曲するとき正とする）

を得る．

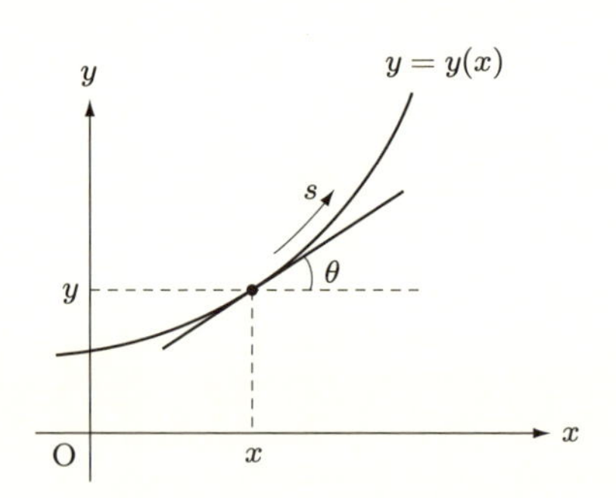


**図 E-1**　曲線 $y = y(x)$ の曲率

# 補遺 F. 曲面 $z = z(x, y)$ の面積 [18]

曲面が一般に二つの媒介変数 $u, v$ により

$$\boldsymbol{r}(u,v) \equiv \begin{pmatrix} x \\ y \\ z \end{pmatrix} = \begin{pmatrix} x(u,v) \\ y(u,v) \\ z(u,v) \end{pmatrix}$$

と表されるとき，曲面上の点

$$\boldsymbol{r}(u_0,v_0) \equiv \begin{pmatrix} x(u_0,v_0) \\ y(u_0,v_0) \\ z(u_0,v_0) \end{pmatrix}$$

における $u, v$ 方向の接ベクトルはそれぞれ

$$\frac{\partial \boldsymbol{r}(u_0,v_0)}{\partial u} \equiv \begin{pmatrix} \partial x(u_0,v_0)/\partial u \\ \partial y(u_0,v_0)/\partial u \\ \partial z(u_0,v_0)/\partial u \end{pmatrix}, \qquad \frac{\partial \boldsymbol{r}(u_0,v_0)}{\partial v} \equiv \begin{pmatrix} \partial x(u_0,v_0)/\partial v \\ \partial y(u_0,v_0)/\partial v \\ \partial z(u_0,v_0)/\partial v \end{pmatrix}$$

であり，これらが 1 次独立であるとき，その張る平面が曲面 $\boldsymbol{r}(u,v)$ 上の点 $\boldsymbol{r}(u_0,v_0)$ における接平面である．曲面上の微小面積 $dS(u_0,v_0)$ は面積が 0 に収束する極限で対応する接平面上の微小接ベクトルが張る平面の面積

$$\left| \frac{\partial \boldsymbol{r}(u_0,v_0)}{\partial u} du \times \frac{\partial \boldsymbol{r}(u_0,v_0)}{\partial v} dv \right|$$

に一致する．ゆえに

$$\begin{aligned} dS(u_0,v_0) &= \left| \frac{\partial \boldsymbol{r}(u_0,v_0)}{\partial u} \times \frac{\partial \boldsymbol{r}(u_0,v_0)}{\partial v} \right| dudv \\ &= \left| \begin{pmatrix} \partial x(u_0,v_0)/\partial u \\ \partial y(u_0,v_0)/\partial u \\ \partial z(u_0,v_0)/\partial u \end{pmatrix} \times \begin{pmatrix} \partial x(u_0,v_0)/\partial v \\ \partial y(u_0,v_0)/\partial v \\ \partial z(u_0,v_0)/\partial v \end{pmatrix} \right| dudv \end{aligned}$$

となる．とくに

$$u = x, \qquad v = y$$

であるとき，

$$dS(x_0,y_0) = \left| \begin{pmatrix} 1 \\ 0 \\ \partial z(x_0,y_0)/\partial x \end{pmatrix} \times \begin{pmatrix} 0 \\ 1 \\ \partial z(x_0,y_0)/\partial y \end{pmatrix} \right| dxdy$$

$$= \left| \begin{pmatrix} -\partial z(x_0, y_0)/\partial x \\ -\partial z(x_0, y_0)/\partial y \\ 1 \end{pmatrix} \right| dxdy = \sqrt{1 + \left(\frac{\partial z}{\partial x}\right)^2 + \left(\frac{\partial z}{\partial y}\right)^2}\, dxdy$$

となる.

# 演習問題の解答

## 第 1 章　(p.19)

**1-1** $y_1(x) - y_2(x) = x - x^2 = -\left(x - \frac{1}{2}\right)^2 + \frac{1}{4} \qquad (0 \le x \le 1)$

$$y_1'(x) - y_2'(x) = 1 - 2x \qquad (0 \le x \le 1)$$

$$d_0(y_1, y_2) \equiv \sup_{0 \le x \le 1} |y_1(x) - y_2(x)| = \frac{1}{4}$$

$$d_1(y_1, y_2) \equiv d_0(y_1, y_2) + \sup_{0 \le x \le 1} |y_1'(x) - y_2'(x)| = \frac{1}{4} + 1 = \frac{5}{4}$$

**1-2** $y_{1n}(x) - y_2(x) = \dfrac{\sin nx}{n} \qquad (-\pi \le x \le \pi)$

$$y_{1n}'(x) - y_2'(x) = \cos nx \qquad (-\pi \le x \le \pi)$$

$$\lim_{n \to \infty} d_0(y_{1n}, y_2) = \lim_{n \to \infty} \frac{1}{n} = 0$$

$$\lim_{n \to \infty} d_1(y_{1n}, y_2) = 0 + \lim_{n \to \infty} 1 = 1$$

**1-3** $\displaystyle\lim_{n \to \infty} d_0(y_{1n}, y_2) = \lim_{n \to \infty} \left[\sup_x |y_{1n}(x) - y_2(x)|\right] = 0$

であるならば，任意の正数 $\varepsilon$ に対して，$x$ に依存しない自然数 $N(\varepsilon)$ を定めることができ，$n > N(\varepsilon)$ のすべての $n$ について

$$|y_{1n}(x) - y_2(x)| < \varepsilon$$

とすることができる．これはすなわち $y_{1n}(x)$ が関数 $y_2(x)$ に一様収束することを意味する．逆も明らか．

**1-4**
$$\delta y'(x) = \frac{d}{dx}\delta y(x) \tag{1-4-9}$$

であるから，$\delta y'(x) \to 0, \varepsilon \to 0$ のとき，

$$\delta y(x) = \int_{x_1}^{x} \delta y'(t) dt + \delta y(x_1) = \int_{x_1}^{x} \delta y'(t)\, dt \to 0, \qquad \varepsilon \to 0$$

**1-5** 弱い意味の変分（$\eta(x)$ が $\varepsilon$ によらない）を考えると，式 (1-4-10, 13, 18) より

$$\varphi(\varepsilon) \equiv F(x, y_0(x) + \varepsilon\eta(x), y_0'(x) + \varepsilon\eta'(x))$$

$$\Delta F \equiv \varphi(\varepsilon) - \varphi(0) = \varphi(\varepsilon)$$

$$\Delta I = \int_0^1 \Delta F(x, y, y')\,dx = \int_0^1 \left[\left(\frac{d\varepsilon\eta(x)}{dx}\right)^3 + \left(\frac{d\varepsilon\eta(x)}{dx}\right)^2\right] dx$$
$$= \varepsilon^3 \int_0^1 \left(\frac{d\eta(x)}{dx}\right)^3 dx + \varepsilon^2 \int_0^1 \left(\frac{d\eta(x)}{dx}\right)^2 dx$$

であるから，

$$\frac{d\Delta I}{d\varepsilon} = 3\varepsilon^2 \int_0^1 \left(\frac{d\eta(x)}{dx}\right)^3 dx + 2\varepsilon \int_0^1 \left(\frac{d\eta(x)}{dx}\right)^2 dx = 0 \qquad (\varepsilon = 0)$$
$$\frac{d^2\Delta I}{d\varepsilon^2} = 6\varepsilon \int_0^1 \left(\frac{d\eta(x)}{dx}\right)^3 dx + 2 \int_0^1 \left(\frac{d\eta(x)}{dx}\right)^2 dx$$
$$= 2 \int_0^1 \left(\frac{d\eta(x)}{dx}\right)^2 dx > 0 \qquad (\varepsilon = 0)$$

となるので，$y_0 \equiv 0$ は弱い意味の極小関数である．

ところが，図 1-13 に示されている強い意味の変分

$$\delta y(x) = \frac{\varepsilon x}{1-\varepsilon^2} \quad (0 \le x \le 1-\varepsilon^2), \qquad \delta y(x) = \frac{1-x}{\varepsilon} \quad (1-\varepsilon^2 < x \le 1)$$

の場合には，

$$\frac{d\delta y(x)}{dx} = \frac{\varepsilon}{1-\varepsilon^2} \quad (0 \le x \le 1-\varepsilon^2), \qquad \frac{d\delta y(x)}{dx} = -\frac{1}{\varepsilon} \quad (1-\varepsilon^2 < x \le 1)$$

であるから

$$\Delta I = \int_0^1 \left[\left(\frac{d\delta y(x)}{dx}\right)^3 + \left(\frac{d\delta y(x)}{dx}\right)^2\right] dx$$
$$= \int_0^{1-\varepsilon^2} \left[\left(\frac{\varepsilon}{1-\varepsilon^2}\right)^3 + \left(\frac{\varepsilon}{1-\varepsilon^2}\right)^2\right] dx + \int_{1-\varepsilon^2}^1 \left(-\frac{1}{\varepsilon^3} + \frac{1}{\varepsilon^2}\right) dx$$
$$= \frac{\varepsilon^3}{(1-\varepsilon^2)^2} + \frac{\varepsilon^2}{1-\varepsilon^2} - \frac{1}{\varepsilon} + 1 \to -\infty, \qquad \varepsilon \to 0+$$

となり，強い変分 (図 1-13) に対して $y_0 \equiv 0$ は極値関数ではない．

## 第 2 章 (p.74)

**2-1** $$\frac{\partial F}{\partial y} - \frac{d}{dx}\left(\frac{\partial F}{\partial y'}\right) = 0 \qquad (2\text{-}2\text{-}1)$$

の両辺に $y'$ をかけると

$$y'\frac{\partial F}{\partial y} - y'\frac{d}{dx}\left(\frac{\partial F}{\partial y'}\right) = y'\frac{\partial F}{\partial y} - \frac{d}{dx}\left(y'\frac{\partial F}{\partial y'}\right) + y''\frac{\partial F}{\partial y'} = \frac{dF}{dx} - \frac{d}{dx}\left(y'\frac{\partial F}{\partial y'}\right)$$

**2-2** 変数分離可能であり，

$$\frac{dy}{\sqrt{(y/c)^2 - 1}} = dx$$

となるので辺々積分すると，

$$\pm c \cosh^{-1}\frac{y}{\pm c} = x + k \qquad (\text{複号同順})$$

**2-3** $y = c\cosh\dfrac{x+k}{c}$ と $\dfrac{\partial}{\partial c}\left(y - c\cosh\dfrac{x+k}{c}\right) = 0$ から $c$ を消去したものが包絡線である [16]．その結果は

$$y = \pm a(x+k)$$

であり，$a\ (>0)$ は $\sqrt{a^2+1} = \cosh\sqrt{1/a^2+1}$ の解で $a = 1.498303\cdots$ となる．

**2-4** $$\frac{d^2F(y')}{dy'^2} = 12\left[(y')^2 - \frac{1}{3}\right]$$

（i） $-1/\sqrt{3} < c < 1/\sqrt{3}$ のとき両端点を結ぶ線分は，$d^2F(y')/dy'^2 < 0$ であり，ルジャンドルの必要条件を満たさないので極小曲線ではない．

（ii） $-1 < c \leq -1/\sqrt{3}, 1/\sqrt{3} \leq c < 1$ のとき両端点を結ぶ線分は局所的極小曲線であるが全体的極小曲線ではない．

なぜならば，停留曲線 $y_0(x)$ が $I(y) \equiv \displaystyle\int_{x_1}^{x_2} F(x,y,y')\,dx$ を強い意味で極小（極大）にし，角 $x_0$ をもつとき，定理 2-3 により

$$\lim_{x\to x_0-0}\frac{\partial}{\partial y'}F(x,y_0(x),y_0'(x)) = \lim_{x\to x_0+0}\frac{\partial}{\partial y'}F(x,y_0(x),y_0'(x))$$

であり，また定理 2-4 により

$$\lim_{x\to x_0-0}\left(F(x,y_0(x),y_0'(x)) - y_0'(x)\frac{\partial}{\partial y'}F(x,y_0(x),y_0'(x))\right)$$
$$= \lim_{x\to x_0+0}\left(F(x,y_0(x),y_0'(x)) - y_0'(x)\frac{\partial}{\partial y'}F(x,y_0(x),y_0'(x))\right)$$

である．折れ線のうち，角の左側の勾配を $k$，右側の勾配を $l$ とおくと，

$$4k(k^2-1) = 4l(l^2-1) \quad \text{および}$$

$$(k^2-1)^2 - 4k^2(k^2-1) = (l^2-1)^2 - 4l^2(l^2-1)$$

を得るので，$k \neq l$ であるから，両式を $k-l$ で割ると，

$$k^2 + kl + l^2 - 1 = 0 \quad \text{および} \quad (k+l)[-3(k^2+l^2)+2] = 0$$

となり，これを満足するのは

$$k = \pm 1, \qquad l = \mp 1 \qquad \text{（複号同順）}$$

であるからである．すなわち $|c| < 1$ のとき存在する範囲内の折れ線（解図 1）が全体的極小曲線である．

（iii） $c \leq -1, 1 \leq c$ のとき両端点を結ぶ線分は全体的極小曲線である．なぜならば両端点を結ぶ任意の曲線を

$$y = y_0 + \eta(x) \qquad (y_0 = cx)$$

とおくと，

$$I(y) - I(y_0) = \int_0^1 [(c+\eta')^2 - 1]^2\,dx - \int_0^1 (c^2-1)^2\,dx$$

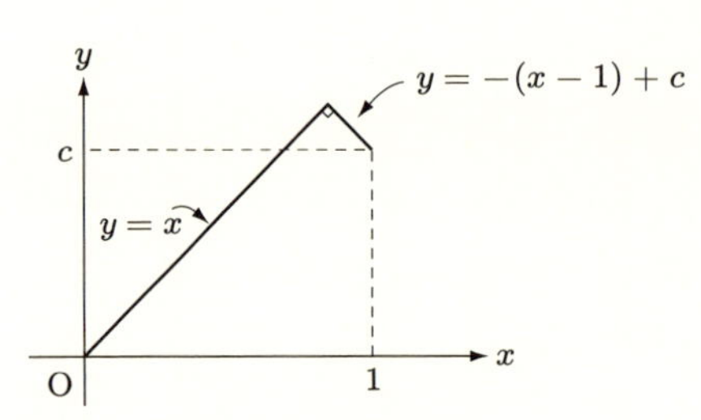


**解図 1**　原点と $(1,c)$ を勾配 1 および −1 の線分で接続

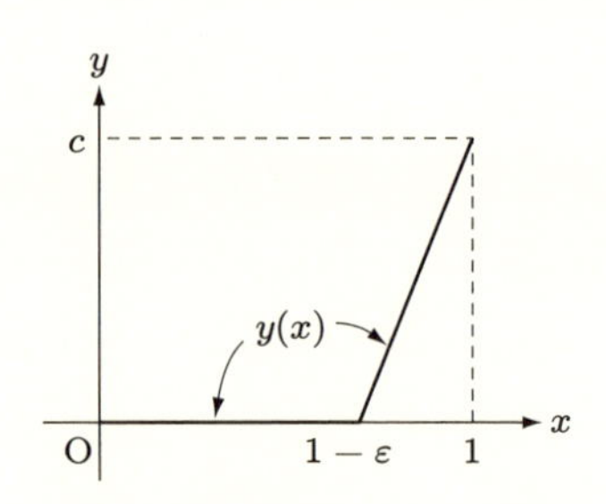


**解図 2**　演習問題 2-5 の有資格曲線

$$= \int_0^1 (2c\eta' + \eta'^2)^2\,dx + 2(c^2-1)\int_0^1 \eta'^2\,dx + 4c(c^2-1)\int_0^1 \eta'\,dx$$

$$= \int_0^1 (2c\eta' + \eta'^2)^2\,dx + 2(c^2-1)\int_0^1 \eta'^2\,dx > 0$$

となるからである．

**2-5**　$0 < I(y) < 1$ であり，$y(x)$ が解図 2 の実線であるとき $I(y)$ は 1 にいくらでも近い値をとることができる．

$$I(y) = 1 - \varepsilon + \varepsilon\frac{1}{(c/\varepsilon)^2+1} = 1 - \varepsilon + \frac{\varepsilon^3}{c^2+\varepsilon^2} > 1 - \varepsilon$$

また，傾きが正負で絶対値が十分大きい 2 線分を接続して原点 O と点 $(1,c)$ を結ぶことにより，$I(y)$ をいくらでも 0 に近づけることができる．

ゆえに極大曲線・極小曲線ともに存在しない．

**2-6**　(1)　$n = 1$

$$I(y) = \int_{x_1}^{x_2} \frac{dy}{dx}\,dx = y_2 - y_1$$

関数(曲線) $y(x)$ によらず一定．

(2)　$n = 2$

$$I(y) = \int_{x_1}^{x_2} \left(\frac{dy}{dx}\right)^2 dx$$

積分の両端点 $(x_1, y_1), (x_2, y_2)$ を結ぶ線分

$$y_0(x) = \frac{y_2 - y_1}{x_2 - x_1}(x - x_1) + y_1 = c(x - x_1) + y_1, \qquad c \equiv y_0' = \frac{y_2 - y_1}{x_2 - x_1} \quad \text{(k2-1)}$$

が強い意味の全体的極小曲線(最小曲線)である．なぜならば，任意の $(x,y)$ に対してルジャンドルの十分条件

$$\frac{\partial^2 F(y')}{\partial y'^2} = 2 > 0$$

を満たしているからである．実際，任意の

$$y(x) = y_0(x) + \eta(x)$$

を考えると，次のようになる．

$$
\begin{aligned}
I(y) &= \int_{x_1}^{x_2} (y_0' + \eta'(x))^2\,dx = \int_{x_1}^{x_2} (c^2 + 2c\eta'(x) + (\eta'(x))^2)\,dx \\
&= c^2(x_2 - x_1) + 2c(\eta(x_2) - \eta(x_1)) + \int_{x_1}^{x_2} (\eta'(x))^2\,dx \\
&= c^2(x_2 - x_1) + \int_{x_1}^{x_2} (\eta'(x))^2\,dx \geq c^2(x_2 - x_1) = I(y_0)
\end{aligned}
$$

(3)　$n = 1/2$

積分の両端点 $(x_1, y_1), (x_2, y_2)$ $(y_2 \geq y_1)$ を結ぶ線分（式 (k2-1)）は，

$$
\frac{\partial^2 F}{\partial y'^2} = -\frac{1}{4}\frac{1}{y'^{3/2}} < 0
$$

を満たすので $c > 0$ のとき強い意味の全体的極大曲線である．また弱い意味での変分に限定すれば次式が成立する．

$$
\begin{aligned}
I(y) &= \int_{x_1}^{x_2} (y_0' + \varepsilon\eta'(x))^{1/2}\,dx = \int_{x_1}^{x_2} (y_0')^{1/2} \sum_{k=0}^{\infty} \binom{1/2}{k} \left(\frac{\varepsilon\eta'(x)}{y_0'}\right)^k dx \\
&= c^{1/2} \sum_{k=0}^{\infty} \binom{1/2}{k} \left(\frac{\varepsilon}{c}\right)^k \int_{x_1}^{x_2} \eta'(x)^k\,dx \\
&= c^{1/2} \left[ (x_2 - x_1) + \binom{1/2}{1} \frac{\varepsilon}{c}(\eta(x_2) - \eta(x_1)) \right. \\
&\qquad \left. + \binom{1/2}{2} \left(\frac{\varepsilon}{c}\right)^2 \int_{x_1}^{x_2} \eta'(x)^2\,dx + O(\varepsilon^3) \right] \\
&= c^{1/2} \left[ (x_2 - x_1) - \frac{1}{8}\left(\frac{\varepsilon}{c}\right)^2 \int_{x_1}^{x_2} \eta'(x)^2\,dx + O(\varepsilon^3) \right] \\
&\leq c^{1/2}(x_2 - x_1) = I(y_0), \qquad \varepsilon \to 0 \qquad (c \equiv y_0' > 0)
\end{aligned}
$$

(4)　$n = 3/2$

積分の両端点 $(x_1, y_1), (x_2, y_2), y_1 \leq y_2$ を結ぶ線分（式 (k2-1)）は強い意味の全体的極小曲線である．なぜならば

$$
\frac{\partial^2 F}{\partial y'^2} = \frac{3}{4}\frac{1}{\sqrt{y'}} > 0
$$

を満たすからである．また弱い意味の変分に限定すれば次式が成立する．

$$
\begin{aligned}
I(y) &= \int_{x_1}^{x_2} (y_0' + \varepsilon\eta'(x))^{3/2}\,dx = \int_{x_1}^{x_2} (y_0')^{3/2} \sum_{k=0}^{\infty} \binom{3/2}{k} \left(\frac{\varepsilon\eta'(x)}{y_0'}\right)^k dx \\
&= c^{3/2} \sum_{k=0}^{\infty} \binom{3/2}{k} \left(\frac{\varepsilon}{c}\right)^k \int_{x_1}^{x_2} \eta'(x)^k\,dx \\
&= c^{3/2} \left[ (x_2 - x_1) + \binom{3/2}{1} \frac{\varepsilon}{c}(\eta(x_2) - \eta(x_1)) \right.
\end{aligned}
$$

$$
+\binom{3/2}{2}\left(\frac{\varepsilon}{c}\right)^2\int_{x_1}^{x_2}\eta'(x)^2\,dx+O(\varepsilon^3)\Bigg]
$$

$$
=c^{3/2}\left[(x_2-x_1)+\frac{3}{8}\left(\frac{\varepsilon}{c}\right)^2\int_{x_1}^{x_2}\eta'(x)^2\,dx+O(\varepsilon^3)\right]
$$

$$
\geq c^{3/2}(x_2-x_1)=I(y_0),\qquad \varepsilon\to 0\qquad (c\equiv y_0'>0)
$$

(5)　$n=-1$

積分の両端点 $(x_1,y_1),(x_2,y_2)$ を結ぶ線分(式 (k2-1)) は $c\equiv y_0'>0$ のとき弱い意味の局所極小曲線であり，$c\equiv y_0'<0$ のとき弱い意味の局所極大曲線である．なぜならば

$$
\frac{\partial^2 F}{\partial y'^2}=\frac{2}{y'^3}\gtrless 0\ (c\gtrless 0)
$$

であるし，実際次式が成立する ((6) 参照).

$$
I(y)=\int_{x_1}^{x_2}(y_0'+\varepsilon\eta'(x))^{-1}\,dx=\frac{1}{c}\int_{x_1}^{x_2}\left(1+\frac{\varepsilon\eta'(x)}{c}\right)^{-1}dx
$$

$$
=\frac{1}{c}\int_{x_1}^{x_2}\left[1-\frac{\varepsilon\eta'(x)}{c}+\left(\frac{\varepsilon\eta'(x)}{c}\right)^2+O(\varepsilon^3)\right]dx
$$

$$
=\frac{1}{c}\left[(x_2-x_1)-\frac{\varepsilon}{c}(\eta(x_2)-\eta(x_1))+\left(\frac{\varepsilon}{c}\right)^2\int_{x_1}^{x_2}(\eta'(x))^2\,dx+O(\varepsilon^3)\right]
$$

$$
=\frac{1}{c}(x_2-x_1)+\frac{\varepsilon^2}{c^3}\int_{x_1}^{x_2}(\eta'(x))^2\,dx+O(\varepsilon^3)
$$

$$
\begin{cases}\geq \dfrac{1}{c}(x_2-x_1)=I(y_0) & (c>0)\\[2mm] \leq \dfrac{1}{c}(x_2-x_1)=I(y_0) & (c<0)\end{cases}
$$

(6)　$n=3$

積分の両端点 $(x_1,y_1),(x_2,y_2)$ を結ぶ線分

$$
y_0(x)=\frac{y_2-y_1}{x_2-x_1}(x-x_1)+y_1=c(x-x_1)+y_1,\qquad c\equiv y_0'=\frac{y_2-y_1}{x_2-x_1}\quad \text{(k2-1 再掲)}
$$

が $c>0$ $(<0)$ のとき弱い意味の局所極小 (極大) 曲線である．なぜならば，式 (k2-1) の $c\equiv y_0'=(y_2-y_1)/(x_2-x_1)$ の値の近傍においてのみ下の十分条件の式が定符号になるからである．

$$
\frac{\partial^2 F(y')}{\partial y'^2}=6y'\begin{cases}>0 & (c>y'>0)\\ <0 & (c<y'<0)\end{cases}
$$

以下で具体的に両端点が $(0,0),(1,1)$ の場合を調べることにより，

$$
I(y)=\int_{(0,0)}^{(1,1)}\left(\frac{dy}{dx}\right)^3 dx \tag{k2-2}
$$

を極小にする変分問題は，弱い意味の局所最小値をもつが，強い意味の局所最小値はもたないことを示すことができる．

**証明）**（i）弱い意味の変分

停留曲線 $y = x$ は式 (k2-2) のオイラー方程式および境界条件を満たす．そのヴァイエルシュトゥラスの $E$ 試験を試みると

$$E(x, y, p_1, p_2) = p_2^3 - p_1^3 - (p_2 - p_1)3p_1^2$$
$$= (p_2 - p_1)^2(p_2 + 2p_1) = (p_2 - 1)^2(p_2 + 2) \geq 0 \qquad (|p_2 - 1| < 3)$$

ゆえに，停留曲線 $y = x$ は $I(y)$ の弱い意味の局所最小値 1 を与える．

（ii）強い意味の変分

$$I(y) = \int_{(0,0)}^{(1,1)} \left(\frac{dy}{dx}\right)^3 dx$$

有資格関数（解図 3）

$$y(x) = \begin{cases} \dfrac{x}{1-\varepsilon} & (0 \leq x \leq 1-\varepsilon^2) \\ 1 + \dfrac{1}{\varepsilon}(1-x) & (1-\varepsilon^2 < x \leq 1) \end{cases}$$

を考えると，

$$I(y) = \int_{(0,0)}^{(1,1)} \left(\frac{dy}{dx}\right)^3 dx = \frac{1}{(1-\varepsilon)^3}(1-\varepsilon^2) - \frac{1}{\varepsilon^3}\varepsilon^2$$
$$= \frac{1+\varepsilon}{(1-\varepsilon)^2} - \frac{1}{\varepsilon} \to -\infty, \qquad \varepsilon \to 0+$$

となり，極小値をもたない．　■

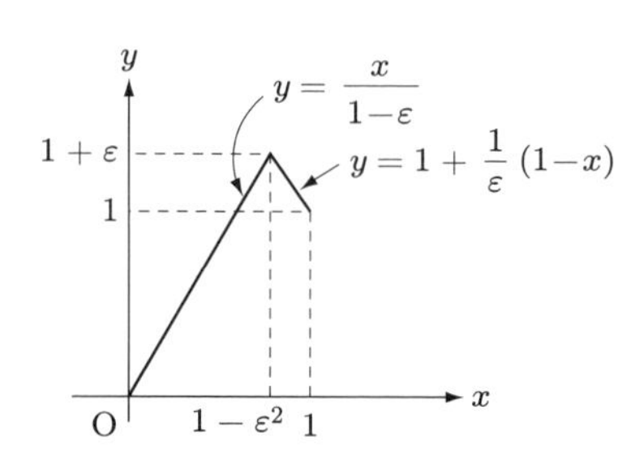


**解図 3**　強い意味の変分

(7)　$n = 4$

積分の両端点 $(x_1, y_1), (x_2, y_2)$ を結ぶ線分

$$y_0(x) = \frac{y_2 - y_1}{x_2 - x_1}(x - x_1) + y_1 = c(x - x_1) + y_1, \qquad c \equiv y_0' = \frac{y_2 - y_1}{x_2 - x_1} \quad \text{（k2-1 再掲）}$$

が強い意味の全体的極小曲線である．なぜならば，まず $c = 0$ のときには式 (k2-1) が明らかに最小値 $I = 0$ を与えることがわかる．また $c \neq 0$ のときはルジャンドルの十分条件

$$\frac{\partial^2 F(y')}{\partial y'^2} = 12y'^2 \geq 0$$

が満たされるので，強い意味の全体的極小曲線である．実際，任意の

$$y(x) = y_0(x) + \eta(x)$$

を考えると，

$$\begin{aligned}
I(y) &= \int_{x_1}^{x_2} (y_0' + \eta'(x))^4\,dx \\
&= \int_{x_1}^{x_2} \left[c^4 + 4c^3\eta'(x) + 6c^2(\eta'(x))^2 + 4c(\eta'(x))^3 + (\eta'(x))^4\right]dx \\
&= c^4(x_2 - x_1) + 4c^3(\eta(x_2) - \eta(x_1)) \\
&\quad + \int_{x_1}^{x_2} \left[6c^2(\eta'(x))^2 + 4c(\eta'(x))^3 + (\eta'(x))^4\right]dx \\
&= c^4(x_2 - x_1) + \int_{x_1}^{x_2} (\eta'(x))^2\left[6c^2 + 4c\eta'(x) + (\eta'(x))^2\right]dx
\end{aligned}$$

となるが，最終式の右辺第 2 項の角カッコの中は正定値であるからである．

**2-7** (1) $n = -1$

$$I(y) = \int_{(x_1,y_1)}^{(x_2,y_2)} y^{-1}\,ds = \int_{x_1}^{x_2} \frac{1}{y}\sqrt{1 + \left(\frac{dy}{dx}\right)^2}\,dx$$

このときオイラー方程式の積分 (e2-1) は

$$y = \frac{1}{c\sqrt{1 + (dy/dx)^2}} = \frac{\cos\psi}{c}, \qquad \frac{dy}{dx} = \tan\psi$$

とかける．前の式を微分し，後の式を代入すると

$$dy = -\frac{\sin\psi}{c}d\psi = \tan\psi\,dx$$

すなわち

$$dx = -\frac{\cos\psi}{c}\,d\psi$$

を得る．これを積分すると

$$x - x_0 = -\frac{\sin\psi}{c}$$

となり，これは，停留曲線が中心 $(x_0, 0)$，半径 $|1/c|$ の円

$$(x - x_0)^2 + y^2 = \frac{1}{c^2}$$

の一部であることを示している．二つの積分定数 $x_0, c$ は両端点 $(x_1, y_1), (x_2, y_2)$ を通るという条件により定まる．

(2) $n = 1/2$

$$I(y) = \int_{(x_1,y_1)}^{(x_2,y_2)} \sqrt{y}\,ds = \int_{x_1}^{x_2} \sqrt{y}\sqrt{1 + \left(\frac{dy}{dx}\right)^2}\,dx$$

式 (e2-2) より，$d^2y/dx^2 = n/c^2$ (定数)すなわち放物線である．

**2-8**　被積分関数 $F(x,y,y')=x^2y'^2$ が非負であるから

$$I(y)\geq 0$$

である．その下限は 0 であるが，それを実現する $D^1$ 級に属する関数すなわち極小曲線は存在しない．しかし 0 に任意に近い値をとる関数は存在する．すなわち

$$y=\begin{cases}-1 & (-1\leq x\leq -\varepsilon)\\ x/\varepsilon & (-\varepsilon<x\leq\varepsilon)\\ 1 & (\varepsilon<x\leq 1)\end{cases}\qquad (\text{解図 4}) \tag{k2-3}$$

のとき

$$I(y)=\int_{-\varepsilon}^{\varepsilon}x^2\left(\frac{1}{\varepsilon}\right)^2dx=\frac{2}{3}\varepsilon\to +0,\qquad \varepsilon\to +0$$

となる．折れ線の角を丸めることにより，$C^1$ 級に属する関数によっても 0 に任意に近い値をとる関数を得ることができる．

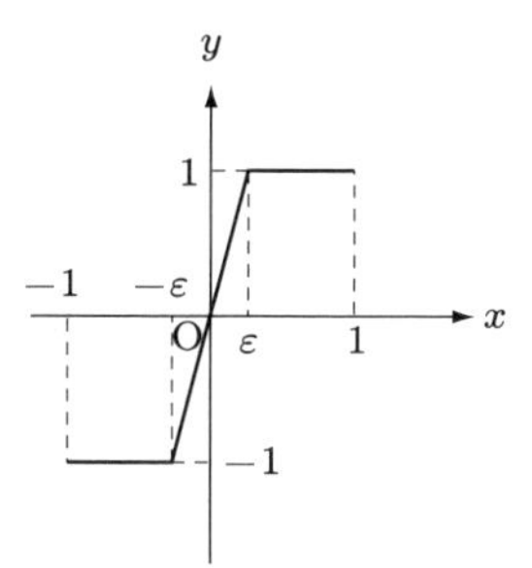


**解図 4**　関数 (k2-3)

**2-9**　(1)　$I(y)=\displaystyle\int_{(0,0)}^{(1,-1)}\left[2y+\left(\frac{dy}{dx}\right)^2\right]dx$

被積分関数 $F(x,y,y')$ が陽に $x$ を含まないので，この問題のオイラー方程式は積分でき

$$2y+(y')^2-y'2y'=2y-(y')^2=c \tag{k2-4}$$

となる．この微分方程式は変数分離型であるから

$$\int\frac{dy}{\sqrt{2y-c}}=\pm\int dx$$

$$\sqrt{2y-c}=\pm(x+a)$$

$$y=\frac{1}{2}(x+a)^2+\frac{c}{2}$$

すなわち，停留曲線は最高階の係数が 1/2 の 2 次関数という一般解を得る．これに積分の両端点 $(0,0),(1,-1)$ を通る，という境界条件を課すと，次の(特)解を得る．

$$y=\frac{1}{2}(x^2-3x)$$

**注）** この問題では，被積分関数 $F(x, y, y')$ が陽に $x$ を含まないという性質を用いた式 (2-3-8) を援用せず，以下のようにオイラー方程式をそのまま解くほうが容易に解に到達する．

$$\frac{\partial F(x, y, y')}{\partial y} - \frac{d}{dx}\frac{\partial F(x, y, y')}{\partial y'} = 2 - 2y'' = 0$$

その一般解は次式のようになる．

$$y = \frac{1}{2}x^2 + bx + c$$

$\partial^2 F/\partial y'^2 = 2 > 0$ であるから全体的極小曲線である．

(2)　$I(y) = \displaystyle\int_{(-1,1)}^{(1,3)} \left[2y\frac{dy}{dx} + \left(\frac{dy}{dx}\right)^2\right] dx$

被積分関数 $F(x, y, y')$ が陽に $x$ を含まないので，この問題のオイラー方程式も積分でき

$$2yy' + (y')^2 - y'(2y + 2y') = -(y')^2 = c$$

となる．その一般解は

$$y = \pm\sqrt{-c}x + d$$

であり，境界条件を課して解

$$y = x + 2$$

を得る．なお，この問題ではオイラー方程式を直接解いた場合にもほぼ同じ手間がかかる．

$\partial^2 F/\partial y'^2 = 2 > 0$ であるから全体的極小曲線である．

(3)　$I(y) = \displaystyle\int_{(x_1,y_1)}^{(x_2,y_2)} \sqrt{y(1 - y'^2)}\, dx$

まず，解は上半面 $(y \geq 0)$ においては $y'^2 \leq 1$ であり，下半面 $(y \leq 0)$ においては $y'^2 \geq 1$ である．被積分関数 $F(x, y, y')$ が陽に $x$ を含まないので，この問題のオイラー方程式も積分でき

$$\sqrt{y(1 - y'^2)} - y'\frac{-yy'}{\sqrt{y(1 - y'^2)}} = c$$

$$y = c^2(1 - y'^2)$$

となる．なお，上式により変分の被積分関数の根号内が非負であることが保証される．この微分方程式は (1) に現れた $2y - (y')^2 = c$（式 (k2-4)）とよく似ており，変数分離型であるから次のように解ける．

$$\int \frac{dy}{\sqrt{c^2 - y}} = \pm\frac{1}{c}\int dx$$

$$-2\sqrt{c^2 - y} = \pm\frac{1}{c}(x + a)$$

$$y = -\left(\frac{1}{2c}\right)^2 (x + a)^2 + c^2 \tag{k2-5}$$

やはり，停留曲線・一般解は 2 次関数（対称軸が $y$ 軸に平行な上に凸の放物線）である．これに積分の両端点を通る，という境界条件を課すと，（特）解を得る．

$C^1$ 級の範囲ではこれが唯一の停留曲線であるが，有資格関数を $D^1$ 級に広げると，傾き $\pm 1$ および $x$ 軸上の線分を連ねた折れ線(解図 5 の $\mathrm{P_1QP_2}$,$\mathrm{P_1RSP_2}$)が最小(全体的極小)である．

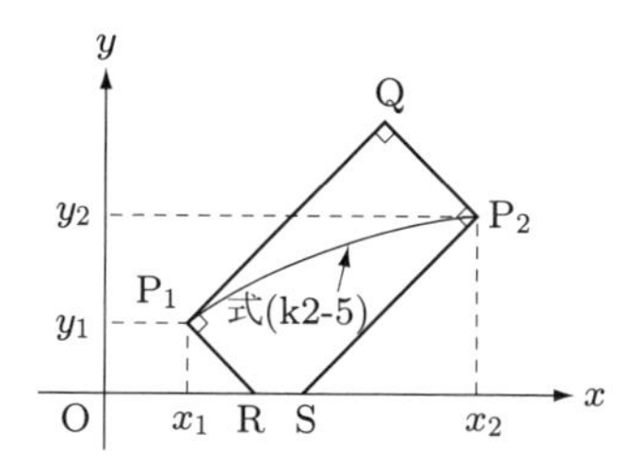


**解図 5**　強い意味の変分

(4)　$I(y)=\displaystyle\int_{(0,0)}^{(1,1)} y\frac{dy}{dx}\,dx$

被積分関数 $F(x,y,y')$ が陽に $x$ を含まないので，この問題のオイラー方程式も積分でき

$$yy'-yy'=0=c \quad \text{すなわち} \quad y(x)=\text{境界条件を満たす任意の関数}$$

となる．汎関数

$$I(y)=\int_{(0,0)}^{(1,1)} y\frac{dy}{dx}\,dx=\int_{(0,0)}^{(1,1)} \frac{d}{dx}\left(\frac{1}{2}y^2\right)dx=\left[\frac{1}{2}y^2\right]_{(0,0)}^{(1,1)}=\frac{1}{2}$$

は関数(曲線) $y$ によらず，一定値をとる．

(5)　$I(y)=\displaystyle\int_{(0,0)}^{(1,1)} xy\frac{dy}{dx}\,dx$

この問題のオイラー方程式は

$$xy'-\frac{d}{dx}(xy)=-y=0$$

この解 $y=0$ は境界条件を満足できないので，停留曲線は存在しない．なお

$$I(y)=\int_{(0,0)}^{(1,1)} xy\frac{dy}{dx}dx=\int_{(0,0)}^{(1,1)} x\frac{d}{dx}\left(\frac{y^2}{2}\right)dx$$

$$=\left[\frac{xy^2}{2}\right]_{x=0}^{x=1}-\int_{(0,0)}^{(1,1)}\frac{y^2}{2}\,dx=\frac{1}{2}-\int_{(0,0)}^{(1,1)}\frac{y^2}{2}\,dx\le\frac{1}{2}$$

であり，上限は $1/2$ であるが境界条件を満足する $C^1$ 級の $y(x)$ はこの値を実現できない．また下限は存在しない($-\infty$ である)．そして単なる停留値も存在しないことを意味する．

(6)　$I(y)=\displaystyle\int_{(0,0)}^{(\pi/2,0)}\left[2y\cos x+y^2+\left(\frac{dy}{dx}\right)^2\right]dx$

この問題のオイラー方程式は

$$2\cos x+2y-\frac{d}{dx}(2y')=2\cos x+2y-2y''=0$$

その一般解は

$$y = Ae^{x} + Be^{-x} - \frac{1}{2}\cos x$$

であり [15]，境界条件を満たす解は

$$y = \frac{1}{2(1-e^{\pi})}e^{x} - \frac{e^{\pi}}{2(1-e^{\pi})}e^{-x} - \frac{1}{2}\cos x$$

である．なお，$\partial^2 F/\partial y'^2 = 2 > 0$ であるから停留曲線は全体的極小曲線である．

(7) $I(y) = \displaystyle\int_{(0,-1)}^{(\pi/2,-\pi/4)} \left[2y\cos x + y^2 - \left(\frac{dy}{dx}\right)^2\right] dx$

この問題のオイラー方程式は

$$2\cos x + 2y - \frac{d}{dx}(-2y') = 2\cos x + 2y + 2y'' = 0$$

その一般解は

$$y = A\cos x + \left(B - \frac{x}{2}\right)\sin x$$

であり [15]，境界条件を満たす解は

$$y = -\cos x - \frac{x}{2}\sin x$$

である．なお，$\partial^2 F/\partial y'^2 = -2 < 0$ であるから停留曲線は全体的極大曲線である．

(8) $I(y) = \displaystyle\int_{(0,0)}^{(1,0)} \left[2ye^{x} + y^2 + \left(\frac{dy}{dx}\right)^2\right] dx$

この問題のオイラー方程式は

$$2e^{x} + 2y - \frac{d}{dx}(2y') = 2e^{x} + 2y - 2y'' = 0$$

その一般解は

$$y = \left(A + \frac{1}{2}x\right)e^{x} + Be^{-x}$$

であり [15]，境界条件を満たす解は

$$y = \frac{1}{2}\left[\frac{e^2}{(1-e^2)} + x\right]e^{x} - \frac{e^2}{2(1-e^2)}e^{-x}$$

である．なお，$\partial^2 F/\partial y'^2 = 2 > 0$ であるから停留曲線は全体的極小曲線である．

(9) $I(y) = \displaystyle\int_{(1,1)}^{(e,2)} x\left(\frac{dy}{dx}\right)^2 dx$

被積分関数 $F(x, y, y')$ が陽に $y$ を含まないので，この問題のオイラー方程式も積分でき

$$2xy' = c$$

を得る．その一般解は

$$y = \frac{c}{2}\log|x| + d$$

であり，境界条件を満たす解は

$$y = \log x + 1$$

である．

$\partial^2 F/\partial y'^2 = 2x > 0 \ (x > 0)$ であるからその範囲で全体的極小曲線である．

なお一般に

$$I(y) = \int_{(x_1,y_1)}^{(x_2,y_2)} f(x) \left(\frac{dy}{dx}\right)^2 dx$$

の停留曲線（一般解）は次となる．

$$y = c\int^x \frac{dt}{f(t)}$$

(10) $I(y) = \displaystyle\int_{(0,0)}^{(\pi/2,1)} y\sqrt{1-\left(\frac{dy}{dx}\right)^2}\,dx$

被積分関数 $F(x, y, y')$ が陽に $x$ を含まないので，この問題のオイラー方程式も積分でき

$$y\sqrt{1-y'^2} - y'\frac{-yy'}{\sqrt{1-y'^2}} = c$$

すなわち

$$y' = \pm\sqrt{1-\left(\frac{y}{c}\right)^2}$$

を得る．その一般解は

$$y = \pm c\sin\frac{1}{c}(x+d)$$

であり，境界条件を満たす解は

$$y = \sin x$$

である．$\partial^2 F/\partial y'^2 = -y/(1-y'^2)^{3/2} < 0$ は停留曲線近傍でのみ満足されるので弱い意味の（局所的）極大曲線である．

**2-10** $I(y) = \displaystyle\int_{(0,2)}^{(2,0)} \left[x^2 + 2x\frac{dy}{dx} + \left(\frac{dy}{dx}\right)^2\right] dx = \int_{(0,2)}^{(2,0)} \left(x + \frac{dy}{dx}\right)^2 dx \geq 0$

であり，最小値を実現するのは

$$y' + x = 0$$

を満たす一般解（式 (e2-3)）であり，次のルジャンドルの十分条件を満たす．

$$\frac{\partial^2 F(x,y')}{\partial y'^2} = 2 > 0$$

**2-11** $\delta y(x) \neq 0$ のとき

$$\frac{\delta y'(x)}{\delta y(x)} = \frac{z'(x)}{z(x)}$$

$$\log\delta y(x) = \log z(x) + C$$

ゆえに

$$\delta y(x) = \pm e^C z(x)$$

式 (2-4-10) にもどると，$\delta y(x) = 0$ も解であるから，$\delta y(x) = cz(x)$ （$c$：任意）が解である．

## 第 3 章　(p.167)

**3-1** $x = x_2$ における $y_0(x)$ と $T_2(y = g_2(x))$ との横断条件 (3-1-11) は

$$G(x_2, y_0(x_2))\sqrt{1 + y_0'(x_2)^2} + (g_2'(x_2) - y_0'(x_2))G(x_2, y_0(x_2))\frac{y_0'(x_2)}{\sqrt{1 + y_0'(x_2)^2}} = 0$$

となるが，$G(x_2, g_2(x_2)) \neq 0$ であるから

$$g_2'(x_2)y_0'(x_2) = -1$$

を得る．これは停留曲線が $x = x_2$ において曲線 $T_2$ に直交することを意味する．曲線 $T_1$ との直交性についても同様．

**3-2** 一般性を失うことなく，上方の出発点 $\mathrm{P}_1$ を原点とし，$x$ 軸を水平方向，$y$ 軸を鉛直下向きにとり，直線 $T_2$ $(y = (x - k)\tan\theta)$ 上の到達点の座標を $\mathrm{P}_2(x_2, y_2)$ とする．この系において，粒子の鉛直座標が $y$ の位置にあるとき粒子の速さは

$$v = \sqrt{2gy} \qquad (g：重力加速度)$$

である．したがって，点 $\mathrm{P}_1$ から点 $\mathrm{P}_2$ までの到達時間は

$$T = \int_{(0,0)}^{(x_2,y_2)} \frac{ds}{v} = \frac{1}{\sqrt{2g}}\int_0^{x_2} \frac{1}{\sqrt{y}}\sqrt{1 + \left(\frac{dy}{dx}\right)^2}\,dx$$

と表現できる．被積分関数は独立変数 $x$ に依存しないのでそのオイラー方程式は

$$\frac{1}{\sqrt{y}}\sqrt{1 + (dy/dx)^2} - \frac{(dy/dx)^2}{\sqrt{y}\sqrt{1 + (dy/dx)^2}} = C$$

と積分できるが，これは

$$y = \frac{1}{C^2\left[1 + (dy/dx)^2\right]} \tag{2-3-19}$$

と簡単化できる．停留曲線の点 $(x, y)$ における接線と $x$ 軸正方向のなす角を $\psi$ とおくと

$$\frac{dy}{dx} = \tan\psi \tag{2-3-20}$$

であるから，これを式 (2-3-19) に代入すると，

$$y = \frac{1}{C^2}\cos^2\psi = \frac{1}{2C^2}(1 + \cos 2\psi) \tag{2-3-21}$$

である．また式 (2-3-20, 21) より

$$dx = dy\cot\psi = -\frac{1}{C^2}\sin 2\psi\cot\psi\,d\psi = -\frac{1}{C^2}(1 + \cos 2\psi)\,d\psi$$

となるので，さらに積分して

$$x = D - \frac{1}{2C^2}(2\psi + \sin 2\psi) \tag{2-3-22}$$

を得る．式 (2-3-21, 22) はサイクロイド（図 2-5）である．原点 $\mathrm{P}_1(0, 0)$ を通るという条件から，

$$D = \frac{\pi}{2C^2} \qquad \left(\psi = \frac{\pi}{2}\right)$$

$$x = \frac{1}{2C^2}(\pi - 2\psi - \sin 2\psi)$$

を得る．これは原点 $P_1(0,0)$ がこのサイクロイドの尖点(cusp, [16] 参照)であることを意味する．

演習問題 3-1 により，$P_2(x_2, y_2)$ において直線 $T_2$ $(y = (x-k)\tan\theta)$ と停留曲線は直交するので

$$\psi = \theta - \frac{\pi}{2}$$

である．ゆえに

$$x_2 = \frac{1}{2C^2}(2\pi - 2\theta + \sin 2\theta)$$

$$y_2 = \frac{1}{2C^2}(1 - \cos 2\theta)$$

を得る．$P_2(x_2, y_2)$ が直線 $T_2$ 上にあることから

$$\frac{1}{2C^2}(1 - \cos 2\theta) = \left[\frac{1}{2C^2}(2\pi - 2\theta + \sin 2\theta) - k\right]\tan\theta$$

すなわち

$$\frac{1}{2C^2}(1 - \cos 2\theta - 2\sin^2\theta) = \left[\frac{1}{2C^2}(2\pi - 2\theta) - k\right]\tan\theta$$

を得る．上式の左辺は 0 であるから，

$$\frac{1}{2C^2} = \frac{k}{2(\pi - \theta)}$$

を得る．これから以下の停留曲線を得る．

$$x = \frac{k}{2(\pi - \theta)}(\pi - 2\psi - \sin 2\psi)$$

$$y = \frac{k}{2(\pi - \theta)}(1 + \cos 2\psi)$$

なお，付帯方程式を用いた解析は煩雑になるがこの停留曲線は局所的極小曲線である．

**3-3**　被積分関数 $F$ が $x$ に陽に依存しないので，オイラー方程式は積分でき

$$\frac{\sqrt{y'^2+1}}{y} - y'\frac{y'}{y\sqrt{y'^2+1}} = \frac{1}{y\sqrt{y'^2+1}} = \frac{1}{c}\ (\text{定数})$$

したがって

$$y'^2 = -1 + \frac{c^2}{y^2}$$

となるが，この 1 階常微分方程式は変数分離形であるので

$$(x+c)^2 + y^2 = c^2 \tag{k3-1}$$

を得る．

(1) の場合，横断条件(式 (3-1-11))は

$$\frac{\sqrt{y'^2+1}}{y} + (1 - y')\frac{y'}{y\sqrt{y'^2+1}} = \frac{1+y'}{y\sqrt{y'^2+1}} = 0$$

であるから，式 (k3-1) により，

$$y'(x_2) = -\frac{x_2+c}{y} = -\frac{x_2+c}{x_2-2} = -1 \tag{k3-2}$$

を得る．右端点も解曲線(式 (k3-1))上にあるので，これと式 (k3-2) より

$$x_2 = 2 \pm \sqrt{2}, \qquad c = -2$$

が定まり，次の解を得る．

$$(x-2)^2 + y^2 = 4$$

(2) の場合，横断条件は

$$\frac{\sqrt{y'^2+1}}{y} + \left(-\frac{x-4}{y} - y'\right)\frac{y'}{y\sqrt{y'^2+1}} = \frac{1-(x-4)y'/y}{y\sqrt{y'^2+1}} = 0$$

であるから，これと演習問題 3-1 の結果により

$$y'(x_2) = \frac{y_2}{x_2-4} = -\frac{x_2+c}{y_2} \tag{k3-3}$$

を得る．右端点も解曲線(式 (k3-1))上にあるので，これと式 (k3-3) より

$$x_2 = -\frac{20}{13}, \qquad c = \frac{5}{2}$$

が定まり，次の解を得る．

$$\left(x-\frac{5}{2}\right)^2 + y^2 = \frac{25}{4}$$

**3-4**　式 (3-2-7a, b) よりオイラー方程式は

$$-y_0''\frac{\partial^2}{\partial y'^2}F(y_0', z_0') - z_0''\frac{\partial^2}{\partial y'\partial z'}F(y_0', z_0') = 0$$

$$-y_0''\frac{\partial^2}{\partial y'\partial z'}F(y_0', z_0') - z_0''\frac{\partial^2}{\partial z'^2}F(y_0', z_0') = 0$$

と，$y_0'', z_0''$ の連立斉次 1 次(代数)方程式になる．したがって，その行列式 (e3-1) が 0 でないならば，$y_0'' = z_0'' = 0$ の自明な解以外に解は存在しない．これは停留曲線 $y_0(x), z_0(x)$ が(区分的に)直線であることを意味する．

**3-5**　(1)
$$\frac{\partial^2 F}{\partial y'^2}\frac{\partial^2 F}{\partial z'^2} - \left(\frac{\partial^2 F}{\partial y'\partial z'}\right)^2 = 4 \neq 0 \qquad (x_1 \le x \le x_2) \tag{e3-1}$$

であるから，演習問題 3-4 の一般論により $(x_1, y_1, z_1), (x_2, y_2, z_2)$ を結ぶ直線(連続する線分)が停留曲線であり，このうち両端点を結ぶ線分が極小曲線である．

(2)　オイラー方程式は

$$y'' = -\frac{z}{2}, \qquad z'' = -\frac{y}{2}$$

ゆえに

$$y^{(4)} = \frac{y}{4}, \qquad z^{(4)} = \frac{z}{4}$$

その解は

$$y = A\exp\left(\frac{x}{\sqrt{2}}\right) + B\exp\left(-\frac{x}{\sqrt{2}}\right) + C\cos\frac{x}{\sqrt{2}} + D\sin\frac{x}{\sqrt{2}}$$

$$z = -A\exp\left(\frac{x}{\sqrt{2}}\right) - B\exp\left(-\frac{x}{\sqrt{2}}\right) + C\cos\frac{x}{\sqrt{2}} + D\sin\frac{x}{\sqrt{2}}$$

ただし $A, B, C, D$ は $y_1 = y(x_1), z_1 = z(x_1), y_2 = y(x_2), z_2 = z(x_2)$ より定まる．

(3) $I = \displaystyle\int_{x_1}^{x_2} (y'^2 + z'^2 + y - z)\, dx$

$$y = \frac{1}{4}(x - x_1)^2 + a(x - x_1) + y_1, \qquad z = -\frac{1}{4}(x - x_1)^2 + b(x - x_1) + z_1$$

ただし $a, b$ は $y_2 = y(x_2), z_2 = z(x_2)$ より定まる．

**3-6** $\widehat{F}(x, y; x', y')$ が $x', y'$ に関して 1 次の同次式

$$\widehat{F}(x, y; x', y') = F\left(x; y; \frac{y'}{x'}\right) x' \tag{3-3-1}$$

であるから，

$$\frac{\partial}{\partial x'}\widehat{F}(x, y; x', y') = x'\frac{-y'}{x'^2}\frac{\partial}{\partial(y'/x')}F\left(x; y; \frac{y'}{x'}\right) + F\left(x; y; \frac{y'}{x'}\right)$$

$$\frac{\partial}{\partial y'}\widehat{F}(x, y; x', y') = x'\frac{1}{x'}\frac{\partial}{\partial(y'/x')}F\left(x; y; \frac{y'}{x'}\right)$$

となるので

$$x'\frac{\partial}{\partial x'}\widehat{F}(x, y; x', y') + y'\frac{\partial}{\partial y'}\widehat{F}(x, y; x', y') = F\left(x; y; \frac{y'}{x'}\right) x' = \widehat{F}(x, y; x', y') \tag{3-3-3a}$$

を得る．さらに，

$$\frac{\partial^2}{\partial x'^2}\widehat{F}(x, y; x', y') = \frac{y'}{x'^2}\frac{\partial}{\partial(y'/x')}F\left(x; y; \frac{y'}{x'}\right) + \frac{y'^2}{x'^3}\frac{\partial^2}{\partial(y'/x')^2}F\left(x; y; \frac{y'}{x'}\right)$$
$$- \frac{y'}{x'^2}\frac{\partial}{\partial(y'/x')}F\left(x; y; \frac{y'}{x'}\right) = \frac{y'^2}{x'^3}\frac{\partial^2}{\partial(y'/x')^2}F\left(x; y; \frac{y'}{x'}\right)$$

$$\frac{\partial^2}{\partial x'\partial y'}\widehat{F}(x, y; x', y') = -\frac{1}{x'}\frac{\partial}{\partial(y'/x')}F\left(x; y; \frac{y'}{x'}\right) - \frac{y'}{x'^2}\frac{\partial^2}{\partial(y'/x')^2}F\left(x; y; \frac{y'}{x'}\right)$$
$$+ \frac{1}{x'}\frac{\partial}{\partial(y'/x')}F\left(x; y; \frac{y'}{x'}\right)$$
$$= -\frac{y'}{x'^2}\frac{\partial^2}{\partial(y'/x')^2}F\left(x; y; \frac{y'}{x'}\right)$$

$$\frac{\partial^2}{\partial y'^2}\widehat{F}(x, y; x', y') = \frac{1}{x'}\frac{\partial^2}{\partial(y'/x')^2}F\left(x; y; \frac{y'}{x'}\right)$$

となるので次式を得る．

$$x'\frac{\partial^2}{\partial x'^2}\widehat{F}(x, y; x', y') + y'\frac{\partial^2}{\partial x'\partial y'}\widehat{F}(x, y; x', y') = 0 \tag{3-3-3b}$$

$$x'\frac{\partial^2}{\partial x'\partial y'}\widehat{F}(x, y; x', y') + y'\frac{\partial^2}{\partial y'^2}\widehat{F}(x, y; x', y') = 0 \tag{3-3-3c}$$

**3-7**　被積分関数は $x, y$ に陽に依存しないので，

$$\frac{dx/dt}{\sqrt{(dx/dt)^2+(dy/dt)^2}}=\text{定数}, \qquad \frac{dy/dt}{\sqrt{(dx/dt)^2+(dy/dt)^2}}=\text{定数}$$

が成立する．したがって，

$$\frac{dy/dt}{dx/dt}=\frac{dy}{dx}=\text{定数}$$

すなわち，直線となる．

なお

$$\begin{aligned}
&E(x,y;X_0',Y_0';p_x,p_y)\\
&\quad=\widehat{F}(x,y,p_x,p_y)-p_x\frac{\partial}{\partial X_0'}\widehat{F}(x,y,X_0',Y_0')-p_y\frac{\partial}{\partial Y_0'}\widehat{F}(x,y,X_0',Y_0')\\
&\quad=\sqrt{p_x^2+p_y^2}-p_x\frac{X_0'}{\sqrt{X_0'^2+Y_0'^2}}-p_y\frac{Y_0'}{\sqrt{X_0'^2+Y_0'^2}}\\
&\quad=\frac{\sqrt{p_x^2+p_y^2}\sqrt{X_0'^2+Y_0'^2}-(p_xX_0'+p_yY_0')}{\sqrt{X_0'^2+Y_0'^2}}\geq 0
\end{aligned}$$

であるから全体的極小(最小)解である．ここで，最後の不等号は，最終式の分母の第 1 項が第 2 項の絶対値以上であることによる．

**3-8**　被積分関数は $x$ に陽に依存しないので，

$$\frac{dx/dt}{\sqrt{y\,[(dx/dt)^2+(dy/dt)^2]}}=\text{定数}$$

が成り立つ．そこで

$$\frac{dx/dt}{\sqrt{y\,[(dx/dt)^2+(dy/dt)^2]}}=\cos\psi, \qquad \frac{dy/dt}{\sqrt{y\,[(dx/dt)^2+(dy/dt)^2]}}=\sin\psi$$

とおくことができ，例題 2-3 と同様に

$$y=\frac{1}{C^2}\cot^2\psi, \qquad x=D-\frac{1}{2C^2}(2\psi+\sin 2\psi)$$

すなわち，サイクロイドを得る．

なお本問題の $E(x,y;X_0',Y_0';p_x,p_y)$ は前問の $E(x,y;X_0',Y_0';p_x,p_y)$ を $\sqrt{y}$ で割ったものであるから $E(x,y;X_0',Y_0';p_x,p_y)\geq 0$ であり，やはり全体的極小(最小)解である．

**3-9**　

$$\widehat{F}(x,y,x',y')=\frac{(dy/dt)^2}{dx/dt}$$

$$\begin{aligned}
&E(x_0(t_1),y_0(t_1);x_0'(t_1),y_0'(t_1),g_1'(t_1),k_1'(t_1))\\
&\quad=g_1'(t_1)\biggl(\frac{\partial}{\partial x'}\widehat{F}(x_0(t_1),y_0(t_1);g_1'(t_1),k_1'(t_1))\\
&\qquad\qquad-\frac{\partial}{\partial x'}\widehat{F}(x_0(t_1),y_0(t_1);x_0'(t_1),y_0'(t_1))\biggr)\\
&\qquad+k_1'(t_1)\biggl(\frac{\partial}{\partial y'}\widehat{F}(x_0(t_1),y_0(t_1);g_1'(t_1),k_1'(t_1))
\end{aligned}$$

$$-\frac{\partial}{\partial y'}\widehat{F}(x_0(t_1), y_0(t_1); x_0'(t_1), y_0'(t_1))\Big)$$

$$= \frac{1}{g_1'(t_1)}\left(g_1'(t_1) - k_1'(t_1)\right)^2$$

となる．$E$ の符号は $1/g_1'(t_1)$ の符号に等しい．通常問題では $y$ が $x$ の 1 価関数であり常に $g_1'(t_1) > 0$ ととることができるが，すでに図 1-10(a) のような強い変分では $g_1'(t_1) < 0$ となるので極小曲線ではない．

**3-10** $\displaystyle\int_0^1 (y'^2 - \lambda y)\,dx$ を最小化すればよい．$F - \lambda G = y'^2 - \lambda y$ が $x$ を陽に含まないので，オイラー方程式は

$$(F - \lambda G) - y'\frac{\partial(F - \lambda G)}{\partial y'} = y'^2 - \lambda y - 2y'^2 = -\lambda y - y'^2 = c$$

と積分できる．これから

$$-\lambda y - c = \left[\frac{\lambda}{2}(x + d)\right]^2$$

となり，境界条件を課すと

$$y = \frac{-\lambda}{4}x(x - 1) + x \tag{k3-4}$$

を得る．区間 $(0 < x < 1)$ において座標 $(x, y)$ を与えると式 (k3-4) により $\lambda$ がただ一つ定まるので同区間に式 (k3-4) の場が存在する．

さらに拘束条件を課すと

$$y = -3x^2 + 4x$$

を得る．

場が存在しているのでルジャンドル試験を行うと $\partial^2(F - \lambda G)/\partial y'^2 = 2 > 0$ であるから全体的極小曲線である．

**3-11** $\displaystyle\int_{-1}^1 (y - \lambda\sqrt{y'^2 + 1})\,dx$ を最大化すればよい．また，$y(x) \geq 0$ として一般性を失わない．

$F - \lambda G = y - \lambda\sqrt{y'^2 + 1}$ が $x$ を陽に含まないので，オイラー方程式は

$$F - \lambda G - y'\frac{\partial(F - \lambda G)}{\partial y'} = y - \lambda\sqrt{y'^2 + 1} - y'\frac{-\lambda y'}{\sqrt{y'^2 + 1}} = y - \frac{\lambda}{\sqrt{y'^2 + 1}} = c$$

と積分できる．これから

$$\frac{dx}{dy} = \pm\frac{(y - c)/\lambda}{\sqrt{1 - (y - c)^2/\lambda^2}}$$

を得る．その一般解に境界条件を課すと

$$x^2 + (y - c)^2 = \lambda^2 = c^2 + 1 \tag{k3-5}$$

となる．区間 $(-1 < x < 1, y \geq 0)$ において座標 $(x, y)$ を与えると式 (k3-5) により $c$ がただ一つ定まるので同区間に式 (k3-5) の場が存在する．

さらに拘束条件 (e3-2) を満たすことから $c$ を求めると

$$\frac{2\pi}{3} = \int_{-1}^{1} \sqrt{y'^2+1}\,dx = 2\int_0^{y_0} \sqrt{1+\left(\frac{dx}{dy}\right)^2}\,dy = 2\int_0^{y_0} \frac{dy}{\sqrt{1-\left(\dfrac{y-c}{\sqrt{1+c^2}}\right)^2}}$$

$$= 2\left[\sin^{-1}\left(\frac{y-c}{\sqrt{1+c^2}}\right)\right]_0^{y_0} = 2\left(\frac{\pi}{2} - \sin^{-1}\frac{-c}{\sqrt{1+c^2}}\right)$$

$$(y_0 - c = \sqrt{1+c^2} = \lambda)$$

ゆえに

$$\frac{c}{\sqrt{1+c^2}} = -\sin\frac{\pi}{6} = -\frac{1}{2} \qquad \therefore\ c = -1$$

場が存在しているのでルジャンドル試験を行うと $\partial^2(F-\lambda G)/\partial y'^2 = -\sqrt{2}/(y'^2+1)^{3/2} < 0$ であるから全体的極大解である．

**3-12**　$s \equiv (x_2-x_1)/2m, t \equiv L/2m = Ls/(x_2-x_1)$ とおくと，$L = 2m\sinh((x_2-x_1)/2m)$ の解は，$t = \sinh s$ と $t = Ls/(x_2-x_1)$ の交点の座標 $s(\neq 0)$ から算出される $m = (x_2-x_1)/2s$ である．曲線 $t = \sinh s$ において原点が勾配 1 の接線を有する変曲点であるから，$L/(x_2-x_1) > 1$ であれば唯一の解 $s(>0)$ をもち，$L/(x_2-x_1) \leq 1$（ひもの長さが不足している）であれば解 $s(>0)$ は存在しない．

**3-13**　これは 3-4-6 項の式 (3-4-23) で $m=1$，$n=3$ とした媒介変数問題である．このとき式 (3-4-22) は，曲線に沿った座標を $t$ とすると，

$$-\lambda(t)\frac{\partial G}{\partial x} - \frac{d}{dt}\frac{x'(t)}{\sqrt{x'(t)^2+y'(t)^2+z'(t)^2}} = 0$$

$$-\lambda(t)\frac{\partial G}{\partial y} - \frac{d}{dt}\frac{y'(t)}{\sqrt{x'(t)^2+y'(t)^2+z'(t)^2}} = 0$$

$$-\lambda(t)\frac{\partial G}{\partial z} - \frac{d}{dt}\frac{z'(t)}{\sqrt{x'(t)^2+y'(t)^2+z'(t)^2}} = 0$$

である．第 1 式の第 2 項は

$$\frac{d}{dt}\frac{x'(t)}{\sqrt{x'(t)^2+y'(t)^2+z'(t)^2}} = \frac{d}{dt}\frac{dx}{dt} = \frac{d^2x}{dt^2}$$

第 2, 3 式も同様に変形すると，3 式から

$$\frac{\partial G/\partial x}{d^2x/dt^2} = \frac{\partial G/\partial y}{d^2y/dt^2} = \frac{\partial G/\partial z}{d^2z/dt^2} = -\frac{1}{\lambda(t)}$$

を得る．これら 3 式と拘束条件 $G(x,y,z)=0$ から最短曲線 $x(t), y(t), z(t)$，および $\lambda$ が定まる．

**3-14**　①　$F = x^2 + y_2(x)^4 + y_2(x)^2 - (2y_2(x)y_2'(x))^2 - y_2'(x)^3$

$$= x^2 + y_2(x)^2(y_2(x)^2+1) - y_2'(x)^2(4y_2(x)^2 + y_2'(x))$$

であるから $y_2(x)$ のオイラー方程式は

$$\frac{\partial F}{\partial y_2} - \frac{d}{dx}\frac{\partial F}{\partial y_2'} = 2y_2(x)(2y_2(x)^2 + 1 - 4y_2'(x)^2) + \frac{d}{dx}\left[y_2'(x)(8y_2(x)^2 + 3y_2'(x))\right]$$

$$= 2y_2(x)(2y_2(x)^2 + 1 - 4y_2'(x)^2) + \big[y_2''(x)(8y_2(x)^2 + 3y_2'(x)) + y_2'(x)(16y_2(x)y_2'(x) + 3y_2''(x))\big]$$
$$= 2y_2(x)(2y_2(x)^2 + 1 + 4y_2'(x)^2) + y_2''(x)(8y_2(x)^2 + 6y_2'(x))$$

である．

② 式 (3-4-31) は

$$\frac{\partial}{\partial y_1}(F - \lambda G) - \frac{d}{dx}\frac{\partial}{\partial y_1'}(F - \lambda G) = 2y_1(x) - \lambda + 2y_1''(x) = 0$$

ゆえに

$$\lambda(x) = 2y_1(x) + 2y_1''(x) \tag{k3-6}$$

式 (3-4-32) は

$$\frac{\partial}{\partial y_2}(F - \lambda G) - \frac{d}{dx}\frac{\partial}{\partial y_2'}(F - \lambda G) = 2y_2(x)(1 + \lambda) - \frac{d}{dx}(-3y_2'(x)^2)$$
$$= 2y_2(x)(1 + \lambda) + 6y_2'(x)y_2''(x) = 0$$

式 (k3-6) と拘束条件 $y_1(x) = y_2(x)^2$ を代入すると

$$2y_2(x)(1 + 2y_1(x) + 2y_1''(x)) + 6y_2'(x)y_2''(x)$$
$$= 2y_2(x)[1 + 2y_2(x)^2 + 4(y_2'(x)^2 + y_2(x)y_2''(x))] + 6y_2'(x)y_2''(x) = 0$$

となり，①と一致する．

**3-15** 証明すべき式の左辺を $x$ で微分すると，

$$\frac{d}{dx}F(y_0; y_0', y_0'') - y_0'\frac{d}{dx}\left(\frac{\partial}{\partial y'}F(y_0; y_0', y_0'') - \frac{d}{dx}\frac{\partial}{\partial y''}F(y_0; y_0', y_0'')\right)$$
$$- y_0''\left(\frac{\partial}{\partial y'}F(y_0; y_0', y_0'') - \frac{d}{dx}\frac{\partial}{\partial y''}F(y_0; y_0', y_0'')\right)$$
$$- y_0''\frac{d}{dx}\frac{\partial}{\partial y''}F(y_0; y_0', y_0'') - y_0^{(3)}\frac{\partial}{\partial y''}F(y_0; y_0', y_0'')$$
$$= y_0'\left(\frac{\partial}{\partial y}F(y_0; y_0', y_0'') - \frac{d}{dx}\frac{\partial}{\partial y'}F(y_0; y_0', y_0'') + \frac{d^2}{dx^2}\frac{\partial}{\partial y''}F(y_0; y_0', y_0'')\right)$$
$$= 0$$

最終の等号はオイラー方程式 (3-5-5) による．

**3-16** オイラー方程式 (3-5-5) は

$$y^{(4)}(x) = 0$$

であるから，一般解は次の 3 次関数である．

$$y(x) = ax^3 + bx^2 + cx + d$$

(1) 四つの境界条件を課すと，特解（停留解）

$$y_0(x) = -2x^3 + 3x^2$$

を得る．この解が極小解であることを次のように示すことができる．

$$y(x) = y_0(x) + \delta y(x) = -2x^3 + 3x^2 + \delta y(x)$$

$$\delta y(0) = 0, \qquad \delta y(1) = 0, \qquad \delta y'(0) = \delta y'(1) = 0$$

とおくと，

$$\begin{aligned} I &= \int_0^1 y''(x)^2\,dx = \int_0^1 \big(-12x + 6 + \delta y''(x)\big)^2\,dx \\ &= \int_0^1 (-12x+6)^2\,dx + 12\int_0^1 (-2x+1)\delta y''(x)\,dx + \int_0^1 \delta y''(x)^2\,dx \\ &= I_0 + 12\big[(-2x+1)\delta y'(x)\big]_0^1 + 24\int_0^1 \delta y'(x)\,dx + \int_0^1 \delta y''(x)^2\,dx \end{aligned}$$

第 2, 3 項は境界条件により 0 であるから，

$$I = I_0 + \int_0^1 \delta y''(x)^2\,dx \geq I_0$$

を得る．ここに等号は全区間で $\delta y''(x) = 0$ のとき，すなわち $\delta y(x) \equiv 0$ のときのみ成立する．

(2) 両端で導関数に境界条件が課されないとき (3-1 節の式 (3-1-15) に至る議論参照)，$y(0) = 0, y(1) = 1$ を満たす関数 $y_0(x) = x$ が $I = \int_0^1 y''(x)^2\,dx = 0$ を与えるので，本問題の (全体的) 極小関数である．

**3-17** オイラー方程式 (3-5-5) は 4 階斉次線形微分方程式

$$-2 + 2y^{(4)}(x) = 0$$

であるから，その一般解は

$$y(x) = \frac{1}{24}x^4 + ax^3 + bx^2 + cx + d \qquad (a, b, c, d：積分定数)$$

であり，境界条件を満たす特解は

$$y(x) = \frac{1}{24}x^4 + \frac{11}{12}x^3 - \frac{23}{24}x^2 + 1$$

**3-18** オイラー方程式 (3-5-5) は 4 階斉次線形微分方程式

$$-4y(x) - 2y''(x) + 2y^{(4)}(x) = 0$$

となるので，

$$y(x) = e^{\lambda x}$$

とおくと，

$$\lambda = \pm\sqrt{2}, \pm i$$

を得るので，一般解は

$$y(x) = Ae^{\sqrt{2}x} + Be^{-\sqrt{2}x} + C\sin x + D\cos x$$

とかける．境界条件を課すと次を得る．

$$A = -\frac{-\sqrt{2}e^{-\pi/\sqrt{2}} + 1}{2\sqrt{2} + \sinh(\pi/\sqrt{2})}, \qquad B = \frac{-\sqrt{2}e^{\pi/\sqrt{2}} - 1}{2\sqrt{2} + \sinh(\pi/\sqrt{2})},$$

$$C = \frac{-3\sinh(\pi/\sqrt{2})}{2\sqrt{2} + \sinh(\pi/\sqrt{2})}, \qquad D = \frac{2\sqrt{2}\cosh(\pi/\sqrt{2})}{2\sqrt{2} + \sinh(\pi/\sqrt{2})}$$

**3-19** 式 (3-6-13a) より

$$\frac{\partial F}{\partial u} - \frac{\partial}{\partial x}\left(\frac{\partial F}{\partial u_x}\right) - \frac{\partial}{\partial y}\left(\frac{\partial F}{\partial u_y}\right) - \frac{\partial}{\partial z}\left(\frac{\partial F}{\partial u_z}\right)$$

$$= -\frac{\partial}{\partial x}\left(2\frac{\partial u}{\partial x}\right) - \frac{\partial}{\partial y}\left(2\frac{\partial u}{\partial y}\right) - \frac{\partial}{\partial z}\left(2\frac{\partial u}{\partial z}\right) = 0$$

すなわち 3 次元ラプラスの方程式

$$\left(\frac{\partial^2}{\partial x^2} + \frac{\partial^2}{\partial y^2} + \frac{\partial^2}{\partial z^2}\right)u = 0$$

である（2 次元の場合，式 (4-2-2) 参照）.

**3-20** 式 (3-6-13a) より

$$\frac{\partial F}{\partial u} - \frac{\partial}{\partial x}\left(\frac{\partial F}{\partial u_x}\right) - \frac{\partial}{\partial y}\left(\frac{\partial F}{\partial u_y}\right)$$

$$= -\frac{\partial}{\partial x}\frac{\partial u/\partial x}{\sqrt{(\partial u(x,y)/\partial x)^2 + (\partial u(x,y)/\partial y)^2 + 1}}$$

$$- \frac{\partial}{\partial y}\frac{\partial u/\partial y}{\sqrt{(\partial u(x,y)/\partial x)^2 + (\partial u(x,y)/\partial y)^2 + 1}}$$

$$= \frac{-\dfrac{\partial^2 u}{\partial x^2}\left[\left(\dfrac{\partial u}{\partial y}\right)^2 + 1\right] - \dfrac{\partial^2 u}{\partial y^2}\left[\left(\dfrac{\partial u}{\partial x}\right)^2 + 1\right] + 2\dfrac{\partial u}{\partial x}\dfrac{\partial u}{\partial y}\dfrac{\partial^2 u}{\partial x \partial y}}{\left[\left(\dfrac{\partial u}{\partial x}\right)^2 + \left(\dfrac{\partial u}{\partial y}\right)^2 + 1\right]^{3/2}} = 0$$

すなわち次式が成り立つ.

$$-\frac{\partial^2 u}{\partial x^2}\left[\left(\frac{\partial u}{\partial y}\right)^2 + 1\right] - \frac{\partial^2 u}{\partial y^2}\left[\left(\frac{\partial u}{\partial x}\right)^2 + 1\right] + 2\frac{\partial u}{\partial x}\frac{\partial u}{\partial y}\frac{\partial^2 u}{\partial x \partial y} = 0$$

**3-21** $2\Omega - \dfrac{\partial}{\partial x}(A(x,y)(\delta z)^2) - \dfrac{\partial}{\partial y}(B(x,y)(\delta z)^2)$

$$= 2\Omega - \left(\frac{\partial A(x,y)}{\partial x} + \frac{\partial B(x,y)}{\partial y}\right)(\delta z)^2 - 2\delta z\left(A(x,y)\frac{\partial \delta z}{\partial x} + B(x,y)\frac{\partial \delta z}{\partial y}\right)$$

$$= F_{p,p}(x,y;z_0,p_0,q_0)\left(\frac{\partial \delta z}{\partial x} - \frac{\partial \mu/\partial x}{\mu}\delta z\right)^2$$

$$+ 2F_{p,q}(x,y;z_0,p_0,q_0)\left(\frac{\partial \delta z}{\partial x} - \frac{\partial \mu/\partial x}{\mu}\delta z\right)\left(\frac{\partial \delta z}{\partial y} - \frac{\partial \mu/\partial y}{\mu}\delta z\right)$$

$$+ F_{q,q}(x,y;z_0,p_0,q_0)\left(\frac{\partial \delta z}{\partial y} - \frac{\partial \mu/\partial y}{\mu}\delta z\right)^2$$

## 第4章 (p.192)

**4-1** $\{(1-x)^2, (1-x)^3, (1-x)^4, \ldots, (1-x)^{j+1}, \ldots\}$

あるいは

$$\{(1-x)^2, x(1-x)^2, x^2(1-x)^2, \ldots, x^{j-1}(1-x)^2, \ldots\}$$

のように個々の関数がそれぞれ境界条件を満たすように選ぶ.

**4-2** 「両端点の値 $y(x_1), y(x_2)$ 任意」の境界条件($x_1, x_2$ は固定)と拘束条件

$$\int_{x_1}^{x_2} G(x,y)\,dx = 1, \qquad G(x,y) \equiv U(x)y^2$$

を有する

$$I(y) \equiv \int_{x_1}^{x_2} F(x;y;y')\,dx = \int_{x_1}^{x_2} \left(R(x)y'^2 + V(x)y^2\right)\,dx \tag{4-4-3}$$

を停留化する変分問題である. これは

$$I(y) \equiv \int_{x_1}^{x_2} (F(x;y;y') - \lambda G(x,y))\,dx$$

を停留化する変分問題となる.

なぜならば, その必要十分条件はオイラー方程式(シュトゥルム方程式)

$$\frac{\partial}{\partial y}\big(F(x;y;y') - \lambda G(x,y)\big) - \frac{d}{dx}\frac{\partial}{\partial y'}\big(F(x;y;y') - \lambda G(x,y)\big)$$
$$= 2y(V(x) - \lambda U(x)) - \frac{d}{dx}(2y'R(x)) = 0$$

と横断条件

$$\frac{\partial}{\partial y'}F(x_1;y_0(x_1);y_0'(x_1)) = \frac{\partial}{\partial y'}F(x_2;y_0(x_2);y_0'(x_2)) = 0 \tag{3-1-15}$$

すなわち

$$R(x_1)y'(x_1) = R(x_2)y'(x_2) = 0$$

を得るが, $R(x) > 0$ であるから, これは境界条件

$$y'(x_1) = y'(x_2) = 0$$

を意味するからである.

## 第5章 (p.213)

**5-1** 解図6より

所要時間 (ACEB) = 所要時間 (AC) + 所要時間 (CE) + 所要時間 (EB)

所要時間 (AC) < 所要時間 (AG)

所要時間 (CE) = 所要時間 $\left(\mathrm{HF} = \mathrm{EC}\dfrac{\sin i}{\sin r}\right)$ < 所要時間 (GF)

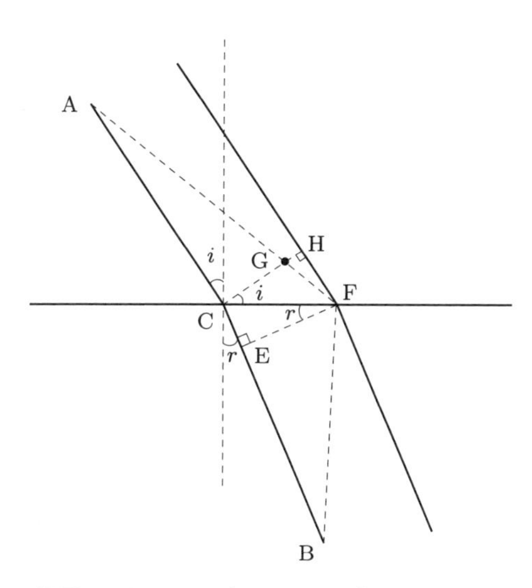


**解図 6**　図 5-6 で点 F が C の右側にある場合

所要時間 (EB) < 所要時間 (FB)

であるから，所要時間 (ACEB) < 所要時間 (AGFB).

**5-2**　径路上の点 $\mathrm{P}(x, y)$ の $x$ を独立変数，$y(x)$ をその関数とする．代数型拘束条件

$$G = \frac{1}{2}mv'^2 + V(x, y) - E_0 = 0 \tag{k5-1}$$

の下で

$$I = \int_{\mathrm{P}}^{\mathrm{Q}} mv\, ds = \int_{x_1}^{x_2} mv\sqrt{1 + y'^2}dx$$

$$F = mv\sqrt{1 + y'^2}$$

を極小化する問題を考える．この変分問題のオイラー方程式 (3-4-31) は

$$\frac{\partial F}{\partial y} - \lambda(x)\frac{\partial G}{\partial y} - \frac{d}{dx}\frac{\partial}{\partial y'}(F - \lambda(x)G) = 0 \tag{k5-2}$$

である．式 (k5-1) より $v^2$ は，$x, y$ のみの関数であり，式 (5-3-3, 5) を用いて式 (k5-2) を変形すると

$$\begin{aligned}
0 &= m\frac{\partial v}{\partial y}\sqrt{1 + y'^2} - \lambda(x)\left(mv\frac{\partial v}{\partial y} + \frac{\partial V}{\partial y}\right) - \frac{d}{dx}\left(mv\frac{y'}{\sqrt{1 + y'^2}}\right) \\
&= \frac{F_y}{v}\sqrt{1 + y'^2} - \frac{y'}{\sqrt{1 + y'^2}}\left(\frac{F_x}{v} + \frac{F_y}{v}y'\right) - mv\frac{y''}{(1 + y'^2)^{3/2}} \\
&= \frac{F_y - F_x y'}{v\sqrt{1 + y'^2}} - \frac{mv}{\rho}
\end{aligned}$$

を得る．これは式 (5-3-6) に一致する．

## 第 6 章　(p.279)

**6-1**
$$V(x,y) = V(X\cos\omega t - Y\sin\omega t, X\sin\omega t + Y\cos\omega t)$$
$$\frac{\partial V}{\partial t} = \frac{\partial V}{\partial x}\omega(-X\sin\omega t - Y\cos\omega t) + \frac{\partial V}{\partial y}\omega(X\cos\omega t - Y\sin\omega t)$$
$$\frac{\partial V}{\partial X} = \frac{\partial V}{\partial x}\cos\omega t + \frac{\partial V}{\partial y}\sin\omega t, \qquad \frac{\partial V}{\partial Y} = -\frac{\partial V}{\partial x}\sin\omega t + \frac{\partial V}{\partial y}\cos\omega t$$
であるから，
$$\frac{\partial V}{\partial t} + \omega\left(Y\frac{\partial V}{\partial X} - X\frac{\partial V}{\partial Y}\right) = 0$$

**6-2**
$$T = m_0c^2\left(\frac{1}{\sqrt{1-v^2/c^2}} - 1\right) = m_0c^2\left(1 - \frac{1}{2}\frac{v^2}{c^2} + o\left(\frac{v^2}{c^2}\right) - 1\right) = \frac{1}{2}m_0v^2 + o\left(\frac{v^2}{c^2}\right)$$

**6-3** デカルト座標では
$$\text{式 (6-1-27) の左辺} = m_0c^2\left(\frac{1}{\sqrt{1-v^2/c^2}} - \sqrt{1-\frac{v^2}{c^2}}\right) = \frac{m_0v^2}{\sqrt{1-v^2/c^2}}$$
$$= \text{式 (6-1-27) の中辺}$$
が成立する．それゆえ，座標変換に際する不変性から一般化座標において式 (6-1-27) が成立する．

**6-4**
$$dT = dt, \qquad T_1 = t_1 + c, \qquad T_2 = t_2 + c$$
であるから，
$$\int_{t_1}^{t_2}(y^2(t) + y'(t)f(t))\,dt = \int_{t_1+c}^{t_2+c}(y^2(T-c) + y'(T-c)f(T-c))\,dT$$
$$= \int_{T_1}^{T_2}(Y^2(T) + Y'(T)f(T-c))\,dT \neq \int_{T_1}^{T_2}(Y^2(T) + Y'(T)f(T))\,dT$$

**6-5**
$$\sum_{j=1}^{N}\int_{\mathrm{P}}^{\mathrm{Q}} P_j dQ_j = \sum_{j=1}^{N}\int_{\mathrm{P}}^{\mathrm{Q}}\frac{\partial L}{\partial \dot{Q}_j}dQ_j = \sum_{j=1}^{N}\sum_{k=1}^{n}\int_{\mathrm{P}}^{\mathrm{Q}}\frac{\partial L}{\partial \dot{x}_k}\frac{\partial \dot{x}_k}{\partial \dot{Q}_j}\sum_{i=1}^{n}\frac{\partial Q_j}{\partial x_i}dx_i$$
$$= \sum_{j=1}^{n}\sum_{k=1}^{n}\int_{\mathrm{P}}^{\mathrm{Q}}\frac{\partial L}{\partial \dot{x}_k}\frac{\partial x_k}{\partial Q_j}\sum_{i=1}^{n}\frac{\partial Q_j}{\partial x_i}dx_i$$
$$= \sum_{i=1}^{n}\sum_{k=1}^{n}\int_{\mathrm{P}}^{\mathrm{Q}}\frac{\partial L}{\partial \dot{x}_k}\sum_{j=1}^{n}\frac{\partial x_k}{\partial Q_j}\frac{\partial Q_j}{\partial x_i}dx_i$$
$$= \sum_{i=1}^{n}\sum_{k=1}^{n}\int_{\mathrm{P}}^{\mathrm{Q}}\frac{\partial L}{\partial \dot{x}_k}\delta_{ik}dx_i = \sum_{i=1}^{n}\int_{\mathrm{P}}^{\mathrm{Q}} mv_k dx_i$$

**6-6** 一般化座標を，太陽を原点とする球座標とする（図 6-18）．
$$q_1(t) = r(t), \qquad q_2(t) = \theta(t), \qquad q_3(t) = \varphi(t)$$
このとき，運動エネルギー $T$ とポテンシャルエネルギー $U$ は
$$T = \frac{m}{2}\left[\dot{r}^2 + (r\dot{\theta})^2 + (r\dot{\varphi}\sin\theta)^2\right] = \frac{m}{2}\left[\dot{q}_1^2 + (q_1\dot{q}_2)^2 + (q_1\dot{q}_3\sin q_2)^2\right]$$

$$V = -\frac{GmM}{r} = -\frac{GmM}{q_1}$$

となるので，ラグランジアン

$$L\bigl(t; q_1, q_2, q_3; \dot{q}_1, \dot{q}_2, \dot{q}_3\bigr) = T - V = \frac{m}{2}\bigl[\dot{q}_1^2 + (q_1\dot{q}_2)^2 + (q_1\dot{q}_3 \sin q_2)^2\bigr] + \frac{GmM}{q_1}$$

を用いて一般化運動量は

$$p_r = p_1 = \frac{\partial L}{\partial \dot{q}_1} = m\dot{q}_1$$

$$p_\theta = p_2 = \frac{\partial L}{\partial \dot{q}_2} = m(q_1)^2\dot{q}_2$$

$$p_\varphi = p_3 = \frac{\partial L}{\partial \dot{q}_3} = m(q_1 \sin q_2)^2\dot{q}_3 = p_{30} \equiv \alpha_1 \text{（循環座標）}$$

となり，ハミルトニアンは次のようになる．

$$\begin{aligned} H &= T + V = \frac{1}{2}\sum_{j=1}^{3} p_j\dot{q}_j + V \\ &= \frac{1}{2m}\left[(p_1)^2 + \frac{(p_2)^2}{(q_1)^2} + \frac{(p_3)^2}{(q_1 \sin q_2)^2}\right] - \frac{GmM}{q_1} \\ &= \frac{1}{2m}\left[\left(\frac{\partial S}{\partial q_1}\right)^2 + \frac{1}{(q_1)^2}\left(\frac{\partial S}{\partial q_2}\right)^2 + \frac{1}{(q_1 \sin q_2)^2}\left(\frac{\partial S}{\partial q_3}\right)^2\right] - \frac{GmM}{q_1} \end{aligned} \qquad (6\text{-}2\text{-}35)$$

まず，

$$\frac{\partial W}{\partial q_3} = \alpha_1 \text{（定数）}$$

であるから，

$$W(t; q_1, q_2, q_3) = \alpha_1 q_3 + \widehat{W}(t, q_1, q_2)$$

となり，関数 $\widehat{W}(t, q_1, q_2)$ を求めればよい．その満たすべき微分方程式 (6-2-20) は

$$\begin{aligned} &\frac{\partial \widehat{W}}{\partial t} + H\left(\frac{\partial \widehat{W}}{\partial q_1}, \frac{\partial \widehat{W}}{\partial q_2}, \frac{\partial \widehat{W}}{\partial q_3}; q_1, q_2, q_3\right) \\ &= \frac{\partial \widehat{W}}{\partial t} + \frac{1}{2m}\left[\left(\frac{\partial \widehat{W}}{\partial q_1}\right)^2 + \frac{1}{(q_1)^2}\left(\frac{\partial \widehat{W}}{\partial q_2}\right)^2 + \frac{(\alpha_1)^2}{(q_1 \sin q_2)^2}\right] - \frac{GmM}{q_1} = 0 \end{aligned}$$

である．

$$\widehat{W}(t, q_1, q_2) = T(t) + W_1(q_1) + W_2(q_2)$$

とおくと，

$$\frac{\partial T}{\partial t} + \frac{1}{2m}\left[\left(\frac{\partial W_1}{\partial q_1}\right)^2 + \frac{1}{(q_1)^2}\left(\frac{\partial W_2}{\partial q_2}\right)^2 + \frac{(\alpha_1)^2}{(q_1 \sin q_2)^2}\right] - \frac{GmM}{q_1} = 0$$

これが恒等式であるためには，まず，

$$\frac{\partial T}{\partial t} = \text{一定} = -E$$

でなければならないので，式 (6-2-36) に対応する式

$$\frac{1}{2m}\left[\left(\frac{dW_1}{dq_1}\right)^2+\frac{1}{(q_1)^2}\left(\frac{dW_2}{dq_2}\right)^2+\frac{(\alpha_1)^2}{(q_1\sin q_2)^2}\right]-\frac{GmM}{q_1}=E$$

を得る．以下本文と同じである．

**6-7** 点変換：$Q_j=Q_j(t;q_1,q_2,\ldots,q_n)$

$$u(t;q_1,q_2,\ldots,q_n;p_1,p_2,\ldots,p_n)\equiv U(t;Q_1,Q_2,\ldots,Q_n;P_1,P_2,\ldots,P_n)$$

$$v(t;q_1,q_2,\ldots,q_n;p_1,p_2,\ldots,p_n)\equiv V(t;Q_1,Q_2,\ldots,Q_n;P_1,P_2,\ldots,P_n)$$

とかくと，

$$P_j=\frac{\partial L}{\partial\dot{Q}_j}=\sum_{k=1}^{n}\frac{\partial L}{\partial\dot{q}_k}\frac{\partial\dot{q}_k}{\partial\dot{Q}_j}=\sum_{k=1}^{n}p_k\frac{\partial\dot{q}_k}{\partial\dot{Q}_j}$$

である．式 (6-1-6) より

$$\frac{\partial P_j}{\partial p_k}=\frac{\partial\dot{q}_k}{\partial\dot{Q}_j}=\frac{\partial q_k}{\partial Q_j}$$

を，また，$q$ は $P$ の関数ではないのでまったく同様に

$$\frac{\partial p_j}{\partial P_k}=\frac{\partial Q_k}{\partial q_j}$$

を得る．これから次式を得る．

$$\begin{aligned}\sum_{j=1}^{n}\frac{\partial U}{\partial Q_j}\frac{\partial V}{\partial P_j}&=\sum_{j=1}^{n}\sum_{k=1}^{n}\left(\frac{\partial u}{\partial q_k}\frac{\partial q_k}{\partial Q_j}+\frac{\partial u}{\partial p_k}\frac{\partial p_k}{\partial Q_j}\right)\sum_{i=1}^{n}\frac{\partial v}{\partial p_i}\frac{\partial p_i}{\partial P_j}\\&=\sum_{j=1}^{n}\sum_{k=1}^{n}\sum_{i=1}^{n}\left(\frac{\partial u}{\partial q_k}\frac{\partial v}{\partial p_i}\frac{\partial q_k}{\partial Q_j}\frac{\partial p_i}{\partial P_j}+\frac{\partial u}{\partial p_k}\frac{\partial v}{\partial p_i}\frac{\partial p_k}{\partial Q_j}\frac{\partial p_i}{\partial P_j}\right)\\&=\sum_{j=1}^{n}\sum_{k=1}^{n}\sum_{i=1}^{n}\left(\frac{\partial u}{\partial q_k}\frac{\partial v}{\partial p_i}\frac{\partial q_k}{\partial Q_j}\frac{\partial Q_j}{\partial q_i}+\frac{\partial u}{\partial p_k}\frac{\partial v}{\partial p_i}\frac{\partial p_k}{\partial Q_j}\frac{\partial Q_j}{\partial q_i}\right)\\&=\sum_{k=1}^{n}\sum_{i=1}^{n}\left(\frac{\partial u}{\partial q_k}\frac{\partial v}{\partial p_i}\delta_{ik}+\frac{\partial u}{\partial p_k}\frac{\partial v}{\partial p_i}\cdot 0\right)=\sum_{i=1}^{n}\frac{\partial u}{\partial q_i}\frac{\partial v}{\partial p_i}\end{aligned}$$

$\displaystyle\sum_{j=1}^{n}\frac{\partial U}{\partial P_j}\frac{\partial V}{\partial Q_j}$ についても同様．ゆえに次式を得る．

$$[U,V]\equiv\sum_{j=1}^{n}\left(\frac{\partial U}{\partial Q_j}\frac{\partial V}{\partial P_j}-\frac{\partial U}{\partial P_j}\frac{\partial V}{\partial Q_j}\right)=\sum_{j=1}^{n}\left(\frac{\partial u}{\partial q_j}\frac{\partial v}{\partial p_j}-\frac{\partial u}{\partial p_j}\frac{\partial v}{\partial q_j}\right)=[u,v]$$

## ■ 第 7 章　(p.315)

**7-1** 式 (e7-1) を変形した式

$$\begin{aligned}2\widehat{L}&=\frac{1}{c^2}\boldsymbol{E}^2-\boldsymbol{B}^2-\left(\frac{1}{c^2}\frac{\partial V}{\partial t}+\nabla\cdot\boldsymbol{A}\right)^2\\&=\frac{1}{c^2}\left(\nabla V+\frac{\partial}{\partial t}\boldsymbol{A}\right)^2-(\nabla\times\boldsymbol{A})^2-\left(\frac{1}{c^2}\frac{\partial V}{\partial t}+\nabla\cdot\boldsymbol{A}\right)^2\end{aligned}$$

$$= \frac{1}{c^2}\sum_{j=1}^{3}\left(\frac{\partial V}{\partial x_j}+\frac{\partial}{\partial t}\boldsymbol{A}_j\right)^2-\left(\frac{\partial \boldsymbol{A}_3}{\partial x_2}-\frac{\partial \boldsymbol{A}_2}{\partial x_3}\right)^2-\left(\frac{\partial \boldsymbol{A}_1}{\partial x_3}-\frac{\partial \boldsymbol{A}_3}{\partial x_1}\right)^2$$
$$-\left(\frac{\partial \boldsymbol{A}_2}{\partial x_1}-\frac{\partial \boldsymbol{A}_1}{\partial x_2}\right)^2-\left(\frac{1}{c^2}\frac{\partial V}{\partial t}+\nabla\cdot\boldsymbol{A}\right)^2$$

を式 (7-3-11) のオイラー方程式 (7-3-13) に代入すると，$j=1$ の場合には，式 (7-3-8) で $\boldsymbol{J}=\boldsymbol{0}$ をおいたものの $j=1$ 成分

$$0=\frac{\partial}{\partial t}\left[\frac{\partial\widehat{L}}{\partial(\partial\boldsymbol{A}_1/\partial t)}\right]+\sum_{k=1}^{3}\frac{\partial}{\partial x_k}\left[\frac{\partial\widehat{L}}{\partial(\partial\boldsymbol{A}_1/\partial x_k)}\right]-\frac{\partial\widehat{L}}{\partial\boldsymbol{A}_1}$$
$$=\frac{1}{c^2}\frac{\partial}{\partial t}\left(\frac{\partial V}{\partial x_1}+\frac{\partial}{\partial t}\boldsymbol{A}_1\right)-\frac{\partial}{\partial x_3}\left(\frac{\partial \boldsymbol{A}_1}{\partial x_3}-\frac{\partial \boldsymbol{A}_3}{\partial x_1}\right)$$
$$+\frac{\partial}{\partial x_2}\left(\frac{\partial \boldsymbol{A}_2}{\partial x_1}-\frac{\partial \boldsymbol{A}_1}{\partial x_2}\right)-\frac{\partial}{\partial x_1}\left(\frac{1}{c^2}\frac{\partial V}{\partial t}+\nabla\cdot\boldsymbol{A}\right)$$
$$=-\left(\nabla^2\boldsymbol{A}_1-\frac{1}{c^2}\frac{\partial^2}{\partial t^2}\boldsymbol{A}_1\right)$$

を得る．$j=2,3$ の場合も同様.

一方，$j=4$ に対応するスカラーポテンシャルの場合には，式 (7-3-10) で $\rho=0$ とおいたものである次式を得る.

$$0=\frac{\partial}{\partial t}\left[\frac{\partial\widehat{L}}{\partial(\partial V/\partial t)}\right]+\sum_{k=1}^{3}\frac{\partial}{\partial x_k}\left[\frac{\partial\widehat{L}}{\partial(\partial V/\partial x_k)}\right]-\frac{\partial\widehat{L}}{\partial V}$$
$$=-\frac{1}{c^2}\frac{\partial}{\partial t}\left(\frac{1}{c^2}\frac{\partial V}{\partial t}+\nabla\cdot\boldsymbol{A}\right)+\frac{1}{c^2}\sum_{k=1}^{3}\frac{\partial}{\partial x_k}\left(\frac{\partial V}{\partial x_k}+\frac{\partial \boldsymbol{A}_k}{\partial t}\right)$$
$$=\frac{1}{c^2}\left(\nabla^2 V-\frac{1}{c^2}\frac{\partial^2 V}{\partial t^2}\right)$$

**7-2** $\widehat{L}=\dfrac{1}{2}\left[\dfrac{1}{c^2}\left(\nabla V+\dfrac{\partial}{\partial t}\boldsymbol{A}\right)^2-(\nabla\times\boldsymbol{A})^2-\left(\dfrac{1}{c^2}\dfrac{\partial V}{\partial t}+\nabla\cdot\boldsymbol{A}\right)^2\right]+\mu(\boldsymbol{A}\cdot\boldsymbol{J}-\rho V)$

を式 (7-3-13) に代入すると，$j=1$ の場合には

$$0=\frac{\partial}{\partial t}\left[\frac{\partial\widehat{L}}{\partial(\partial\boldsymbol{A}_1/\partial t)}\right]+\sum_{k=1}^{3}\frac{\partial}{\partial x_k}\left[\frac{\partial\widehat{L}}{\partial(\partial\boldsymbol{A}_1/\partial x_k)}\right]-\frac{\partial\widehat{L}}{\partial\boldsymbol{A}_1}$$
$$=\frac{1}{c^2}\frac{\partial}{\partial t}\left(\frac{\partial V}{\partial x_1}+\frac{\partial}{\partial t}\boldsymbol{A}_1\right)-\frac{\partial}{\partial x_3}\left(\frac{\partial \boldsymbol{A}_1}{\partial x_3}-\frac{\partial \boldsymbol{A}_3}{\partial x_1}\right)$$
$$+\frac{\partial}{\partial x_2}\left(\frac{\partial \boldsymbol{A}_2}{\partial x_1}-\frac{\partial \boldsymbol{A}_1}{\partial x_2}\right)-\frac{\partial}{\partial x_1}\left(\frac{1}{c^2}\frac{\partial V}{\partial t}+\nabla\cdot\boldsymbol{A}\right)-\mu\boldsymbol{J}_1$$
$$=-\left(\nabla^2\boldsymbol{A}_1-\frac{1}{c^2}\frac{\partial^2}{\partial t^2}\boldsymbol{A}_1\right)+\mu J_1$$

を得る．$j=2,3$ も同様なので次式を得る.

$$\nabla^2\boldsymbol{A}-\frac{1}{c^2}\frac{\partial^2\boldsymbol{A}}{\partial t^2}=-\mu\boldsymbol{J} \tag{7-2-8}$$

一方，$j=4$ に対応するスカラーポテンシャルの場合には

$$0=\frac{\partial}{\partial t}\left[\frac{\partial\widehat{L}}{\partial\left(\partial V/\partial t\right)}\right]+\sum_{k=1}^{3}\frac{\partial}{\partial x_k}\left[\frac{\partial\widehat{L}}{\partial\left(\partial V/\partial x_k\right)}\right]-\frac{\partial\widehat{L}}{\partial V}$$

$$=\frac{1}{c^2}\sum_{k=1}^{3}\frac{\partial}{\partial x_k}\left(\frac{\partial V}{\partial x_k}+\frac{\partial \boldsymbol{A}_k}{\partial t}\right)+\mu\rho=\frac{1}{c^2}\left[\left(\nabla^2 V-\frac{1}{c^2}\frac{\partial^2 V}{\partial t^2}\right)+\frac{\rho}{\varepsilon}\right]$$

すなわち次式を得る．

$$\nabla^2 V-\frac{1}{c^2}\frac{\partial^2}{\partial t^2}V=-\frac{\rho}{\varepsilon} \tag{7-2-10}$$

**7-3**　$$\frac{m\omega}{q}\nabla\times\begin{pmatrix}-Y\\X\\0\end{pmatrix}=\frac{m\omega}{q}\begin{pmatrix}0\\0\\2\end{pmatrix}$$

であるから，$z$ 方向に軸対称な電場 $V(x,y)=V(\sqrt{x^2+y^2})=V(\sqrt{X^2+Y^2})=V(X,Y)$ 中にある，非相対論的 $(v/c=o(1))$ 荷電粒子に，

① $z$ 方向の一様な磁場 $\boldsymbol{B}=\begin{pmatrix}0\\0\\B_z\end{pmatrix}=\begin{pmatrix}0\\0\\2m\omega/q\end{pmatrix}$ を加えた場合と，

② $\boldsymbol{B}=\boldsymbol{0}$ であるがその系を $z$ 軸まわりに角速度 $\omega$ で回転する座標系から見た場合の運動は，角速度 $\omega$ が小さく遠心力が無視できるときには，まったく同一である．

**7-4**　$$H=\frac{1}{2}\sum_{n_x=1}^{\infty}\sum_{n_y=1}^{\infty}\sum_{n_z=1}^{\infty}\left\{\frac{8}{\varepsilon_0 l^3}[(p^1_{n_x,n_y,n_z}(t))^2+(p^2_{n_x,n_y,n_z}(t))^2]\right.$$
$$\left.+\frac{n^2\pi^2 l}{8\mu_0}[(q^1_{n_x,n_y,n_z}(t))^2+(q^2_{n_x,n_y,n_z}(t))^2]\right\} \tag{7-3-23 再掲}$$

と式 (7-3-22a) より

$$\frac{\partial H}{\partial p^1_{n_x,n_y,n_z}(t)}=\frac{8}{\varepsilon_0 l^3}p^1_{n_x,n_y,n_z}(t)=\frac{dq^1_{n_x,n_y,n_z}(t)}{dt}$$

を，また式 (7-3-21b, 22b, 23) より次式を得る．

$$\frac{\partial H}{\partial q^1_{n_x,n_y,n_z}(t)}=\frac{n^2\pi^2 l}{8\mu_0}q^1_{n_x,n_y,n_z}(t)=-\frac{n^2\pi^2 l}{8\mu_0}\left(\frac{l}{n\pi c}\right)^2\frac{d^2}{dt^2}q^1_{n_x,n_y,n_z}(t)$$

$$=-\frac{l^3}{8\mu_0 c^2}\frac{d}{dt}\left(\frac{8}{\varepsilon_0 l^3}p^1_{n_x,n_y,n_z}(t)\right)=-\frac{d}{dt}p^1_{n_x,n_y,n_z}(t)$$

# 参考文献


[1] O. Bolza, *Vorlesungen uber variationsrechnung*, Teubner, 1909.

[2] R. Courant, D. Hilbert, *Methoden der Mathatischen Physik, erster Band*, Julius Springer, Berlin, 1924, *Methods of mathematical physics, vol.1*, Interscience publishers, 1953 (英語版), 丸山滋弥訳「数理物理学の方法 I」東京図書, 1959.

[3] G.A. Bliss, *Calculus of variations* , Mathematical association of America, 1925.

[4] Andrew Russell Forsyth, *Calculus of variations*, Cambridge university press, 1927.

[5] Andrew Russell Forsyth, *A treatise on differential equations*, Macmillan, 1929.

[6] Charles Fox, *An introduction to the Calculus of variations*, Oxford university press, 1950.

[7] Robert Weinstock, *Calculus of variations with applications to physics and engineering*, General publishing Co., Toronto, 1952.

[8] L.D. Landau and E.M. Lifshitz, *Механика*, 1958, 広重徹・水戸巌訳,「力学」東京図書, 1967.

[9] L. A. Pars, *Calculus of variations*, Heinemann educational books, London, 1962.

[10] I.M. Gelfand and S.V. Formin, Richard A. Silverman 訳, *Calculus of variations*, Prentice-Hall, 1963.

[11] 原島鮮「力学」裳華房, 1966.

[12] Wolfgang Yourgrau, *Variational principles in dynamics and quantum theory* (*3rd edition*), Sir Isaac Pitman and Sons, London, 1968.

[13] George M. Ewing, *Calculus of variations with applications*, General publishing Co., Toronto, 1969.

[14] Cornelius Lanczos, *The variational principles of mechnics* (*4th edition*), University of Toronto press, 1970, 一柳正和訳,「解析力学と変分原理」日刊工業新聞社, 1992.

[15] 柴田正和「漸近級数と特異摂動法」 森北出版, 2009.

[16] 柴田正和「常微分方程式の局所漸近解析」森北出版, 2010.

[17] 柴田正和「数列・関数列の無限級数」森北出版, 2012.

[18] 柴田正和「科学者・技術者のための 基礎線形代数と固有値問題」森北出版, 2013.

# あとがき

著者は当初，第 1 部と 2 部を別冊とする心積もりであったが，出版社の希望により 1 冊にまとめることとなったときには大層分厚いものになることを予想した．しかし，出来上がってみると長過ぎるということもなかったようである．著者としては，重点はあくまで第 1 部「変分法」にあり，第 2 部はその応用と位置づけている．節の構成上では第 3 章の六つの節の順序選択が難問であったが，何とかまとまりがついたと感じている．本書が変分法を自習する読者の期待にこたえることができたならば幸甚である．

参考文献はそのほとんどが変分法と微分方程式論に関するものなので，分野別にまとめるのではなく年代順に配置した．また著者が直接参考にしなかった文献も，過去の著作の参考文献欄に頻繁に現れる古典的なものは読者の便宜のために収録しておいた．

今回も上村氏が編集をご担当され，スムーズに校正作業を進めることができた．記して謝意を表する．

# 索　　引

[さ 行]



[た 行]



[な 行]



[は 行]

著者略歴

柴田　正和（しばた・まさかず）

1949 年　横浜市に生まれる
1967 年　私立麻布高校卒業
1971 年　東京大学理学部物理学科卒業
1987 年　マサチューセッツ工科大学 Ph.D.（流体力学）
1989 年　（有）応用数理解析 代表取締役
2003 年　戸塚理数塾 設立
　　　　　現在に至る

【著書】

「漸近級数と特異摂動法」森北出版，2009.
「常微分方程式の局所漸近解析」森北出版，2010.
「自然のふしぎを解き明かそう」応用数理解析，2011.
「数列・関数列の無限級数」森北出版，2012.
「科学者・技術者のための 基礎線形代数と固有値問題」森北出版，2013.
「ラッシュ時のバスは、なぜダンゴ状態で来るのか？」ベストブック，2016.

編集担当　上村紗帆（森北出版）
編集責任　藤原祐介・富井　晃（森北出版）
組　　版　アベリー
印　　刷　モリモト印刷
製　　本　ブックアート

変分法と変分原理

2017 年 3 月 30 日　第 1 版第 1 刷発行
2019 年 10 月 18 日　第 1 版第 2 刷発行


著　　者　柴田正和
発 行 者　森北博巳
発 行 所　**森北出版株式会社**
東京都千代田区富士見 1-4-11（〒 102-0071）
電話 03-3265-8341 ／ FAX 03-3264-8709
https://www.morikita.co.jp/
日本書籍出版協会・自然科学書協会　会員
JCOPY ＜（一社）出版者著作権管理機構 委託出版物＞

落丁・乱丁本はお取替えいたします.

**Printed in Japan ／ ISBN978-4-627-07751-5**